石油高等院校特色规划教材

油库安全工程

(第二版·富媒体)

胡建强　王文娟　主编

张永国　主审

石油工业出版社

内 容 提 要

本书系统阐述了油库安全工程的基本知识、基本理论和方法，包括绪论、油库油气源及其控制、油库引燃引爆源及其控制、油库消防技术、油库非燃烧爆炸事故的预防与控制、油库常用安全检测仪表、油库安全评价等内容。并且，本书以二维码为纽带，配套了富媒体资源，通过视频讲述安全事故案例等，提高了教材的信息化水平。

本书是按照航空勤务技术与指挥（油料）专业"油库安全工程"课程人才培养方案编写的，可作为生长军官本科教育、军士职业技术教育等培训层次教材，也可供油库工作人员学习参考。

图书在版编目（CIP）数据

油库安全工程：富媒体/胡建强，王文娟主编．—2 版．—北京：石油工业出版社，2024.5
石油高等院校特色规划教材
ISBN 978-7-5183-6629-3

Ⅰ.①油… Ⅱ.①胡… ②王… Ⅲ.①油库管理-安全管理-高等学校-教材 Ⅳ.①TE972

中国国家版本馆 CIP 数据核字（2024）第 091687 号

出版发行：石油工业出版社
（北京市朝阳区安华里二区 1 号 100011）
网　址：www.petropub.com
编辑部：（010）64251610 　发行部：（010）64523633
经　销：全国新华书店
排　版：三河市聚拓图文制作有限公司
印　刷：北京中石油彩色印刷有限责任公司

2024 年 5 月第 2 版　2024 年 5 月第 1 次印刷
787 毫米×1092 毫米　开本：1/16　印张：21
字数：534 千字

定价：53.00 元
（如出现印装质量问题，我社发行部负责调换）
版权所有，翻印必究

《油库安全工程（第二版·富媒体）》
编写人员

主　　编：胡建强　　王文娟

副主编：徐克明　　校云鹏

主　　审：张永国

参　　编：刘　彬　　杨玉婷

第二版前言

近年来国际上局部战争及俄乌冲突中，都出现了切断油料保障补给的作战意图，把敌方油料固定储存设施和补给线作为打击摧毁的目标。例如，2022年3月，沙特阿拉伯的北吉达油库遭也门胡塞武装袭击。该油库储存柴油、汽油和航空煤油，所供油料占沙特阿拉伯油料供应总量的25%以上。2022年4月，乌克兰军队的2架米-24"雌鹿"五转直升机躲过了俄军防空网，对俄油库进行了攻击，俄方损失了至少2万吨燃油。因此，做好平时和战时油库安全工作是提高和巩固战斗力的根本保证。

油库安全是一个系统工程。它涉及油库的工艺、设施设备、油料性质及状态、油库所处环境及自身环境，还涉及配套的安全技术与管理方法。本教材结合油库安全设备和技术的发展与油料保障工作的变化，系统阐述了安全工程基本概念和燃烧爆炸基本理论、油库油气源及其控制、油库引燃引爆源及其控制、油库消防技术、油库非燃烧爆炸事故的预防与控制、油库常用安全检测仪表、油库安全评价等内容。

本书的修订遵循以下原则：

（1）在系统论述的基础上，突出油库燃烧爆炸事故防控的重点，并按照安全概论、安全技术、安全管理三大部分分别阐述。安全概论介绍油库安全的研究对象、特点及发展情况；安全技术部分按危险及防控机理分章，分别介绍油气源及其控制、油库引燃引爆源及其控制、油库消防技术和油库非燃烧爆炸事故的预防与控制。安全管理部分在简要介绍现代安全管理方法的基础上，重点讲述了现代安全管理理论及在油库中的应用。

（2）突出应用性、先进性和实战性。基于教学对象岗位需求，教材内容的选取侧重于提高学生适应第一岗位任职能力；基于近几年安全技术的发展以及军地规范、标准的更新，教材在强调理论性和探索性的同时，特别注重观念及结论的描述符合最新规范、标准，注重新技术、新方法及应用性分析，注重结合油库实际工艺及环境特点进行阐述；基于当前实战需求，教材内容扩展了油库安全防护理念、油品事故性泄漏的应急处理等内容。

（3）交叉课程内容的取舍，按课程人才培养方案执行。本课程涉及知识面广，交叉学科多，考虑到学时限制，需对内容进行取舍。课程的交叉内容主要涉及油库电气安全技术和安全仪表及信息化技术。考虑到教学对象总体教学大纲，本教材只系统介绍油库防雷、防静电、防杂散电流危害，不涉及电气防爆理论和技术具体知识；安全仪表及信息化技术，只涉及常用便携式油库安全检测仪表的使用维护。油库安全监控技术及安全信息化（如油库安防系统、油库周界防范系统等）内容较多，本书均不作介绍。

与教材第一版相比，第二版除在内容体系上进行完善外，表现形式上更加多样化，增加了富媒体资源，将安全事故案例及课外阅读资料等内容以二维码形式引入教材，方便教学对象课前阅读和课后思考。同时，在各章中融入课程思政，强化安全意识和岗位职责使命。

本书由空军勤务学院胡建强、王文娟担任主编，徐克明、校云鹏担任副主编，张永国教授担任主审，刘彬、杨玉婷参与书稿编写，具体编写分工如下：第一章、第二章、第三章由胡建强、王文娟编写；第四章、第五章由徐克明、校云鹏编写；第六章、第七章由刘彬、杨玉婷编写，全书由胡建强、王文娟统稿。本书编写过程中，航空油料保障教研室的同志给予了有益的指导和支持，在此一并表示衷心的感谢。

限于编者水平，书中难免有遗漏及缺点错误，恳请读者批评指正。

编者

2024 年 1 月

第一版前言

随着我国经济的快速发展，油品作为重要能源产品，已与当今的社会生活、军事国防息息相关。油库（站）是储存、输转、装卸和加注油品的场所。本书所指油库是指成品油油库，即以储存、输转、装卸和加注汽油、柴油、煤油等轻质油品为主，润滑油等黏油为辅的油库及加油站。油品，特别是轻质油品的危险特性，以及油库与社会、经济、军事的密切相关性，决定了油库安全的至关重要性。安全不是油库的中心工作，但是油库的重点工作，确保安全运行是油库发展的重要方向，油库安全是提高和巩固保障力的根本保证。对于油库工作者而言，不管是从事建设管理、设备与运行管理、供应管理还是质量管理，安全始终是重要工作；对于从事油库研究和设计的工作者而言，安全则是一个重要的研究领域。

油库安全是一个系统工程，它涉及油库的工艺、设施设备、油料性质及状态、油库所处环境及自身环境，还涉及配套的安全技术与管理方法。

中国人民解放军空军勤务学院从1994年起，针对航空油料管理工程本科和油料方向硕士研究生开设了"油库安全技术及管理"相关课程，开课初期主要选用后勤工程学院姚运涛编写的《油库安全技术与管理》等教材。经过长期的教学实践、设计实践、安全管理实践和研究，2006年开始编写《油库安全工程》教材，2007年完成（校内印刷）投入教学使用，至今已用过6个年级并进行过一次修订。本书是在自编教材的基础上，依据新编"油库安全工程"课程标准编写的。

本书的编写采用以下原则：

（1）在系统论述的基础上，突出油库燃烧爆炸防控的重点。本书按照安全概论、安全技术、安全管理三大部分分别阐述。安全概论介绍油库安全的研究对象、油库安全的特点及油库安全的发展。安全技术则按危险及防控机理分章，分别介绍油气源及其控制技术、油库引爆源及其控制技术、油库消防技术、油库非火灾事故的预防。安全管理则在简要介绍现代安全管理方法的基础上，重点介绍现代安全管理理论及在油库中的应用方法；除重点介绍油库安全常用的事故树分析方法和安全检查表外，还介绍了油料、油气扩散危害范围的预测评估方法及油罐燃烧爆炸的危害性预测及评估方法。

（2）突出应用性、实践性和先进性。本书在强调理论性和探索性的同时，特别注重观点及结论的描述符合最新规范、标准，注重新技术、新方法及应用性分析，注重结合油库实际工艺及环境进行阐述。

（3）交叉课程内容的取舍，按课程标准执行。本书的交叉内容主要涉及油库电气安全技术、安全仪表及信息化技术。油库电气安全技术，本书只介绍油库防雷、防静电、防杂散电流危害及电气防爆理论和技术，不涉及具体的油库低压电气设备及安全用电知识。安全仪表及信息化技术，只涉及常用便携式油库安全检测仪表的使用维护。油库安全监控技术及安全信息化，如油库安防系统、油库火灾探测报警系统等属于油库信息化技术，且内容较多，因此本书均不作介绍。

本书由石永春、王文娟、徐克明、胡建强、赵鹏程共同编写。其中第一章、第二章、第三章由石永春、赵鹏程编写；第四章、第五章由徐克明、胡建强编写；第六章、第七章由王文娟编写。全书由石永春、王文娟任主编，徐克明、胡建强任副主编。

本书编写过程中，参考了有关文献和教材，航空油料储运教研室的同志给予了有益的指导和支持，空军油料研究所杨艺高级工程师参与了本书第一版讲义的编写，在此一并表示衷心的感谢。限于编者水平，书中难免有遗漏及缺点错误，恳请读者批评指正。

石永春

2013 年 2 月

目　　录

第一章　绪论 ·· 1
第一节　油库安全工程的发展 ··· 1
第二节　油品危险特性分析 ·· 4
第三节　油库安全影响因素分析 ·· 9
第四节　油品燃烧与爆炸的基本知识 ······································ 12
思考题 ··· 28
课程思政：熟悉性质，遵守规范，避免油气"火冒三丈" ············· 29

第二章　油库油气源及其控制 ·· 30
第一节　油品泄漏及扩散分析 ··· 30
第二节　油气泄漏及扩散分析 ··· 35
第三节　油库爆炸危险区域划分 ·· 45
第四节　油库设施结构及布局安全设计 ··································· 56
第五节　油库事故性油品扩散控制 ··· 64
第六节　油库通风、惰化及阻隔抑爆技术 ································ 69
思考题 ··· 72
课程思政：重视危化品安全管理，树立实验场所安全环保意识 ······ 73

第三章　油库引燃引爆源及其控制 ·· 75
第一节　油库静电危害及防止 ··· 75
第二节　油库雷电危害及防止 ··· 96
第三节　油库电气设备安全 ·· 109
第四节　杂散电流危害及防止 ··· 144
第五节　油库接地技术与管理 ··· 147
思考题 ··· 156
课程思政：重视安全隐患，提高风险防控意识 ························ 157

第四章　油库消防技术 ·· 159
第一节　灭火的基本原理 ··· 159
第二节　油库常用小型灭火器具 ·· 168
第三节　油库火灾探测技术与报警系统 ································· 180
第四节　油库泡沫灭火系统 ·· 186

- 第五节　烟雾自动灭火系统……………………………………………………… 210
- 第六节　油库消防给水系统……………………………………………………… 215
- 第七节　油库火灾的常规扑救方法……………………………………………… 219
- 第八节　油库消防管理及训练…………………………………………………… 236
- 思考题………………………………………………………………………………… 240
- 课程思政：做好自我防护，养成良好操作习惯…………………………………… 241

第五章　油库非燃烧爆炸事故的预防与控制 243
- 第一节　油库人员健康防护与环境保护………………………………………… 243
- 第二节　自然灾害对油库的危害及防范………………………………………… 252
- 第三节　不良地质对油库设施的危害及防范…………………………………… 261
- 思考题………………………………………………………………………………… 267
- 课程思政：提高风险识别能力，培养安全意识…………………………………… 268

第六章　油库常用安全检测仪表 270
- 第一节　可燃气体油气浓度检测仪……………………………………………… 270
- 第二节　测厚仪…………………………………………………………………… 272
- 第三节　静电电压表及接地电阻检测仪………………………………………… 275
- 第四节　腐蚀及泄漏检测仪表…………………………………………………… 281
- 第五节　GLH 智能呼吸阀检测仪………………………………………………… 290
- 思考题………………………………………………………………………………… 292
- 课程思政：坚定文化自信——中国古代对石油的开发与利用…………………… 292

第七章　油库安全评价 294
- 第一节　油库燃烧及爆炸事故严重度评估……………………………………… 294
- 第二节　油库安全分析方法……………………………………………………… 300
- 第三节　系统安全评价…………………………………………………………… 311
- 思考题………………………………………………………………………………… 321
- 课程思政：坚定理想信念，在平凡的岗位上做出不平凡的成绩………………… 322

参考文献 324

富媒体资源目录

序号	名　　称	页码
1	视频1-1　油库火灾爆炸事故	9
2	视频1-2　输油管道火灾爆炸事故	9
3	视频1-3　危化品爆炸事故	9
4	视频1-4　英国邦斯菲尔德油库爆炸事故	26
5	视频1-5　某储运公司油库火灾爆炸事故	28
6	视频3-1　油罐车后为什么拖着一条铁链	87
7	视频3-2　加油站静电火灾	95
8	视频3-3　雷击事故实拍	98
9	视频3-4　雷雨天飞机怎么避雷	98
10	视频3-5　避雷针作用原理	100
11	视频3-6　某油库事故	108
12	视频4-1　灭火器的原理	168
13	视频4-2　二氧化碳灭火器的原理	170
14	视频4-3　干粉灭火器原理	171
15	视频4-4　干粉灭火器使用方法	172
16	视频4-5　压力比例混合器	191
17	视频6-1　XP-311A手持可燃气体探测仪的使用	271
18	视频6-2　4105A型接地电阻测仪	278
19	视频6-3　PCM检测	290

第一章 绪 论

【学习提示】 本章介绍了油库安全工程的发展及研究内容,并从油品特性、油库工艺及作业特点出发,论述了油库危险特性;从燃烧和爆炸机理出发,阐述了油品的燃烧和爆炸特性。通过学习,可对油库安全的重要性和本课程的学习目的有充分的认识,树立正确的油库安全观,明确岗位职责及安全使命。

第一节 油库安全工程的发展

一、什么是安全

"无危则安,无缺则全",用通俗的话来说,安全就是人们在生活和生产过程中,生命得到保证,身体免于伤害,就是没有危险、不出事故。因此,有人把安全定义为"不发生导致死伤、职业病、设备或财产损失的状态"。

但是,绝对安全只是一种理想,是不可能的,也是不科学的,从现代的系统安全的理念出发,安全可定义为"免除了不可接受的损害风险的状态","可接受"是指风险值小到可忽略的程度,如可能性很小或后果严重性很小。从实质上说,若系统存在的能量和有害物质得以有效控制,失控的可能性很小。

二、安全理论及安全观的发展

安全理论及安全观是随着社会和技术的发展而不断发展的。

17世纪前,人类对于事故与灾害听天由命,无能为力,所以认为命运是老天的安排,人类安全的认识论是宿命论。

17世纪末期至20世纪50年代初,随着生产方式的变更,人类从农牧业进入蒸汽机时代,然后又进入工业化时代,人类的安全认识论提高到经验论和综合论水平,方法论有了"事后弥补"的特征,出现了事故致因理论、事故倾向性等研究和应用。

20世纪50年代以后,随着工业社会的发展和技术的不断进步,人类高技术的不断应用(如宇航技术、核技术的应用),以及信息化社会的出现,本质安全理论、系统安全思想和理论得到广泛研究与推行。1962年美国成立了系统安全学会,1964年美国道化学公司发布了《火灾、爆炸指数法(第一版)》(现已第七版)。人类的安全认识论进入本质论阶段,超前预防型成为现代安全文化的主要特征。这种高技术领域的安全思想和方法论推动了传统产业和技术领域的安全手段和对策的进步,具体表现为:从人与机器和环境的本质安全入手,人的本质安全不但要提升人的知识、技能、意识素质,还要从人的观念、伦理、情感、态度、认识、品德等人文素质入手,提出安全文化建设的思路;物和环境的本质安全化就是要采用先进的安全科学技术,推广自动组织、自动适应、自动控制与闭锁的安全技术;研究人、物、能量、信息的安全系统论、安全控制论和安全信息论等现代工业安全原理;技术项目中要遵循安全措施与技术设施同时设计、同时施工、同时投产的"三同时"原则;企业在考虑经济发展、进行机制转换和技术改造时，安全生产方面要同步规划、同步发展、同步实施，即所谓的"三同步"原则；进行不伤害他人、不伤害自己、不被别人伤害的"三不伤害"活动，整理、整顿、清扫、清洁、素养的"5S"活动；生产现场的工具、设备、材料、工件等物流与现场工人流动的定置管理，对生产现场的"危险点、危害点、事故多发点"的"三点控制工程"等超前预防型安全活动；推行安全目标管理、无隐患管理、安全经济分析、危险预知活动、事故判定技术等安全系统工程方法。

安全系统工程是20世纪60年代迅速发展起来的一种以系统工程的方法研究、解决生产过程中安全问题的工程技术。它应用系统工程的原理与方法，识别、分析、评价、排除和控制系统中的各种危险，对工艺过程、设备、生产周期和资金等因素进行分析评价和综合处理，使系统可能发生的事故得到控制，并使系统安全性达到最佳状态。由于安全系统工程从根本上和整体上来考虑安全问题，因而它是解决安全问题的具有战略性的措施，为安全工作者提供了一个既能对系统发生事故的可能性进行预测，又可对安全性进行定性、定量评价的方法，从而为有关决策人员提供决策依据，并据此采取相应安全措施。安全系统工程是安全工程在管理上的一个创新，在此基础上确立的现代安全管理使安全管理发展到一个新的阶段。

目前，安全系统工程、安全人机工程等理论和方法已在油库安全工程中广泛应用，国家和行业已制定了相应的安全人机工程学准则、企业安全文化建设标准，以及各种安全评价标准、安全预警机制、应急机制等。

三、安全科学与工程学科

安全科学与工程学科主要研究人类生产生活过程中事故或灾难的发生机理、规律及其预防与应对，研究对象为工业生产、自然环境、社会生活等领域的各种事故或灾难。研究内容包括事故或灾难孕育、发生、发展的原因和规律，事故预防、控制与应急的原理和方法，事故发生的后果及其影响分析、防控方法策略等。

安全科学与工程学科既不单纯属于自然科学领域，也不单纯属于社会科学领域，而是一门综合性学科。该学科以物理学、化学、地球科学、计算机科学、工程学、毒理学、心理学、经济与管理学等为理论基础，与人文社科、管理、法律等多学科交叉融合，既是理论科学、技术科学，也是应用科学。随着现代安全科学理论与工程技术的不断发展，目前已形成了较为完备的安全科学与工程学科理论体系。安全科学与工程的应用领域涉及社会文化、公共卫生、行政管理、检验检疫、能源、消防、冶金、矿业、土木、交通、运输、航空、机电、食品、生物、农业、林业等多个行业乃至人类生产和生活的各个领域。

基于科学研究及学科建设的需要，我国1992年发布了《学科分类与代码》（GB/T 13745—1992），其中"安全科学技术"（代码620）被列为一级学科。2009年进行了更新[《学科分类与代码》（GB/T 13745—2009/XG2—2016）]。安全科学技术下设安全科学技术基础学科、安全社会科学、安全工程技术科学、安全社会工程、安全卫生工程技术、安全人体学、安全系统学、公共安全、安全物质学、部门安全工程理论等二级学科。

四、油库安全工程的研究内容

安全工程是研究和查明生产过程中各种事故和职业性伤害发生的原因及防止事故和职业病发生的科学理论和技术，包括安全技术和安全管理两大类。油库是储存、装卸、输转和加注油品的场所，油库安全工程就是研究和查明油品在储存、装卸运输和加注过程中各种事故和职业性伤害发生的原因及防止事故和职业病发生的科学理论和技术，也就是研究如何预防油库事故发生、控制事故发展，保证油库安全运行的理论、技术和方法。

安全技术是指基于自然科学原理的安全理论、技术和方法。油库安全技术主要包括防火防爆技术、油库非火灾事故的预防和处置技术两类。防火防爆技术包括油库可燃环境、油库油气源及其控制、油库引燃源及其控制、油库电气防爆技术、消防技术等。油库非火灾事故的预防和处置技术包括防设备破坏、防油品冒漏、防质量事故、防人身伤害、防环境污染等。

安全管理是指为了控制人的不安全行为和机械及环境的不安全状态采取的管理方法和措施。油库安全管理主要包括安全管理理论、设备及运行安全管理、安全制度、安全教育、安全监察、事故统计分析、安全分析与评价、安全管理辅助技术等多个方面。

拓展阅读

每个人只错一点点

巴西海顺远洋运输公司门前立着一块高 5m、宽 2m 的石碑，上面密密麻麻地刻着葡萄牙语。那是一个关于责任的，让人心情沉重的真实故事。

当救援船到达出事地点时，"环大西洋"号海轮消失了，21 名船员不见了，海面上只有一个救生电台有节奏地发着求救的摩斯密码，电台下面绑着一个密封的瓶子，打开瓶子，里面有一张纸条，记录了 21 种字迹：

一水理查德：3 月 21 日，我在奥克兰港私自买了一个台灯，想给妻子写信时照明用。

二副瑟曼：我看着理查德拿着台灯回船，说了句这个台灯底座轻，船晃时别让它倒下来，但没有干涉。

三副帕蒂：3 月 21 日下午船离港，我发现救生筏释放器有问题，就将救生筏绑在架子上。

二水戴维斯：离港检查时发现水手区的闭门器损坏，用铁丝将门绑牢。

二管轮安特尔：我检查消防设施时，发现消防栓锈蚀，心想还有几天就到码头了，到时候再换。

船长麦凯姆：起航时，工作繁忙，没有看甲板部和轮机部的安全检查报告。

机匠丹尼尔：3 月 23 日上午理查德和苏勒的房间消防探头连续报警。我和瓦尔特进去后，未发现火苗，判定探头误报警，拆掉交给惠特曼，要求换新的。

大管轮惠特曼：我说正忙着，等一会儿拿给你们。

服务生斯克尼：3 月 23 日 13 点到理查德房间找他，他不在，坐了一会儿，随手开了他的台灯。

……

机电长科恩：3 月 23 日 14 点，我发现跳闸了，因为这是以前也出现过的现象，没多想就将闸合上，没有查明原因。

三管轮马辛：感到空气不好，先打电话到厨房，证明没有问题后，又让机轮打开通风阀。

……

管事戴思蒙：14 点半，我召集所有不在岗位的人到厨房帮忙做饭，晚上会餐。

医生莫里斯：我没有巡诊。

电工荷尔因：晚上我值班时跑进了餐厅。

最后是船长麦凯姆写的话：19点半发现火灾时，理查德和苏勒房间已经烧穿，一切糟糕透了，我们没有办法控制火情，而且火越来越大，直到整条船上都是火。我们每个人都犯了一点点错误，但却酿成了船毁人亡的大错。

沉船后，该公司在门前立了这块石碑，以警示后人。

第二节　油品危险特性分析

油品具有较强的挥发性、扩散性、易燃性、易爆性、易积聚静电荷性、热膨胀性、沸溢性，以及一定的毒性。在油品储存和收发等作业过程中，如果不遵守安全技术规程，就可能发生燃烧、爆炸、混油、漏油、中毒及设备损坏等多种事故，造成经济损失、环境污染、人身伤亡等多种危害。

一、挥发性

通常情况下，油品分子中所含碳原子数 5~12 为汽油，9~16 为煤油，15~25 为柴油，20~27 为润滑油。碳原子数 16 个以下的烃类为轻质馏分，很容易挥发成气体。不同的油品挥发性不同，一般轻质成分越多，挥发性越大。汽油挥发性大于煤油，煤油挥发性大于柴油，润滑油挥发较慢。同种油品在不同温度和压力下，挥发性也不同：温度越高，挥发越快；压力越低，挥发越快。从油品中挥发出来的油蒸气会迅速与空气混合，形成可燃混合气，一旦遇到足够大的点火能量，就可能引起燃烧或爆炸。挥发性越大的油品，其火灾危险性越大。

二、扩散性

油品的扩散性及其对火灾危险的影响主要表现在以下三个方面：

（1）油品，特别是轻质油品，作为液体具有很强的流动性。油品的流动扩散能力取决于油品的黏度，黏度越低，流动性越好。常温下，轻质油品黏度都较小，都具有较强的流动性。重质油品常温下的黏度较高，但温度升高，黏度降低，其流动扩散性也增强。油品的流动性使其在储存和输转过程中易发生溢油和漏油事故，同时也易沿着地面或设备流淌扩散，增大了火灾危险性，也易使火灾范围扩大，增加了灭火难度和火灾损失。

（2）油品的密度比水的密度小，且不溶于水。这一特性决定了油品会沿水面漂浮扩散。如果油品从管道、储油设备或油船漏入江、河、湖、海等水域，油品就会浮于水面，随波漂浮，造成严重的污染，甚至造成火灾。这一特性还使得不能用水直接覆盖扑救油品火灾，因为这样反而可能扩大火势和范围。

（3）油蒸气的扩散性。油蒸气的密度比空气的密度略大，且很接近，有风时受风影响会随风飘散，即使无风时，它也能沿地面扩散出 50m 以外，并易积聚在坑洼地带。所以油库中各建筑物之间应有安全距离并考虑风向及风力大小，以防火灾扩大。

三、易燃性

油品的主要组分是碳氢化合物及其衍生物，具有可燃性，决定了油品的燃烧特性。描述油品燃烧性能的指标有闪点、燃点和自燃点。

1. 闪点

可燃液体表面都存在一定的蒸气，蒸气浓度取决于液体的温度。可燃液体蒸气与空气组成的混合物遇到明火会发生闪燃，引起闪燃的最低温度称为闪点。闪点越低，越易燃烧，火灾危险性越大。

根据《石油库设计规范》（GB 50074—2014），石油库储存液化烃、易燃和可燃液体的火灾危险性分类见表1-1。

表1-1 石油库储存液化烃、易燃和可燃液体的火灾危险性分类

类别		特征或液体闪点 F_t，℃
甲	A	15℃时的蒸气压力大于0.1MPa的烃类液体及其他类似的液体
	B	$F_t < 28$
乙	A	$28 \leq F_t < 45$
	B	$45 \leq F_t < 60$
丙	A	$60 \leq F_t \leq 120$
	B	$120 < F_t$

注：操作温度超过其闪点的乙类液体应视为甲B类液体；操作温度超过闪点的丙A类液体应视为乙A类液体；闪点低于60℃但不低于55℃的轻柴油，其储运设施的操作温度低于或等于40℃时，可视为丙A类液体。

军队油库储存的油品均为成品油，储存闪点最低的油品为汽油（闪点一般都低于-40℃），属于甲B类油品，故不涉及甲A类液体。储存的乙A类油品，主要是3号喷气燃料，也有少量的1号、2号喷气燃料及灯用煤油。按相应的产品标准，3号喷气燃料的闪点不低于38℃，1号、2号喷气燃料闪点不低于28℃，灯用煤油闪点不低于40℃。

轻柴油按不同牌号产品标准规定的最低闪点分类，-20号、-35号、-50号属乙B类油品，5号、0号、-10号（闪点低于60℃但不低于55℃）因操作温度大都低于40℃，按国家规范属丙A类油品。但由于油库的柴油与汽油装卸，局部支管存在混油问题。柴油中混入的汽油即使是少量的，柴油的火灾危险性也会相对有所提高，进入油罐后，汽油的轻质成分容易在油罐空间形成易爆性气体。这也是柴油储罐遭受雷击或在动火检修中有时也发生着火爆炸的因素之一。因此在《后方油料仓库设计规范》（GJB 5758A—2020）中将轻柴油不分牌号都按乙B类油品对待，有利于油库的安全与管理。表1-2为火灾危险性类别示例。

表1-2 火灾危险性类别示例

类别		示例
甲	A	液化石油气、液化天然气
	B	汽油
乙	A	喷气燃料、灯用煤油
	B	轻柴油、车用柴油、舰用柴油、舰载用高闪点喷气燃料
丙	A	重柴油、20号重油
	B	润滑油、100号重油、变压器油

2. 燃点

油品蒸气与空气形成混合物,遇到明火就会着火且能持续燃烧的最低温度,称为燃点,又称着火点。油品的燃点高于闪点,易燃油品的燃点比闪点高出 1～5℃,油品的闪点越低,则燃点与闪点越接近。

3. 自燃点

自燃点是指在没有外部火花或火焰条件下,能够自行引燃和继续燃烧的最低温度。一般来说,油品的密度越大,闪点越高,自燃点越低。因此从自燃角度来讲,重质油料比轻质油料火灾危险性更大。

另外,油品的易燃性表现在油品的燃烧速度很快,尤其是轻质油品。汽油的燃烧线速度最大可达 5m/min;质量速度最大可达 $221kg/(m^2 \cdot h)$;水平传播速度也很快,即使在封闭的储油罐内,火焰水平传播速度也可达 2～4m/s。因此,油品一旦发生燃烧,很容易造成较大的损失和危害。

四、易爆性

爆炸是一种极为迅速的物理或化学的能量释放过程。在此过程中,某一系统内的物质以极快的速度把其内部含有的能量释放出来,转变为机械功、光和热等能量形式。爆炸具有很强的破坏性,它可能造成设施设备、建(构)筑物的破坏、人员伤害及火灾事故。

油库中发生的爆炸按其原理主要有两类:一类是油气混合气因遇火源而爆炸,这是一种化学性爆炸;另一类是密闭容器内的介质,在外界因素影响下,由于物理作用,发生剧烈膨胀超压而爆炸,如空油桶因高温或剧烈碰撞使腔内气体剧烈膨胀而造成爆炸等。在油库中最易发生且破坏性较大的是第一类爆炸。

油蒸气与空气的混合气达到适当浓度时,遇足够能量的火源就能发生爆炸。某种油蒸气在空气中能发生爆炸的最低浓度和最高浓度,称为该种油蒸气的爆炸浓度下限(LEL)和爆炸浓度上限,其所对应的饱和蒸气压对应的油品温度称为这种油品的爆炸温度极限。几种常见轻质油品的爆炸浓度极限和几种液体的爆炸温度极限见表 1-3 和表 1-4。从表中可以看出汽油的爆炸浓度下限低,爆炸温度下限也较低。另外,油品的挥发性较强,油蒸气易积聚飘移,扩散范围大,浓度在爆炸极限范围内的可能性大,再加上油蒸气的引爆能量小,如汽油的最低点火能量仅为 0.2mJ,油库中的绝大多数引爆源(如明火、电气设备点火源、静电火花放电等)一般具有的能量都大于此,因此,油品具有易爆性。

表 1-3 几种油品的爆炸浓度极限

名　　称		原　油	汽　油	煤　油	轻柴油
爆炸浓度极限 (体积分数),%	下限	1.1	1.0	1.4	1.4
	上限	5.4	7.6	7.5	6.0

表 1-4 几种液体的爆炸温度极限

名　　称		车用汽油	航空汽油	煤油	柴油	苯	酒精
爆炸温度 极限,℃	下限	-38	-34	20	40	-11	12
	上限	-8	-4	66	86	15	42

油品的易爆性还在于油品的燃烧能转变为爆炸。当空气中的油气浓度在爆炸极限范围以内时，一旦与火源接触，随即发生爆炸。容器内油品蒸气浓度高出爆炸浓度极限的上限时，遇有火源，则先燃烧，但当油蒸气浓度随着燃烧减少到爆炸极限范围内时，便可能转为爆炸。

五、易积聚静电荷性

两种不同物体，包括固体、液体、气体，通过摩擦、接触、分离等相对运动的机械作用能产生静电荷。静电产生和积聚同物体的导电性能有关。油品的电阻率一般在 $10^{10}\Omega\cdot m$ 以上，是静电非导体。当油品在运输和装卸作业时易产生大量静电，并且油品静电的产生速度远大于流散速度，很容易引起静电荷积聚，静电电位有的可达几千伏。而静电易积聚的场所，常有大量的油气存在，很容易造成静电火灾事故。

油品静电积聚不仅能引起静电火灾爆炸事故，还限制了油品的作业条件，造成作业时间的延迟和劳动效率的降低。

六、热膨胀性

油品温度升高，体积膨胀；温度降低，体积减小。由于油品的热膨胀性，若容器灌装过满，当外界温度上升或下降速度过大时，则会造成容器内部介质压力过高或过低，超过容器承压能力，导致容器胀破、吸瘪等事故。如气温骤降，油罐呼吸阀的真空阀盘因某种原因来不及开启，或开启不够，就易吸瘪油罐。因此储油容器，尤其是各种规格的油桶，不同季节都应规定不同的安全容量。对于没有泄压装置的地上管道，输油后如不及时部分放空，当温度升高时，也有可能发生胀裂和破坏设备的事故。在火灾现场附近的容器受到火焰辐射的高热作用，如不及时冷却，也可能因膨胀破裂，造成灾害泄漏，甚至增加火势，扩大火灾面积。

七、沸溢性

油品沸溢主要发生于原油和重油，原因主要是热辐射、热波作用和水蒸气的影响。当油罐发生火灾时，由于热辐射作用，液面温度不断升高，随着时间的增长，加热层的厚度在增加。油品在燃烧时，位于表面的轻馏分先被烧掉，留下的重馏分带着热量逐步下沉，通过热量传递，加热油品深部，这种现象叫作热波。由于热辐射和热波的共同作用，当油品被加热到沸点时，就可能沸腾而迸出，即出现沸溢现象。另外，如果油品中含水或油层中包裹游离状态水分，当热波达到水垫层高度或与油中悬浮水滴相遇时，水被汽化形成气泡，体积膨胀约1700倍，以很大的压力急剧冲击液面，形成火柱，也能造成沸溢。

储存重质油品和原油的油罐燃烧时，易发生油品的沸溢，可形成巨大火柱，高达70～80m，喷射距离可达120m；不仅容易造成人员伤亡，扑救困难，而且由于火焰辐射热量高，容易造成油罐间的火灾蔓延。因此，不能因重质油品闪点高和火灾发生概率小而忽视其安全防范工作。

八、毒性

油品及其蒸气属于低毒性物质，可使人体器官产生不同程度的急性和慢性中毒。油品通过人体呼吸道、消化道及皮肤三种途径进入人体内造成伤害。

油蒸气慢性中毒的结果是会使人患慢性病，产生头晕、疲倦、嗜睡等病状。若皮肤经常与油品接触，会产生脱脂、干燥、裂口、皮炎和局部神经麻木。油品落入口腔、眼睛时，会使黏膜枯萎，有时会出血。

汽油为麻醉性毒物，急性吸入以后，好像有毛发沉在舌头上的感觉，大部分可由呼吸道排出，小部分在肝脏被氧化，与葡萄糖醛酸结合可经肾脏排出，主要作用为使中枢神经系统机能紊乱，低浓度可引起条件反射改变，高浓度能造成呼吸中枢麻痹。汽油对脂肪代谢有特殊影响作用，能引起神经细胞内类脂质平衡失调，血中脂肪含量波动，胆固醇和磷脂改变。

汽油的毒性，随着其中饱和烃、硫化物和芳烃含量的增加而增强。汽油蒸气对人体的危害见表1-5。

表1-5 汽油蒸气对人体的危害

浓度，g/m³	接触时间	人体反应
0.6～1.6	7h	部分有头痛，咽喉不适，咳嗽及黏膜刺激症状等
3.3～3.9	1h	除上述现象外，偶有步态不稳
9.5～11.5	1h	明显的黏膜刺激，兴奋
10～20	0.5～1h	出现急性中毒症状，显著眩晕
25～30	0.5～1h	昏迷，有生命危险
38～49	2s	咳嗽
	20s	眼睛有刺激症状
	4～5min	显著眩晕、恶心、呕吐、头痛
	5～6min	有生命危险
	0.5～1h	可引起死亡

虽然原油、柴油及重油的挥发性没有汽油强，但它们能产生硫化氢气体。硫化氢气体的存在，使得含硫油品及蒸气的毒性显得尤为严重。硫化氢中毒往往表现为全身性作用，它与人体内部某些酶发生作用，影响细胞进化过程，造成组织缺氧，产生窒息。人的中枢神经对缺氧十分敏感，首先受到影响。硫化氢对人还有局部刺激作用，这是硫化氢接触湿润的黏膜之后，分解形成硫化钠，以及本身的酸性所致。硫化氢随浓度和时间变化对人体的危害见表1-6。

表1-6 硫化氢对人体的危害

等级	浓度，mg/m³	接触时间	人体反应
轻度	0.035	接触	嗅觉可闻
	30～40	接触	臭味强烈
	70～150	1～2h	眼睛及呼吸道出现症状，吸入2～15min，即发生嗅觉疲劳，再嗅不到气味
中度	300	1h	出现呼吸道刺激症状，能引起神经抑制，长时间接触，可引起肺水肿
重度	760	15～60min	可引起生命危险，发生肺水肿、支气管炎及肺炎，有头痛、头晕、激动、呕吐、喉痛、排尿困难等全身症状
	1000	数秒钟	很快引起急性中毒，出现明显的全身症状，呼吸加快，很快因呼吸麻痹而死亡
	1400	顷刻	嗅觉立即疲劳，失去知觉，昏迷、死亡

近年来发生的较大火灾爆炸事故见视频1-1至视频1-3。

视频1-1 油库火灾爆炸事故　　视频1-2 输油管道火灾爆炸事故　　视频1-3 危化品爆炸事故

第三节　油库安全影响因素分析

油库是储存、输转、收发和加注油品的仓库。其主要特点是：

(1) 油库中储存的油品具有许多危险特性，特别是轻质油品，一般都具有易挥发、易流动、易燃易爆和有毒等危险特性。

(2) 油库的设施设备、储存对象及所处环境相对固定，危险基本可预测或预知，便于采取有效的安全技术和方法，相对安全性高。

(3) 油库安全理论和技术发展迅速，且比较成熟。

(4) 油库工作过程除涉及相对稳定的本库人员外，也涉及变动较大的外部人员，人员能力素质和行为规范是影响油库安全的主要因素。

本节从人—机—环境—屏蔽的角度对油库安全影响因素进行简单分析。

一、人的因素

首先，油库作为隶属于某单位的油料仓库，它的性质可能是国家战略储备、军队战备或保障。但无论是何种性质，都有其相对固定的管理机构和人员。通常工作人员都具有一定的专业素质。同时，由于人员相对固定，便于进行业务培训或采取其他方法提高人员业务能力和水平。

其次，油库由于具有收油、发油、加油功能，因此又具有"对外服务"性质。给汽车油罐车或油船发油，给汽车油箱加油，都难以避免有非本单位的人员进入爆炸危险区域。外部人员油料安全知识参差不齐，除了采用规定约束外，难以提出更高的素质要求，这是影响油库安全的人员管控难点。

再者，油库的检修、施工又是一个危险环节。由于油库工作人员长期从事运行管理及操作，因此对系统及设备检修和施工普遍不熟悉，专业知识和能力相对缺乏，多数情况下，这些工作需要专业队伍来完成。由于现行条件下施工队伍素质良莠不齐，因此检修、施工工程安全一直是影响油库安全的最重要因素，加强油库工作人员素质和外来检修、施工人员安全素质是确保油库安全的重要保证。

二、油库自身工艺及主要危险因素

油库自身工艺主要包括对危险性液体的储存，有压管道输送、装卸和加注。由于油料自身的危险性和工艺特点，油库存在以下主要危险：

1. 跑（冒、漏）油

各种原因造成油品非正常流失的，称为跑（冒、漏）油事故。它是油库最常见和多发的事故之一。流失油品及其形成的可燃气体可能诱发更严重的着火爆炸事故及污染事故。造成油品流失的原因是多方面的，但归根结底违章作业是主要原因。油品流失的原因大体可归纳为五类，即操作使用不当、控制系统故障、设施设备故障或损坏、外力破坏、自然灾害等。

2. 着火爆炸

着火爆炸是油库日常管理和作业过程中常遇到的最大危险。油库发生着火爆炸事故的前提是一定浓度的油气混合气和点火源同时存在。在油库中，爆炸危险区域、通风不良场所、油料事故性泄漏现场都有可能形成达到爆炸下限的油气混合气，遇到明火、电气火花、金属撞击火花、杂散电流火花、雷电、静电火花、高温物体等，都极易发生着火爆炸。一旦发生着火爆炸事故，直接危害到人员生命、财产及环境安全。因此预防着火爆炸事故是油库事故预防的首要内容。

3. 健康损害

油品和油蒸气为有毒物质，长期接触或大量吸入，可能损伤人的皮肤和中枢神经。油库在收发油过程中，输油泵、通风机等设备运转时会产生噪声和振动，有时噪声会超过90dB，如作业人员长期处于无防护状态，可能会出现情绪不稳、听力障碍等症状。山洞油库、覆土油罐罐室等相对封闭潮湿的环境，可能诱发工作人员患关节炎等职业性疾病。油罐清洗作业、抢险过程、维修作业、日常油品化验等工作，如果防护不当，都易引起不同程度的健康损害。

4. 环境污染

油库对环境的污染主要体现在含油污水污染和油蒸气对大气的污染。

含油污水主要来自：油罐及管道的油品泄漏；清洗油罐及管线产生的含油污水；冲洗地面及设施产生的污水；洗修油桶间、洗修油桶时产生的含油污水。其中造成污染最严重的是油品泄漏。常见的油品泄漏事故主要是储罐、管道等设施设备的老化、锈蚀、受机械损伤以及作业过程人员操作失误等原因引起的。用含油污水灌溉农田，油类物质会使土壤结板，危害植物生长；未处理的油类污水流入江河湖海，大量的酸、硫化物不仅有毒而且还有腐蚀性，对人、畜、家禽等产生危害；轻质油品含油污水流入城市市政管网还会形成安全隐患。

油蒸气对大气的污染主要有：油品收发、输转、加注过程的油气排放，油品储存过程中的小呼吸，设备清洗、油品泄漏事故及火灾事故等。

设备防腐施工等也会造成一定的环境污染。

5. 设备损坏

油库设备损坏种类及原因很多，常见原因主要有设计不科学、设备或材料质量缺陷、超过使用寿命、强度降低或老化、外力破坏、腐蚀、自然灾害等。油罐吸瘪、胀裂、撕裂是油库的典型设备损坏形式。油罐是薄壳结构，承压能力很低。如立式金属油罐的承压能力为：正压1960Pa，负压490Pa。在储油过程中，罐内的正负压由呼吸阀进行调节，当呼吸阀失灵、设计选型不当或遇特殊情况时，可能会发生超压或真空度过大的情况，导致油罐胀裂或吸瘪，其中油罐吸瘪事故居多。如某炼油厂一个 5000m³ 钢质拱顶油罐建造过程中，准备进行正压试验，试验正压 300mmH$_2$O，负压 180mmH$_2$O。当水加到 1280mm 高度时，停止注水并封闭拱顶所有开口。因突然下雨无法进行正压试验，施工人员关闭了进水管线的入口阀，罐中水未放。雨持续下了几个小时，雨停后位于 11000mm 高度处的部分罐壁被吸瘪。被吸瘪部分环向长度 4.5m，纵向长度 5.2m，凹陷最大深度达 0.54m。事故分析表明，下雨时由于气温下降，罐内气体收缩，在储罐内形成负压，在考虑风载荷情况下，罐壁承受的外载荷为储罐临界压力的 16.5 倍，造成了储罐吸瘪。

6. 油品质量事故

工作失误或工艺、设备原因导致的油品储存变质或发放质量不达标称为油品质量事故。造成油品质量事故的原因有多种，如：工作失误造成混油；工艺流程或作业不规范造成油品中混入大量水分、杂质；储存时间过长、未按规定化验而造成油品变质、报废；工艺、过滤设备等问题造成发出油品质量不达标，甚至造成飞机、汽车等用油装备损坏或故障。

7. 战争或自然灾害诱发次生灾害

由于油品自身的危险特性，在受到战争攻击及人为破坏的情况下，或发生地震、洪水等自然灾害时，易发生二次爆炸、油品扩散、环境污染等次生灾害。

8. 其他事故

油库在作业过程中，库区内行驶有消防车、油罐车及其他车辆，作业人员在作业区内或附近活动时，若行为不慎或违规走动易遭受车辆伤害。油库存在大量的电气设备，在作业过程中（特别是临时用电时），若违反规章制度有可能造成触电危险。与电气化铁路接轨的油库，电气化铁路高压接触网电压高达 27.5kV，也增加了触电危险。

三、环境因素

环境因素包括多个方面，有社会环境、地理与地质环境及管理环境等。

社会环境的变化是造成火灾爆炸的原因之一。战争可能使油库受到攻击、轰炸；治安状况差，可能使油库受到蓄意破坏或偷盗。油库环境的差异造成的事故后果相差很大，同样是一次漏油事件，如果周围是水源、河流、果园、农田等，将可能造成严重污染事故；如果周围是工厂、社区或村庄，则可能被点燃，引发重大火灾甚至爆炸事故。地理与地质环境同样也影响油库的安全，地震、洪水引起的设施设备破坏和油品扩散污染已多次发生。良好的管理环境更是影响有效管理的重要因素。随着城镇化进程的推进，油库周边环境日趋复杂，这对油库安全建设水平、管理水平和油库事故应急处置能力都提出了更高的要求。

四、油库安全工艺及设施设备因素

在人—机—环境—屏蔽构成的安全体系中，安全工艺及设施设备构成了硬件的安全屏蔽。在功能性设施设备出现问题或人员操作出现问题的情况下，或发生战争、恐怖活动、蓄意破坏或自然灾害时，安全工艺及设施设备的好坏将决定"事件会不会酿成事故"。目前油库的主要安全工艺及设施设备有：

— 11 —

1. 严格控制油气源

（1）严格划分油库爆炸危险区域。

（2）油库选址与布置应符合油库和加油（气）站的相关设计规范规定的防火要求。

（3）油库中的建（构）筑物应达到规定的耐火等级要求。

（4）防止设备超压造成破坏，主要设备有安全阀、泄压阀、呼吸阀、胀油管、水击消除器等。

（5）防超液位造成溢油，主要设备有溢油阀、超液位自动报警系统等。

（6）防止油料泄漏及火灾扩散，主要设施设备有罐前应急切断阀、防火堤、拦油堤、隔油排水装置、水封井等。

（7）采用油气回收等技术，减少油气排放，严格控制油气混合气浓度。

（8）油气浓度监测及自动报警设备。

2. 严格控制引燃引爆源

（1）安装监控系统。

（2）安装防止静电、雷电和杂散电流引燃引爆系统，主要包括接地系统、接地电阻监测及联锁控制。

（3）使用防爆电气设备。

（4）防止外来火源进入，如安装阻火器、库区周围设置防火隔离带等。

3. 消防系统

消防系统是防止小的着火事件引起油库火灾的最后一道屏障，包括火情探测与报警系统、消防给水系统、固定或移动灭火系统、小型灭火器具、消防道路等。

第四节　油品燃烧与爆炸的基本知识

从物理化学角度而言，燃烧与爆炸都属于激烈的化学反应。对于任何固体或液体的爆炸物、气体爆燃混合物，在一定的条件下，燃烧可以转变为爆炸。因此，燃烧与爆炸是各类爆炸物所具有的紧密相关的两种特性。从安全防护角度分析，防止各类爆炸物发生火灾与爆炸事故也是紧密相关的。一般说来，火灾与爆炸两类事故往往相连发生，大的爆炸事故之后，常伴随有巨大的火灾；存有爆炸物质和混合气体爆燃物的场所，大的火灾往往又会导致爆炸。因此，了解燃烧与爆炸的关系与性质，从技术上杜绝一切燃烧和爆炸事故的发生，是掌握防火防爆知识的重要内容。

与燃烧相比，爆炸是一种不同性质的变化发展过程，两者的基本特性有如下区别：

（1）从传播过程的机理分析，燃烧过程中化学反应区域的能量，是以热传导、辐射及燃烧气体扩散作用，传入未反应的原物质中的。而爆炸过程中化学反应区域能量的传播则是借助于沿混合气体爆炸物压缩波叠加形成的冲击波冲击压缩作用进行的。

（2）从燃烧波与冲击波传播的速度来分析，燃烧波的传播速度，通常为每秒几毫米到几厘米。而爆炸过程的传播速度总是大于原始爆炸物的声速，其速度有时高达每秒数千米。

（3）燃烧过程中燃烧反应区内产物的运动方向与燃烧波面方向相反，因此燃烧波面内的压力较低,不会对周围介质产生力的效应。而爆炸时,爆炸反应区内产物的质点运动方向与爆轰波传播方向相同,爆轰波区内的压力很高,因而向四周传出冲击波,对周围介质有强烈的力效应。

(4) 燃烧反应易受外界压力和初温的影响,当外界压力低时,燃烧速度慢;压力增高,燃烧速度加快。爆炸则基本上不受外界条件的影响。

一、燃烧相关概念与灭火理论

1. 燃烧相关概念

1) 燃烧过程中的诱导期

诱导期也称感应期,是指可燃物质的温度已达到自燃点在燃烧以前所延滞的时间间隔。如图 1-1 所示,T_N 为可燃物开始加热时的温度,大部分热量用于熔化、蒸发或分解,故可燃物温度上升缓慢。到 T_O 时,可燃物开始氧化。由于温度较低,氧化速度不快,氧化所产生的热量还较少,若此时停止加热,仍不致引起燃烧。如继续加热,则氧化反应速度加快,温升也快,当达到 T_C 时,此时氧化产生热量的速度与向环境散发热量的速度相等;温度再稍升高,就突破这种平衡状态,即使不再加热,温度也能自行上升,到 T_C' 就出现火焰并燃烧起来。从 T_C 到 T_C',这一段延迟时间称为诱导期,也称着火延滞期,用 $T_诱$ 表示。

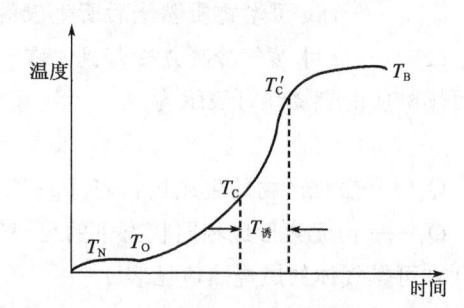

图 1-1 可燃物质燃烧过程中的诱导期

T_N—可燃物开始加热时的温度;T_O—可燃物开始氧化的温度;
T_C—理论自燃点温度;T_C'—实验自燃点温度;
T_B—可燃物的燃烧温度

可燃物质与火源直接接触而着火时,也存在诱导期,但由于火源的温度高,使诱导期大大缩短,所以一般不易觉察到着火以前时间的延滞。

2) 闪燃、点燃及自燃

(1) 闪燃是易燃和可燃液体的重要特征之一,当火焰或炽热物体接近易燃或可燃液体时,其液面上的蒸气与空气混合物会发生瞬间火苗或闪光,此种现象称为闪燃。由于闪燃瞬间,新的易燃或可燃液体的蒸气来不及补充,与空气的混合浓度还不足以构成持续燃烧的条件,故闪燃瞬间就熄灭。

(2) 点燃指的是可燃物在与火源相接触,在达到一定温度的情况下发生了燃烧现象,并且在撤去火源的条件下,至少能够持续燃烧 5min 的现象。

(3) 自燃是可燃物质自发的着火现象。可燃物质在无外界火源的直接作用下,常温中自行发热,或由于物质内部的物理(如辐射、吸附等)、化学(如分解、化合)、生物(如细菌、腐蚀作用等)反应过程所提供的热量聚积起来,使其达到自燃温度,从而发生自行燃烧。自燃可分为化学自燃和热自燃。

可燃物质在没有外界火花或火焰的条件下能自行燃烧的最低温度称为自燃点,通常液体密度越大,闪点越高,而自燃点越低。例如各种油类的密度,汽油<喷气燃料<轻柴油<重柴油<蜡油<渣油,其闪点依次升高,而自燃点依次降低,见表 1-7。

表1-7 几种液体燃料的自燃点和闪点比较

物质	闪点,℃	自燃点,℃	物质	闪点,℃	自燃点,℃
汽油	<28	390~530	重柴油	60~120	300~330
喷气燃料	28~45	380~425	蜡油	>120	300~320
轻柴油	45~60	350~380	渣油	>120	230~240

3）燃烧热

燃烧热是指单位质量的可燃物质完全燃烧后所放出的热量，简称热值。如把其中生成的水蒸气冷凝成水所放出的热量计算在内，则称高发热值，以 Q_w(kJ/kg) 表示，若不计算在内则称低发热值，以 Q_v(kJ/kg) 表示，两者关系如下：

$$Q_v = Q_w - 620 \times q_{H_2O}/1000 \tag{1-1}$$

式中 q_{H_2O}——1kg 可燃物质燃烧后所生成的水的克数，g/kg；

620——1g 水蒸气冷凝并冷却到18℃（或 $T=291K$）所放出的热量，J/g。

可燃物质的燃烧热可表示为：

$$Q_w = Q_2 - Q_1 \tag{1-2}$$

式中 Q_2——燃烧产物的生成热，kJ/kg；

Q_1——由元素形成相同状态下的可燃物质的生成热，kJ/kg。

几种可燃气体的燃烧热值见表1-8。

表1-8 可燃气体的燃烧热值

气　体	高发热值 kJ/kg	高发热值 kJ/m³	低发热值 kJ/kg	低发热值 kJ/m³
氢	33928	3050	28557	2570
乙炔	11914	13832	11499	13350
甲烷	13318	9527	11970	8562
乙烯	11916	14903	11145	13939
乙烷	12348	15680	11300	13900
丙烯	11700	20800	10940	19400
丙烷	12000	22400	11050	19950
丁烯	11560	27500	10820	25700
丁烷	11800	29000	10900	25900
戊烷	11750	35800	10850	32000
一氧化碳	2427	3034	—	—
硫化氢	4010	6100	3730	5740

4）燃烧温度

燃烧温度是指可燃物质燃烧所产生的热量将燃烧产物加热到最大的温度。一般情况下，燃烧温度就是火焰温度，因为可燃物质燃烧所产生的热量是在火焰燃烧区域内释放出的。表1-9列出了一些物质的燃烧温度。

表 1-9　一些物质的燃烧温度

物　质	燃烧温度,℃	物　质	燃烧温度,℃
甲醇	1100	二硫化碳	2195
乙醇	1180	乙炔	2127
丙酮	1000	氢	2130
乙醚	2861	煤气	1600～1850
原油	1100	一氧化碳	1680
汽油	1200	石油气	2120
煤油	700～1030	甲烷	1800
重油	1000	乙烷	1895
木材	1000～1177	氨	700

油罐发生火灾，火焰中心温度达1050～1400℃，油罐壁的温度可达1000℃以上。油罐火灾的热辐射强度与燃烧时间成正比，与燃烧物的热值、火焰的温度有关。燃烧时间越长，辐射热越强；热值越大，火焰温度越高，热辐射强度越大。强热辐射极易引起相邻油罐及其他可燃物燃烧，同时，严重影响灭火行动。表1-10列出了一些物质燃烧时液面的温度。

表 1-10　几种油品燃烧时液面的温度

油品名称	汽油	煤油	柴油	原油	重油
油品表面温度,℃	80	321～326	354～366	300	>300

5) 燃烧极限

蒸气和空气混合物只有在一定的组成范围内才能被引燃并燃烧。当组成低于燃烧下限时，混合物将不能燃烧，混合物对于燃烧来说太稀少了。当组成过高时，混合物也不能燃烧。混合物仅当处于燃烧下限和燃烧上限之间时才能燃烧，通常使用的单位是燃料的体积分数。各种燃烧特性关系如图1-2所示。

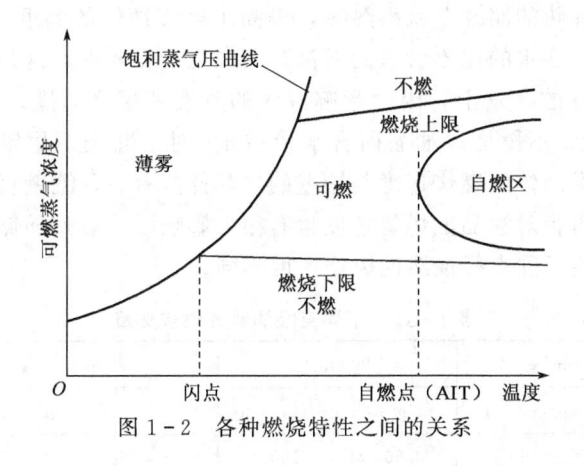

图 1-2　各种燃烧特性之间的关系

6) 燃烧速度

(1) 气体燃烧速度。

由于气体的燃烧不需要像固体、液体那样经过熔化、蒸发等过程，在常温下就具备了气态燃烧的条件，所以燃烧速度很快。气体的燃烧速度随物质的组成不同而异，简单气体燃烧如氢、氯只需受热、氧化等过程；而复杂的气体如天然气、乙炔等则要经过受热、分解、氧化过程才能开始燃烧。因此，简单的气体比复杂的气体燃烧速度快。在气体燃烧中，扩散燃烧速度取决于气体扩散速度，而混合燃烧速度则取决于本身的化学反应速度。在通常情况下混合燃烧速度高于扩散燃烧速度。气体的燃烧性能也常以火焰传播速度来衡量。一些气体与空气的混合物在25.4mm直径的管道中火焰传播速度的试验数据见表1-11。

表1-11 可燃气体在直径25.4mm管道中火焰传播速度

气体名称	最大火焰传播速度，m/s	可燃气体在空气中含量，%	气体名称	最大火焰传播速度，m/s	可燃气体在空气中含量，%
氢	4.83	38.5	丁烷	0.82	3.6
一氧化碳	1.25	45	乙烯	1.42	7.1
甲烷	0.67	9.8	炼焦煤气	1.7	17
乙烷	0.85	6.5	焦炭发生煤气	0.73	48.5
丙烷	0.82	4.6	水煤气	3.1	43

火焰传播速度在不同直径的管道中测试时其值不同，一般随着管道直径增加而增加，当达到某个直径时速度就不再增加；同样，随着管道直径的减少而减少，并在达到足够小的直径时火焰在管道中就不再传播。

（2）液体燃烧速度。

液体燃烧速度取决于液体的蒸发。其燃烧速度有两种表示方法，一种是以单位时间内单位面积所烧掉液体的质量表示，叫作液体燃烧的质量速度。另一种是以单位时间内烧掉液体层的高度来表示，叫作液体燃烧的直线速度。易燃液体的燃烧速度与很多因素有关，如液体的初温、储罐直径、罐内液面的高低、液体中水分含量等。

初温越高，燃烧速度越快，这是因为用来把液体加热到沸点所需的热量较少。储罐中低液位燃烧比高液位燃烧的速度要快，这是因为低液位燃烧时，燃烧的液体不仅能从燃烧区获得热量，而且能从被加热的储罐壁获得热量，提高了燃烧液体的温度，加快了液体的蒸发，从而加快了燃烧速度。含水的比不含水的石油产品燃烧速度要慢，这是由于燃烧产生的热量有一部分要消耗在水分的蒸发上，因而影响液体的蒸发和燃烧速度。一般油品含水量超过8%时，油品呈乳化状，不燃烧；油品内含水量在4%时，燃烧不稳定；当含水量小于4%时，才稳定燃烧。易燃液体的燃烧速度与罐壁的导热性能有关，罐壁材料导热性好，燃烧速度快。同时，储罐的直径对油品的燃烧速度也有很大影响，一般是随储罐直径的增加燃烧速度加快。表1-12表明不同直径油罐的燃烧速度不同。

表1-12 不同直径油罐的燃烧速度

油罐容积	5000m³		2000m³		400m³		50m³	
燃烧速度	m/min	kg/(m²·h)	m/min	kg/(m²·h)	m/min	kg/(m²·h)	m/min	kg/(m²·h)
航空汽油	3.9	180	3.66	160	—	—	—	92.18
车用汽油	3.2	150	2.86	130	1.86	850	1.75	80.85

轻质油品（汽油、煤油、柴油等）发生火灾，火焰辐射热对液面加温，使油品不断挥发成油蒸气。油品挥发成油蒸气需吸收大量汽化热，因而在油面达到热平衡时，即火焰对油品

的辐射热等于油品的汽化热时，油品的燃烧速度等于蒸发速度，使油品稳定燃烧。而非均质油品（如原油和重油等）发生火灾时，火焰辐射热对油品液面进行加温，轻质馏分蒸发，开始时燃烧速度较快，随着时间增长，上层重质馏分增加，燃烧速度减慢。由于不同馏分油品的杂质发生对流，燃烧时间越长，加热层增大，在油罐上部出现高温层。易燃液体在常温下的蒸气压很高，因此，在接触火星、灼热物体等着火源时，便能燃烧，火焰很快沿液体表面蔓延，其速度可达 0.5~2m/s。某些可燃液体必须在火焰或灼热物体等火源的长久作用下，其表层强烈受热而大量蒸发后，才能着火。这类液体着火后在较小的范围燃烧，火焰在液体表面上蔓延得很慢。为了使液体继续燃烧，必须向液体传入大量热，使表层的液体被加热并蒸发。火焰向液体的传热途径主要靠辐射，故火焰沿液面蔓延的速度取决于液体的初温、热容、蒸发潜热以及火焰的辐射能力。此外，风速对火焰蔓延速度也有很大影响。几种易燃液体的燃烧速度见表 1-13。

表 1-13　几种易燃液体的燃烧速度

液体名称	直线速度，cm/h	质量速度，kg/(m²·h)	相对密度
苯	18.9	165.37	$d_{16}=0.875$
乙醚	17.5	125.84	$d_{15}=0.715$
甲苯	16.1	138.29	$d_{17}=0.86$
航空汽油	12.6	91.98	$d_{16}=0.73$
车用汽油	10.5	80.85	—
二硫化碳	10.5	132.97	$d=1.27$
丙酮	8.4	66.36	$d_{18}=0.79$
甲醇	7.2	57.6	$d_{16}=0.8$
煤油	6.6	55.11	$d_{10}=0.835$

2. 灭火理论

燃烧必须同时具备下列三个条件：

（1）存在可燃物，如木材、油品、油气、甲烷等；

（2）存在助燃物，常见的为空气和氧气；

（3）有能导致燃烧的能源，即点火源，如撞击、摩擦、明火、静电、雷电、杂散电流、电火花等。

可燃物、助燃物、点火源是燃烧的三要素，三者结合是燃烧发生的基本条件，缺少其中任何一个燃烧便不能发生。它们可以用一个三角形来表示，称为燃烧三角形，如图 1-3 所示。

然而，并非上述条件同时具备，燃烧就能形成。燃烧反应在温度、压力、组成和点火能等方面都存在着极限值。在某些情况下，如可燃物未达到一定的浓度、助燃物数量不够、点火源不具备足够的温度或热量，那么即使具备了这三个条件，燃烧也不会发生。例如氢气在空气中的浓度小于 4% 时便不能点燃，而一般可燃物在空气中含氧量低于 14% 时便不会发生燃烧。

过去，控制火灾爆炸的唯一方法是消除或减少引燃源。实践经验证明，这并不是很有

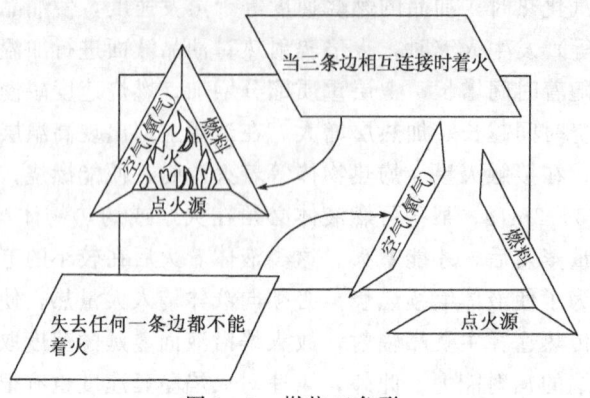

图 1-3 燃烧三角形

效,因为大多数易燃物质的引燃能非常低,引燃源也很多。因此,目前防止火灾爆炸的做法是在继续消除引燃源的同时,尽最大努力阻止可燃性混合物的形成。

随着燃烧理论的发展,近代燃烧理论用了链锁反应来解释燃烧的本质,认为燃烧是一种自由基的链锁反应,在燃烧三角形的基础上提出了燃烧四面体学说(图 1-4),即燃烧四要素:可燃物、助燃物、点火源、链式反应自由基。

灭火是直接或间接破坏燃烧条件来阻止燃烧反应的进行。在发生燃烧时,把灭火剂喷射到燃烧物和燃烧区域上,通过一系列的物理或化学作用,起到降低温度、减少或隔绝燃烧物周围的氧气、中断燃烧的链锁反应等作用。灭火剂在灭火时主要起到的作用可以归结为下面四点:

(1) 冷却:使燃烧物的温度降至其本身的着火点以下。
(2) 窒息:降低或隔绝燃烧物周围的氧气。
(3) 乳化:在燃烧的液面上形成乳化层,降低其表面温度,减缓可燃蒸气的产生速度。
(4) 稀释:降低可燃物或易燃物的可燃蒸气的浓度。

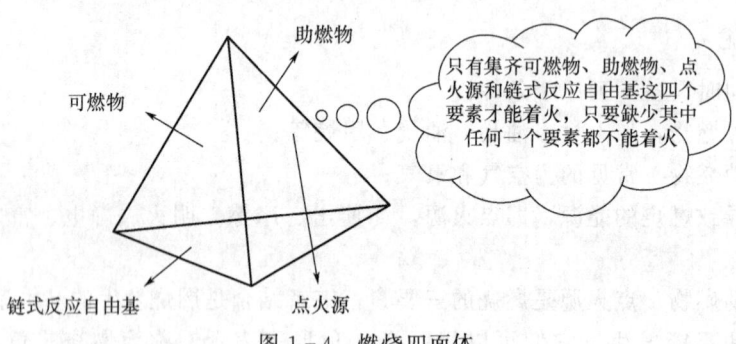

图 1-4 燃烧四面体

二、爆炸的分类及基本概念

爆炸是指一种极为迅速的物理或化学的能量释放过程,在此过程中,系统的内在热能转变为机械能及光和热的辐射等。爆炸做功的根本原因在于系统爆炸瞬间形成的高温高压气体或蒸气的骤然膨胀。爆炸的一个最重要的特征,是爆炸点周围介质中发生急剧的压力突变,而这种压力突跃变化,则是产生爆炸破坏作用的直接原因。

1. 爆炸的分类

爆炸可以由各种不同的物理现象或化学现象引起。工业生产中发生的爆炸分类方法很多，主要按以下两种分类。

1) 按引起爆炸过程的性质分类

（1）物理爆炸：物理原因引起的爆炸属于物理爆炸，它是物质因状态或压力发生突变而形成的爆炸。它与化学爆炸明显的区别在于，物理爆炸前后物质的性质及化学成分并不改变，如蒸汽锅炉、压力容器、车轮轮胎爆炸等。又如强火花放电或高压电流通过金属丝，金属迅速化为气态而引起的爆炸等都属于物理爆炸。

（2）化学爆炸：物质发生迅速的化学反应，并产生高温、高压引起的爆炸。化学爆炸前后物质的性质和成分均发生根本变化。按照爆炸时所进行的化学变化不同，又可分为三类：

① 简单分解的爆炸：简单分解的爆炸物在爆炸时并不一定发生燃烧反应，爆炸所需要的热量，是由爆炸物质本身分解时产生的。属于此类的有乙炔银、乙炔铜、碘化氢、氯化氮等。这类物质极不安定，受震动即可引起爆炸，是比较危险的爆炸物质。

② 复杂分解的爆炸：爆炸物质在外界激发能（如爆轰波）的作用下，能够发生高速的放热反应，同时形成强烈压缩状态的气体，作为引起爆炸的高温、高压气体源。这类物质爆炸时伴有燃烧现象，燃烧所需的氧由本身分解产生，爆炸后往往将附近的可燃物质点燃，引起火灾。如许多种类的炸药和一些有机过氧化物爆炸就属于此类。这类物质对外界刺激的敏感性较低，其危险性比简单分解的爆炸物稍低。

③ 爆炸性混合物的爆炸：所有可燃气体、蒸气及粉尘与空气所形成的爆炸混合物的爆炸均为此类。这类物质的爆炸需要同时具备一定条件（足够的爆炸物质的含量、氧含量及点火能量等），其危险性比上述两类低。但由于普遍存在于工业生产的许多领域，它所造成的爆炸事故也较多，危害很大。混合物爆炸的分类见表1-14。

表 1-14 混合物爆炸的分类

类 别	爆 炸 原 因	举 例
混合气体爆炸	可燃性气体和助燃气体以适当的浓度混合，由于燃烧迅速加剧而转化成爆炸	空气和甲烷、油蒸气构成数量级混合气的爆炸
粉尘爆炸	分散在空气中的可燃粉尘，快速燃烧引起的爆炸	空气中飘浮的面粉、亚麻纤维、镁粉等引起的爆炸
喷雾爆炸	可燃液体被喷成雾状分散在空气中，在剧烈燃烧时引起的爆炸	油压机喷出的油雾、喷漆作业引起的爆炸

（3）核爆炸：核爆炸的能源是核裂变（如铀-235的裂变）或核聚变（如氘、氚、锂核的聚变）反应所释放的核能。核爆炸反应所释放出的能量比化学爆炸放出的能量要大得多。核爆炸时可形成数百万到数千万摄氏度的高温，在爆炸中心区造成数百万大气压的高压，同时发出很强的光和热的辐射以及各种粒子的贯穿辐射。核爆炸比化学性爆炸具有更大的破坏力，核爆炸的能量相当于数千吨到数万吨TNT炸药爆炸的能量。

石油及其产品在一定的温度下能蒸发大量的蒸气。当这些油蒸气与空气混合达到一定比例时，遇到明火即发生爆炸，这类爆炸属于化学爆炸。储油容器在火焰或高温的作用下，油蒸气压力急剧增加，在超过容器所能承变的极限压力时，储油容器发生的爆炸属于物理爆炸。

2）按爆炸反应相分类

爆炸按引起爆炸反应的物质的相态分为气相爆炸、液相爆炸和固相爆炸三种。

（1）气相爆炸，包括可燃性气体和助燃性气体混合物的爆炸、气体的分解爆炸、可燃性液体的雾滴所引起的爆炸（喷雾爆炸）等，其中分解爆炸是不需要助燃性气体的。气相爆炸的分类如表1-15所示。

表1-15 气相爆炸分类

类别	爆炸原因	举例
混合气体爆炸	可燃性气体和助燃性气体以适当的浓度混合，由于燃烧波或爆炸波的传播而引起的爆炸	空气和氢气、丙烷、乙醚等混合气的爆炸
气体的分解爆炸	单一气体由于分解反应产生大量的反应热引起的爆炸	乙炔、乙烯、氯乙烯等在分解时引起的爆炸
喷雾爆炸	空气中可燃液体被喷成雾状物在剧烈燃烧时引起的爆炸	油压机喷出的油珠、喷漆作业引起的爆炸

（2）液相爆炸，包括聚合爆炸、蒸发爆炸以及由不同液体混合所引起的爆炸，如表1-16所示。

表1-16 液相、固相爆炸分类

类别	爆炸原因	举例
混合危险物质的爆炸	氧化性物质与还原性物质或其他物质混合引起爆炸	硝酸和油脂、液氧和煤粉、高锰酸钾和浓酸、无水顺丁烯二酸和烧碱等混合时引起的爆炸
易爆化合物的爆炸	有机过氧化物、硝基化合物、硝酸酯等爆炸引起爆炸和某些化合物的分解反应引起爆炸	丁酮过氧化物、三硝基甲苯、硝基甘油等的爆炸；偶氮化铅、乙炔酮等的爆炸
导线爆炸	在有过载电流流过时，使导线过热，金属迅速气化而引起爆炸	导线因电流过载而引起的爆炸
蒸气爆炸	由于过热，发生快速蒸发而引起爆炸	熔融的矿渣与水接触，钢水与水混合爆炸
固相转化时造成爆炸	固相相互转化时放出热量，而造成空气急速膨胀而引起爆炸	无定形锑转化成结晶形锑时由于放热而造成爆炸

（3）固相爆炸，包括爆炸性物质的爆炸，固体物质的混合、混融所引起的爆炸，以及电流过载所引起的电缆爆炸等，如表1-16所示。

2. 爆炸基本概念

机械爆炸：这种爆炸是由装有高压非反应性气体的容器的突然失效造成的。

爆燃：在这种爆炸中，反应前沿的移动速度低于声音在未反应介质中的传播速度。

爆轰：在这种爆炸中，反应前沿的移动速度高于声音在未反应介质中的传播速度。

受限爆炸：这种爆炸发生在容器或建筑物中。这种情况很普遍，并且通常导致建筑物中的居民受到人身伤害和巨大的财产损失。

无约束爆炸：无约束爆炸发生在空旷地区。该类型的爆炸通常是由可燃性气体泄漏引起的。气体扩散并与空气混合，直到遇到引燃源。无约束爆炸比受限爆炸少，因为爆炸性物质常被风稀释至低于爆炸下限。这些爆炸都是破坏性的，因为通常会涉及大量的气体和较大的区域。

沸腾液体扩展蒸气爆炸：如果装有温度高于其在大气压下的沸点温度的液体的容器破裂，就会发生沸腾液体扩展蒸气爆炸。紧接着是容器内大部分物质的爆炸性汽化，如果汽化后形成的气云是可燃的，还会发生燃烧或爆炸。当外部火焰烘烤装有易挥发性物质的容器时，就会发生该类型的爆炸。随着容器内物质温度的升高，容器内液体的蒸气压增加，由于受到烘烤，容器的结构完整性降低。如果容器破裂，过热液体就会爆炸性地蒸发。

冲击波：是沿气体移动的不连贯压力波。敞开空间中的冲击波后面是强烈的风，冲击波与风结合后称为爆炸波。冲击波的压力增加得很快，因此，其过程几乎是绝热的。

超压：由冲击波引起的作用在物体上的压力。

最小点火能量：最小点火能量是指能引起一定浓度可燃物质燃烧或爆炸所需要的最小能量。若小于该能量值，则不能点火，故最小点火能量是衡量可燃性气体危险性的重要参数之一。

三、油品火灾和燃烧爆炸特性参数

1. 油品火灾

油品是易流动的液体，具有流动扩散的特性，发生火灾时随着设备的破坏，极易造成火灾的流动扩散，而油品在发生火灾爆炸时又往往造成设备的破坏，如罐顶炸开、罐壁破裂或随燃烧的温度升高塌陷变形等。因此对于油品火灾，应注意防止油品的流动扩散，避免火灾扩大。油品流动扩散的强弱取决于油品本身的黏度，一般黏度低的流动扩散性强。重质油品燃烧温度的升高也能增强其流动扩散性。

1）沸溢火灾

储存重质油品的油罐着火后，有时会引起油品的沸溢。燃烧的油品大量外溢，甚至从罐内猛烈喷出，形成巨大的火柱，可高达 70～80m，火柱顺风向喷射距离可达 120m 左右，这种火灾通常称为"沸溢"。图 1-5 为油罐沸溢火灾的过程：在燃烧热的作用下，靠近液面的油层温度上升，油品黏度变小，油品中所含的水滴向下沉积的同时，受热油的作用而蒸发变成蒸气泡，于是呈现沸腾现象，蒸气泡被油膜包围形成大量油泡群，体积膨胀，溢出罐外，形成沸溢火灾。

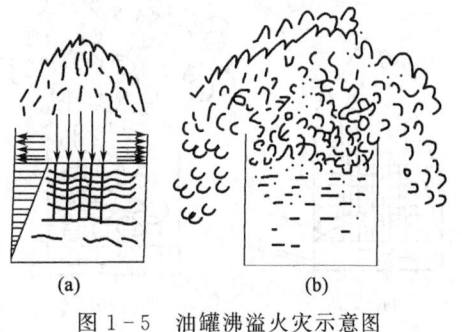

图 1-5 油罐沸溢火灾示意图

燃烧的油罐一旦发生"沸溢"，不仅容易造成扑救人员的伤亡，而且由于火场辐射大量增加，易引起邻近油罐燃烧，扩大灾情。

原油和重质油品之所以发生沸溢，是因为：

（1）辐射热的作用。油罐发生火灾时，辐射热在向四周扩散的同时，也加热了油面，随着加热时间的延长，被加热的油层也越来越厚，当温度不断升高、油品被加热到沸点时，燃烧着的油品就沸腾溢出罐外。

(2) 热波的作用。石油及石油产品是多种碳氢化合物的混合物。在油品燃烧时,处于表面的轻馏分被烧掉,而剩余的重馏分则逐步下沉,并把热量带到下面,从而使油品逐层地往深部加热。这种现象称为热波,热油与冷油分界面称为热波面。在热波面处油温可达 149～316℃。辐射热和热波往往是同时作用的,因而能使油品很快达到它的沸点温度而发生沸腾外溢。

(3) 水蒸气的作用。如果油品不纯,油中含水或油层中包裹游离状态水分,热波面与油中悬浮水滴相遇或达到水垫层高度时,水被加热汽化,并形成气泡。水滴蒸发为水蒸气后,体积膨胀约 1700 倍,以很大的压力急剧冲出液面,把着火的油品带上空中,形成巨大火柱。

但并不是所有油品都会产生沸溢,只有在下列条件同时存在时才发生:

(1) 油品具有热波的性质。通常仅在具有宽沸点范围的油品(如原油、重油等重质油品)中存在明显的热波,而汽油由于沸点范围比较窄,各组分间的密度差别不大,只能在距液面 6～9m 处存在一个固定的热波界面,即热波面的推移速度与燃烧的直线速度相等,故不会产生沸溢。几种油品的热波传播速度见表 1-17。

表 1-17　几种油品的热波传播速度

油品名称	轻质原油 含水<0.3%	轻质原油 含水>0.3%	重质原油 含水<0.3%	重质原油 含水>0.3%	煤油	汽油
热波传播速度,cm/h	38～90	43～127	50～75	30～127	0	0

(2) 油品中含有乳化或悬浮状态的水或者在油层下有水垫层。

(3) 油品具有足够的黏度,能在水蒸气气泡周围形成油品薄膜。

油罐着火后沸溢的时间取决于储罐内储存油品的数量、含水量及着火燃烧时间的长短。可根据罐中油位高度、水垫层高度、热波传播速度和燃烧直线速度估算,以便采取有效的防护措施。一般在发生沸溢前数分钟,油罐出现剧烈振动并发生强烈嘶哑声。

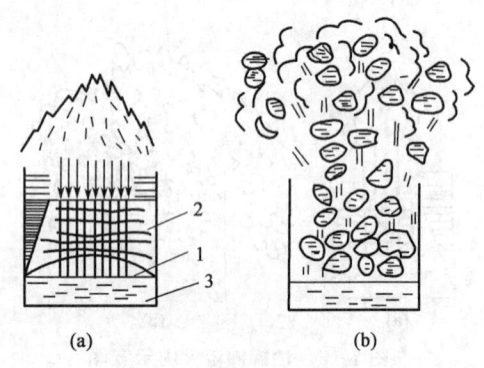

图 1-6　油罐喷溅火灾示意图
1—高温层；2—水蒸气；3—水垫层

2) 喷溅火灾

图 1-6 为油罐发生喷溅火灾的过程。图 1-6 (a) 表明在燃烧热的作用下,以对流的方式在较大深度内进行加热。当高温层 1 接触到沉积在罐底的水层(水垫层)时,水便汽化产生大量蒸汽,蒸汽压力逐渐提高,足以把其上面的油层抛向上空而向四周喷溅,形成喷溅火灾,如图 1-6 (b) 所示。

3) 喷流火灾

处于压力下的可燃液体燃烧时呈喷流式燃烧,如油井井喷火灾,高压燃油系统从容器、管道喷出的火灾等,都属于喷流火灾。

喷流式燃烧速度快、冲力大,在火灾初起阶段,如能及时阻断可燃物,较易扑灭。若燃烧时间延长,造成熔孔扩大、阀门或井口装置被严重烧损等,火势会迅速扩大,则较难扑救。

2. 燃烧爆炸特性参数

为了评定可燃性气体混合物的危险性,通过试验测量研究,得到了一些参数。这些参数反映了爆炸性混合物的性质,体现了爆炸的难易程度。

1) 爆炸极限

可燃性气体或蒸气与空气组成的混合物，并不是在任何混合比例下都可以燃烧或爆炸。由实验得知，当混合物中可燃气体含量接近于化学计算量（即理论上完全燃烧时该物质的含量）时，燃烧最快或最剧烈。若含量减少或增加，火焰蔓延速度则降低；当浓度低于或高于某一极限值，火焰便不再蔓延。可燃性气体或蒸气与空气的混合物遇火源能发生爆炸的浓度范围，称为爆炸浓度极限，通常用体积分数（%）来表示，有时也用单位体积气体中可燃物的含量（g/m³ 或 mg/m³）来表示。在20℃时，这两者之间关系如下：

$$y = \frac{x}{100} \cdot \frac{1000m}{22.4} \cdot \frac{273}{273+20} = \frac{xm}{2.4} \tag{1-3}$$

式中　y——以质量浓度（g/m³）表示的可燃物质与空气混合物的爆炸浓度下限；
　　　x——以体积分数（%）表示的可燃物质与空气混合物的爆炸浓度下限；
　　　m——可燃气体或蒸气的相对分子质量；
　　　22.4——标准状态下，1mol 物质汽化时的体积，L。

空气中的可燃性气体、蒸气或薄雾能够发生爆炸的最低浓度即为该气体或蒸气的爆炸下限，能够发生爆炸的最高浓度称为爆炸浓度上限。一切可燃物质与空气所形成的可燃性混合物，从爆炸浓度下限到爆炸浓度上限的所有中间浓度在遇有引爆源时都有爆炸危险。混合物的浓度低于爆炸下限时，既不爆炸也不燃烧，这是因为参加化学反应的可燃物质分子数目少，空气量多，可燃混合气过稀，而使反应不能进行下去。混合物的浓度高于爆炸浓度上限时，不会爆炸，但能够燃烧。在燃烧中若有空气补充，使可燃液体的蒸气或可燃气体含量降低，进入爆炸极限范围时，仍可发生爆炸，因此对上限以上的混合气不能认为是安全的。

爆炸浓度上限与下限之差，再除以下限值，则表示其爆炸危险度：

$$H = \frac{x_2 - x_1}{x_1} \tag{1-4}$$

式中　H——爆炸危险度；
　　　x_1——爆炸浓度下限；
　　　x_2——爆炸浓度上限。

H 越大表示爆炸极限范围越广，形成爆炸的可能性就越大，其危险性越高。因此，确定出爆炸极限，就能正确地确定工艺过程的火灾危险程度，便于拟定各项预防燃烧爆炸的措施。但危险度只能说明在相同条件下危险的可能性程度，不能在不同条件下进行比较。表 1-18 列出了几种典型气体的爆炸危险度。

表 1-18　几种典型气体的爆炸危险度

名　称	爆炸危险度	名　称	爆炸危险度
甲烷	1.83	汽油	5.00
乙烷	3.17	辛烷	5.32
丁烷	3.67	氢	17.78
一氧化碳	4.92	乙炔	31.00

从防爆角度，主要着眼于爆炸浓度下限，因为它表明场所内形成爆炸危险性的开始，它决定了场所内空气中可燃性气体允许含量的最高限度，即意味着燃烧和爆炸的基本条件已经具备。

可燃液体的爆炸极限有两种表示方法：一是可燃蒸气的爆炸浓度极限，有上限、下限之分，以"%"（体积分数）表示；二是可燃液体的爆炸温度极限，它是指可燃液体蒸气的浓度达到爆炸浓度极限时的相应温度，分为上限和下限，以"℃"表示。爆炸温度下限，即液体在蒸发出等于爆炸浓度下限的蒸气浓度时的温度，液体的爆炸温度下限即液体的闪点；爆炸温度上限，即液体在该温度下蒸发出等于爆炸浓度上限的蒸气浓度。爆炸浓度极限与爆炸温度极限两者之间有相对应的关系，见表1-19。

表1-19 几种可燃性液体的爆炸浓度极限和爆炸温度极限的比较

液体名称	爆炸浓度极限，%	爆炸温度极限，℃
酒精	3.5~18	11~40
甲苯	1.2~7	1~31
松节油	0.8~62	32~53
车用汽油	0.79~5.16	-39~-8
灯用煤油	1.4~7.5	40~86
乙醚	1.85~35.5	-45~13
苯	1.5~9.5	-14~12

可燃性液体的爆炸温度极限可以用仪器测定，也可利用饱和蒸气压公式进行计算。

爆炸极限并不是固定的，而是随一系列因素而变化。影响爆炸浓度极限的主要因素为以下几点。

（1）初始温度的影响。

爆炸性混合物的初始温度越高，则爆炸浓度极限范围越大，即爆炸浓度下限降低而爆炸浓度上限增高。因为系统温度升高，其分子内能增加，使原来不燃的混合物成为可燃、可爆系统，所以温度升高使爆炸危险性增大。特别是对于碳氢化合物，温度对上限的影响更为显著。表1-20列出了几种气体与液体的初始温度对爆炸浓度极限的影响。

表1-20 初始温度对爆炸浓度极限的影响

混合物的初始温度，℃	爆炸浓度极限（体积分数），%			汽油蒸气的爆炸浓度极限 mg/L
	二硫化碳	丙酮	乙醇	
0	4.2~27.8	4.2~8.0	2.55~11.8	65~150
100	1.25~33.4	3.2~10.0	2.25~12.53	50~203

（2）初始压力的影响。

初始压力对爆炸浓度极限的影响很大，在增压的情况下，其爆炸浓度极限的变化也很复杂。

压力增大，爆炸浓度上限的提高很显著，爆炸浓度下限的变化却不明显。压力降低，爆炸浓度极限的范围也缩小，压力降到某一数值时，下限与上限重合成一点，压力再降低，混合气即变成不可爆炸，这一最低压力称为爆炸的临界压力。碳氢化合物的混合物具有几个明显的临界压力值，温度在15~20℃时，为30~35mmHg，用氧气代替空气时，这一压力就降至2~10mmHg。临界压力的存在，表明在密闭的设备内进行减压操作，可以减小爆炸危险。表1-21列出了甲烷的初始压力与爆炸浓度极限的关系。

表1-21 初始压力对甲烷爆炸浓度极限的影响

初始压力,kgf/cm²	爆炸浓度下限,%	爆炸浓度上限,%
1	5.6	14.3
10	5.9	17.2
50	5.4	29.4
125	5.7	45.7

（3）惰性介质的影响。

向混合物中充入惰性气体，随着充入量的增加，其爆炸浓度极限范围将逐渐缩小，并在最终互相重合而不爆炸。如在甲烷的混合物中加入惰性气体（氮、二氧化碳、水蒸气、氩、氦、四氯化碳等），随着混合物中惰性气体量的增加，对上限的影响较之对下限的影响更为显著。因为惰性气体浓度加大，表示氧的浓度相对减少，而在上限中氧的浓度本来已经很小，故惰性气体浓度稍微增加，即产生很大的影响，而使爆炸浓度上限剧烈下降。

惰性冲淡剂广泛用于充气型防爆电气设备。

（4）点火能量的影响。

各种爆炸混合物都有一个最低引爆能量，因此火花的能量、热表面的面积、火源与混合物的接触时间等，对爆炸浓度极限均有影响。表1-22列出了甲烷在正常压力下，点火能量对其爆炸浓度极限的影响。

表1-22 点火能量对甲烷爆炸浓度极限的影响

点火能量,J	爆炸浓度下限,%	爆炸浓度上限,%
1	4.9	13.8
10	4.6	14.2
100	4.25	15.1
1000	3.6	17.5

（5）容器形状与尺寸的影响。

容器形状与尺寸对爆炸浓度极限也有影响，尤其是容器尺寸很小时，影响更为明显。在管子中进行的气体混合物燃烧试验表明，管子直径越小，热损失越大，火焰传播速度越小，爆炸浓度极限范围也就越小；当管径小到某一临界值时，就不能点燃爆炸。

容器大小对爆炸浓度极限的影响也可以从器壁效应得到解释。燃烧是由自由基产生一系列连锁反应的结果，只有当新生自由基大于消失的自由基时，燃烧才能继续。但随着管道直径（尺寸）的减小，自由基与管道壁的碰撞概率相应增大。当尺寸减少至一定程度时，即自由基（与器壁碰撞）销毁大于自由基产生，燃烧反应便不能继续进行。

2）最小点火能量

为了评定电气放电——电火花的点燃能力，引入最小点火能量的概念。所谓最小点火能量，是指能引起一定浓度可燃物质燃烧或爆炸所需要的最小能量。若小于该能量值，则不能点火，故最小点火能量是衡量可燃性气体危险性的重要参数之一。最小点火能量的测定可用电火花法，其放电能量可由式（1-5）计算：

$$E = \frac{1}{2}CV^2 \tag{1-5}$$

式中 E——放电能量，J；

V——导体间的电位差，V；

C——导体间等效电容，F。

几种可燃物质的最小点火能量，见表1-23。最小点火能量的大小与多种因素有关，首先与可燃性气体的种类有关，它是按烷烃→烯烃→炔烃的次序递减的；此外，还与混合物的浓度、温度、压力、运动速度、电极形状、火花间隙长度、火花放电时间等有关。在一般情况下，可燃气体或蒸气与空气混合物的浓度，稍高于理论计算浓度时，其点火能量最低。通常情况下，温度增加，最小点火能量减小；压力降低，最小点火能量增加，甚至降低到某一临界值时，可燃气体较难点燃。

表1-23 几种可燃物质的最小点火能量

混 合 物	混合物浓度，%	最小点火能量，mJ
乙炔	7.7	0.019
二硫化碳	7.8	0.0019
汽油	—	0.15

拓展阅读

油库爆炸事故实例

1. 英国邦斯菲尔德油库爆炸事故

2005年12月11日，英国邦斯菲尔德油库发生爆炸火灾事故。该事故为欧洲迄今为止最大的一次爆炸火灾事故，共烧毁大型储油罐20余座，受伤43人，无人员死亡。事故造成直接经济损失2.5亿英镑（相当于35亿元）。事故现场如图1-7及图1-8所示。

图1-7 事故现场图1　　　　图1-8 事故现场图2

1) 事故概况（视频1-4）

2005年12月10日19时，英国邦斯菲尔德油库西部区域A罐区的912号储罐开始接收来自T/K管线的无铅汽油，油料的输送流量为550m³/h（该流量在允许范围以内）。

12月11日零时，912号储罐停止输油，工作人员对该储罐进行了检查，检查大约在11日1时30分结束，尚未发现异常现象。

视频1-4 英国邦斯菲尔德油库爆炸事故

从 12 月 11 日 3 时开始，912 号储罐的液位计停止变化，此时该储罐继续接收流量为 550m³/h 的无铅汽油。

按照此流量计算，912 号储罐在 12 月 11 日 5 时 20 分已经完全装满。由于该储罐的保护系统在储罐液位达到所设置的最高位置时，未能自动启动以切断进油阀门，因此 T/K 管线继续向储罐输送油料，导致油料从罐顶不断溢出，致使储罐周围迅速形成油料蒸气云，到 11 日 5 时 50 分至 6 时，T/K 管线输送油料的速度增加到 890m³/h，致使形成的蒸气云厚度和扩散半径越来越大。在爆炸前，912 号储罐溢出罐外的油料大约超过 300t，油料蒸气云的扩散面积约为 $8\times10^4 m^2$。当一辆运送油品的油罐车经过邦斯菲尔德油库时，汽车排气管喷出的火花引燃了外溢油品形成的蒸气云引起爆炸、燃烧。

从 12 月 11 日 6 时 01 分，A 罐区发生第一次爆炸开始，随后又连续发生几次爆炸，并燃起大火，邦斯菲尔德油库 20 多个油罐被大火吞没。

2）事故原因

(1) 912 号储罐的自动测量系统（ATG）失灵。储罐装满时，液位计停止在储罐的 2/3 液位处，ATG 报警系统没能启动，储罐独立的高液位开关也未能自动开启，以切断储罐的进油阀门，致使油料从罐顶溢出。从罐顶泄漏的油料外溢、挥发，形成蒸气云，遇明火发生爆炸、起火。

(2) 邦斯菲尔德油库进行了三级设防，一级设防的缺陷使外溢的油料形成多处瀑布，加速了蒸气云的形成，二级和三级设防主要是用于保护环境的，但由于泄漏的油料形成大面积池火，高温破坏了防火堤，致使防火堤围墙倒塌和断裂，三级设防失去作用，大量的油料和消防泡沫流出库区。

(3) 部分储罐和管道系统的电子监控器以及相关的报警设备处于非正常工作状态。

(4) 储罐和管道系统附近的可燃气体检测仪器不灵敏。

(5) 对于某些处于非正常工作状态设备的检查不及时，致使响应迟钝（如储罐入口的自动关闭阀和管线入口的控制阀等）。

(6) 储罐的结构设计（如罐顶的设计）不尽合理，这在一定程度上加剧了油料蒸气云形成的可能性。

(7) 罐区应急设施（如消防泵房等）的选址和保护措施不合理。

3）事故教训、启示

(1) 加强巡检，严格控制事故油品和油气扩散，提高设备、仪表的安全可靠性。

(2) 重视油库选址问题。邦斯菲尔德油库周围有大量的商业区和居民区，这使油库的安全生产存在巨大风险，如何对待油库周围地区的经济发展是各方需要考虑的基本问题。

(3) 油库火灾扑救和应急救援问题。邦斯菲尔德油库爆炸事故损失惨重，但在火灾扑救和应急救援中无一人伤亡，另外在这次救火中，还充分考虑了对环境的保护。因此，在应急救援过程中，如何保证救援人员人身安全以及救援后的环境恢复等问题都应该值得思考。

2. 某储运公司油库火灾爆炸事故

2010 年 7 月，某储运公司油库发生起火爆炸。事故造成作业人员 1 人轻伤、1 人失踪，灭火过程中，消防战士 1 人牺牲、1 人重伤，泄漏的原油造成 430 余平方千米海面污染，直接经济损失超 2.2 亿元。该事故损失严重，影响巨大，是一起特别重大责任事故。

1) 事故概况（视频 1-5）

起火油库共设有 20 个原油罐，总储量 $185\times10^4\mathrm{m}^3$。2010 年 7 月 15 日 15 时，卸油油轮开始向原油库卸油。15 日 20 时许，工作人员开始利用卸油管道加注脱硫化氢剂。16 日 13 时许，油轮停止卸油，开始扫舱作业。现场作业人员在得知油轮停止卸油的情况下，继续将剩余的 $22.6\mathrm{m}^3$ 脱硫化氢剂加入管道。18 时 02 分，靠近加注点东侧管道低点处发生爆炸，导致罐区阀组损坏，大量原油泄漏并引发罐区大面积火灾，原油边泄漏边燃烧，期间又发生了 6 次大爆炸，导致部分原油泄漏入海，陆地过火面积达到 $7\times10^4\mathrm{m}^2$，海上过火面积达到 $10\times10^4\mathrm{m}^2$。事故灭火持续约 15h，动用全省 2000 多名消防官兵参与救援。

视频 1-5 某储运公司油库火灾爆炸事故

2) 事故原因

事故直接原因：违规在原油库输油管道上进行加注脱硫化氢剂作业，并在油轮停止卸油的情况下继续加注，造成脱硫化氢剂在输油管道内局部富集，以过氧化氢为主要成分的除硫剂与管壁铁锈等杂质充分接触、反应，产生热量并且温度逐渐升高，达到过氧化氢热爆炸温度，导致输油管道发生爆炸，引发火灾和原油泄漏。

事故间接原因：加剂公司违规承揽业务，添加剂生产公司违法生产脱硫化氢剂，并隐瞒其危险特性；油品储运公司安全生产管理制度不健全，未认真执行承包商施工作业安全审核制度；风险作业审核制度、作业前风险评估制度不健全；安全生产工作监督检查不到位。

3) 事故教训、启示

（1）强化规范油库固定安全设施的设计和使用维护。在事故处理过程中发现，因为原油罐区缺少事故池的设计，从而导致原油大面积流向大海，造成海域大面积污染。同时，现场固定消防设施和消防供水量达不到灭火需求，火灾发生时，固定消防设施无法启动，油罐冷却水管内没有供水，延误了火灾第一时间扑灭时机。事故发生后，我国石油库设计标准进一步完善，尤其在事故应急处置、消防、环保等方面都提出了更高的要求。

（2）加强油库风险作业安全管控，强化安全生产管理责任制。油库风险作业（如油料输转、加剂、动火、清洗等）前要严格审批把关，完善作业流程，落实作业责任，做好风险应急预案。油库作为重大危险源，一旦发生事故后果危害严重，要求油库从业人员时刻警惕安全隐患，切实落实安全生产责任。

思 考 题

1. 油库安全工程包括哪些内容？
2. 如何解释"安全是免除了不可接受的损害风险的状态"？
3. 油品的危险特性有哪些？
4. 油库的危险形式有哪些？
5. 燃烧和爆炸的条件是什么？
6. 电气设备的防爆原理有哪些？
7. 为什么相同能量的火焰遇到油品，有的能点燃，有的不能点燃？
8. 为什么爆炸的危害较燃烧更大？

> 课程思政

熟悉性质，遵守规范，避免油气"火冒三丈"

【思政知识点】 石油产品性质

【思政教学目标】 石油及石油产品具有易燃易爆的特性，在石油产品生产与使用过程中安全是首要问题；通过案例分析，强调安全生产的重要性，加强安全意识。

一、问题引入

石油及石油产品着火爆炸等事故时有发生，造成了人员伤亡和财产损失。石油学子要加强安全意识，熟悉油品物性特点，遵守生产安全规范，减少甚至避免安全事故的发生，保证正常生产。

二、案例介绍

同学们，我们处于安全环境吗？2020年初新冠肺炎肆虐全球，很多人处于恐惧不安中。我们时常还会看到事故或灾难发生的报道，车祸、轮船、火车、飞机事故，抢劫、偷盗等治安案件，食品中毒事件，矿难、火灾、危化品爆炸事故等，可以说危险无处不在。这些天灾人祸，有些是不可抗拒的，但是有些是可以避免发生的，或者至少可以降低事故发生概率。

石油及石油产品属于易燃易爆等危险化学品，在生产、储存、运输、使用过程中，有时会处于高温高压状态，因此相关的安全事故时有发生，给人们留下了沉痛的教训。单单2019年，石油化工行业共出现安全生产事故203起、致死239人，安全生产事故总数量非常大，重大安全事故未获得合理控制。2015年8月12日天津某公司危险品仓库发生火灾爆炸事故，是一起特别重大生产安全责任事故，造成165人遇难，8人失踪，798人受伤，304幢建筑物、12428辆商品汽车、7533个集装箱受损。意外事故的发生不但造成了破坏性的财产损失，也给伤亡者和亲属造成无法挽救的人身损害和心理创伤，更给社会发展造成了极其不好的影响。

石油石化行业事故的发生归纳起来主要是这几个方面的原因：人的不安全行为、物的不安全状态、环境的不安全条件以及监督管理不到位。人的不安全行为，主要体现在人员缺乏安全知识、疏忽大意或采取不安全的操作而导致事故的发生，特别是违章操作或违反劳动纪律等行为。物和环境的不安全主要体现在机械设备工具等有缺陷或环境条件差，不符合国家标准。监督机构工作落实不到位、安全红线意识不强、根源准入条件监督不到位等也间接助推了意外事故的发生。

作为石油石化行业的专业人员，我们要提高自身的安全意识，掌握安全知识，严格按照操作规程执行作业。安全事故有个著名的海因里希法则，即一次重大事故背后必然有29次轻度事故和300次隐患事故，因此安全事故要防患于未然，把隐患抹杀在摇篮里。

三、思政点睛

一次次的事故，人员的伤亡、财产的损失，后果触目惊心。尤其是石油及石油产品具有易燃易爆的特性，容易引发事故，需要引以为戒。掌握专业知识，科学防范安全事故，将安全意识牢记在心，必能大幅减小事故发生概率。

第二章　油库油气源及其控制

【学习提示】 油库油气源是引起着火爆炸、环境污染及人身伤害的内在因素，本章主要研究油库油气源的存在规律、扩散规律，探讨防止危害发生和控制事故不再扩大的技术方法，介绍相关规范、经验和技术。通过学习，要掌握油库各爆炸危险区域的具体划分、设施结构及布局安全设计要求和事故油料控制系统。同时，本章涉及军地新规范、新标准较多，在学习中要养成敢于质疑、科学求证和举一反三的思维习惯。

油库中的油气排放源可分为两大类：一类是非事故性排放源，即油库在正常作业和油品储存中的正常油气排放，如油库在进行油品收发、输转及加注作业过程中的大呼吸，油品在储存过程中的小呼吸，油罐、油桶及管道等设备清洗时的油品蒸发，泵房、洞库等的通风排气，等等。这类油气排放源往往场所比较固定或是可预见的，因而危险性较小，其控制方法参见油库技术及管理相关书籍。另一类是事故性排放源，最常见的就是油品和油气泄漏。事故性油气排放，由于其场所和油气浓度的不确定性，引起着火爆炸、人身伤害及环境污染的危险性较大。本章将重点探讨事故性油气排放的相关规律和控制措施。

第一节　油品泄漏及扩散分析

一、泄漏分类

泄漏按过程的危险特性可分为低危险性泄漏和高危险性泄漏。低危险性泄漏是指发生的概率较小且泄漏后造成的危害比较小的泄漏；高危险性泄漏是指造成的危害较大的泄漏，其原因可能是泄漏方式危险性大，也可能是泄漏量大。高危险性泄漏是油库安全防范的重点。

1. 低危险性泄漏

以飞机加油车为例进行分析，图2-1为飞机加油车加油系统流程示意图。

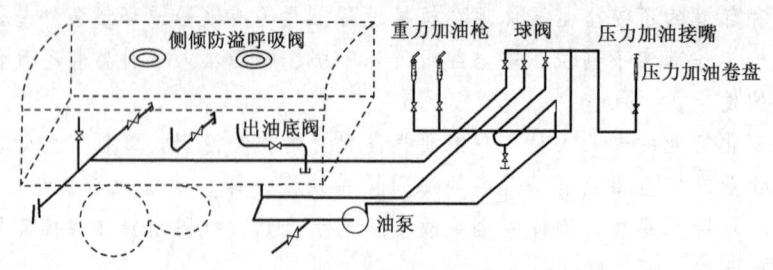

图2-1　飞机加油车加油系统流程示意图

加油车加油系统中，油罐、加油管、回油管、放沉淀管及附件、放油口、正常补油口、应急补油口、作泵站用时的进油口，均处于泵的吸入系统，其最大压力 p 可由下式计算：

$$p = \rho g H \tag{2-1}$$

式中　ρ——喷气燃料密度，kg/m³，本例中喷气燃料密度取 $\rho=0.785\times10^3$ kg/m³；
　　　g——重力加速度，m/s²，取 $g=9.8$ m/s²；
　　　H——油罐内液面高度，m，本例中，经测量最高液面小于 3m。

计算得 $p\leqslant23079$Pa，压力较小，因此以上相关部位最多会出现小流量的滴漏、渗漏或小型喷射。除油罐外，以上其他设备都在罐下部，因此即使发生喷射性泄漏，由于方向向下，不会造成严重危害，属于低危险性泄漏。

2. 高危险性泄漏

飞机加油车泵出口以后的管内压力较高，峰值最大高达 0.827MPa（水击压力），稳定压力最大可达 0.385MPa，因此泵出口以后的管路及设备有可能发生喷射性泄漏，其泄漏流速快，具有静电危害危险，喷射距离远，喷射面积大，特别是喷射到其他带电或高温物体，就可能发生着火等危险，因此属高危险性泄漏。主要部位有：

1）压力加油接嘴

压力加油接嘴是安装在飞机加油车加油胶管末端的连接装置，用于飞机翼下油箱口压力加油时，连接飞机压力加油接头，其控制压力值为 (0.35 ± 0.035)MPa。可能的危险在于与胶管的连接脱落，以及加油过程中车辆与飞机发生相对移动拉脱接头等。

2）接头

常用接头有 CRJ 型胶管接头和旋转接头，如果管压过大，接头可能脱落。

3）加油胶管

加油胶管能承受较小的正压，工作压力不大于 490kPa，长期使用后会自然老化、磨损，比较严重的可能发生破裂，造成油品喷射性泄漏或者渗漏。

4）法兰连接处

由于垫片损坏、连接螺栓松动，法兰连接处可能发生泄漏。

5）过滤分离器

过滤分离器上的测压管、压力表、放气阀等是过滤分离器的薄弱环节，相对较易发生泄漏。

6）阀门等附件

由于阀门阀杆密封处、法兰连接处垫片损坏、连接螺栓松动，法兰连接处可能发生泄漏。阀体通常为铸件，也是管路系统的薄弱部位，较管路更易发生砂眼、断裂等情况。

二、油品泄漏数值分析

1. 泄漏量分析

泄漏量与许多因素有关，泄漏口的形状、大小，泄漏速度（涉及泄漏介质的密度、黏度、压力），泄漏持续时间等都对泄漏量有影响。

1）泄漏口的形状及大小

由于发生泄漏的原因不同，因此泄漏口的形状也不同，具体形状需要根据失效机理、材料及结构具体分析。腐蚀引发的泄漏往往形成针孔泄漏，而不会产生较大的裂口。管道外力作用引发的泄漏常常产生较大的裂口。裂口尺寸的大小是一个受众多变量影响的函数，在无法判断或特定情况下，可按最坏的情况考虑，如假设泄漏处的整个管道全部断裂。

飞机加油车输油设备的典型损坏情况及裂口尺寸可参考表2-1。

表2-1 泄漏情况表

泄漏位置或裂口形状		裂口尺寸占管径的比例，%	
		破损	管路断裂
加油胶管	圆形、三角形和长方形	20	100
接头		20	100
法兰		20	
阀门	阀壳体	20	100
	阀盖	20	
	阀杆	20	
过滤器		20	100
泵	泵体	20	100
	密封压盖处	20	

2）泄漏速度

这里的泄漏速度是指泄漏口介质向外流动的速度。泄漏速度主要取决于内外压差、泄漏口形状及介质黏度。

液体泄漏速度为：

$$Q_0 = C_d A \rho \sqrt{\frac{2(p-p_0)}{\rho} + 2gh} \tag{2-2}$$

式中 Q_0——液体泄漏速度，kg/s；
C_d——液体泄漏系数，按表2-2选取；
A——裂口面积，m²；
ρ——泄漏液体密度，kg/m³；
p——容器内介质压力，Pa；
p_0——环境压力，Pa；
g——重力加速度，9.8m/s²；
h——裂口之上液位高度，m。

表2-2 液体泄漏系数 C_d

雷诺数（Re）	裂口形状		
	圆形（多边形）	三角形	长方形
>100	0.65	0.60	0.55
≤100	0.50	0.45	0.40

表2-2中雷诺数为：

$$Re = \frac{vd}{\nu} \tag{2-3}$$

式中 v——管内流体平均流速，m/s；
d——管子内直径，m；
ν——流体的运动黏度，m²/s。

常压下的液体泄漏速度，取决于裂口之上液位的高低；非常压下的液体泄漏速度，主要取决于容器内介质压力与环境压力之差和液位高低。

3）泄漏持续时间

泄漏持续时间是指泄漏从发生到停止的时间。泄漏从开始到终止，一般要经历三个过程：发现泄漏、关闭切断阀、堵塞和处理漏油。泄漏持续时间等于上述三过程时间之和。影响反应时间的因素有检测能力的强弱、关闭阀门的速度、阀门的类型等。对于具体的管道，要根据其具体的检测水平、管理水平、通信水平等来确定。

2. 油品在地面上的扩散范围分析

1）油品喷射范围

假设喷射方向与水平成 θ 角，则喷射距离的求解如下：

$$\begin{cases} S = v\cos\theta t \\ v\sin\theta = gt \end{cases} \tag{2-4}$$

式中　S——油品泄漏喷射距离；
　　　v——喷射速度，m/s；
　　　t——喷射时间，s；
　　　g——重力加速度，m/s²；
　　　θ——喷射方向与水平方向的夹角（°）。

由式（2-4）得：

$$S = \frac{v^2 \sin\theta\cos\theta}{g} \tag{2-5}$$

2）泄漏油品在地面的扩散范围和液层厚度

由于油品的流动性和挥发性，油品在泄漏过程中同时伴随着飞溅、流动扩散、挥发和渗漏。其扩散范围与飞溅的剧烈程度、压力、泄漏孔的尺寸、环境温度、流体的黏性等多种因素有关。由于分析的目的是考察泄漏的危险性，因此主要考察较大量的泄漏扩散范围。在泄漏流量较大的情况下，流动扩散为主要因素，为研究方便，将泄漏扩散假定为以下模型：

假定泄漏油品接触地面的点为中心，呈扁圆柱形沿光滑的地表向外扩散，且在扩散期间不考虑挥发。考虑到泄漏时间的影响，液体扩散半径可按瞬时泄漏和连续泄漏两种情况考虑：

（1）瞬时泄漏（泄漏时间不超过30s）：

$$r = \left(\frac{8gm}{\pi\rho}\right)^{\frac{1}{4}} \cdot t^{\frac{1}{2}} \tag{2-6}$$

（2）连续泄漏（泄漏持续10min以上）：

$$r = \left(\frac{32gmt^3}{\pi\rho}\right)^{\frac{1}{4}} \tag{2-7}$$

式中　r——液池半径，m；
　　　m——泄漏的液体量，kg；
　　　ρ——泄漏液体密度，kg/m³；
　　　t——泄漏时间，s。

则液层最小厚度、泄漏液体体积与液池面积的关系是：

$$S = \frac{V}{H_{\min}} = \frac{m}{H_{\min}\rho} \tag{2-8}$$

式中　　S——液池面积，m^2；

　　　　V——泄漏液体体积，m^3；

　　　　$H_{\min}$——液层最小厚度，m。

对于不同地面状况，液层最小厚度是不同的，需要经过大量的试验归纳。表 2-3 为不同地面的液层最小厚度。

表 2-3　不同地面的液层最小厚度

地面性质	草地	粗糙地面	平整地面	混凝土地面	平静的水面
最小液层厚度，mm	20	25	10	5	18

以斯太尔加油车加油口破裂为例，假设出现紧急情况为加油口胶管破裂，10s 内能紧急切断，最大泄漏量可按最大加油流量 1300L/min 计算，喷气燃料密度 ρ 为 $0.785 \times 10^3 \text{kg/m}^3$，属瞬时泄漏，则泄漏油品质量为：

$$m = tQ\rho = 170 \text{kg}$$

车停于混凝土地面，液层厚度按 5mm 计算，液池半径 $r=4.83$m。

3. 泄漏油品的蒸汽扩散

泄漏油品的蒸发按机理可分为闪蒸、热量蒸发和质量蒸发三种。

1) 闪蒸

过热液体泄漏后，由于液体的自身热量而直接蒸发称为闪蒸。发生闪蒸时液体蒸发速度 Q_t 可由下式计算：

$$Q_t = F_v m/t \tag{2-9}$$

式中　　F_v——直接蒸发的液体与液体总量的比例；

　　　　m——泄漏的液体总量，kg；

　　　　t——闪蒸时间，s。

2) 热量蒸发

当 $F_v<1$ 或 $Q_t<m$ 时，液体闪蒸不完全，有一部分液体在地面形成液池，并吸收地面热量而汽化，称为热量蒸发。热量蒸发速度 Q_t 按下式计算：

$$Q_t = \frac{KA_1(T_0 - T_b)}{H\sqrt{\pi\alpha t}} + \frac{KNuA_1}{HL}(T_0 - T_b) \tag{2-10}$$

式中　　K——导热系数，$J/(m \cdot K)$，见表 2-4；

　　　　A_1——液池面积，m^2；

　　　　T_0——环境温度，K；

　　　　T_b——液体沸点，K；

　　　　H——液体蒸发热，J/kg；

　　　　L——液池长度，m；

　　　　α——热扩散系数，m^2/s，见表 2-4；

t——蒸发时间，s；

Nu——努塞特（Nusselt）数。

表 2-4　某些地面的热传递性质

地面情况	K, J/(m·K)	α, m²/s
水泥	1.1	1.29×10^{-7}
土地（含水 8%）	0.9	4.3×10^{-7}
干涸土地	0.3	2.3×10^{-7}
湿地	0.6	3.3×10^{-7}
砂砾地	2.5	11.0×10^{-7}

3）质量蒸发

当地面传热停止时，热量蒸发终止，转而由液池表面之上气流运动使液体蒸发，称为质量蒸发。其蒸发速度 Q_t 为：

$$Q_t = \alpha Sh \frac{A}{L} \rho_L \tag{2-11}$$

式中　α——分子扩散系数，m²/s；

Sh——舍伍德（Sherwood）数；

A——液池面积，m²；

L——液池长度，m；

ρ_L——液体的密度，kg/m³。

第二节　油气泄漏及扩散分析

一、油库油气泄漏及扩散

油库中有可能出现油气泄漏及扩散的主要有油罐、油桶、油车等容器的油面以上空间，通风管道、呼吸管道及各种排气口。因此泄漏源可能是有压的，也可能是无压的，为便于研究，扩散方式可近似描述为射流扩散和绝热扩散。

1. 射流扩散

气体泄漏时从裂口喷出，形成气体喷射。大多数情况下气体直接喷出后，其压力高于周围环境大气压力，温度低于环境温度。在进行气体喷射计算时，应以等价喷射孔直径计算。等价喷射孔直径按下式计算：

$$D = D_0 \sqrt{\frac{\rho_0}{\rho}} \tag{2-12}$$

式中　D——等价喷射孔径，m；

D_0——裂口孔径，m；

ρ_0——泄漏气体的密度，kg/m³；

ρ——周围环境条件下气体的密度，kg/m³。

如果气体泄漏能瞬时达到周围环境的温度、压力状况，即 $\rho_0 = \rho$，则 $D = D_0$。

(1) 喷射的浓度分布。在喷射轴线上距孔口 x 处的气体的质量浓度 $C(x)$ 为：

$$C(x) = \frac{\dfrac{b_1+b_2}{b_1}}{0.32\dfrac{x}{D}\cdot\dfrac{\rho}{\sqrt{\rho_0}}+1-\rho} \tag{2-13}$$

其中 $b_1=50.5+48.2\rho-9.95\rho^2$，$b_2=23+41\rho$

在过喷射轴线上点 x 且垂直于喷射轴线的平面内任一点处的气体质量浓度为：

$$\frac{C(x,y)}{C(x)} = e^{-b_2(y/x)^2} \tag{2-14}$$

式中 $C(x,y)$——距裂口距离 x 且垂直于喷射轴线的平面内 Y 点的气体浓度，kg/m^3；

$C(x)$——喷射轴线上距裂口 x 处的气体的质量浓度，kg/m^3；

b_1，b_2——分布参数；

y——目标点到喷射轴线的距离，m。

(2) 喷射轴线上的速度分布。喷射速度随着轴线距离增大而减小，直到轴线上的某一点喷射速度等于风速为止，该点称为临界点。临界点以后的气体运动不再符合喷射规律。沿喷射轴线上的速度分布由下式得出：

$$\frac{v(x)}{v_0} = \frac{\rho_0}{\rho}\cdot\frac{b_1}{4}\left(0.32\frac{x}{D}\cdot\frac{\rho}{\rho_0}+1-\rho\right)\left(\frac{D}{x}\right)^2 \tag{2-15}$$

其中

$$v_0 = \frac{Q_0}{C_d\rho\pi\left(\dfrac{D_0}{2}\right)^2} \tag{2-16}$$

式中 ρ_0——泄漏气体的密度，kg/m^3；

ρ——周围环境条件下气体的密度，kg/m^3；

D——等价喷射孔径，m；

x——喷射轴线上距裂口某点的距离，m；

$v(x)$——喷射轴线上距裂口 x 处一点的速度，m/s；

v_0——喷射初速，等于气体泄漏时流出裂口时的速度，m/s；

Q_0——气体泄漏速度，kg/s；

C_d——气体泄漏系数；

D_0——裂口直径，m。

当临界点处的浓度小于允许浓度（可燃气体的燃烧下限或者有害气体最高允许浓度）时，只需按喷射来分析；若该点浓度大于允许浓度时，则需要进一步分析泄漏气体在大气中扩散的情况。

2. 绝热扩散

闪蒸液体或加压气体瞬时泄漏后，有一段快速扩散时间，假定此过程相当快以致在混合气团和周围环境之间来不及热交换，则称此扩散为绝热扩散。

根据 TNO 荷兰国家应用科学研究院（1979 年）提出的绝热扩散模式，泄漏气体（或液体闪蒸形成的蒸气）的气团呈半球形向外扩散。根据浓度分布情况，把半球分成内外两层，内层浓度均匀分布，且具有 50% 的泄漏量；外层浓度呈高斯分布，具有另外 50% 的泄漏量。

绝热扩散过程分为两个阶段：第一阶段气团向外扩散至大气，在扩散过程中，气团获得动能，称为"扩散能"；第二阶段，扩散能再将气团向外推，使紊流混合空气进入气团，从而使气团范围扩大。当内层扩散速度降到一定值时，可以认为扩散过程结束。

（1）气团扩散能，在气团扩散的第一阶段，扩散的气体（或蒸气）的内能一部分用来增加动能，对周围大气做功。假设该阶段的过程为可逆绝热过程，并且是等熵的。

① 气体泄漏扩散能。根据内能变化得出扩散能计算公式如下：

$$E = c_V(T_1 - T_2) - 0.98 p_0 (V_2 - V_1) \quad (2-17)$$

式中 E——气体泄漏扩散能，J；
c_V——比定容热容，J/（kg·K）；
T_1——气团初始温度，K；
T_2——气团压力降至大气压力时的温度，K；
p_0——环境压力，Pa；
V_1——气团初始体积，m^3；
V_2——气团压力降至大气压力时的体积，m^3。

② 闪蒸液体泄漏扩散能。蒸发的蒸气团扩散能可以按式（2-18）计算：

$$E = [H_1 - H_2 - T_b(S_1 - S_2)]W - 0.98(p_1 - p_0)V_1 \quad (2-18)$$

式中 E——闪蒸液体泄漏扩散能，J；
H_1——泄漏液体初始焓，J/kg；
H_2——泄漏液体最终焓，J/kg；
T_b——液体的沸点，K；
S_1——液体蒸发前的熵，J/（kg·K）；
S_2——液体蒸发后的熵，J/（kg·K）；
W——液体蒸发量，kg；
p_1——初始压力，Pa；
p_0——环境压力，Pa；
V_1——气团初始体积，m^3。

（2）气团半径与浓度，在扩散能的推动下气团向外扩散，并与周围空气发生紊流混合。

① 内层半径与浓度。气团内层半径 R_1 和浓度 C 是时间函数，表达式如下：

$$R_1 = 2.72\sqrt{K_d t}$$

$$C = \frac{0.0059 V_0}{\sqrt{(K_d t)^3}} \quad (2-19)$$

其中

$$K_d = 0.0137 \sqrt[3]{V_0} \sqrt{E} \left(\frac{\sqrt[3]{V_0}}{t\sqrt{E}}\right)^{\frac{1}{4}} \quad (2-20)$$

式中 t——扩散时间，s；
V_0——在标准温度、压力下气体体积，m^3；
K_d——紊流扩散系数。

如上所述，当中心扩散速度（dR/dt）降到一定值时，第二阶段才结束。临界速度的选择是随机且不稳定的。设扩散结束时扩散速度为 1m/s，则在扩散结束时内层半径 R_1 和浓

度 C 可按下式计算：

$$R_1 = 0.08837E^{0.3}V_0^{\frac{1}{3}}$$
$$C = 172.95E^{-0.9} \tag{2-21}$$

② 外层半径与浓度。第二阶段末气团外层的大小可根据试验观察得出，即扩散终结时外层气团半径 R_2 由下式求得：

$$R_2 = 1.456R_1 \tag{2-22}$$

式中　R_2，R_1——气团外层、内层半径，m。

外层气团浓度自内层向外呈高斯分布。

二、油气扩散数学模型

油气本身具有易燃易爆性，且泄漏后对人体、环境都会造成危害，因此，把它归为危险气体范畴。早在 20 世纪五六十年代，国外学者就开始了对可燃危险性气体扩散模型的研究，直到现在该领域的研究还比较活跃，期间提出了不少具有代表性的扩散模型。

1. 高斯模型

该模型是最早开发的数学模型，适用于点源的扩散，从统计方法入手，考察扩散物质的浓度分布。

烟羽模型（Plume Model）适用于连续源的扩散，其浓度分布公式为：

$$C(x,y,z,H) = \frac{Q}{2\pi\sigma_y\sigma_z}\exp\left[-\frac{1}{2}\left(\frac{y}{\sigma_y}\right)^2\right]\left\{\exp\left[-\frac{1}{2}\left(\frac{Z-H}{\sigma_z}\right)^2\right] + \exp\left[-\frac{1}{2}\left(\frac{Z+H}{\sigma_z}\right)^2\right]\right\} \tag{2-23}$$

式中　C——扩散质的浓度（以百分数表示的体积分数）；
　　　Q——源的泄放速率，m^3/s；
　　　H——有效源高，m；
　　　x，y，z——该点坐标；
　　　σ_y，σ_z——横风向和竖直方向的扩散系数，m。

烟团模型（Puff Model）适用于短时间泄漏的扩散，即泄漏时间相对于扩散时间短的情形，如突发性泄漏等。若假设气体云内空间上的分布为高斯分布，则地面处风向的烟团浓度分布公式为：

$$C(x,y,z,H) = \frac{2M}{(2\pi)^{\frac{3}{2}}\sigma_z\sigma_h^2}\exp\left\{-\frac{1}{2}\left[\frac{(x-\mu t)^2 + y^2}{\sigma_h^2} + \frac{H^2}{\sigma_z^2}\right]\right\} \tag{2-24}$$

式中　σ_h——水平扩散系数，m；
　　　M——气体或污染物泄放总量，m^3。

烟羽模型和烟团模型未考虑重力影响，所以只适用于轻气体或与空气密度相差不多的气体的扩散。虽然高斯模型存在许多缺点，但由于具有开发较早、技术较成熟、模型计算简便等特点仍在污染物扩散领域广泛应用。

2. 唯象模型

唯象模型是指通过一系列图表或者简单关系式来描述扩散行为的模型，又称为 BM 模型。该模型提出连续和瞬时释放的浓度关系表达式如下：

$$\begin{cases} \dfrac{C_m}{C_0} = f_c \left[\dfrac{x}{(V_{c0}/u)^{1/2}}, \dfrac{g_0' V_{c0}^{1/2}}{u^{5/2}} \right] \\ \dfrac{C_m}{C_0} = f_i \left[\dfrac{x}{V_{i0}^{1/3}}, \dfrac{g_0' V_{i0}^{1/3}}{u^2} \right] \end{cases} \quad (2-25)$$

其中
$$g_0' = g(\rho_0 - \rho_a)/\rho_a$$

式中　C_m、C_0——气云横截面上的平均浓度和初始浓度，kg/m³；

　　　V_{c0}——连续烟流释放的初始气云体积流量，m³/s；

　　　V_{i0}——瞬时烟团释放的初始气云体积，m³；

　　　u——10m 高处的风速；

　　　g_0'——初始的折算重力项；

　　　ρ_0、ρ_a——初始气云密度和外界气体密度；

　　　f_c、f_i——普遍化无量纲函数。

该模型主要适用于中性或重气体的研究，且计算简便、结果表现直观，侧重于大规模泄漏的研究。

3. Sutton 模型

该模式是用湍流扩散统计理论来处理湍流扩散问题的。其浓度分布的计算公式为：

$$C(x,y,z,H) = \dfrac{Q \exp\left[-\dfrac{y^2}{C_y^2 x^{2-n}}\right]}{\pi C_y C_z u} \cdot \left\{ \exp\left[-\dfrac{(Z-h)^2}{C_z^2 x^{2-n}}\right] + \exp\left[-\dfrac{(Z+h)^2}{C_z^2 x^{2-n}}\right] \right\}$$

(2-26)

式中　C_y、C_z——与气象条件有关的扩散参数，m。

Sutton 模型较适用于中性气体的扩散研究，但其精度不高，与实验值相差较大，在此不作详细介绍。

4. 箱及相似模型

箱及相似模型是指假定浓度、温度和其他场，在任何下风横截面处为矩形分布或相似分布（如高斯分布）等简单形状，这里的矩形分布是指在某些空间范围内场是均匀的，而在其他地方为零。该类模型预报气云的总体特征，如平均半径、平均高度和平均气云温度，而不考虑其在空间上的细节特征。气体重力效应消失后其行为表现为被动气体扩散，所以该类模型还包括被动扩散的高斯模型及对它的修正。

由于考虑了气体重力及流动扩散阻力等因素的影响，与高斯模型相比，箱及相似模型计算精度较高，尤其是对于重性气体的扩散模拟。该模型简单易用，特别适合于重大事故的危险评价。

5. 三维传递现象模型

三维传递现象模型采用计算流体力学（computational fluid dynamics，CFD）方法模拟重气扩散的三维非定常态湍流流动过程。这种数值方法是通过建立各种条件下的基本守恒方程（包括质量、动量、能量及组分等），结合一些初始和边界条件，运用数值计算理论和方法，实现预报真实过程及各种场的分布，以达到对扩散过程的详细描述。这种方法克服了箱及相似模型中辨识和模拟重气下沉、空气卷吸、气云受热等物理效应时所遇到的许多问题。这种方法具有模拟除平坦均匀地形以外更为复杂情形的能力。

目前基于数值计算的计算流体力学（CFD）方法已成为国内外广泛研究的热点。该领域已开发的模型主要有零方程模型、单方程模型和双方程模型等。目前使用较多的是双方程模型，该类模型有着不同的形式，如 $k-\varepsilon$、$k-\omega$、$k-\tau$ 模型等，其中描述湍流动能的运输系数和湍流黏性系数的 $k-\varepsilon$ 模型应用尤为广泛。

该模型广泛适用于各流体湍流运动的研究，适用范围较广，同时，计算机硬件和软件的飞速发展也使这种数值计算方法不断完善。该模型能形象准确地描述流体的三维物理特性，其模型的扩展和相关软件的开发也已成为广泛研究的热点。

除以上所述，还有许多研究气体扩散的数学模型，如介于箱及相似模型及三维传递现象模型之间的浅层模型，它是基于浅层理论（浅水近似）推广得到的，在许多文章中被建议采用。同时，国内学者也做了很多工作，如南京工业大学蒋成军等在箱及相似模型基础上建立了 LTA—HGDM 模型，该模型具有形式简单、模拟精度较好、运算快捷等优点。

三、相关软件的设计和开发

基于数学模型的计算较复杂，尤其是描述复杂扩散运动的数学模型，如复杂地形、气象等条件下的扩散。为快速、准确地计算模拟结果，需要基于数学模型相关软件的开发。现已开发的扩散模拟软件很多，按其模拟方式不同，主要分为扩散模式模拟和数值计算模拟两大类。

1. 扩散模式模拟

该类软件主要基于某种特定的扩散模式，如高斯模型、箱及相似模型和浅层模型等，根据相应模型的表达式、计算过程等编程，输入计算机，建立用户接口。用户在模拟之前，需输入符合该模型气体泄漏的各种参数，如物质名称、泄漏速率、泄源高度、泄源半径、坐标系、环境温度及风速等，经过计算机对输入参数的处理、计算得出模拟结果。

该类软件由于研发时间较早，应用较广泛，现在普遍应用的扩散模拟软件 ISC 3VIEW（复合工业源扩散模式）就是基于高斯模型开发的（具体流程图见图 2-2）。还有很多常用的扩散软件，如 TSCREEN、INPUFF、AFTOX 等也都是基于特定的模式而开发的。但由于该类软件基于特定的扩散模式，研究对象有针对性，必须假定速度和浓度的相似分布，并假设蒸气在平稳、均匀湍流的理想状态下扩散；对于其他条件下的气体扩散，尤其是复杂扩散的模拟，与理论值相比计算误差较大，因此具有一定的局限性。

2. 数值计算模拟

对于许多实际工况中复杂的传热和流动问题，用单一的特定的数学模型得不到解决，只有采用实验研究或近似的数值计算方法才能得到数量上的衡量。三维传递现象模型就是在此基础上建立的，基于该模型软件开发的思想就是，利用计算流体力学（CFD）理论，把原来在时间、空间上连续的物理量流场，用有限各离散点上的值的集合来近似代替，根据所研究对象的控制方程，建立关于这些值的代数方程组，然后求解得到物理场的近似解（数值计算解决问题的基本步骤见图 2-3）。目前，该类软件的开发技术日趋成熟，比较有代表性的 CFD 软件，如 FLUENT、CFX 和 PHONIECS 等都已广泛应用于工业易燃、易爆、有毒等危险性气体的扩散模拟研究。

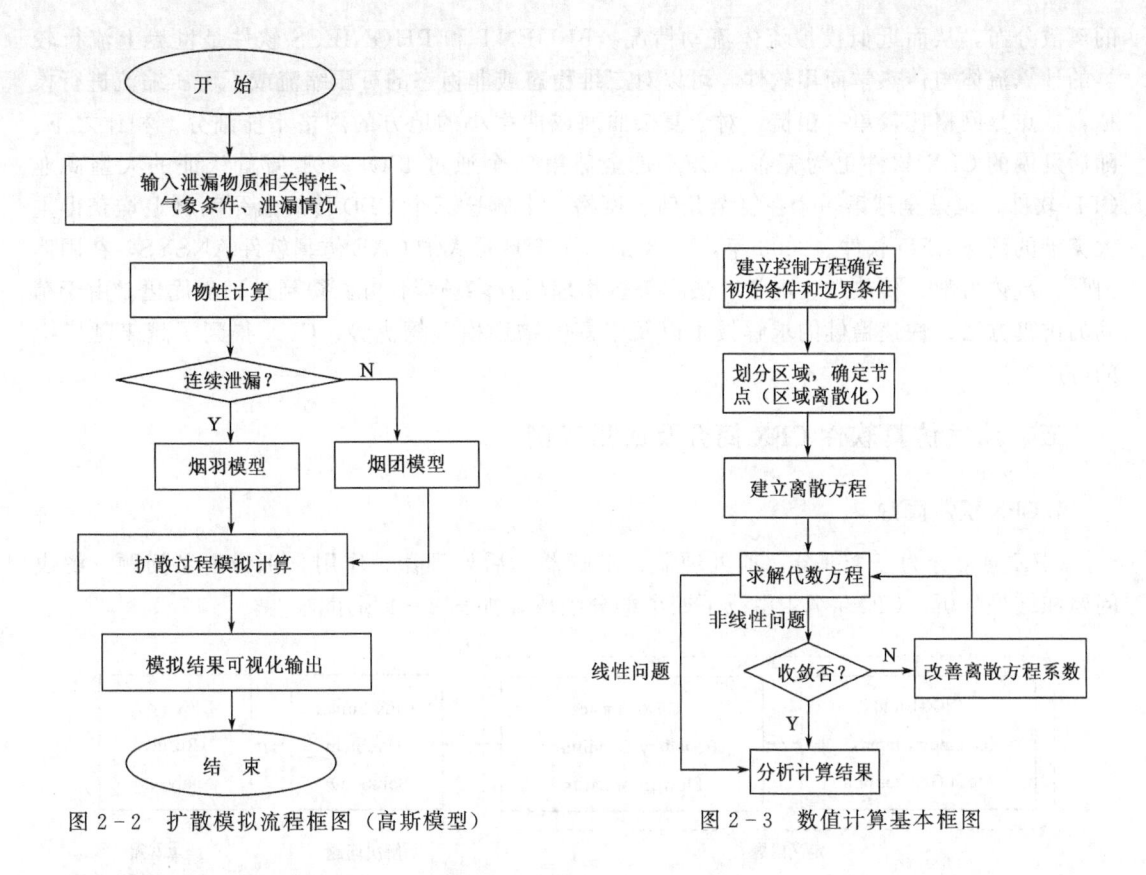

图2-2 扩散模拟流程框图（高斯模型）　　　　图2-3 数值计算基本框图

应用数值计算方法的流体力学模拟软件能够更加精确地描述流体在大气湍流运动中的物理现象，具有广泛的通用性，尤其模拟非均匀稳定的流场，以及有障碍物或明显地形变化的复杂过程较为可靠。但数值计算过程较为复杂，且计算量较大，需要高性能的硬件设备，在实际应用中受到很大的限制。同时，对于事故现场条件的复杂情形和动态变化的突发性，难以精确获得仿真软件中的某些参数。

四、油气扩散领域仿真软件的应用

目前，国内外仿真软件很多，其中具有代表性的有 ANSYS、SAVE、SAFETI、LEAK、FLUENT 及 CFX 等，各软件因其自身特点不同适用的范围也有所区别。ANSYS 软件是一种广泛的商业套装工程分析软件，主要理论基础是有限元法数值分析，主要侧重于结构高度非线性分析、优化设计、接触分析等。该软件也可通过计算流体力学分析简单的流体湍流运动，但缺少模拟复杂湍流运动的高级模型，如大涡模型（LES）和分离涡模型（DES）等，由于油气紊流运动的复杂性，该软件很少用于油气扩散领域。

SAVE、SAFETI、LEAK 都是 DNA 公司生产的软件，其中 SAVE、SAFETI 都是用来定量分析事故危险的软件，主要对大型的油气泄漏事故进行预测和风险计算，如大型石油罐区进行量化风险评估，但对局部少量的油气扩散不能精确模拟。LEAK 也是危险性分析软件的一种，主要是对油气泄漏事故频率进行计算和分析。

FLUENT、CFX 及 PHONIECS 等软件都是目前国际上相对比较成熟的 CFD 商业软件，其基本原理都是数值求解控制流体流动的微分方程，得出流体流动的流场在连续区域上的离散分布，从而近似模拟流体流动情况。FLUENT 和 PHONIECS 软件是世界上流行较早的计算流体与传热学商用软件，可以对三维稳态或非稳态的可压缩流或不可压缩流进行模拟，缺点是网格比较单一粗糙，对于复杂曲面或曲率小的地方的网格不能细分。相比之下，随后发展的 CFX 软件更为完善，CFX 是全球第一个通过 ISO 9001 质量认证的大型商业 CFD 软件，也是全球第一个在复杂几何、网格、求解这三个 CFD 传统瓶颈问题上均获得重大突破的商业 CFD 软件。2003 年，CFX 加入了全球最大的 CAE 仿真软件 ANSYS，在固体力学、流体力学、传热学、电学、磁学等多物理场及多场耦合方面得到进一步优化。由于精确的仿真方法、快速稳健的求解技术以及丰富的物理模型等优势，CFX 得到了越来越广泛的应用。

五、油气仿真软件 CFX 简介及应用实例

1. CFX 软件简介

CFX 通常分为三个部分：前处理器、求解器、后处理器，作用分别为定义问题、解决问题和结果分析。CFX5.7.1 由以下四个部分组成，如图 2-4 所示。

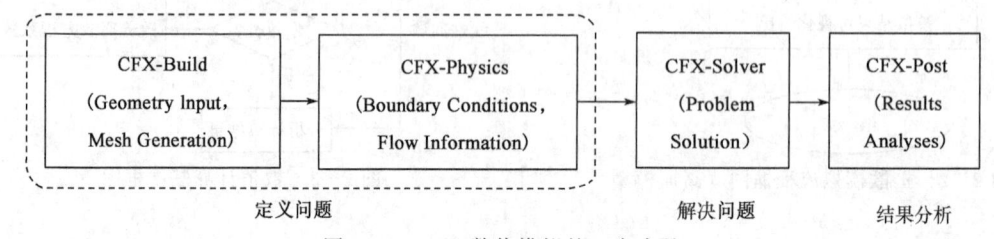

图 2-4 CFX 数值模拟的四个步骤

CFX - Build，用 PATRAN 指令语言（PCL）设置几何模型，定义目标区域，并进行网格剖分。

CFX - Physics，定义流体域、边界条件、湍流模型，并求解参数。

CFX - Solver，处理 CFX - Pre 所建立的模型。

CFX - Post，分析求解结果，提供交互式图形处理工具分析并显示模拟结果（使控制区域可视化，矢量图可显示流体的大小和方向，区域内标量、变量的变化也可实现可视化）。

仿真步骤如下：

第一步，目标区域被定义后，整个控制区域将被分成无数个小区域（控制体或控制单元）形成网格，即网格剖分；

第二步，模拟过程中必须输入物理模型的边界条件和流体特性，控制偏微分方程把所有的控制体作为一个整体考虑，并将整个方程组转换成代数方程；

第三步，对每个控制单元的节点进行迭代处理，使迭代循环错误达到最小值，直到得到满意的收敛值；

第四步，CFX - Post 可以使 CFD 模拟的结果可视化，显示图形及图表（点、线、面、体积、等值面、矢量、等高线、流线）并计算用户指定变量值。

2. 应用实例——敞口加油油气扩散控制仿真模拟

假设油气源形状为半径为 0.1m 的圆，油气源水平以下部分为实体空间，以上部分为敞

开空间，为控制加油时油气源扩散，在加油装置上安装强制排风装置，通过CFX仿真模拟观察油气源扩散情况，并根据模拟结果确定通风装置的风速。以下对整个模拟过程和模拟结果进行简述。

1）创建几何模型并进行网格剖分

（1）几何模型。

为便于观察油气源油气扩散控制情况，这里取以油气源为圆心、半径为1.5m的半圆区域作为仿真模型中的观察域，由于该例模拟的是局部范围油气扩散，可以对排风装置和加油装置进行局部简化，如图2-5所示。

（2）网格剖分。

网格剖分采用体剖分，为保证计算结果的精确，网格剖分尽量细化，该例中最大边长度设定为0.0526m，最小边长度为0.001m，角度定义为30°，网格剖分后的模型如图2-6所示。

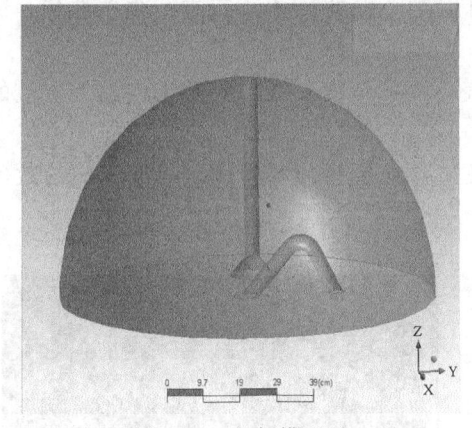

图2-5　几何模型图　　　　图2-6　几何模型网格剖分图

2）域参数及初始条件参数确定

为保证模拟条件更接近于实际工况，首先需要对整个敞口加油环境的温度、压力，油气源排放油气的浓度、速度，以及通风装置的尺寸、风速等各项参数进行实地测量和计算，这里对各参数确定过程不作过多阐述。

根据以上确定的参数，对已剖分的几何模型在CFX中进行域参数、初始条件及边界条件的参数设定，如表2-5所示。

表2-5　域参数及初始条件主要参数确定

参数类型	输入参数	参数取值及说明
域参数	域环境	稳态模型、1atm环境压力、重力浮力模型、k-ε紊流模型
	流体列表	17℃空气、35℃摩尔质量为65.5kg/kmol的混合油蒸气
	模拟时间	900s（加油时间）
入口参数	油气排出速度	2.2m/s（假设为恒定）
	入口紊流系数	5%（取中间值）
	排出油气温度	35℃（308K）
	混合油气成分	油气6.84%、空气93.16%

续表

参数类型	输入参数	参数取值及说明
出口参数	通风管风速	13m/s（计算值）
环境设置	环境温度	17℃（假设加油过程中恒定）
	环境压力	1atm
	油气初始浓度	0
	空气紊流系数	5%

输入边界条件后的几何模型如图 2-7 所示。

3）解算控制及迭代设置

（1）单位时间：如果选择 High Resolution 或较高的混合参数值，单位时间也需要相对减小，以提高精度，一般取 1/2~1/3 个单位时间，本例取 0.5s。

（2）迭代次数：CFX 通常在 50~100 次就可以对一般的流体流态进行收敛迭代，次数越大计算量也越大，本例设定值为 100。

（3）收敛标准：在 CFX 中，不同的取值代表不同的精度，针对小范围内油气扩散的模拟，收敛精度取 10^{-4}。

对初始参数及计算控制参数进行设定后，CFX 自动启动计算程序，根据相应的数值计算模型进行模拟计算。

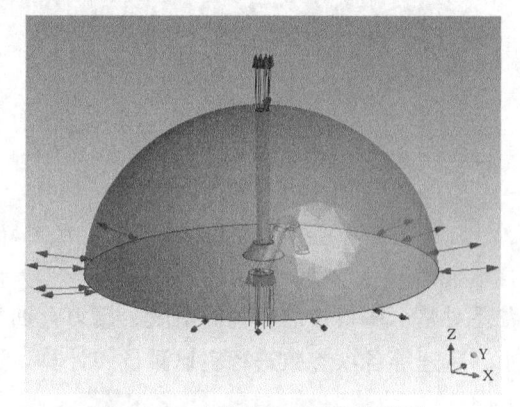

图 2-7 参数预处理后几何模型

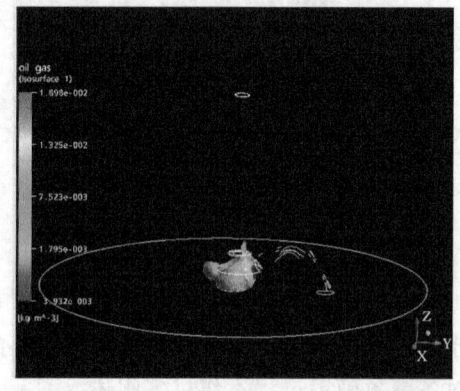

图 2-8 $v=12$m/s 的 1%LEL 油气浓度等值面图

4）仿真结果处理

以上迭代计算完成后，自动形成后缀为 .res 的文件，通过 CFX-Post 可以对空间任意点、线、面油气浓度、空间浓度等值面、气流组织情况等进行可视化及数值计算，同时还能将指定变量值导出。

以下以不同通风管风速条件下，油气扩散情况为例进行说明，图 2-8、图 2-9 为两风速下 1%LEL（爆炸浓度下限）油气浓度等值面图，图 2-10 为风速为 12m/s 的局部气流组织图。

在降低通风管风速的仿真过程中，风速由 14m/s 降至 12m/s 时，吸气效果变化不太明显，油气能完全吸入罩内，能基本达到控制效果。当风速降为 10m/s 时，可明显看出罩口周围有油气积聚，1%LEL 油气等值面范围较大，油气有逸出，存在安全隐患。

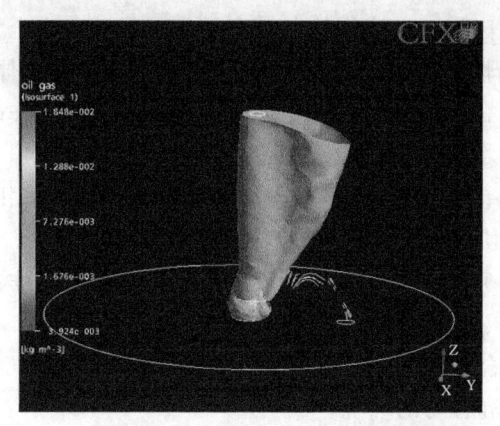

图 2-9　$v=10$m/s 的 1%LEL 油气浓度等值面图 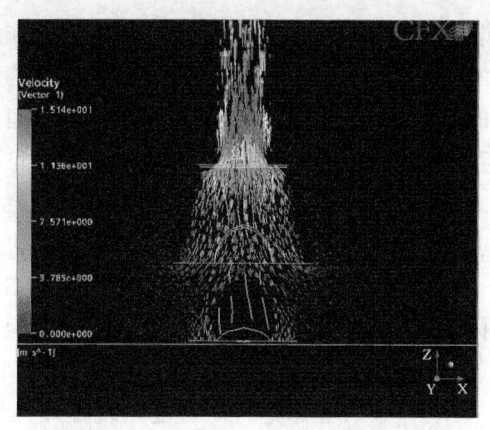　　图 2-10　$v=12$m/s 的局部气流组织图

为直观体现吸风罩口周围油气浓度，取垂直于 XOZ 平面吸风罩直径上 10 点油气质量浓度数据导出，换算成体积浓度作趋势折线图，如图 2-11 所示。

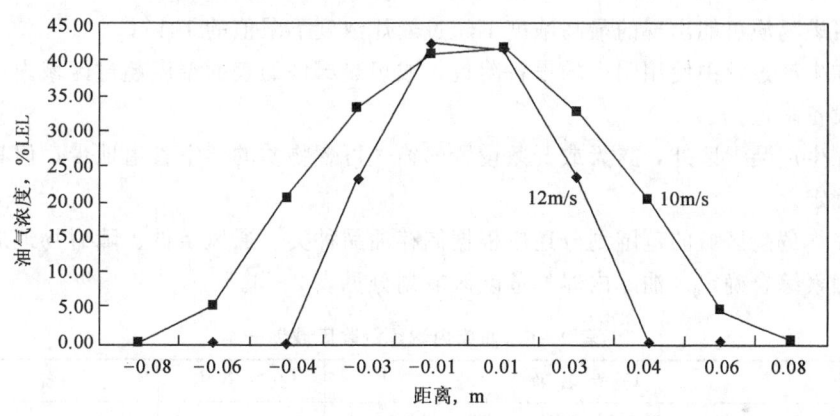

图 2-11　不同风速下罩口直径处油气体积浓度曲线

由图 2-11 可看出：

(1) 两种风速条件下的折线图都较对称，且在原点处油气浓度最高，接近甚至超过加油口出口浓度，这可能与油气在罩口处产生积聚有关。

(2) 油气浓度沿中心点向两侧衰减，通风管风速越大衰减趋势越明显。当通风管内风速为 12m/s 时，油气体积浓度在距中心点 0.04m 处降为 0；风速为 10m/s 时，罩口边缘（距离中心点 0.06m）处油气浓度为 5.18%LEL，说明有部分油气从罩口逸出，油气容易在罩外积聚，通风管风速达不到要求。

由以上对仿真结果的分析，确定吸风罩临界风速为 12m/s。

第三节　油库爆炸危险区域划分

一、爆炸危险区域划分方法

在油库中爆炸性混合物出现的或预期可能出现的数量达到足以要求对电气设备的结构、

安装和使用采取预防措施的区域,称为爆炸危险区域。油库爆炸危险区域划分是油库安全管理的重要内容之一。油库内不是所有区域的危险性都一样,有的区域始终存在着可燃气体,有的区域只是暂时存在;有的区域全部空间存在,有的只是局部空间存在;有的正常工作时就存在,也有的只是发生故障时才存在,且不同情形下的危险程度也是不尽相同的。

划分爆炸危险区域的意义在于:确定易燃油品设备周围可能存在爆炸性气体混合物的范围,要求布置在这一区域内的电气设备具有防爆功能,使可能出现的明火或火花避开这一区域。

《爆炸危险环境电力装置设计规范》(GB 50058—2014)将爆炸性气体环境根据爆炸性气体混合物出现的频繁程度和持续时间分为0区、1区、2区,分区应符合下列规定:

0区——连续出现或长期出现爆炸性气体混合物的环境;

1区——在正常运行时可能出现爆炸性气体混合物的环境;

2区——在正常运行时不太可能出现爆炸性气体混合物的环境,或即使出现也仅是短时存在的爆炸性气体混合物的环境。

符合下列条件之一时,可划为非爆炸危险区域:

(1) 没有释放源且不可能有可燃物质进入的区域;

(2) 可燃物质可能出现的最高浓度不超过爆炸浓度下限值的10%;

(3) 在生产过程中使用明火的设备附近,或炽热部件的表面温度超过区域内可燃物质引燃温度的设备附近;

(4) 在生产装置区外,露天或开敞设置的输送可燃物质的架空管道地带,但其阀门处按具体情况确定。

油库爆炸危险区域的范围划分还应根据储存油品种类、通风条件、障碍物地形地势及作业条件等因素综合确定。油库内爆炸危险区域划分见表2-6。

表2-6 油库内爆炸危险区域划分

序号	场所名称	危险等级	备注
1	轻油洞库主坑道、上引道、支坑道、罐间、操作间、风机室	1	—
2	轻油洞库以汽油罐室量油口为中心半径3m内的球形空间	0	不得安装固定照明设备
3	洞内柴油、煤油罐间	1	不宜安装固定照明设备
4	轻油覆土罐罐库、巷道	1	独立的轻油覆土罐罐库、巷道不应安装固定照明设备
5	轻油泵房(地下、半地下、地面泵房)	1	
6	汽油罐桶间	0	不应安装固定照明设备
7	柴油、煤油罐桶间(室内、室外)	1	
8	敞开式汽油罐油亭、间、棚	1	
9	轻油铁路装卸油区(含隧道铁路装卸油整条隧道区)	1	
10	汽油泵棚、露天汽油泵站	2	棚指敞开式
11	以轻油地面油罐、半地下油罐、放空罐、高位罐的呼吸阀、测量口等呼吸管道为中心半径1.5m的球形空间	1	—
12	以轻油洞库通风、透气管口为中心半径3m球形空间	1	—
13	轻油桶装库房及汽车油罐车库	2	
14	码头装卸油区	2	不含专设丙类油品装卸码头

续表

序号	场所名称	危险等级	备注
15	阀组间、检查井、管沟	2	有盖板的为1区
16	洗修桶厂内废油回收间及喷漆间	2	—
17	乙炔发生器间	1	不宜安装固定电气设备
18	油品试样间	2	—
19	乙炔气瓶存储间、氧气瓶存储间	2	—
20	废油更生厂（场）废油存储场	2	—
21	露天桶装轻质油品堆放场	2	—

注：(1) 以储存轻油的油罐通气口为中心、半径1.5m以内的空间为1区，罐外壁和顶部3m范围内及防火堤内高度等于堤高的空间，应划为2区；储存轻油的油罐空间应划为0区。
(2) 以装运轻油铁路油罐车、汽车油罐车和油船注入口为中心、半径为3m的球形空间为1区，向外3～7.5m和自地面算起高7.5m、半径为15m的圆柱形空间划为2区。
(3) 在爆炸危险场所内，通风不良的死角、沟、坑等凹洼处应划为1区。

油库与爆炸危险场所相邻，用有门的墙隔开的场所，此场所虽无爆炸危险物质，但由于爆炸性气体混合物可能侵入而有爆炸危险，其区域按表2-7划分，同时要注意以下几点：(1) 门、墙应当用非燃材料制成。(2) 隔墙应为实体的，两面抹灰，密封性好。(3) 两道隔墙、门之间净距离不小于2m。(4) 门应有密封措施，且能自动关闭。(5) 隔墙上不应开窗。(6) 隔墙下不允许有地沟、敞开的管道等连通。

表2-7 爆炸危险场所相邻场所区域划分

爆炸危险区域	用有门隔墙隔开的相邻区域		
	一道有门的隔墙	两道有门的隔墙	一道无门的隔墙
0区	0区	1区	2区
1区	2区	非爆炸危险场所	非爆炸危险场所
2区	非爆炸危险场所		

二、油库各固定场所爆炸危险区域划分

1. 爆炸危险区域图例

爆炸危险区域图例见表2-8。

表2-8 爆炸危险区域图例表

危险场所名称	0级区域	1级区域	2级区域
图例	▨	▩	▨

注：易燃设施的爆炸危险区域内地坪以下的坑、沟为1区。

2. 爆炸危险区域范围划分

根据《石油库设计规范》（GB 50074—2014）"附录B 爆炸危险区域等级范围划分"和《汽车加油加气加氢站技术标准》（GB 50156—2021）整理，油库易燃液体设备、设施的爆炸危险区域划分见表2-9。

表 2-9 油库易燃液体设备、设施的爆炸危险区域划分

区域名称	图例	危险区域范围
储存易燃油品的地上固定顶油罐爆炸危险区域划分		(1) 罐内未充惰性气体的油品表面以上空间划为 0 区。 (2) 以通气口为中心，半径为 1.5m 的球形空间划为 1 区。 (3) 距储罐罐外壁和顶部 3m 范围内及储罐外壁至防火堤，其高度为堤顶高的范围内划为 2 区。
储存易燃油品的内浮顶油罐爆炸危险区域划分		(1) 浮盘上部空间及以通气口顶部空间划为 1 区。 (2) 以通气口为中心，半径为 1.5m 的球形空间划为 1 区。 (3) 距储罐罐外壁和顶部 3m 范围内及储罐外壁至防火堤，其高度为堤顶高的范围内划为 2 区。
储存易燃油品的浮顶油罐爆炸危险区域划分		(1) 浮盘上部至罐壁顶部空间为 1 区。 (2) 距储罐罐外壁和顶部 3m 范围内及储罐外壁至防火堤，其高度为堤顶高的范围内划为 2 区。
储存易燃油品的地上卧式油罐爆炸危险区域划分		(1) 罐内未充惰性气体的液体表面以上空间划为 0 区。 (2) 以通气口为中心，半径为 1.5m 的球形空间划为 1 区。 (3) 距罐外壁和顶部 3m 范围内及罐外壁至防火堤，其高度为堤顶高的范围为 2 区。

续表

区域名称	图 例	危险区域范围
易燃油品泵房、阀室爆炸危险区域划分		(1) 易燃油品泵房和阀室内部空间划为1区。 (2) 有孔墙或敞开式墙外与墙等高L_2范围内的空间划为2区。 (3) 危险区边界与释放源的距离应符合规定： 距离 L_1, m L_2, m 压力, MPa ≤1.6 >1.6 ≤1.6 >1.6 泵房 3 15 $L+3$ $L+3$ 阀室 3 $L+3$ 1 $L+3$
易燃油品泵棚、露天泵站的泵和配管的阀门、法兰等为释放源的爆炸危险区域划分		(1) 以释放源为中心、半径为R的球形空间和自地面算起高为0.6m、半径为L的圆柱体的范围划为2区。 (2) 危险区边界与释放源的距离应符合规定： 距离 L_1, m L_2, m 压力, MPa ≤1.6 >1.6 ≤1.6 >1.6 泵房 3 15 1 7.5 法兰阀门 3 $L+3$ 1 $L+3$
易燃油品灌桶间爆炸危险区域划分		(1) 油桶内部液体表面以上的空间划为0区。 (2) 灌桶间内空间划为1区。 (3) 有孔墙或敞开式墙外3m高、距释放源7.5m以内的室外空间和自地面算起0.6m高、距释放源4.5m以内的室外空间和地面算起高为0.6m且不小于3m的空间及距地坪0.6m高、L_1范围内的空间划为2区。 (4) 图中$L_2 \leq 1.5$m时，$L_1 = 45$m；$L_2 > 1.5$m时，$L_1 = L_2 + 3$m。

— 49 —

续表

区域名称	图例	危险区域范围
易燃油品灌桶棚或露天灌桶场所的爆炸危险区域划分	灌桶口 R=1.5m R=4.5m 液体表面	(1) 油桶内液体表面以上的空间划为 0 区。 (2) 以灌桶口为中心、半径为 1.5m 的球形空间划为 1 区。 (3) 以灌桶口为中心、半径为 4.5m 的球形并延至地面的空间划为 2 区
易燃油品汽车油罐车库、易燃油品重桶库房的爆炸危险区域划分	封闭墙 1m 有孔端或开式端	建筑物内空间及有孔或开式墙外 1m 与建筑物等高的范围内划为 2 区
易燃油品汽车油罐车棚、易燃油品重桶堆放棚的爆炸危险区域划分		棚的内部空间划为 2 区
铁路、汽车油罐车卸易燃油品时爆炸危险区域划分	卸油口 R=1.5m R=3m 密闭卸油口 液体表面	(1) 油罐车内部的液表面以上空间划为 0 区。 (2) 以卸油口为中心、半径为 1.5m 的球形空间划为 1 区。 (3) 以卸油口为中心、半径为 3m 的球形并延至地面的空间和以密闭卸油口为中心、半径为 0.5m、半径为 1.5m 的球形并延至地面的空间划为 2 区

续表

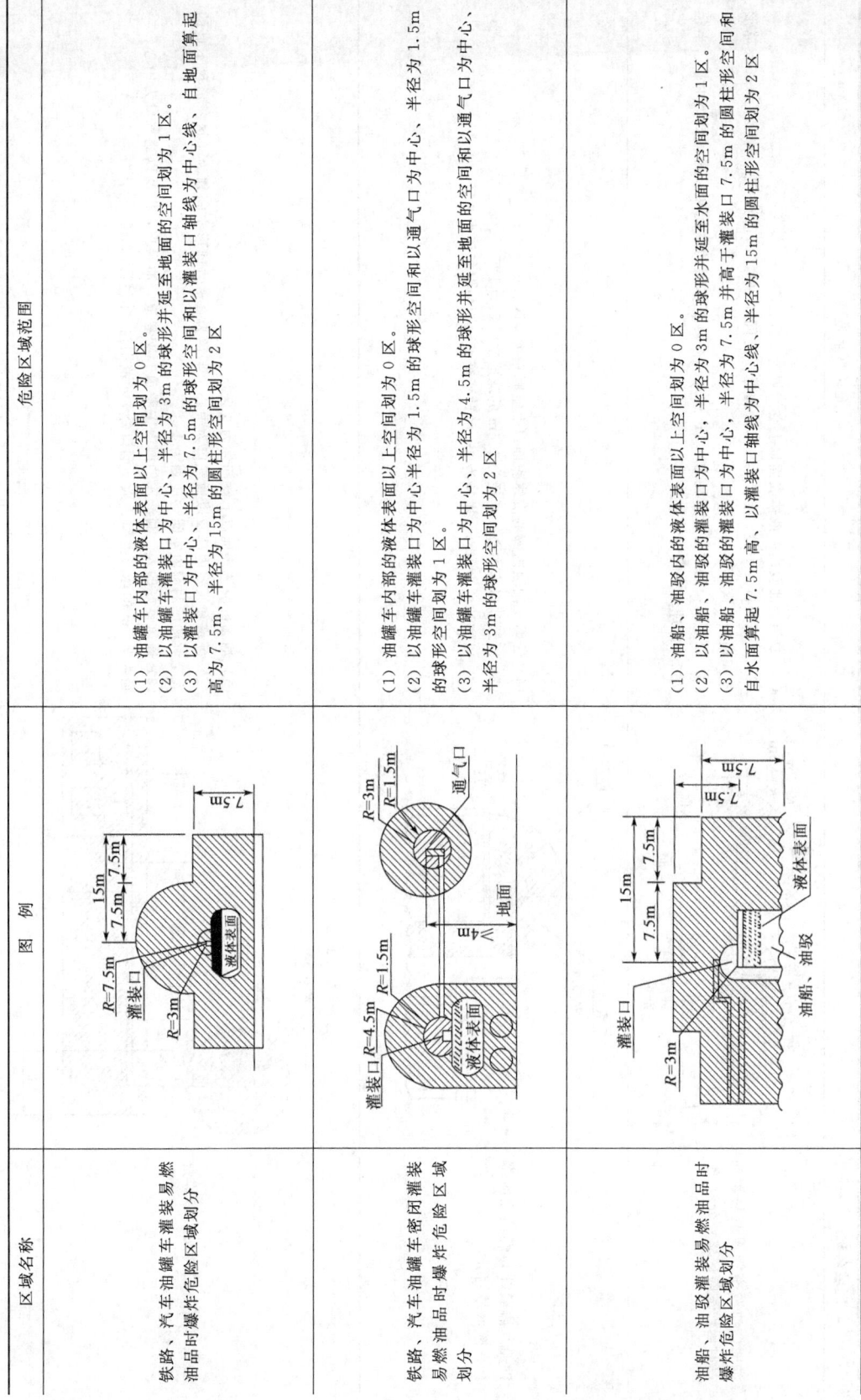

区域名称	图 例	危险区域范围
铁路、汽车油罐车灌装时易燃油品爆炸危险区域划分		(1) 油罐车内部的液体表面以上空间划为 0 区。 (2) 以油罐车灌装口为中心、半径为 3m 的球形空间划为 1 区。 (3) 以灌装口为中心、半径为 7.5m 的球形空间和以灌装口轴线为中心线、高为 7.5m，半径为 15m 的圆柱形空间划为 2 区。
铁路、汽车油罐车密闭灌装易燃油品时爆炸危险区域划分		(1) 油罐车内部的液体表面以上空间划为 0 区。 (2) 以油罐车灌装口为中心半径为 1.5m、以通气口为中心、半径为 1.5m 的球形空间划为 1 区。 (3) 以灌装口为中心、半径为 4.5m 的球形空间和以通气口为中心、半径为 3m 的球形空间划为 2 区。
油船、油驳灌装易燃油品时爆炸危险区域划分		(1) 油船、油驳内的液体表面以上空间划为 0 区。 (2) 以油船、油驳的灌装口为中心、半径为 3m 的球形并延至水面的空间划为 1 区。 (3) 以油船、油驳的灌装口为中心、半径为 7.5m 并高于灌装口 7.5m 的圆柱形空间和自水面算起 7.5m 高，以灌装口轴线为中心线、半径为 15m 的圆柱形空间划为 2 区

— 51 —

续表

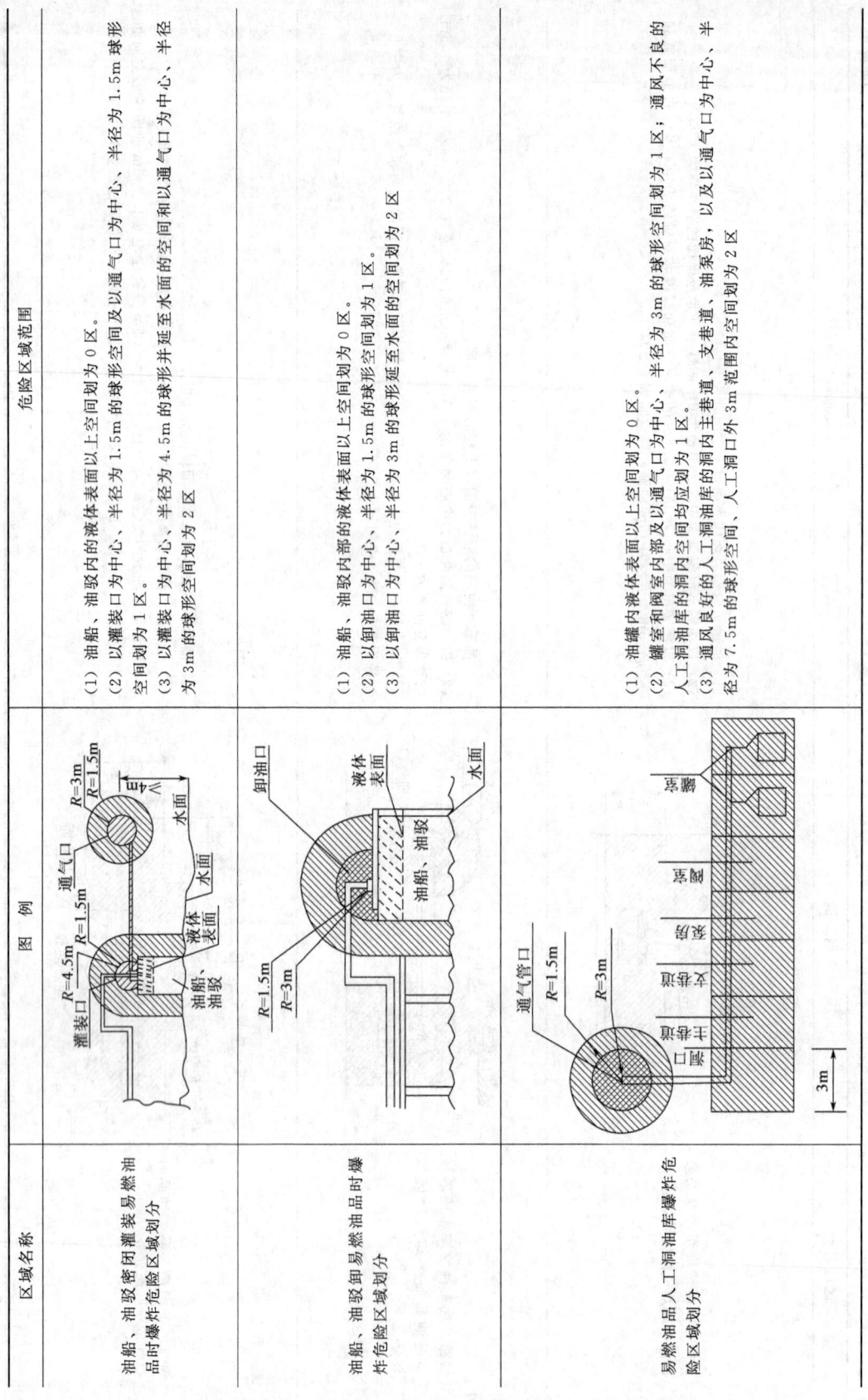

区域名称	图 例	危险区域范围
油船、油驳密闭灌装易燃油品时爆炸危险区域划分		(1) 油船、油驳内的液体表面以上空间划为 0 区。 (2) 以灌装口为中心、半径为 1.5m 的球形空间及以通气口为中心、半径为 1.5m 球形空间划为 1 区。 (3) 以灌装口为中心、半径为 4.5m 的球形并延至水面的空间和以通气口为中心、半径为 3m 的球形空间划为 2 区。
油船、油驳卸易燃油品时爆炸危险区域划分		(1) 油船、油驳内部的液体表面以上空间为 0 区。 (2) 以卸油口为中心、半径为 1.5m 的球形空间划为 1 区。 (3) 以卸油口为中心、半径为 3m 的球形并延至水面的空间划为 2 区。
易燃油品人工洞库爆炸危险区域划分		(1) 油罐内液体表面以上空间划为 0 区。 (2) 罐室和阀室内部及以通气口均应划为 1 区。 (3) 通风良好的人工洞库的洞内主巷道、支巷道、油泵房、人工洞口外 3m 范围内空间为 2 区及以通气口为中心、半径为 7.5m 的球形空间,以及以通气口为中心、半径为 3m 的球形空间;通风不良的人工洞室的洞内空间为 1 区;通风不良的人工洞口外 3m 范围内空间划为 2 区

— 52 —

续表

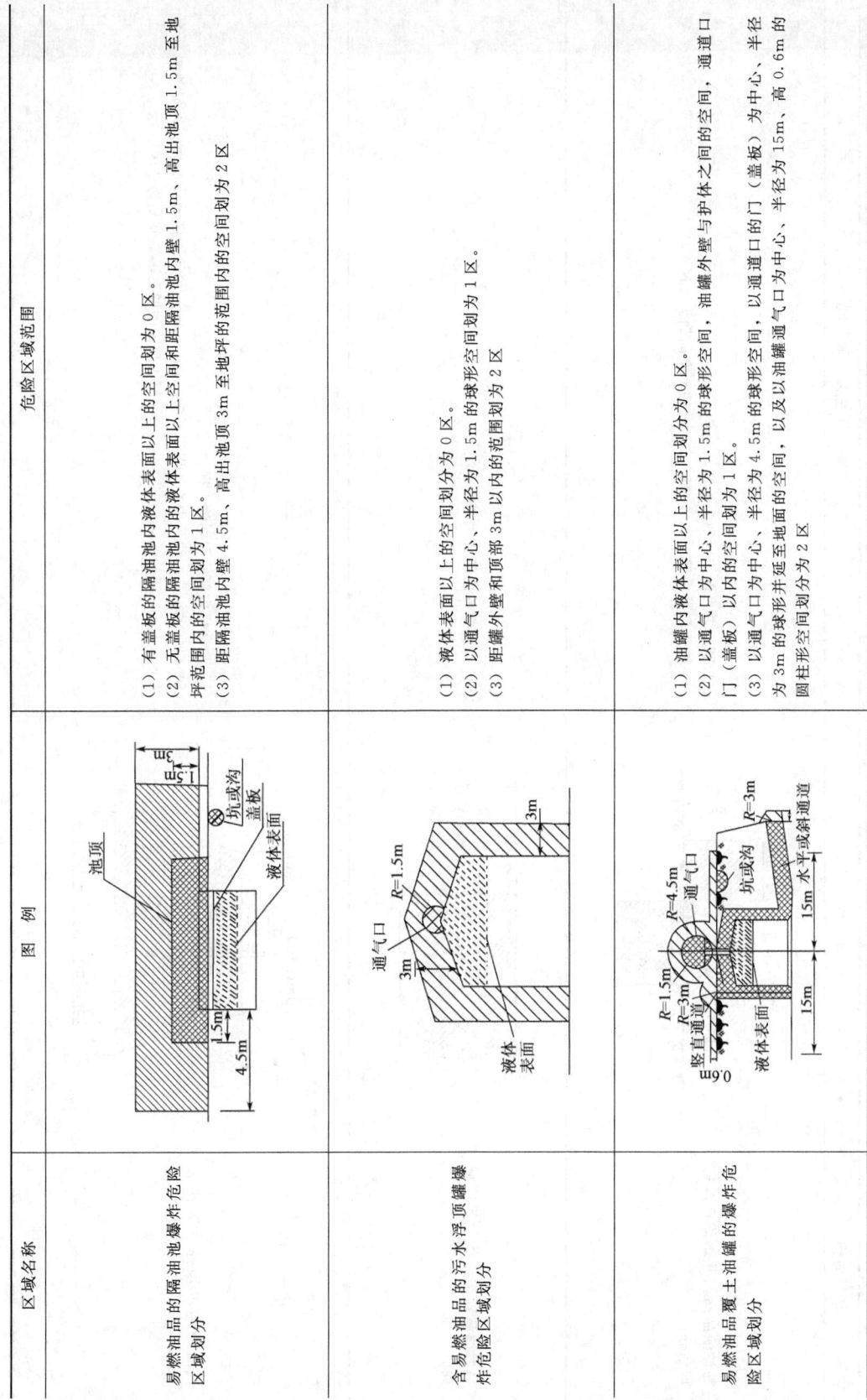

区域名称	图 例	危险区域范围
易燃油品的隔油池爆炸危险区域划分		(1) 有盖板的隔油池内液体表面以上的空间划为 0 区。 (2) 无盖板的隔油池内液体表面以上空间和距隔油池内壁 4.5m、高出池顶 3m 至地坪的范围内的空间划为 1 区。 (3) 距隔油池壁 4.5m、高出池顶 1.5m 至地坪范围内的空间划为 2 区
含易燃油品的污水浮顶罐爆炸危险区域划分		(1) 液体表面以上的空间划分为 0 区。 (2) 以通气口为中心、半径为 1.5m 的球形空间为 1 区。 (3) 距罐外壁和顶部 3m 以内的范围为 2 区
易燃油品覆土油罐的爆炸危险区域划分		(1) 油罐内液体表面以上的空间划分为 0 区。 (2) 以通气口为中心、半径为 1.5m 的球形空间,油罐外壁与护体之间的空间,以通道口的门 (盖板) 为中心、半径为 3m 的球形空间为 1 区。 (3) 以通气口为中心、半径为 4.5m 的球形空间并延至地面的空间,以及以油罐通气口为中心、半径为 15m,通道口、半径为 0.6m 的圆柱形空间为 2 区

— 53 —

续表

区域名称	图例	危险区域范围
易燃油品阀门井爆炸危险区域划分		(1) 阀门井内部空间划为1区。 (2) 距阀门井内壁1.5m、高1.5m的柱形空间划为2区
易燃油品管沟爆炸危险区域划分		(1) 有盖板的内部空间划为1区。 (2) 无盖板管沟内部空间划为2区
汽油加油机爆炸危险区域划分		(1) 加油机内部空间划为1区。 (2) 以加油机中心线为中心、以半径为4.5m（3m）的地面区域为底面和以加油机顶部以上0.15m，半径为3m（1.5m）的平面为顶面的圆台形空间划为2区

— 54 —

续表

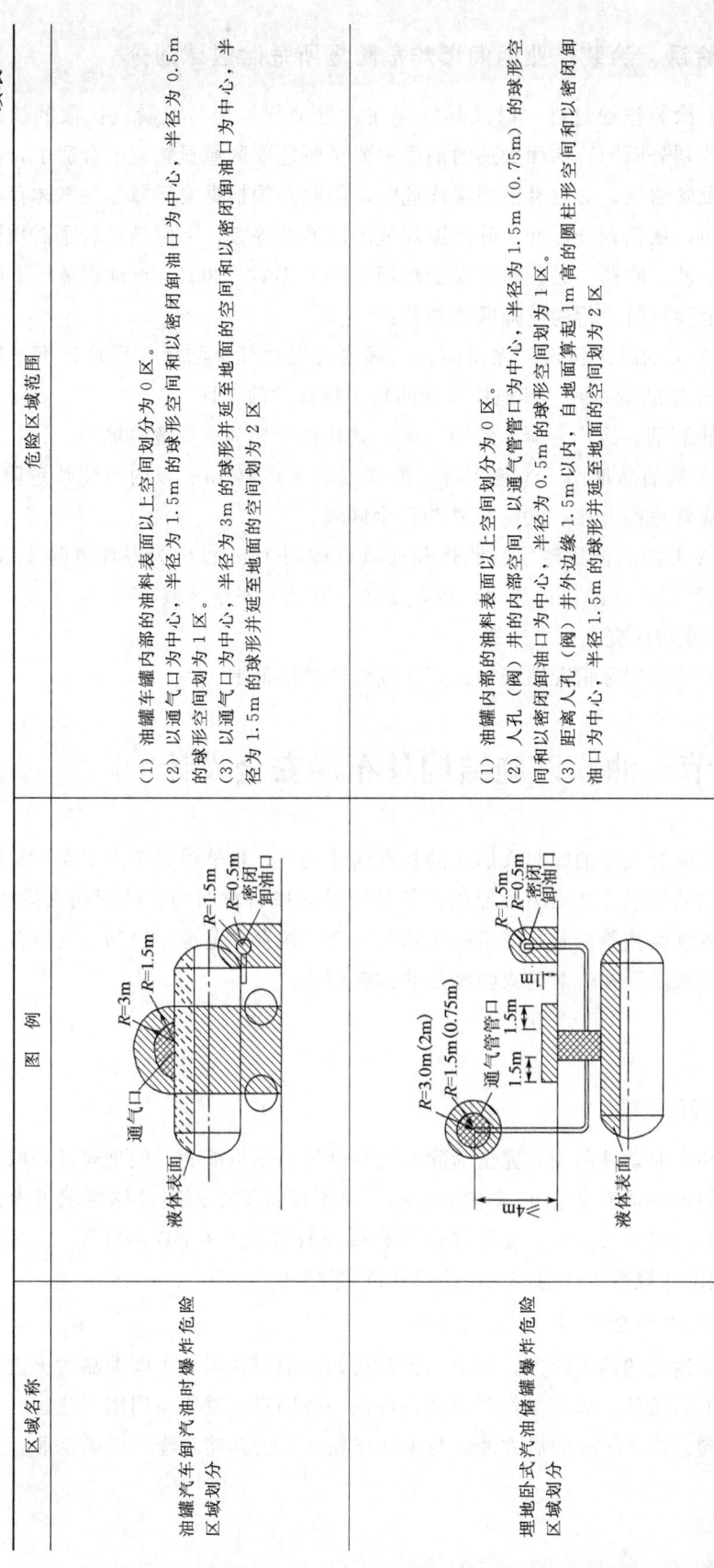

区域名称	图 例	危险区域范围
油罐车卸汽油时爆炸危险区域划分	(图：通气口 R=3m R=1.5m 密闭卸油口 R=0.5m 液体表面)	(1) 油罐车罐内部的油料表面以上空间划分为 0 区。 (2) 以通气口为中心、半径为 1.5m 的球形空间和以密闭卸油口为中心、半径为 0.5m 的球形空间划分为 1 区。 (3) 以通气口为中心、半径为 3m 的球形并延至地面的空间和以密闭卸油口为中心、半径为 1.5m 的球形并延至地面的空间划为 2 区
埋地卧式汽油储罐爆炸危险区域划分	(图：R=3.0m(2m) R=1.5m(0.75m) 通气管口 1.5m 1.5m R=1.5m R=0.5m 密闭卸油口 液体表面)	(1) 油罐内部的油料表面以上空间划分为 0 区。 (2) 井的内部空间、以通气管口为中心、半径为 1.5m (0.75m) 的球形空间和以密闭卸油口为中心、半径为 0.5m 的球形空间划为 1 区。 (3) 距离人孔 (阀)、井外边缘、半径 1.5m 的球形并延至地面的空间和以通气管口为中心、半径为 1.5m、自地面算起 1m 高的圆柱形空间和以密闭卸油口为中心、半径为 1.5m 的球形并延至地面的空间和以密闭卸油口为中心、半径为 1.5m 的球形并延至地面的空间划为 2 区

注：图中采用卸油气回收系统的汽油罐通气管管口爆炸危险区域用括号内数字表征。表中作为球心的孔、门是指其内边缘，形成的球形空间是指球的相交部分，由于通气孔相对较小，认为孔中心为球心。

— 55 —

三、油罐清洗、除锈、涂装作业期间爆炸危险场所危险区域划分

在油罐清洗、除锈、涂装作业过程，以及其他存在大量油气、油品泄漏或扩散的情况下，按照爆炸危险区域的划分原则，前面表述的油库主要场所危险区域显然就不合适了，如果仍按其选用防爆电气设备的话，必然易出现爆炸危险，因此必须根据实际爆炸性气体存在的浓度、范围和持续时间，依据划分标准，确定爆炸危险区域及等级。下面是总后军需物资油料部《军队油库油罐清洗、除锈、涂装作业安全规程》（YL B06—2001）对油罐清洗、除锈、涂装作业期间爆炸危险场所进行的危险区域划分：

（1）甲、乙类和丙A类油品罐清洗、除锈前，当罐内可燃性气体浓度在爆炸浓度下限的40%以上时，罐内为爆炸危险0区，其他作业期间均为爆炸危险1区；

（2）丙B类油品罐涂装期，罐内为爆炸危险1区，其他作业期为火灾危险区域；

（3）甲、乙类和丙A类油品地面、半地下罐，沿罐壁水平距离15m以内为爆炸危险1区，15～30m范围内为爆炸危险2区，30m以外为安全区域；

（4）甲、乙类和丙A类油品洞库罐室、巷道和通风口周围15m以内为爆炸危险1区，洞口15m和通风管口周围15～30m以内为爆炸危险2区，其他为安全区域；

（5）1区和区中的坑或沟应提高一个等级；

（6）作业现场低凹部位视实际情况适当加大爆炸危险区域的范围。

第四节 油库设施结构及布局安全设计

存在浓度合适的油气混合气是油库起火爆炸的基本条件之一。虽然油库中由于受设备和作业条件限制，完全消除油气混合气是不可能的，但是通过采取科学布局、减少油气排放、通风、惰化和加强油气浓度监测等措施，尽量减小油气混合气的存在范围，控制油气混合气的浓度，使之达不到爆炸浓度下限，对防火防爆是非常有利的。

一、合理布局

1. 设施布局应符合规范要求

油库中由于受设备和作业条件限制，完全消除油气混合气是不可能的，但是通过采取科学布局，尽量降低火灾的影响和危害是非常有必要的。油库设施安全距离具体要求可参照《石油库设计规范》（GB 50074—2014）、《后方油料仓库设计规范》（GJB 5758A—2020）、《军用永备机场供油工程设计规范》（GJB 3500A—2013）等标准。

1）油库与库外设施的安全距离

根据油蒸气扩散所能达到的最大距离，发生火灾时火焰的辐射强弱，不同油品的火灾危险性大小、油罐形式、消防条件、灭火操作要求及经济条件等因素，油库与周围居住区、工矿企业等安全距离也不同。表2-10为后方油库与库外居住区、公共建筑物、工矿企业、交通线等的安全距离。

表 2-10　后方油库与库外居住区、公共建筑物、工矿企业、交通线等的安全距离

单位：m

序号	库内油品设施	油库等级	库外建（构）筑物				
			居住区和公共建筑物	工矿企业	国家铁路线	企业铁路线	道路
1	储油洞库	一	100（80）	70	70	70	50
		二、三	90（70）	70	70	70	50
		四	80（65）	60	60	60	50
		五	70（55）	60	60	50	50
2	(1) 储存甲B、乙类油品的地上罐组、覆土立式油罐、覆土钢板贴壁油罐（池）； (2) 无油气回收设施的甲B、乙A类油品的装卸油码头	一	100（75）	60	60	35	25
		二	90（70）	50	55	30	20
		三	80（60）	40	50	25	15
		四	70（50）	35	50	25	15
		五	50（40）	30	50	25	15
3	(1) 储存丙类油品的地上罐组、覆土立式油罐、覆土钢板贴壁油罐（池）； (2) 乙B、丙类和采用油气回收设施的甲B、乙A类油品的装卸油码头； (3) 无油气回收设施的甲B、乙A类油品铁路或公路装车设施； (4) 其他甲B、乙类设施	一	75（55）	45	45	26	20
		二	70（50）	40	40	23	15
		三	60（45）	35	38	20	15
		四	50（40）	30	38	20	15
		五	40（35）	25	38	20	15
4	(1) 覆土卧式油罐； (2) 乙B、丙类和采用油气回收设施的甲B、乙A类油品铁路或公路装车设施； (3) 仅有卸车作业的铁路或公路油品卸车设施；其他丙类油品设施	一	50（50）	30	30	18	18
		二	45（45）	25	28	15	15
		三	40（40）	20	25	15	15
		四、五	35（35）	20	25	15	15

注：(1) 表中括号内数字为油库与少于 100 人或 30 户居住区的安全距离。居住区包括油库的生活区。
(2) 当工矿企业为石油化工企业、非军队油库和油品站场时，应按本条第 (3) 款的规定执行。
(3) 序号 3 中的"其他甲B、乙类设施"指油泵站、油品灌桶和油气回收等易燃、可燃设施和可燃气体设施。
(4) 由主库、分库或多个军事禁区组成的后方油库，可分别按独立油库的等级确定与库外建（构）筑物的安全距离；储油洞库可按单个洞库计算容量相当于油库的等级确定与库外建（构）筑物的安全距离。
(5) 序号 2、3、4 与库外有明火和散发火花建（构）筑物的安全距离尚应不小于 35m。
(6) 表中库内油品设施安全距离的计算起讫点：储油洞库从洞口和洞内被覆墙体内壁计；地上油罐从防火堤中心线计。

2）油库中建（构）筑物之间的防火间距

根据油蒸气扩散所能达到的最大距离，发生火灾时火焰的辐射强弱，不同油品的火灾危险性大小、油罐形式、消防条件、灭火操作要求、建（构）筑物的耐火等级以及经济条件等因素，油库中建（构）筑物之间要保持一定的安全距离。表 2-11 为后方库油品设施之间的防火距离，表 2-12 为储油洞库与覆土油罐、地上油罐及装卸油等设施之间的距离。

表 2-11 后方库油品设施之间的防火距离　　　　单位：m

序号	油品设施名称		9 桶装油品库房 甲B、乙类	10 桶装油品库房 丙类	11 油泵站 甲B、乙类	12 油泵站 丙类	13 丙类油品灌桶间	14 汽车油品装卸设施 甲B、乙类	15 汽车油品装卸设施 丙类	16 铁路油品装卸设施 甲B、乙类	17 铁路油品装卸设施 丙类	18 油品装卸码头 甲B、乙类	19 油品装卸码头 丙类	20 隔油池 无盖板	21 隔油池 有盖板	22 油罐车库
1	内浮顶油罐、覆土立式油罐、覆土钢板贴壁油罐、丙类油品地上立式油罐	$V \leqslant 1000$	12	9	9	8	9	12	9	12	12	26	23	11	11	15
2		$1000 < V \leqslant 5000$	15	12	12	9	12	15	11	15	11	30	23	15	15	19
3		$V > 5000$	20	15	15	12	15	20	15	20	15	35	25	19	19	23
4	乙类油品地上固定顶油罐	$V \leqslant 1000$	15	12	12	10	12	15	11	15	11	35	30	15	15	20
5		$1000 < V \leqslant 5000$	20	15	15	12	15	20	15	20	15	40	30	20	20	25
6		$V > 5000$	25	20	20	15	20	25	20	25	20	50	35	25	25	30
7	甲B、乙类油品地上卧式油罐		12	8	9	8	8	11	8	11	8	25	20	11	11	15
8	覆土卧式油罐、丙类油品地上卧式油罐		8	6	7	6	6	8	6	8	6	20	15	8	8	11
9	桶装油品库房	甲B、乙类	12	12	12	12	12	15	11	15	11	15	15	15	15	15
10		丙类	12	10	12	9	9	15	8	15	8	15	11	10	5	10
11	油泵站	甲B、乙类	12	12	12	12	12	15	8	15	8	15	15	15	15	15
12		丙类	12	9	12	9	9	15	8	8	8	15	11	10	5	12
13	丙类油品灌桶间		12	9	12	9	9	15	8	15	8	15	11	15	8	12
14	汽车油品装卸设施	甲B、乙类	15	15	15	15	15	—	—	15	11	20	15	20	15	20
15		丙类	11	8	11	8	8			15	15	15	11	15	15	15
16	铁路油品装卸设施	甲B、乙类	8	8	8	8	8	15	11			20	20	25	19	20
17		丙类	8	8	6	8	8	15	15			20		20	10	15
18	油品装卸码头	甲B、乙类	15	15	15	15	15	15	15	20	20	按 GB 50074 的规定执行		25	19	20
19		丙类	15	11	15	11	11	15	11	20	20			20	10	15
20	隔油池	无盖板	15	10	15	10	15	20	15	25	20	25	20	—	—	15
21		有盖板	8	5	8	5	8	15	15	19	10	19	10			11

注：（1）表中"V"指油罐单罐容量，单位为 m^3。
　（2）汽车油品装卸设施采用油气回收系统的、只卸甲B或乙A类油品的和只装乙B类油品的，与序号 1～10、12、13、16、17、20、21 的防火距离，可按甲B、乙类汽车油品装卸设施的防火距离减少 25%。
　（3）铁路油品装卸设施采用油气回收系统的、只卸甲B或乙A类油品的和只装乙B类油品的，与序号 2～8、12、13、14、15、19、20、21 的防火距离，可按甲B、乙类铁路油品装卸设施的防火距离减少 25%。
　（4）容积大于 150m³ 的隔油池与各油品设施之间的防火距离应按 GB 50074 执行。
　（5）油气回收处理装置应按甲B、乙类油品泵房执行。储油洞库与各设施之间的距离应符合表 2-12 的规定。
　（6）上述折减不得叠加。

表 2-12 储油洞库与覆土油罐、地上油罐及装卸油等设施之间的距离   单位：m

设施名称	覆土油罐	地上油罐	装卸油等设施
储存洞库	60	100	60

注：表中"装卸油等设施"不含洞库外的辅助设备；储油洞库的起算点从洞口和洞内被覆墙体内壁计。

3) 油罐之间的防火间距

油罐区是油库中火灾危险性最大的区域，也是投资较大的设施。油罐与油罐之间应留有一定的防火距离，其确定依据除了考虑储存油品的危险特性、油罐的结构和容量、消防力量、消防设施及操作要求等主要因素外，还考虑了经济节约性。油罐着火的概率极小，同时，为了减少罐区的占地面积、统一考虑消防设施、节省输油管线和消防管线、便于管理等，一般将火灾危险性相同或相近的油罐分组布置。表 2-13 为地上储罐组内相邻储罐之间的防火距离。

表 2-13 地上储罐组内相邻储罐之间的防火距离

储存液体类别	单罐容量不大于 300m³，且总容量不大于 1500m³ 的立式储罐组	固定顶储罐（单罐容量） ≤1000m³	固定顶储罐（单罐容量） >1000m³	固定顶储罐（单罐容量） ≥5000m³	外浮顶、内浮顶储罐	卧式储罐
甲B、乙类	2m	0.75D	0.6D		0.4D	0.8m
丙A类	2m	0.4D			0.4D	0.8m
丙B类	2m	2m	5m	0.4D	0.4D 与 15m 的较小值	0.8m

注：(1) 表中 D 为相邻储罐中较大储罐的直径，单位为 m。
(2) 储存不同类别液体的储罐、不同型式的储罐之间的防火距离，应采用较大值。

2. 洞库通风管及通气管的安全规定

由于洞库自身具有很强的防护性能以及相对独立的封闭空间，因此非常有利于避免外来袭击、人员伤害及雷电等各种危险因素。但是新中国成立以来，仍然发生了一些严重的洞库爆炸事故，从数据统计来看，几乎都与通风系统或通气系统有关。因此洞库的通风系统及油罐的通气系统安全是洞库安全的关键。

洞库的通风系统主要用于平时罐室和巷道除潮换气、发生泄漏等应急情况时通风及油罐清洗、设备维修等作业的通风。储油洞库应设固定式机械通风系统，洞库明装通风管道的风速不宜超过 14m/s，暗装通风管道（沟）的风速不宜超过 12m/s。用于洞库的通风机组，应采用直接传动或联轴器传动的离心式防爆通风机组。罐室通道里侧下部和测量孔附近应设有通风口，在发生泄漏或维修设备时通风排除油蒸气是至关重要的。

油罐清洗及罐室整修时，除必须切断隔离油路外，切断通风管路也同样必要。因此，各罐室之间设风道切换装置，各通风口应设阀板；通风管出口总管应设防冲击波活门或阀门，阀门除通风外，平时常闭。

引出洞外（或山体）至通风口立管之间的通风管段应暗敷。通风管道的排风口应高于洞口和地面 1m 以上，并应设在有利于气体扩散且不向洞内倒灌的地方。

洞库通气系统主要作用是满足油罐内"大、小呼吸"的通气要求。洞库油罐的通气系统阻力不得超过油罐的设计工作压力，最小公称直径不应小于 100mm。储存汽油、柴油、喷气燃料等不同火灾危险性或油品质量要求严格的油罐，应按油品类别分别设置通气管。

甲B、乙类油品油罐，应在引出罐室的通气支管上装设管道式呼吸阀和阀门。呼吸阀与阀门应并联安装，阀门应有明显的开启标志。通气管在洞内应明设，其各立管的底端应设清扫口，横管低凹处应设排液阀。

引出洞外的通气管管口，应设在油气不向洞内倒灌的自然通风良好处，管口高于洞口和地面不应小于1.0m，管口应设阻火通气罩。

3. 桶装库房的布局安全规定

甲类桶装油品的库房宜单独设置。当甲类桶装油品与乙、丙类桶装油品储存在同一栋库房内时，应采用防火墙隔开。甲、乙类桶装油品的库房，不得建成地下或半地下式，特殊情况下，丙类油品重桶可采用地下或半地下库房储存。

桶装油品库房（棚）的净空高度，不应低于3.5m，并使最上层油桶与屋顶构件或吊装设备的净空高度不小于1.0m。建筑面积不大于100m² 的重桶存放间，门的数量不得少于2个，并应满足搬运设备的进出要求。

重桶堆码应符合下列规定：

（1）重桶应立式堆码。甲、乙类油品重桶不应超过两层，丙类油品重桶不应超过三层。

（2）运输油桶的主要通道宽度不应小于1.8m；桶垛之间的辅助通道宽度不应小于1.0m；桶垛与墙柱之间的距离不宜小于0.5m。

4. 泵房与变配电间、控制室等的安全距离

（1）库内总变配电间及发电机房与爆炸危险场所水平距离应大于30m，在洞库等爆炸危险场所内，不宜设置变配电间。

（2）变配电间与爆炸危险场所毗邻时，与变配电间无关的管道不得穿越隔墙，所有穿墙管道（沟）应用非燃材料严密填实，配线钢管应按要求装隔离密封盒。

（3）与爆炸危险场所共用的墙体、楼板，应是实体、非燃体，两面应抹灰。

（4）变配电间门、窗设置要求：

① 门应向外开启，且应朝向非爆炸危险场所；

② 与1区建设物门、窗或孔洞之间最短路径应大于10m，与2区应大于6m，变配电间的变压器间必须满足上述距离，如变配电间不能满足上述距离要求时，则门应安装自动关闭装置，窗应是固定密封的，但与1区应大于6m，与2区大于3m；

③ 泵房与变配电间之间的隔墙上不宜设观察窗，必须设时，应采用固定式双层钢化玻璃密封窗，且窗的面积不应大于0.4m²。

（5）与油泵房毗邻的变配电间，其地坪应高出室外地坪0.6m。

（6）油气通风管道出口与泵房排风扇口不宜朝向变配电间门、窗，与变配电间门、窗的水平距离应大于15m。真空泵气体排出口与变配电间门、窗的水平距离不应小于5m，并符合《石油库设计规范》（GB 50074—2014）中的要求。

（7）轻油露天泵站（泵棚）的非防爆配电柜与油泵工艺设备的距离不宜小于15m。

5. 使用机动泵抽注的安全距离

使用发动机泵抽注轻油，发动机泵距盛油容器的距离应大于10m，且处于侧风方向，消防器材必须到位。严禁向运转中的发动机添加燃料。

二、建（构）筑物应达到规定的耐火等级要求

根据建筑材料在明火或高温作用下的变化特征，一般将建筑物构件分为非燃烧体、难燃烧体和燃烧体三类。非燃烧体是指用金属、砖、石、混凝土等非燃烧材料制成的构件。这种构件在空气中受到火烧或高温作用时不起火、不微燃、不炭化。难燃烧体是用难燃材料制成的构件，或用燃烧材料为基层而用非燃烧材料作为保护层的构件，沥青混凝土、经防火处理的木材、板条抹灰墙等都属于难燃烧体。难燃烧材料是指在空气中受到火烧或高温作用时难起火、难微燃、难炭化，当火源移走后燃烧或微燃立即停止的材料。燃烧体是用燃烧材料制成的构件，如木柱、木梁、胶合板等。这种构件在明火或高温作用下会立即起火或微燃，且火源移走后仍能继续燃烧或微燃。

油库常用的建筑材料主要有砖、石、钢材和混凝土，它们都属非燃烧体，其耐火性能较强。

建筑物的耐火等级是由组成建筑物的主要构件的燃烧性能和耐火极限决定的。所谓耐火极限，是指对建筑物构件进行耐火实验时，从受到火的作用起到失掉支持能力或发生穿透裂缝或背火面温度升高到220℃时止的这段时间。

建筑物的耐火等级分为四级。对不同耐火等级建筑物的构件分别提出了燃烧性能和耐火极限要求。其中一级、二级耐火等级的建筑均应为非燃烧体。一级耐火等级应是钢筋混凝土结构或砖墙与钢筋混凝土组成的混合机构；二级耐火等级可以是钢结构屋架、钢筋混凝土柱或砖墙组成的混合结构；三级耐火等级是木屋顶和砖墙组成的砖木结构；四级耐火等级是木屋顶、难燃烧墙组成的可燃结构。表2-14给出了各等级建筑物构件的耐火极限和燃烧性能的最低要求。

表2-14 建筑物构件的燃烧性能和耐火等级　　　　　　　　单位：h

构件名称		一级	二级	三级	四级
墙	防火墙	非燃烧体4.00	非燃烧体4.00	非燃烧体4.00	非燃烧体4.00
	承重墙、楼梯间、电梯井的墙	非燃烧体3.00	非燃烧体2.50	非燃烧体2.50	难燃烧体0.50
	非承重外墙、疏散走道两侧的隔墙	非燃烧体1.00	非燃烧体1.00	非燃烧体0.50	难燃烧体0.25
	房间隔墙	非燃烧体0.75	非燃烧体0.50	难燃烧体0.75	难燃烧体0.25
柱	支承多层的柱	非燃烧体3.00	非燃烧体2.50	难燃烧体2.50	难燃烧体0.50
	支承单层的柱	非燃烧体2.50	非燃烧体2.00	难燃烧体2.00	燃烧体
梁		非燃烧体2.50	非燃烧体1.50	难燃烧体1.00	难燃烧体0.50
楼板		非燃烧体1.50	非燃烧体1.00	难燃烧体0.50	难燃烧体0.25
屋顶承重构件		非燃烧体1.50	非燃烧体0.50	燃烧体	燃烧体
疏散楼梯		非燃烧体1.50	非燃烧体1.00	非燃烧体1.00	燃烧体
吊顶（包括中顶搁栅）		非燃烧体0.25	难燃烧体0.25	难燃烧体0.15	燃烧体

油库建（构）筑物的耐火等级要求与所处场所的火灾危险性、火灾后产生的破坏和危害

程度大小有关。为保障油库防火安全，油库建（构）筑物在火灾高温作用下要求其基本构件能在一定时间内不被破坏，不传播火灾，延缓和阻止火势蔓延，为疏散人员、转移物资和扑灭火灾赢得时间。因此，设计油库建（构）筑物时，应根据生产和储存物品的火灾危险性、建（构）筑物的业务用途、所处位置等因素正确选择相应的耐火等级，并结合建（构）筑物构件来源，因地制宜地选用适合于耐火极限要求的建（构）筑构件。后方油料仓库各类建（构）筑物最低的耐火等级要求，详见表2-15。

表2-15 后方油料仓库建（构）筑物最低耐火等级要求

序号	建（构）筑物	油品类别	耐火等级
1	油泵房、储油洞库的洞口伪装间、工艺管道阀门操作间（室）、灌桶间（亭）、桶装油品库房及敞棚、油品计量间、油罐车库	甲B、乙	二级
		丙	二级
2	洞库及覆土油罐土建结构、消防泵房、消防车库、消防间、化验室、控制室、机柜间、锅炉房、变配电间、发电机房（间）、修洗桶厂、卧式油罐支座、通风机房（间）、装备（器材）库	—	二级
3	机修间、装备（器材）库、搬运机械库、水泵房、油泵棚、铁路油品装卸栈桥、汽车装卸油站台及罩棚、油品装卸码头	—	三级

三、减少正常油气排放，及时控制事故性油品和油气泄漏

1. 尽量选用有利于降低油品蒸发的技术设备

油库储存轻质油品应尽可能采用浮顶罐、内浮顶罐，通常汽油、喷气燃料、-35号轻柴油应采用内浮顶油罐；油品装卸应采用密闭系统或油气回收系统。甲B类油品的铁路油罐车灌装，应采用油气回收系统。当油气回收系统设置油气回收处理装置时，装置的处理能力应大于等于最大小时灌装量。甲B类油品的汽车油罐车灌装及灌桶，应采用油气回收系统；甲B类油品的汽车油罐车向卧式油罐卸油，或由卧式油罐向汽车油罐车装油，宜采用平衡式密闭油气回收系统。

加油站油气回收系统有多种形式，其中加油站密闭加油系统由于不需要增加冷凝设备等附加耗能装置而更具优势，也相对成熟。加油站密闭加油系统工艺流程如图2-12所示，在加油时能自动回抽加油枪周围的油蒸气，使整个加油过程几乎没有油气排出。密闭加油系统由密闭加油枪、同心加油回气胶管、回气泵等构成。回气泵在油压的冲击作用下回抽加油口

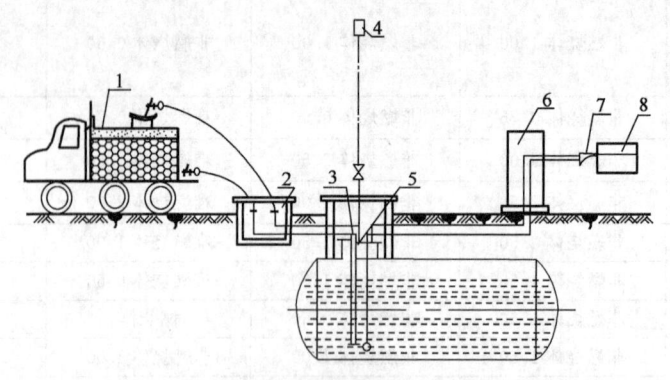

图2-12 加油站密闭加油系统工艺流程图
1—汽车油罐车；2—快速接头地井；3—回气管；4—防爆阻火器；5—人孔；
6—加油机；7—加油枪；8—汽车油箱

周围的油气，回抽率可达95%。密闭加油系统通常设有拉断阀，当胶管受到超过强度的拉力时，拉断阀首先被拉断，并自动将断开的两端关闭，阻止油品跑出。

2. 保持设备良好、严密

储存和输送油品的设备应保持严密性和足够的承压能力，防止破损泄漏；阀门、油泵等有动密封的设备，应保持密封良好；储输油设备应做好防腐工作，防止腐蚀穿孔导致破损泄漏。

3. 严格作业规程

收发油作业时，应防止油品超出油罐、油桶、油罐车等容器在当时油温下的安全高度，防止油品在储存、运输过程中因油温升高而溢出或作业过程中出现冒油事故。清洗油罐及检修设备时，应做好封堵工作，应封堵所有相连的管道，如输油管、呼吸管、通风管等，防止油品和油蒸气非正常排放或泄漏。清洗作业用过的沾油的纱、布、垃圾等应放在带盖的不燃材料制成的容器内，并及时清洗或处理。

4. 配置事故应急设备

1) 呆德曼（Deadman）控制器

配置呆德曼控制器，加油操作人员能在加油车较远距离手握控制，并在加油操作人员发生意外的情况下松手即能停止作业。飞机加油车、多功能管道加油车、管道加油车等应配置这种装置。

2) 安全阀

安全阀是一种用于通过自动泄放介质保证管道或容器内不超压的装置。输油管道如果平时作业后不放空，则应安装安全阀以泄压，防止介质热胀冷缩造成管道及附件损坏。容积泵出口等处应设置安全阀，以防止憋压损坏设备。按泄放出口的不同，安全阀分为封闭式安全阀和开式安全阀；按阀芯开启方式的不同，分为微启式安全阀和全启式安全阀。安全阀的选用应充分考虑选用目的和安装位置，另外还必须注意泄放量和压力应与实际需要匹配。

3) 拉断阀

拉断阀也称拉脱装置，是一种设计拉断强度低于连接管道强度及导致系统破坏的安全值的先行拉断自封装置。图2-13和图2-14是其中一种产品的结构原理图。它的工作原理是被安装的管道受到不正常拉力时，该装置在系统遭受破坏前，首先被拉断，并实现管道自封，防止管内介质流出，从而防止系统损坏和介质外泄。在加油装置与加油对象有可能出现相对移动时，应在加油胶管上安装这种装置，如直升机悬停加油装置、汽车加油站等。

4) 熔断阀

熔断阀是一种在高温条件下自动关闭的阀门，主要用于汽车加油站。

5) 驻车联锁超越装置

驻车联锁超越装置是一种用于机动加油装备的装置，在加油接头等没有归位时车辆处于制动状态，即联锁制动状态，但在特别紧急的情况下，如加油过程中加油车起火，司机也可紧急解除联锁开关（即超越），把车开离现场。

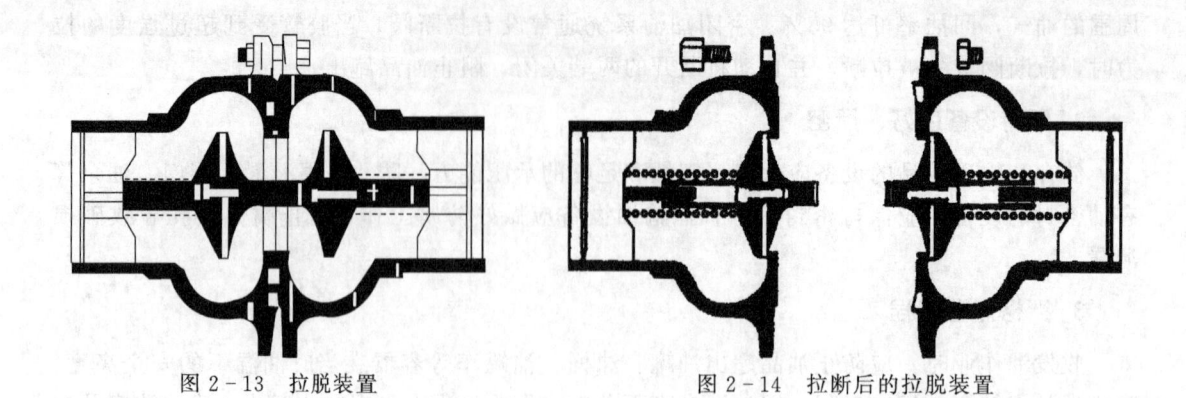

图 2-13 拉脱装置　　　　　　　图 2-14 拉断后的拉脱装置

6）防溢油自动关闭阀

防溢油自动关闭阀是一种机械装置，在超液位时能自动关闭，在液位降低后能自动开启，用于防止溢油。

7）高液位报警联锁装置

高液位报警联锁装置可与油库自动化系统连用，也可独立运行，在预设液位上限的条件下，达到规定上限，会自动报警，并通过电信号切断进入管道阀门。

8）油气浓度检测与报警技术

油气浓度检测与报警产品有便携式和固定式两大类，该类仪表近几年得到大量推广应用。但从技术上讲，这类仪表的发展没有大起色，目前的检测仪表灵敏度和精度都较差，现场应用反应时间基本都在15s以上。

9）设备泄漏检测技术

设备泄漏检测技术用于管道泄漏检测或监测，当发生管道破坏或油品泄漏时能及时发现和报警。近年来，该项技术发展迅速。

第五节　油库事故性油品扩散控制

一、油库隔油排水系统

油库的扩散油品源有两种，一种是清洗作业含油污水，另一种是事故性泄漏油品。按《石油库设计规范》的相关规定，含油污水与不含油污水必须采用分流制排放，含油污水应采用管道排放，未被油品污染的地面雨水，可采用明渠排放，但在排出油库围墙之前，必须设置水封装置（或隔油池）。含油污水管道，在油罐组或建（构）筑物的排水口处、支管与干管的连接处、干管每隔300m处、通过油库围墙处，应设置水封井。

地面油罐防泄漏油品扩散的基本方法是设置防火堤或集油池。

覆土油罐则主要以口部以下掩体与罐之间的空间作为集油空间，如不够，则应采取防火堤或集油池等措施。覆土立式油罐罐室及出入通道的墙体，应采用密实性材料构筑，以防止渗油、渗水；储存甲、乙、丙A类油品的，其罐室出入通道应采用向上的斜通道，且通道口高于罐室地面不应小于罐壁高的1/3。当罐室外部具备与周围自然环境相协调并能起到可靠的事故拦油作用的坑、池时，通道口高于罐室地坪的高度可适当减少，但不得小于2.0m；罐室的出入通道口，应设向外开启的并满足口部紧急时刻封堵强度要求的防火密闭门，其耐火极限不得低于1.5h，通道口部的设计应有利于在紧急时刻采取封堵措施。储存甲、乙类油品的罐室，应设置预防油罐跑油时的事故外输管道，事故外输管道入油口应设在罐室内的积水坑处，口径与进出油管一致，且不小于100mm；事故外输管道应引出罐室外，并易在事故发生时与输油干管相连通，事故外输管道上的阀门和隔离装置便于紧急连接和操作。

山洞油库由于地势高，一旦发生泄漏，则具有更严重的扩散危险，因此应有更严格的油品扩散控制要求。洞库油罐的集油空间是洞内罐室及坑道，山洞油库应设四道封围：罐室设内开式密闭门，罐室排水沟在操作间一侧设截断阀（常闭）；在洞口防护门内侧设钢质防火密闭门；在坑道排水沟位于密闭门外侧防护门里侧端设隔油排水装置，且隔油排水装置前端应安装控制阀；洞口外做排水封围处理，从隔油排水装置至洞外排水处应采用管道敷设，排水口设置排水控制阀。如采用排水沟则出洞口后应设水封井，水封井建造满足规定要求；洞外采取拦油措施，在洞外合理利用地形设置拦油设施，拦油设施应充分考虑排水防洪功能。

二、防控油品扩散设施设备

1. 防火堤、防护墙、隔油堤

1）防火堤、防护墙的布置

防火堤是围堵大量泄漏油品的基本设施，《储罐区防火堤设计规范》（GB 50351—2014）对防火堤的设计和堤内储罐布置都有相应要求。

防火堤、防护墙必须采用不燃烧材料建造，且必须密实、闭合。进出储罐组的各类管线、电缆宜从防火堤、防护墙顶部跨越或从地面以下穿过。当必须穿过防火堤、防护墙时，应设置套管并应采取有效的密封措施；也可采用固定短管且两端采用软管密封连接的形式。

沿无培土的防火堤内侧修建排水沟时，沟壁的外侧与防火堤内堤脚线的距离不应小于0.5m；沿土堤或内培土的防火堤内侧修建排水沟时，沟壁的外侧与土堤内侧或培土堤脚线的距离不应小于0.8m，且沟内应有防渗漏的措施。沿防护墙修建排水沟时，沟壁的外侧与防护墙内堤脚线的距离不应小于0.5m。

每一储罐组的防火堤、防护墙应设置不少于2处越堤人行踏步或坡道，并设置在不同方位上，隔堤、隔墙应设人行踏步或坡道。防火堤的相邻踏步、坡道、爬梯之间的距离不宜大于60m，高度大于或等于1.2m的踏步或坡道应设护栏。

2）油罐组防火堤的布置

立式油罐的罐壁至防火堤内堤脚线的距离，不应小于罐壁高度的一半；卧式油罐的罐壁至防火堤或防护墙内堤脚线的距离不应小于3m。相邻油罐组防火堤外堤脚线之间，应留有宽度不小于7m的消防通道。

3）同一个油罐组内的总容量及油罐数量

固定顶油罐组及固定顶油罐与浮顶、内浮顶油罐混合布置，其总容量不应大于120000m³，其中浮顶、内浮顶油罐的容积可折半计算。钢浮盘内浮顶油罐总容量不应大于360000m³。易溶材料浮盘内浮顶油罐总容量不应大于240000m³，外浮顶油罐总容量不应大于600000m³。

当单罐容量大于或等于1000m³时，油罐组内的油罐不应多于12座；当单罐容量小于

1000m³ 或储存丙 B 类油品时，油罐数量不限。

油罐组内单罐容量小于 1000m³ 的储存丙 B 类油品的油罐不应超过 4 排；其他油罐不应超过 2 排。浅盘或浮舱用易熔材料制作的内浮顶油罐的布置同固定顶油罐。

4）油罐组防火堤内有效容积

固定顶油罐，油罐组防火堤内有效容积不应小于油罐组内一个最大油罐的容量；浮顶油罐或内浮顶油罐，油罐组防火堤内有效容积不应小于油罐组内一个最大油罐容量的一半；当固定顶油罐与浮顶油罐或内浮顶油罐同组布置时，应取计算值中的较大值；覆土油罐的防火堤内有效容积规定相同，但油罐容量应按其高出地面部分的容量计算。

对于处于城市、高地势区域等高危险区域的罐群，应增加防火堤内容量，或增设事故集油池。

油罐组防火堤有效容积应按下式计算：

$$V = AH_j - (V_1 + V_2 + V_3 + V_4) \qquad (2-27)$$

式中　V——防火堤有效容积，m³；

A——由防火堤中心线围成的水平投影面积，m²；

H_j——设计液面高度，m；

V_1——防火堤内设计液面高度内的一个最大油罐的基础体积，m³；

V_2——防火堤内除一个最大油罐以外的，其他油罐在防火堤设计液面高度内的液体体积和油罐基础体积之和，m³；

V_3——防火堤中心线以内设计液面高度内的防火堤体积和内培土体积之和，m³；

V_4——防火堤内设计液面高度内的隔堤、配管、设备及其他构筑物体积之和，m³。

5）油罐组防火堤的高度确定

防火堤顶面应比计算液面高出 0.2m。立式油罐组的防火堤高于堤内设计地坪不应小于 1.0m，高于堤外设计地坪或消防道路路面（按较低者计）不应大于 3.2m；卧式油罐组的防火堤高于堤内设计地坪不应小于 0.5m。

6）防火堤内的地面设计

防火堤内的地面坡度宜为 0.5%；防火堤内场地土为湿陷性黄土、膨胀土或盐渍土时，应根据其危害的严重程度采取措施，防止危害；在有条件的地区，防火堤内可种植高度不超过 150mm 的常绿草皮。当储罐泄漏物有可能污染地下水或附近环境时，堤内地面应采取防渗漏措施。

7）防火堤内排水设施的设置

防火堤内应设置集水设施。连接集水设施的雨水排放管道应从防火堤设计地面以下通出堤外，并应设置安全可靠的截油排水装置；在年降雨量不大于 200mm 或降雨在 24h 内可渗完，且不存在环境污染的可能时，可不设雨水排除设施；油罐组防火堤内设计地面宜低于堤外消防道路路面或地面。油罐组内的单罐容量大于或等于 50000m³ 时，宜设置进出罐组的越堤行车通道。该道路可为单车道，应从防火堤顶部通过，弯道纵坡不宜大于 10%，直道纵坡不宜大于 12%。

8）油罐组内隔堤的布置

单罐容量等于或大于 50000m³ 时，隔堤内油罐数量不应多于 1 座；单罐容量等于或大于 2000m³ 且小于 50000m³ 时，隔堤内油罐数量不应多于 2 座；单罐容量等于或大于

5000m³ 且小于 20000m³ 时，隔堤内油罐数量不应多于 4 座；单罐容量小于 5000m³ 的罐，隔堤内油罐数量不应多于 6 座；沸溢性油品油罐，隔堤内储罐数量不应多于 2 座；丙 B 类油品油罐，隔堤内储罐数量不受以上限制，可根据具体情况进行设置。

立式油罐组内隔堤高度宜为 0.5～0.8m，卧式油罐组内隔堤高度宜为 3m。

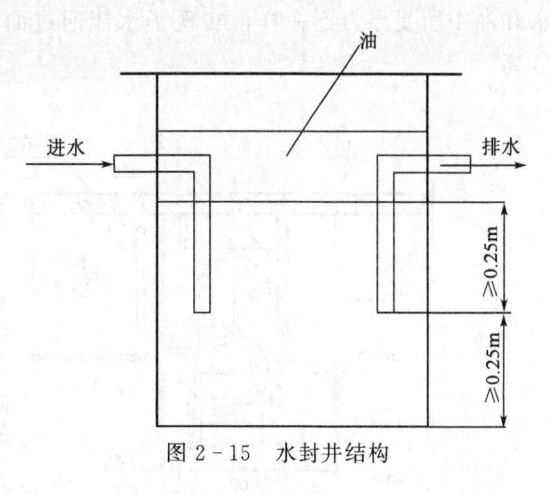

2. 水封井

图 2-15 是水封井的结构示意图。油库用水封井的基本原理是由于油水不相溶，油比水密度小，含有少量油的污水进入水封井腔体后，油水分层，油位于水面之上，水从井下部排出，油被封在井的上部。水封井的水封高度，不应小于 0.25m。水封井应设沉泥段，沉泥段由最低的管底算起，其深度不应小于 0.25m。

图 2-15 水封井结构

显然，水封井水封必须以井内有水为前提，而且当大量油品进入水封井，水封井中的水也会被顶出，水被油置换，失去水封作用。因此水封井不能用于防止大量油品泄漏扩散。

3. 隔油池

隔油池及水封井都是具有油水自动分离功能的隔油排水设施，适合于含油污水的隔离和处理。

隔油池如图 2-16 所示，隔油池由沉降分离池、集油池（或出油管）、出水管构成，根据排出水质的要求，有的可能还有多级装置，使其可以实现油水的连续分离。其基本原理是利用水的密度大于油品密度，且水油不相溶的特点，实现油水分离。

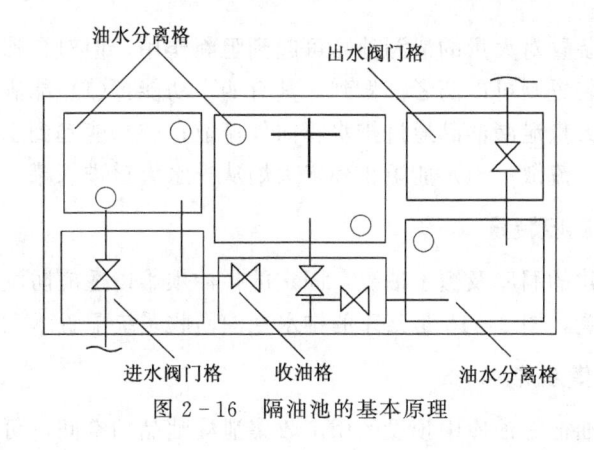

图 2-16 隔油池的基本原理

4. 隔油排水装置

隔油排水器又称阻油排水器或截油排水器，其主要有两类：一类是用于油罐排污放水管，当排放油罐底水时，用于自动分离油、水，油排入放空罐，水排入含油污水排放管；另一类是用于罐区排水油品封围系统。如图 2-17 所示，隔油排水器的基本原理是利用浮球在水和油中所受浮力不一样，实现了水能通过而油不能通过的功能，但其不能实现油水自动分离。

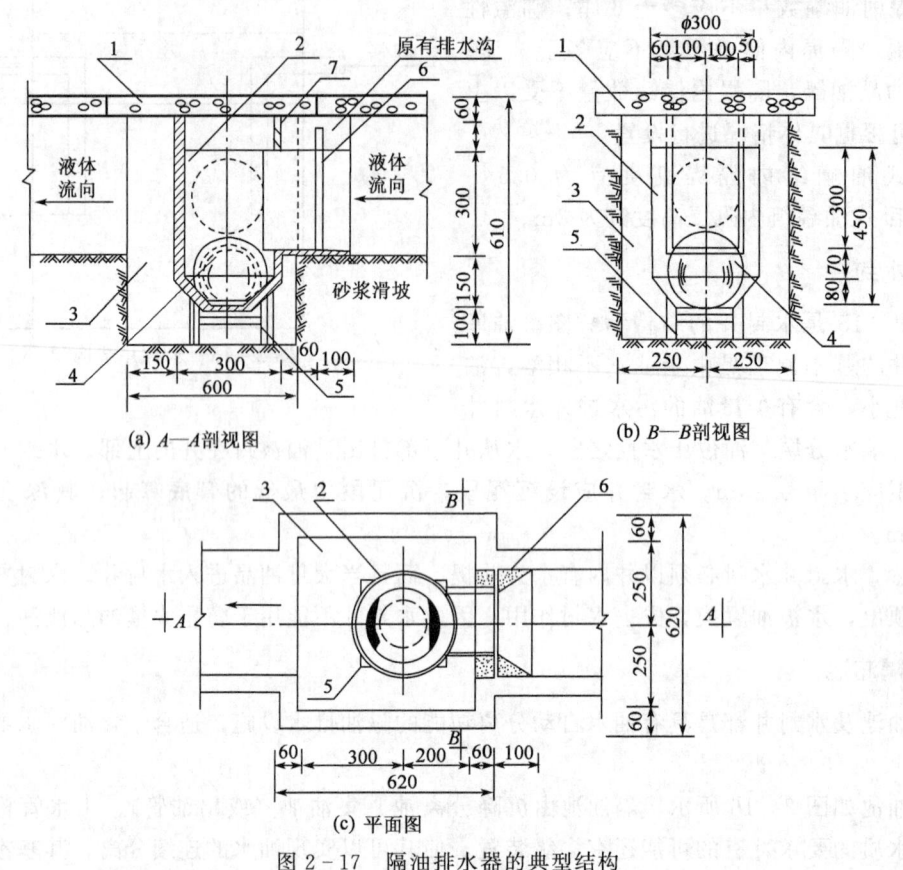

图 2-17 隔油排水器的典型结构
1—盖板；2—排水隔油器；3—隔离井；4—浮球；5—支架；6—格栅；7—补高圈

过去的隔油排水装置对大量的泄漏油品可起到阻断作用，但对含油污水中的油则无能为力，新型的隔油排水装置则可以两者都做到，其有四个功能：(1) 能满足雨水和污水自动排放；(2) 能自动阻止大量泄漏油品通过排水管向外流散；(3) 能起到水封作用，阻止含油污水中的油品从排水管道流散；(4) 能阻止外来火焰从排水管道进入罐区。

5. 山涧流水拦油回收装置

对于沿山涧流水建的洞库及覆土油罐，固定的拦油坝难以适应防洪要求，需要建设可升降的排水拦油回收装置，图 2-18 是某库的排水拦油回收系统配置示意图。

6. 拦油池及事故集油池

拦油池及事故集油池是油库中预设的用于收集泄漏油品的空间，可以是专门建设的构筑物、低凹地等，其有效容积应在任何季节都能达到该库封围设防要求（全拦油、两个罐或其中最大罐），是防止油品扩散的一种最可靠控制方法，也可作为最后一道屏障。

一级、二级、三级、四级油库的漏油及事故污水收集池容量，分别应不小于 1000m³、750m³、500m³、300m³；五级油库可不设漏油及事故污水收集池。漏油及事故污水收集池宜布置在库区地势较低处且应采取隔油措施。后方油库等级划分如表 2-16 所示。

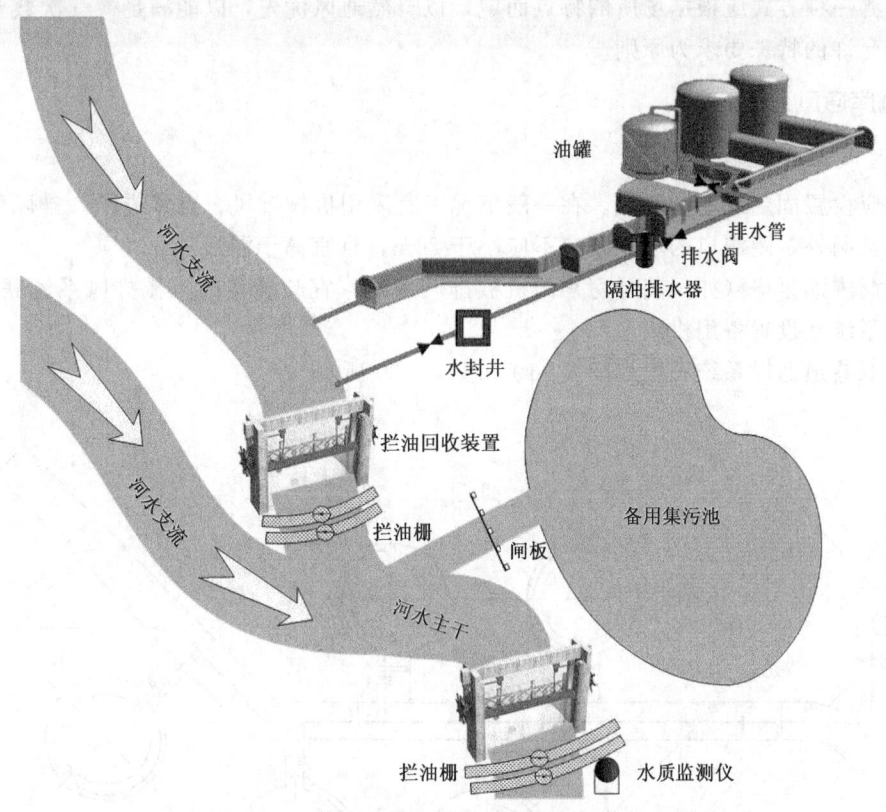

图 2-18 某库的排水拦油回收系统配置示意图

表 2-16 后方油库等级划分

等级	储存油品计算总容量 TV，m^3
一级	$TV \geqslant 100000$
二级	$30000 \leqslant TV < 100000$
三级	$10000 \leqslant TV < 30000$
四级	$1000 \leqslant TV < 10000$
五级	$TV < 1000$

注：(1) 表中储存油品计算总容量 TV 不包括零位罐、放空罐、中继罐、桶装油品库房、汽车加油站及油库自用油品的容量；
(2) 储存甲 B、乙类油品的油罐按公称容量计入油品计算总容量；储存丙 A 类油品的油罐按公称容量乘以系数 0.5 计入油品计算总容量；储存丙 B 类油品的油罐按公称容量乘以系数 0.25 计入油品计算总容量。

第六节 油库通风、惰化及阻隔抑爆技术

一、通风降低油气浓度

油库中要做到完全没有油气是不可能的，通风是防止油气积聚的主要辅助措施之一，也是防毒、防潮和改善劳动环境条件的重要措施之一。通风的方式有机械通风和自然通风两

种，采用哪一种方式应根据场所的特点而定，以自然通风优先，以能满足换气次数要求和作业方式所允许的特殊要求为原则。

1. 洞库通风系统

1) 通风系统流程

（1）应设置固定式机械通风。在一般情况下宜采用机械排风、自然进风。排风系统的出口必须引至洞外，距洞口的水平距离不应小于20m，且宜高于洞口。

（2）洞内油泵房（如倒装泵房）的机械排风系统，宜与罐室的机械排风系统联合设置。洞内通风系统宜设置备用机组。

单、双巷道通风系统布置如图2-19和图2-20所示。

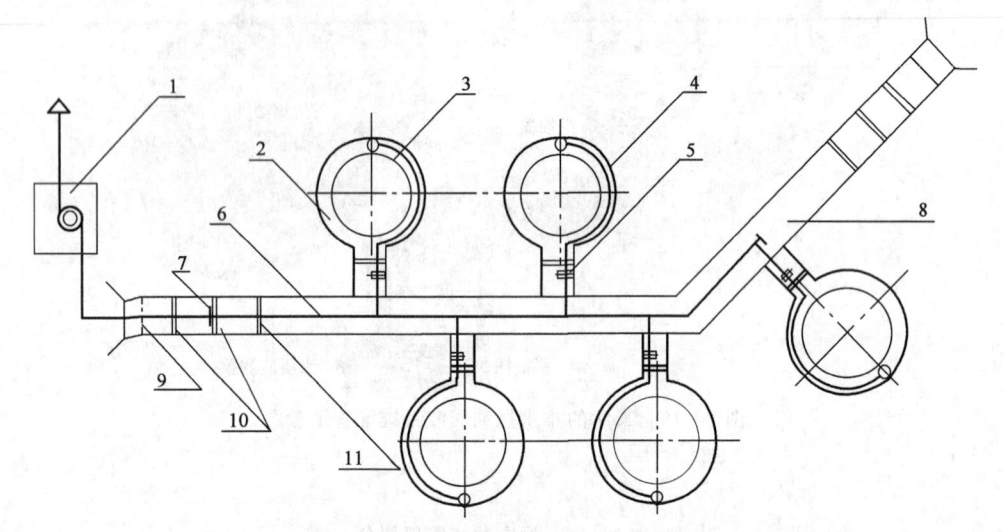

图2-19 单巷道通风管和设备的总体布置

1—风机室；2—罐间；3—油罐；4—通风支管；5—插板阀；6—通风干管；
7—隔离蝶阀；8—主巷道；9—铁栅门；10—防护门；11—密闭门

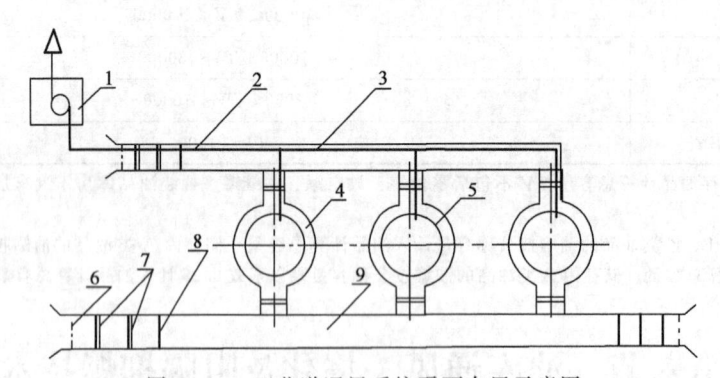

图2-20 双巷道通风系统平面布置示意图

1—风机室；2—上巷道；3—风管；4—罐间；5—油罐；6—铁栅门；7—防护门；8—密闭门；9—下巷道

2) 换气量的确定

机械通风的换气量，应按以下两种算法的最大者：（1）应按一个最大罐室的净空间、一个操作间以及油泵房、风机房同时进行通风确定。罐室、操作间、风机间换气次数不应少于

3次/h，油泵间换气次数不应小于10次/h；丙类油品洞库，上述换气次数可均按3次/h计算。(2) 按洞内最大一个油罐的公称容积计算，换气次数不少于1次/h。

明装通风管道的风速不宜大于14m/s，暗装通风管道的风速不宜大于12m/s。

3) 设备材料

为爆炸危险场所服务的排风系统的机组和活动件应符合电气防爆要求和防雷、防静电要求。机组应采用直接传动或联轴器传动。管材应选用不燃、不易积聚静电、防潮、防腐、防火、严密的材料。铁皮管，利于静电消散，但易被腐蚀；用非金属材料制作，具有耐腐蚀、强度高、表面光滑等特点，但材料的体积电阻率不应大于$10^8\Omega\cdot m$，表面电阻率不应大于$10^9\Omega\cdot m$。

建筑物外宜采用建混凝土或钢筋混凝土管。风机进出口软管宜采用防静电织物制成，并在两端用铜线跨接，洞内离心式风机采用皮带传动时，必须采用能导静电的三角皮带。

2. 轻油泵房和灌桶间通风

1) 离心风机安装

易燃油品的泵房和灌桶间，除采用自然通风外，还应设置排风机组进行定期排风，其换气次数不少于10次/h，计算换气量时房高按4m计算。定期排风耗热量可不予补偿。地上泵房，当外墙下部设有百叶窗、花格墙等常开孔口时，可不设置排风机组，如图2-21所示。

2) 轴流式风机安装

轴流式风机安装工艺及安装要求，见图2-22。

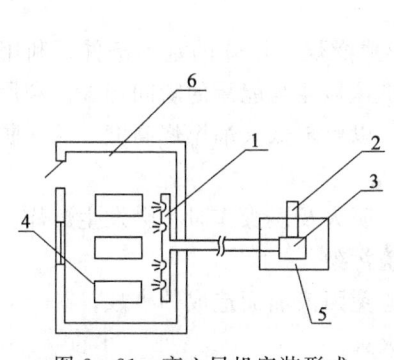

图2-21 离心风机安装形式
1—进风口；2—排风口；3—风机；4—油罐；
5—风机室；6—油罐室

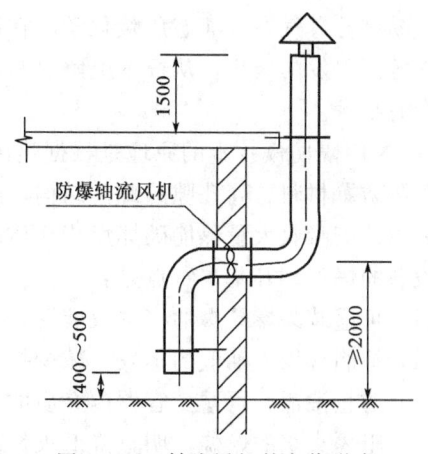

图2-22 轴流风机的安装形式

二、采用惰化技术抑制爆炸发生

有的场所通风很困难，如果其密封性能好，人员不进去操作，则可采用充填惰性气体惰化的方法，来限制爆炸性油气混合气的形成。油气混合气中充入惰性气体，可以缩小甚至消除爆炸危险和防止火焰蔓延。使用惰性气体的目的是降低含氧量，当含氧量降低到某一值时，燃烧便不能进行，即使已点燃的火焰也会熄灭。这种不能使物质燃烧的氧的最高含量称为最高允许含氧量，对于不同的可燃物和不同的惰性气体，其最高允许含氧量是不同的。对汽油蒸气用二氧化碳时，最高允许含氧浓度为 11%，用氮气时，最高允许含氧浓度为 9%。

工业上常用的惰性气体有氮气、二氧化碳、水蒸气和烟道气等。在使用前应进行组分分析，严格控制氧和可燃气体含量，一般规定含氧量不得超过 2%。惰性气体用量可用下式计算：

$$V_x = \frac{21\% - V_0}{V_0 - V_0'} V \tag{2-28}$$

式中 V_x——惰性气体需用量，m^3；
V_0——最高允许含氧量，%；
V_0'——惰性气体含氧量，%；
V——设备中原有空气容积，m^3。

在实际场合中难以精确进行气体浓度的连续测定。油气浓度、氧气浓度和惰性气体浓度都随时间变化，所以一般可以采用控制最高允许含氧量或最低惰性气体含量的方法来防止爆炸。如在油气、空气和惰性气体混合气中难以确定油气和惰性气体的浓度时，可以控制氧气浓度，使之不超过最高允许含量，阻止发生爆炸；如油气浓度未知，空气也不混入的场所，可使惰性气体达到某一浓度，阻止爆炸发生。例如：汽油蒸气，充填二氧化碳气体的最低浓度为 29%，充填氮气的最低浓度为 42%。

三、采用 HAN 阻隔防爆技术

HAN（Hypostasis Anchor-hold No-explosion，本质安全不爆炸）阻隔防爆技术是有效防止易燃易爆气态、液态危险化学品在储运中因意外事故（静电、焊接、枪击、碰撞、错误操作等）引发的爆炸，从根本上解决易燃易爆气态、液态危险化学品储运过程中的本质安全的专有技术。

HAN 阻隔防爆技术的原理是根据热传导理论及形成燃烧、爆炸的基本条件，利用容器内的阻隔防爆材料、高孔隙的蜂窝结构，阻止火焰的迅速传播与能量的瞬间释放。利用其材料的表面效应吸收大量热能破坏燃烧介质的爆炸条件，以此降低火焰燃烧高度，从而防止容器和设备的爆炸。其基本特点是：

（1）可盛装易燃易爆的容器及装置，在遇到枪击、明火及误操作时不会发生爆炸；
（2）抑制容器内油气的蒸发，减少损耗，降低环境污染；
（3）防止浪涌，可减少容器内介质的浪涌能量，避免因浪涌而造成的事故；
（4）阻隔火焰的燃烧，明显降低火焰高度，利于灭火。

HAN 阻隔防爆主要应用有：HAN 阻隔防爆地埋式储油、HAN 阻隔防爆运油车、HAN 阻隔防爆撬装式加油（气）装置、HAN 阻隔防爆便携罐等。

思 考 题

1. 简述油品泄漏的形式及危险性。
2. 哪些区域属于爆炸危险 0 区？
3. 你怎么看油库爆炸危险区域与管理的关系？
4. 油库爆炸危险区域只与油有关吗？

5. 简述变配电间地坪高度应相对于什么高出 0.6m，为什么？
6. 试论述油库设施设备安全设计的基本思想。
7. 简述油库事故性油品扩散和正常作业油品扩散的主要区别。
8. 简述油库排水封围防扩散系统的主要构成。
9. 简述山洞油库排水封围防扩散系统的主要构成。
10. 简述罐区用隔油排水装置的基本性能要求。
11. 简述防火堤的功能需求。
12. 立式油罐防火堤高度应以什么为基准，为什么？
13. 简述导油阻火装置的基本作用。
14. 简述山洞油库通风系统的构成和基本要求。
15. 谈谈你对覆土油罐通风和采光的看法。
16. 论述惰化及阻隔抑爆技术在油库中的应用可行性。
17. 某油库有一个由 4 个 3000m³ 的立式内浮顶油罐构成的露天喷气燃料罐组，试提出安全系统配置要求。

课程思政

重视危化品安全管理，树立实验场所安全环保意识

【思政知识点】 实验场所安全、环保和法律法规

【思政教学目标】 通过讲述"12·26"某大学实验室爆炸事故和某采油厂油罐安装爆炸事故，向学生传授实验场所危化品管理方面的知识，引导学生对危化品使用、储存、运输、处置过程中的安全问题保持时刻警惕，以树立良好的危化品安全管理意识。

一、问题引入

实验场所是油料储存的主要区域，轻质油品一般具有易挥发、易流动、易燃、易爆和有毒等危险特性，在实验场所作业时，如果不遵守安全技术规程，就可能发生燃烧、爆炸、混油、漏油和设备损坏等多种事故。下面主要通过"12·26"某大学实验室爆炸事故、某采油厂油罐安装爆炸事故等案例，引导学生树立正确的实验场所危险化学品安全管理和使用意识。

二、案例介绍

1. "12·26"某大学实验室爆炸事故

2018 年 12 月 26 日 15 时，某大学学生在学校实验室进行垃圾渗滤液污水处理科研实验期间，在使用搅拌机对镁粉和磷酸搅拌的反应过程中，料斗内产生的氢气被搅拌机转轴处金属摩擦、碰撞产生的火花点燃爆炸，继而引发镁粉粉尘云爆炸，爆炸引起周边镁粉和其他可燃物燃烧。事故造成 3 名参与实验的学生死亡。事故调查组认定，大学有关人员违规开展实验、冒险作业，违规购买、违法储存危险化学品，对实验室和科研项目安全管理不到位。根据干部管理权限，经教育部、学校研究决定，对该校 12 名相关干部及学院党委进行问责，并分别给予党纪政纪处分。

2019 年 1 月 3 日，国务院安委会办公室召开高等学校实验室安全管理工作视频会议，深入贯彻落实党中央、国务院领导同志指示批示要求,深刻吸取"12·26"事故教训,进一步推动高校实验室安全管理责任落实。

2. 某油田分公司采油厂油罐安装爆炸事故

2003年10月28日14点50分,某油田一采油厂因作业需要,要将一个40m³油罐搬迁,该油罐在当年10月4日起即处于停用状态,罐中原油已放至底阀口(底阀口距离罐底10cm),罐内存留一定的原油残液,密度为0.806t/m³。卸装吊罐过程中由于工作人员操作不规范引发了爆炸起火事故。本次事故造成5人死亡、2人重伤、1人轻伤。

事故原因是罐内留有原油残液,原油中的轻质馏分挥发,与罐内的空气混合,形成了爆炸性混合气体。在焊接过程中爆炸性气体沿排气管泄漏遇到焊火,引发了罐内混合气体的爆炸。违章操作是事故发生的根本原因,体现缺乏生产管理和安全技术管理。

三、思政点睛

教学油库、加油站、化验室等实验场所应落实国家危险化学品管理规定,重视和规范危险化学品的储存、运输和管理,定期对危险化学品使用台账及存放情况进行检查,加强危险化学品监控监管力度和安全防范意识。要对学生要进行安全知识培训,使其了解实验过程中危险化学品的性质特点、正确处理方法、操作规程和防护急救常识,使用过程必须向指导教师汇报,并做好使用记录。同时学生要谨记无论是在今后的学习生活中,还是在毕业后的工作岗位上,都必须严格遵守相关法律法规和操作规程,养成良好的职业规范和高度的安全防护意识,不断提高安全、环保、健康与自我防护能力。

第三章　油库引燃引爆源及其控制

【学习提示】 油库引燃引爆源是油库着火爆炸的主要能量源。油库引燃引爆源主要有电气、静电、雷电、杂散电流、明火、雷达、激光等。防止油库引燃引爆源诱发燃烧爆炸事故的关键是控制能量及发生地点、时间。本章将重点探讨油库静电、雷电、杂散电流对油库安全的影响规律，并从规律入手分析探讨防控技术。通过学习，要求重点掌握油库防雷、防静电措施和油库接地系统，同时通过本章事故案例的学习，养成对制度、规范的敬畏心，在平时的工作中要一丝不苟、遵章守纪、爱惜生命。

第一节　油库静电危害及防止

静电是一种常见的物理现象，两种不同物质的接触和分离会产生静电。油品流动、搅拌、过滤、冲击、人员穿脱衣服都可能产生静电；静电积聚到一定程度时就可能发生火花放电；如果在放电空间还同时存在易燃易爆气体，就有可能引起燃烧或爆炸。因此，防静电引燃引爆是油库安全的重要方面。

油库中可能引燃引爆的静电火源主要来自三个方面：(1) 油品在储运、加工过程中产生的静电；(2) 人员行走、穿脱衣服等活动产生的静电；(3) 感应及其他原因产生的静电。

一、油品静电的产生、流散和积聚

1. 油品静电的产生

油品静电的产生可以用偶电层理论来定性地解释。由于离子的吸附、金属离子的电离等因素，会造成正、负离子的迁移，在两种不同物质接触的表面会形成一个偶电层，当两种物质相对静止时，偶电层内整体处于电中性，只是分布不均匀，当两种物质发生相对移动，就会打破平衡，致使两种物质分别带上不同符号的静电。

1) 固—液相之间的相对运动产生静电

油品在管路中的流动、油品喷溅或冲击到物体上、物体掉进容器中、在油品中降落、搅拌设备与油品之间的相对运动、油品在移动中的容器中与容器之间的相对运动等都属于固—液相之间的相对运动产生静电。现以油品在管路中的流动为例说明静电产生的过程。

(1) 假设油品开始处于静止状态，此时如图3-1(a)所示，在紧靠金属管壁的油品中存在着一个偶电层。简单地说就是有一种符号的电荷（图中的负电荷）紧靠着管壁，而相反符号的电荷（正电荷）分布在靠油品的一边，这部分电荷的密度随着距管壁的距离的加大而逐渐减小，处于一种扩散状态。

(2) 油品在流动状态，当油品在流动时，靠管壁的负电荷被束缚着，一般不容易运动。而呈扩散状态的正电荷则随油品一起流动形成电流，这种电流叫流动（冲流）电流。流动电流大小即单位时间内通过管道横截面的电量，在工程上经常使用这个物理量来衡量液体中带有静电的程度。如果随着液体流动的是正电荷，则流动电流方向与液体流动方向相同；如果随着液体流动的是负电荷,则二者方向相反。

由于油品的流动使原来的偶电层发生了变化。油品中的正电荷被冲走时,原来在管壁内侧被束缚的负电荷由于相反电荷的离去而有条件跑到管壁外侧成为自由电荷。同时,带电油品离去后,又有中性油品分子进行补充,即刻又出现新的偶电层,如图3-1(b)所示。

(3) 如果管路用绝缘材料制成或者是对地绝缘的,则在管路上会积累危险的静电。如果将油品流动的金属管线接地,这时管线上除去界面偶电层所束缚的负电荷外,管壁外侧多余的负电荷被导入大地。同时,正电荷随着油品的流动移向前方,如图3-1(c)所示。

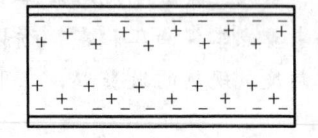

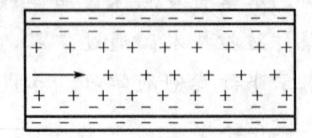

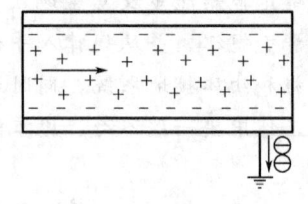

(a) 油品不动时在界面处形成偶电层　(b) 不接地管线油品流动时电荷的变化　(c) 接地管线油品流动时部分电荷导入大地

图3-1　油品在管路中的流动静电

从油品在管线中流动带电的一般过程知道,油品带电来源于固—液界面上的偶电层。如果带电油品流入油罐,则使油罐内油品带电,油罐的内壁要感应出与油品符号相反、电量相等的静电;油罐的外壁则出现了与油品带电符号相同的等量静电。如果油罐接地,则油罐外壁的静电流入大地,油罐内壁的静电因与油品中的电荷相吸引留在油罐的内壁。

虽然管线中的流动电流很小,约为10^{-6}A,但由于油罐的体积大,电容小,往往形成几千至几万伏的油面电位。

2) 液相之间的相对运动产生静电

以水滴在油品中的沉降为例,因为水和油中都含有杂质,它们会离解成电离子,因此水和油的界面处也形成偶电层。如图3-2所示是水油界面的偶电层的一部分。当水滴和油做相对运动时,水滴带走吸附在水滴界面上的电荷(图中的负电荷),于是使油和水滴分别带上不同符号的电荷。

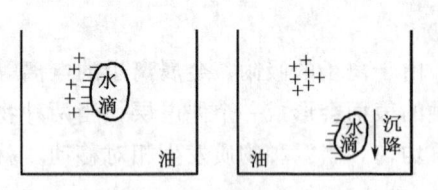

图3-2　油、水界面处偶电层（一部分）示意图

2. 油品静电的流散和积聚

油品在流动、搅拌、喷溅等固液之间或液液之间发生相对运动时都会产生静电。随着静电荷不断产生或流入,静电场不断增强,在静电场的作用下,静电荷也会不断地向相反方向运动,这便是静电荷的流散。当静电荷的产生量及流入量大于流散量时,就会出现静电积聚,静电积聚又导致静电场增强,流散增加或出现静电放电,直至出现平衡或消失。

下面以油品经管线流入油罐为例,来简单讨论静电的流散和积聚规律。

1) 油品在管道中流动

若假定油品进入管道前完全不带电,且在管线中以恒速流动,那么冲流电流应等于单位时间内从管壁上冲刷下来的电量与单位时间内流散的电量之差,经分析推导可得式(3-1):

$$i = 2\pi r J_s \tau \bar{v}(1 - e^{\frac{l}{\tau \bar{v}}}) \tag{3-1}$$

其中
$$\tau=\frac{\varepsilon}{\gamma}$$

式中 i——管中的冲流电流；

r——管内直径；

J_S——油品在单位时间内从单位面积管壁上冲刷下来的电量；

τ——油品的时间常数；

ε——油品的介电常数；

γ——油品的有效电导率；

$\bar{v}$——油品在管道中的平均流速；

l——油品流经的管路长度。

从式（3-1）中可以看出，当 $l\to\infty$ 时，$i\to I_m$，也就是说油品流经的管路长度增加时，冲流电流 i 不是无限增大的，而是逐渐趋向于一个饱和值 I_m。

$$I_m=2\pi r J_S \tau \bar{v} \tag{3-2}$$

从式（3-2）中还可以看出，冲流电流的大小与管径 r、静电荷产生量 J_S、油品的时间常数 τ 以及流速等因素有关。

2）油品流入油罐

若假定罐内原来无电荷，油品经管线流入的冲流电流 i 为定值，则罐内油品积累的电量 Q，应为进入的电量 Q_1 与流散的电量 Q_2 之差，即：

$$Q_1=i\tau \tag{3-3}$$

$$Q_2=i\tau e^{-\frac{t}{\tau}} \tag{3-4}$$

$$Q=i\tau(1-e^{-\frac{t}{\tau}}) \tag{3-5}$$

式中 Q——罐内油品积累的电量；

i——管线的冲流电流；

t——油品注入时间；

τ——油品的时间常数。

由于汽油、煤油、柴油等石油产品本身存在着电阻和对地电容，所以静电荷积累是必然的。尽管槽车、油罐等金属设备都有良好的接地，也不能完全避免油品内电荷的积累。但是油品中电荷的积累量，油面电位都不是无限上升的，随着装油时间的延长，都有一个最大值。罐内电荷积累的多少，主要决定于单位时间内注入的电荷量和油品本身的电阻。当油品一定时，控制容器内电荷积累量的主要办法就是控制流速和控制入口电荷密度，以及油罐的内涂料和接地情况等。

二、影响油品静电的因素

影响油品静电的因素较多，有油品本身的特性如杂质、水分、电导率等；设备的材料特性，如管路、油罐的导电性能和接地状况；流体状态，如流速、流态、不同物质之间的接触面积等。它们有的直接影响油品静电的产生，有的影响静电的流散和积累，而大多数因素则对静电的产生、流散和积累都有影响。

1. 油品内所含杂质的影响

液体之所以起电是因为在其内存在着已离解的正、负离子。油品大多是低介电常数的中性介质，一般都不能直接电离。油品中的离子来源主要是其中的杂质，其中一些杂质可以直接离解为正、负自由离子。

油品所含杂质有自然存在的，也有精炼中加入的。杂质包括各种氧化物、沥青质、环烷酸及磺酸的金属盐类等。这些活性化合物只需极低的浓度，一般百万分之一至一亿分之一就可使液体介质带电。纯净油品不容易产生静电，杂质含量在一定范围内时，油品的静电量较大，但当杂质过多时，油品的静电量也降低，这不是静电的产生量减少了，而是杂质过多，使电导率过大，静电荷更容易流散的缘故。

2. 油品电导率的影响

由于油品的主要构成是非极性的碳氢化合物，因而其电导率受杂质的影响很大，电导率越大，杂质离子越多，反之杂质离子越少。油品的电导率对油品静电的影响与杂质离子对油品静电的影响规律相似。对于电导率小于 10^{-13} S/m 的介质，由于含"杂质离子"很小，不易形成偶电层，所以带电困难；而当电导率较大时，"杂质离子"的数量也较大，较易形成偶电层，静电产生量增加，电荷流散量也增加。实验表明，当电导率在 $10^{-9} \sim 10^{-8}$ S/m 时，静电产生量大于流散量，静电易积聚，电导率大于 10^{-8} S/m 的介质相当于导体，尽管容易形成偶电层，静电产生量大，但电荷流散也快，很难积聚，所以电导率较大的物质带电也是困难的。如图 3-3 为喷气燃料 JP-4 中加入药剂测得的电导率与流动电流的关系曲线。轻质油品的电导率多为 $10^{-11} \sim 10^{-9}$ S/m，很容易产生静电，危险性较大。

3. 水分的影响

水分影响油品带电的原因主要在于三个方面：其一是水分使油品中的杂质更容易电离，这是水分影响油品静电的主要因素；其二是水滴与油品之间由于相互接触和分离也会产生部分静电；其三是水分的增加，也使油品的电导率增加，消散能力增加，通常当油品中混入的水分在 1%～5% 时最危险。

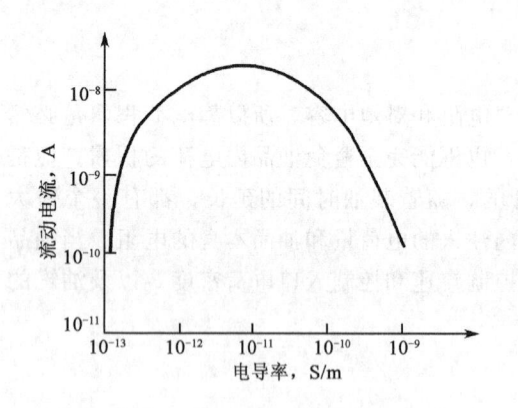

图 3-3 电导率对流动电流的影响

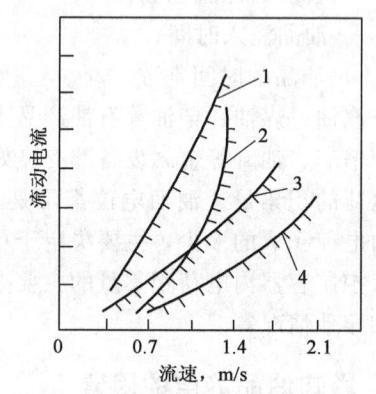

图 3-4 管线材质与流动电流的关系
1—生锈的碳钢；2—氯丁橡胶；
3—不锈钢；4—干净的碳钢

4. 管线材质及管壁粗糙度的影响

从图 3-4 中可以明显地看出，不同材质管线的流动电流不同，材质的导电性越好，流动电流越小。另外对不同材质的管线如钯、金、银、硼酸玻璃、玻璃钢及经火焰氧化的不锈钢管线分别进行试验表明，不同材质的管线，其起电性能稍有区别。可见管线材质对油品静电的影响主要在于其不同的静电消散能力。

管线内壁的粗糙度对油品静电的产生也有影响。管线内壁越粗糙，油品与管线内壁接触面积越大，冲击和分离的机会也越多，流动电流越大。

5. 流动状态的影响

将煤油置于不锈钢毛细管中，使其流态从层流到紊流，观察发现其电流有显著变化。图3-5给出10^{-5}kmol/m³锌盐溶液在直径3.76mm的玻璃管中流动的试验曲线。

在实际工程管线上，由于管壁障碍、转弯、变径等情况的存在都会使油品处于紊流的状态。这种流动状态的改变，一方面，由于本身热运动和碰撞可能产生新的空间电荷，图3-6表示了流动油品在遇到突出物时分离出新电荷的情况；另一方面，如图3-7所示，在层流时，速度分布呈抛物线，而在紊流时，管线中间速度分布是均匀的，近管壁处有较大的梯度。因速度梯度的变化使扩散层电荷趋向管中心，从而使整个管线的电荷密度比层流时提高了，会使油品带有较多的电量。

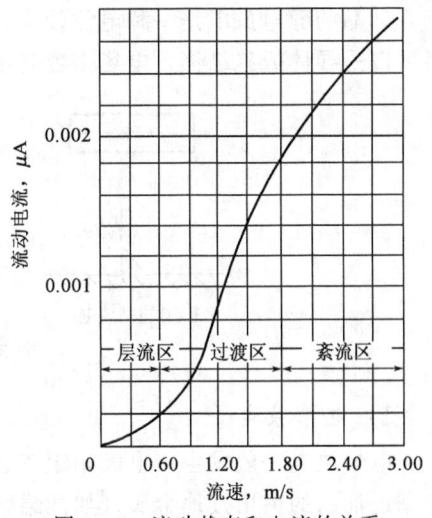

图3-5 流动状态和电流的关系

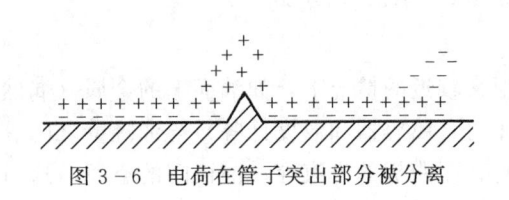

图3-6 电荷在管子突出部分被分离

图3-7 不同流动状态下的速度分布
1—层流；2—紊流

6. 流速的影响

流速的增加将会使物质接触和分离的速率增加，从而使静电的产生量增加，这一点从式（3-2）中也可明显地看出。限制流速是控制油品静电的重要方法。

三、油品静电的放电

任何带有静电的带电体上的静电荷，如果没有外来补充，终将是会消失的。消失有两种主要方式：一是泄漏，主要通过带电体本身及与其相连的其他物体发生，这在前面已经进行了阐述；二是不同形式的放电，是通过空气发生，静电体内的静电能量使带电体附近空气产生电离。静电放电是电能转换成热能的过程，其可能将附近的可燃物引燃，成为引燃或引爆的火源。静电放电一般伴随有破裂声并且发光。

油罐装油时，因油品中带有电荷，所以在装油过程中油罐内油品的电量越积越多，静电产生的电场强度和油面电位也越来越高，当油品的静电与油罐壁的感应电荷所产生的电场不足以引起放电时,油品中的部分电荷通过罐壁接地而泄漏;当其产生的场强超过油罐内气体所能承受的场强时,气体则被击穿而放电。对于空气,其击穿场强约为 $3\times10^3 kV/m$;对于油罐内油品蒸气的击穿场强约为 $(4\sim5)\times10^3 kV/m$。

1. 放电类型

油品的静电放电是一种电位较高、能量较小、处于常温常压条件下的气体击穿。电极材料可以是导体或绝缘体,电场多数是不均匀的。其放电类型可概括为三种,如图3-8所示。

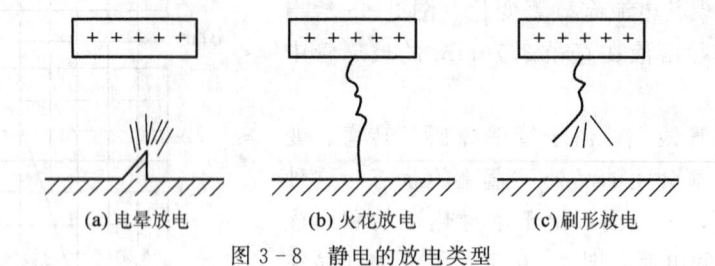

(a) 电晕放电　　(b) 火花放电　　(c) 刷形放电

图3-8　静电的放电类型

1) 电晕放电

电晕放电一般发生在电极相距较远,带电体或接地体表面有突出部分或棱角的地方。例如靠近油面的突出接地金属(如油罐壁的突出物、鹤管等)与油面之间。因为接地金属突出物的曲率半径小,其尖端积累了很大的电荷密度,使突出物附近的电场强大到足以击穿其附近气体,从而发生极间空气瞬间电离,这种形式的放电使空气的电离只能局限在一个小区域内,而不能扩展出去。电晕放电的能量很小,一般不会点燃可燃蒸气,但也可能发展成为火花放电。此种放电有时伴有嘶嘶声和辉光,如图3-8(a)所示。

2) 火花放电

火花放电发生在两个电极均为导体,相距又较近的情况下,如油面上的金属(偶然落入油罐内而又漂浮在油面上的金属或系着绝缘绳的金属容器和温度计等)与油罐壁之间。两极间的气体空间完全被击穿成为放电通路,有明亮而曲折的光束穿过两极间的空间,这时电极有明显的放电集中点,如图3-8(b)所示。放电时有短促爆裂声,放电能量大,有可能点燃可燃气体。

3) 刷形放电

刷形放电的特点是:两极间的气体因击穿成为放电通路,但又不集中在某一点上,明亮的、像树枝状的光束从一电极发出,但不到达另一电极而中止在两极间隙之间,分布在一定的空间范围内,如图3-8(c)所示。此种放电伴有声和光,在绝缘体上更易发生。因为放电不集中,所以在单位空间内释放的能量也较小。刷形放电是气体的不完全击穿,是不完全的火花放电。如果电场再增加,刷形放电火花达到对面电极则转变成完全的火花放电。

综上所述,电晕放电能量较小,危险性小;刷形放电有一定危险性,有时也能引燃可燃气体;而火花放电能量较大,危险性也最大。绝缘体带有静电时,较易发生刷形放电,也可能发生火花放电。金属电极之间或对地容易发生火花放电。

2. 放电能量

带电体之间的放电,不一定能点燃可燃气体。当放电能量太小时,便没有足够的能量去点燃可燃蒸气。另外即使有足够的放电能量,若可燃蒸气的浓度不在爆炸和燃烧范围内也不能发生爆炸和燃烧。引燃可燃气体和易燃液体蒸气的混合物所需的最低能量叫作最小放电能量。例如当1L空气中含100～150mg的汽油或煤油蒸气时，只要用0.2mJ的能量就可引燃引爆，所以汽油或煤油的最小放电能量即为0.2mJ。

两带电体之间的放电能量按式（3-6）计算：

$$W = \frac{1}{2}CU^2 = \frac{1}{2}QU \tag{3-6}$$

式中　W——两金属带电体的放电能量，J；
　　　C——两金属组成的电容器的电容，F；
　　　U——两带电体之间的电位差，V；
　　　Q——带电体的带电量，C。

当两金属带电体之间发生放电时，其电场能量（即放电能量）会有一部分消耗在放电回路的电阻上，若放电的火花间隙较长，放电能量不能集中时，实际上引燃可燃蒸气的最小放电能量超过0.2mJ。因此，0.2mJ是引燃油品蒸气的最小放电能量。

实验表明电晕放电的能量为0.003～0.012mJ，一般不能引燃轻油蒸气与空气混合物。刷形放电不稳定、能量小、强度低、持续时间长，点燃危险小于火花放电。实验表明，当总电荷量相同时，刷形放电的持续时间大约是火花放电时间的7倍。对于点燃可燃气体的最小放电能量0.2mJ，在导体之间的放电是很容易达到的。

式（3-6）表示的放电能量，是指两金属导体间的放电。当其放电时，金属导体上的电荷全部放出而消失，其静电场所储存的能量一次集中释放，有较大的危险性。如果带电体为绝缘体或其中一个为绝缘体，由于绝缘体的电荷很难移动，其上电荷不能在一次放电中全部消失，其静电场所储存的能量也不能一次集中释放，故放电能量比式（3-6）的计算值小得多，危险性较小。但是，当油气混合物最小放电能量很小时，绝缘体上的静电放电火花也能引起油气混合气爆炸，而且正是由于绝缘体上的电荷不能在一次放电中全部消失，使得带静电的绝缘体具有多次放电的危险性。

高电阻率油品具有绝缘介质的性质，它能聚积电荷，那么放掉电荷也就比较困难。所以其带电体的放电只能放掉局部电荷，每次放电量与放电区域大小都在变化。这类放电对可燃气体的放电能量，往往要比金属电极间的放电引燃能量大许多倍，不能按式（3-6）来计算。

3. 带电油面放电

1）油面电荷密度的分布

油罐内如果储存有电导率较高的油品，则其电荷较易移动，油罐内各部分的电荷密度也容易趋向均匀。而通常油品的电导率低，电荷密度的分布是难以均匀的。但在油品装车过程中，由于油品不停地被搅动，电荷密度的分布仍可趋向均匀。特别是容积较小的油罐，更易趋向均匀。由于电荷同性相斥，使电荷受到趋向表面力的作用而趋向表面，所以油面电荷较多，密度较大。当从油罐或油罐车顶部注油时，油下落的地方比四周其他地方的电荷密度大一些。

2）油面电位的分布

油面电位与电容和电荷密度有关。由于油品在容器内各点的电容不同，同样数值的电荷会得到不同的电位。所以，当电荷密度趋向均匀时，各点电位差就大；反之，当电荷密度不均匀程度大时，各点电位差可能就不明显。一般说来，容器中部电容最小，顶部注油时中部电荷密度又较大，所以容器油面中部电位较高，一旦有突出的接地物就会增大其电场变化，这是很危险的，如图3-9所示。靠近油面的接地体、接地部位几何形状的变化也会造成对地电容的变化，而影响电位的分布，如油面附近有较大面积的接地体时，就增加了相邻油面的电容，降低了油面电位。油面电位还与时间或油面高度有关，随着油品的不断注入，容器内油面不断升高，电位将很快地上升，一般达到1/2容器高度时出现最高电位；当有突出接地物时，随着油面继续升高，电压值略有下降，至装满容器后，电位出现较大的下降。

图3-9 油面附近有突出的接地物时的电场变化

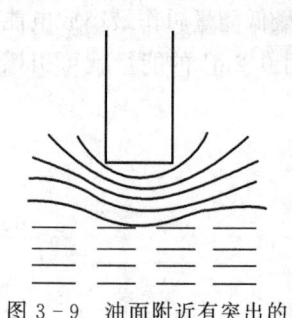

3) 带电油面放电的特点

油面上各种电极对油面放电的试验结果见表3-1。油面对其上部尖端电极所发生的放电基本属电晕放电，但60°左右的锥尖有时也可能发生火花放电。对于球形电极来说都是刷形放电，这是由于如果球形电极离油面的间隙小于1~2.5cm，则此时油品雾滴就会被电场吸起，不停地吸附至电极，然后抛下，在间隙之间形成一个液体桥，短接了油品和电极，失掉了发生击穿放电的可能性。因此，只有当油面与电极间放电间隙较大，电压较高时，才能发生放电，故多为刷形放电。针形电极虽然不能引起液体桥，但由于电荷过于集中，易发生电晕放电。而60°左右的锥尖，与针形电极相比不易发生电晕放电，同时也不易产生液体桥，因而有时会发生火花放电。

表3-1 油面放电试验数据

接地电极形状	间隙距离，cm	放电种类	放电能量，mJ
针	1~5	电晕	<0.001
60°锥尖	2.5	火花	0.270
	1.0	电晕	0.003
	2.5	电晕	0.003
	5.0	电晕	0.008
	7.5	电晕	0.008
	10.0	电晕	0.008
	12.5	电晕	0.012
	15.0	电晕	0.012
φ6mm球	2.5	刷形	0.04
	5.0	刷形	0.02
	7.5	刷形	0.02
	10.0	刷形	0.02
	12.5	刷形	0.02
φ12mm球	2.5	刷形	0.91
	5.0	刷形	0.44
	7.5	刷形	0.34

续表

接地电极形状	间隙距离，cm	放电种类	放电能量，mJ
φ12mm 球	10.0	刷形	0.39
	12.5	刷形	0.60
φ100mm 球	2.5	刷形	0.43
	5.0	刷形	0.57
	7.5	刷形	1.41
	10.0	刷形	1.78
	12.5	刷形	2.33

4. 影响静电放电的因素

静电放电和其他气体放电一样，也受电场均匀程度、电极形状和极性、气体状态、电压作用时间等因素的影响。

1) 电场均匀程度

不均匀的电场容易引起局部放电，并由局部放电发展成火花放电，如图 3-10 所示。

在空气中平板电极加负电源，针电极加正电源，使两极间距为 2cm。逐渐升高电压，当电压升到 3kV 左右时有微弱的声音发出，并在针电极的尖端发出紫色辉光，使空气绝缘局部破坏，形成电晕放电。进一步提高电压，尖端的辉光逐渐增大，同时向阴极方向伸展，直到空气绝缘完全破坏而造成击穿，形成火花放电。从这个过程可以看出，对于不均匀电场，在电场较大的针电极首先发生电晕放电，而随整个场强的升高电晕放电过渡到火花放电。所以，气体间隙的平均击穿场强随着电场不均匀程度的增加而下降。如果电场由于某种原因引起畸变，则其均匀程度被破坏，将变得比较容易发生火花放电。实验证明，对于均匀电场，可以不经过电晕放电阶段而突然进入火花放电。

2) 电极形状和极性

图 3-11 所示为不同极性的锥形尖端对平板的电极系统的放电情况。在一定间隙下，正电荷比负电荷容易将间隙击穿，也就是说，正尖的击穿电压总是比负尖低。在不均匀电场条件下，电极间的击穿通常由电晕放电开始，因而在尖端首先发生局部电离。当正尖附近发生电离后，由于电子比阳离子轻得多，因而流动也快得多，所以带正电荷的尖端电极附近因电晕产生的电子迅速吸向正尖，而在尖端附近留下大量的正离子，并且正离子缓慢向外扩散，最后就形成树枝状的阳离子流流向阴极，使正极性电场向外扩展，如同缩短了电极间的距离，而使间隙击穿容易发生。当负尖附近发生电离后，尖端附近因电晕产生的电子，虽然较快地向外流散，但正离子不容易吸向负极而中和，仍停留在负电极周围，被正离子包围的负尖，屏蔽了尖端的电场，这样就可能影响电晕放电的发展，不利于击穿的延展，使击穿放电比较困难。

图 3-12 显示不同极的锥形尖端对平板的电极系统中，空气的击穿电压与极间距离的关系。图 3-13 表示了端部半径为 2mm 半圆形棒状电极对平板电极系统中，空气击穿电压对极隙的关系。从图 3-13 中可以看出，在极隙较小的条件下，击穿的极性效应与上述情况恰好相反。与图 3-12 比较可以看出，电极末端的曲率半径越小越容易引起放电。

(a) 电晕放电

(b) 火花放电

图 3-10 电晕放电发展成火花放电

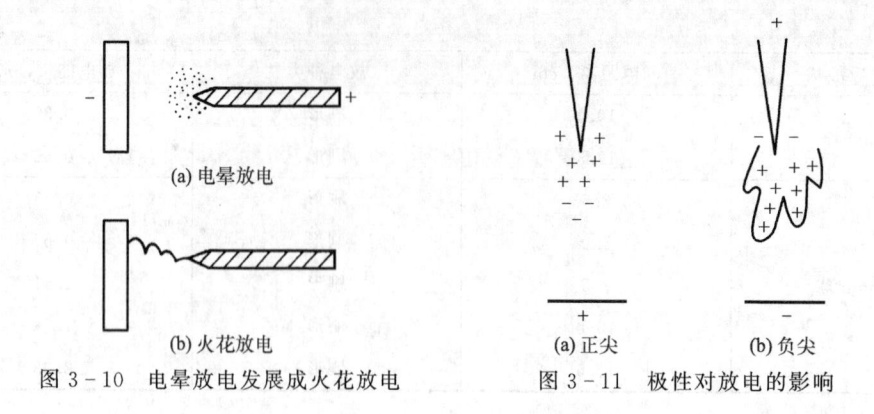

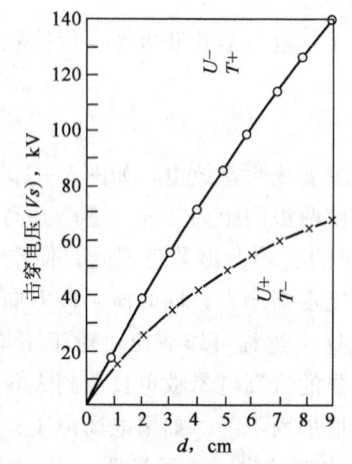

(a) 正尖　　(b) 负尖

图 3-11 极性对放电的影响

图 3-12 30°锥尖对平板电极，击穿电压对极隙距离曲线

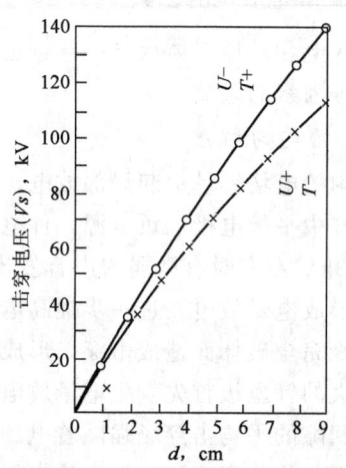

图 3-13 2mm 半圆形棒状电极对平板电极，击穿电压对极隙距离曲线

3) 气体状态

气体状态指气体的压力、温度和湿度等情况。当气体的压力降低或温度升高时，其密度就下降，因而电子在两次碰撞间所经过的平均自由行程增大，从电场得到的动能增加，碰撞电离能力加强，使电晕放电电压和击穿电压都有所降低，容易产生火花放电。例如海拔每升高 10%，放电电压约降低 10%。在高压力下，例如对于压缩空气，电子的平均自由行程短，所以间隙的击穿放电电压增高。在 1MPa 以下时，击穿电压的增高与气压增高近似为线性关系，但对于不同的气体影响有所不同。湿度增加时，气体中的水分增多，电子与水分子碰撞的机会增多，易形成活性低的负离子，使得碰撞电离能力减弱，击穿电压有所增加，不易发生火花放电。这种影响对不均匀电场较为明显。

4) 电压作用时间

气体的击穿放电，不仅需要足够的场强，还需要一定的电压作用时间。如果外加电压持续时间很短，则放电电压就要升高，特别是对不均匀电场影响更为明显。

四、防止油品静电引燃引爆

油品在流动、搅拌、喷溅过程中，在固—液相之间或液相之间的相对运动都会产生静电。随着静电荷不断产生或流入，静电场不断增强，在静电场的作用下，静电荷也会不断地向相反方向运动，这便是静电荷的流散。当静电荷的产生量及流入量大于流散量时，就会出现静电积聚，静电积聚又导致静电场增强、流散量增加或出现静电放电，直至平衡或静电消失。

静电放电并不一定会造成静电着火，静电着火必须具备下列条件：其一，必须存在静电产生和积聚的条件，并且在静电放电时具有足够的放电能量。若静电放电的能量太小，没有足够的能量去点燃可燃混合气，事实上，静电火花放电的能量一般都超过油蒸气的最小引燃能量。其二，必须存在适当浓度的可燃性混合气体。即使有足够的放电能量，如果可燃蒸气的浓度不在爆炸和燃烧范围内，也不能引起燃烧和爆炸。防止静电事故的措施应从控制这两个条件着手。控制前一个条件实质上是控制静电的产生、积累和放电，是消除静电危害的直接措施。控制第二个条件是消除或减轻周围环境火灾爆炸的危险，是防止静电危害的间接措施。

1. 减少静电产生的措施

油品内的杂质是静电起电的重要因素，然而使油品达到高精度是困难的也是不经济的，从目前的技术状况看，还没有能完全杜绝静电产生的措施。因此，对于防止油品静电危害来说，不能完全消除静电荷的产生，只有能减少产生静电的技术措施。

1）控制流速

油品的流速越高，静电量越大。如我国对油罐车装油试验表明，平均流速为 2.6m/s 时，测得油面电位为 2300V；当平均流速为 1.7m/s 时，油面电位为 580V。可见，控制流速是减少油品静电产生的有效措施。

轻质油品进罐过程中，当进油口浸没深度小于 200mm 时，流速应限制在 1m/s 以内；当进油口浸没深度大于 200mm 后，最大流速可提高，但应不大于 7m/s；铁路油罐车、汽车油罐车装卸油时，当油品浸没鹤管口前，或油品夹有明显水分、空气和杂质时，流速都应限制在 1m/s 以内，当油品浸没鹤管口后，可以提高流速，但最大流速应不大于 4.5m/s；飞机压力加油、油轮装卸油时，最大流速应不大于 7m/s。

2）控制加油方式

油罐及油罐车从顶部喷溅装油时，油品必然要冲击油罐壁，搅动罐内油品，使其静电量急剧增加，且油品蒸发加剧。而从底部或将鹤管伸至接近油罐车底部装油，则可有效地减少静电引燃引爆危险，这可能由于以下原因：(1) 底部装油减少了油品喷溅，利于减少静电荷产生；(2) 同时可以减少油品的雾化和蒸发，从而减小油气达到着火和爆炸浓度范围的概率；(3) 避免了油流流经电容最小的油罐中部，不致产生较大的油面电位；(4) 可避免在局部范围内因油柱集中下落形成较高的油面电荷密度，在装油后期，油面电位达到最大值时，油面上部没有接地的突出金属，可以避免局部电场增加，不致发生火灾。

如某厂对 500m³ 油罐试验：将柴油以 2.6m/s 的流速从顶部喷灌，经 5min，罐内油面电位从 190V 上升至 7000V，若改为从罐底装油（流速相同），油面电位从 6000V 下降至 3300V。试验表明，从顶部喷溅装油产生的静电量与底部进油产生的静电量之比为 2：1。可见从油罐底部（或从顶部伸至罐底）装油比顶部装油安全得多。

在灌装过程中，应防止油品的飞散喷溅，从底部或上部入罐的注油管末端，应设计成不易使液体飞散的倒 T 形等形状或另加导流板；或在上部灌装时，使液体沿侧壁缓慢下流。

我国相关规范规定：给铁路油罐车、汽车油罐车装油时，鹤管进油口距底部都应不大于 200mm。

为了减轻从油罐车顶部的鹤管注油时的喷溅，减少注油时产生的静电，还可以改变鹤管头的形状。图 3-14 是几种鹤管注油管头示意图，应采用倒 T 形或导流板。

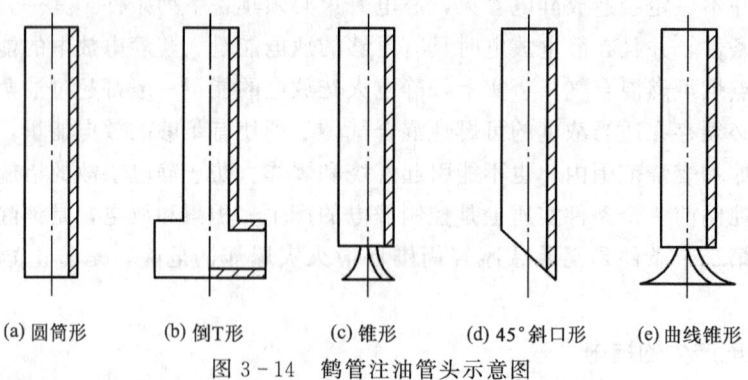

(a) 圆筒形　　(b) 倒T形　　(c) 锥形　　(d) 45°斜口形　　(e) 曲线锥形

图 3-14　鹤管注油管头示意图

3）防止不相溶的物质如水、空气、灰尘等相混

油中含有水和空气时，会使静电产生量增加，油中含水 5%，会使静电产生量增大 10~50 倍。因此，在油库工作中应注意以下几点：(1) 应尽量减少和排除容器底部和管道中的积水。当管道内明显存在不相溶的第二物相时，其流速应限制在 1m/s 以内。(2) 不应采用压缩空气进行汽油、煤油、轻柴油的调和；重柴油调和用压缩空气调和时，应控制风压不大于 343kPa，并使油品调和温度至少低于该油品闪点 20℃。(3) 不应采用压缩空气对汽油、煤油、轻柴油、苯等管线进行吹扫，不应采用压缩空气对汽油、煤油、轻柴油、苯等设备、容器进行吹扫和清洗。使用液体喷洗容器时，压力不得大于 980kPa。

2. 加速静电的泄漏，防止或减少静电的积聚

静电的产生本身并不危险，实际的危险在于电荷的积聚，因为这样能储存足够的能量，从而产生火花放电将可燃性气体引燃引爆。通常认为非导体的体积电阻率小于 $10^8\Omega\cdot m$ 时，就不会有危险的静电积累。我国有关标准还规定总带电体至大地的总系统的静电泄漏电阻小于 $10^6\Omega$ 为安全标准。日本判断带电状态的标准如表 3-2 所示。

表 3-2　日本判断带电状态的标准

泄漏电阻，Ω	$<10^6$	$10^6 \sim 10^8$	$10^8 \sim 10^{10}$	$10^{10} \sim 10^{12}$	$>10^{12}$
带电状态	不带电	稍带电	带电	带电量大	大量带电

但是油品的电阻率几乎都大于 $10^8\Omega\cdot m$，静电泄漏电阻大于 $10^6\Omega$ 的油品中的电荷不易泄漏。为了加速油品电荷的泄漏，必须采取接地、设置静电消除器及增加油品的电导率等措施。

1）接地和跨接

静电接地是指将设施设备通过导线接地体等手段与大地连成阻值较小的通路，使电荷导入大地。对于带电导体，接地后其电荷会迅速导入大地。对于储油容器，由于油品是绝缘体，带电后不能靠容器的接地来迅速导走油品的电荷，但是容器接地能减小电荷向大地泄漏的电阻，从而加快油品电荷的泄漏；同时，容器接地使容器本身及相关金属设备与大地之间构成了良好通路，消除了容器外表面电荷产生火花放电的可能性。

跨接是指相邻导体之间进行的等电位连接，其可以有效地防止导体之间发生放电。

在油库中，所有固定的储输油设施设备除了有特殊要求外（如有阴极保护的设备）都应接地，所有移动设备，如测量设备、取样设备、运输容器、油桶、车辆等在作业过程中都应接地，为了减少接地体的数量及操作难度，在许可的情况下，可以采用先跨接、再集中接地的方法。单纯静电接地的接地电阻应小于100Ω，在山区等土壤电阻率较高的地区，其接地电阻不应大于1000Ω；静电接地与防雷接地合用时，接地电阻应小于10Ω。

根据相关规范要求和油库工程实际使用情况，防静电接地可采用如下方法：

（1）油罐。接地点不得少于两处，且间距不大于30m。地面、半地下油罐已做防雷接地的，可不再专设防静电接地，但各油罐之间的防雷接地不得互相串、并联。油罐测量孔应设接地端子，以便采样器、测量工具接地。油罐等内壁应采用本征型导静电防腐蚀涂料或非碳系的浅色添加型导静电涂料，涂层的表面电阻率应为$10^8\sim10^{11}\Omega$。非金属油罐应在罐内设置防静电导体引至罐外接地，并与油罐的金属管线连接（视频3-1）。

（2）输油管路。两端、分岔、交叉、变径、阀门等处以及较长管道每隔200～300m接地一次。泵、过滤器处应接地。平行铺设的地上管道之间间距小于100mm时，每隔20m应跨接。当管路交叉间距小于100mm时，应跨接。输油管线已装阴极保护的区段，不应再做防静电接地。管道因输油或受场所限制不能动火焊接接地线时，可采用粘接方法进行。

视频3-1 油罐车后为什么拖着一条铁链

（3）洞库防静电接地的做法。储油洞库内的油罐、油管、油气呼吸管、金属通风管（非金属通风管的金属件）、管件等，都应用导静电引线（$\phi 8$或$\phi 10$圆钢）连接，在上引道内设导静电干线（一般用40mm×4mm扁钢），引线和干线连接而形成导静电系统。干线引至洞外的适当位置设静电接地体。如有两个以上洞口，最好向两个洞口引出接地干线，每个洞口设一组接地体。已装油的轻油洞库，补装防静电接地系统时，一般不允许动火焊接，应采用不动火连接方式（如夹板连接或粘接连接等）。

（4）铁路装卸油设施的静电接地。铁路装卸油的设施、设备，如钢轨、钢制装卸油栈桥、集油管、油罐车等都应做防静电连接并设接地体。每座装卸油栈桥的两端至少各设一组连接线及接地体，每隔50m应设置一组连接线及接地体。

（5）码头装卸油设备设施防静电接地。码头区内的所有输油管线、设备和建（构）筑物的金属体，均应做等电位连接并接地。码头的装卸船位应设置接地干线和接地体。接地体应至少有一组设置在陆地上，在码头的合适位置设置若干个接地端子，以便与油船（油驳）做接地连接。码头引桥、趸船等之间应有两处电气连接并接地。连接线可选用$35mm^2$多股软铜铰线。

（6）移动设备的接地。用以储运轻质油品且经常移动的各种设备均应做静电接地。汽车油罐车车体下侧应设接地端板，挠性接地线不应采用金属链条，应选用导电橡胶拖地带。在有静电危害的场合，移动设备的接地线应在作业前连接好。作业完后须经过规定的静置时间，方可拆除接地线。装拆接地线的连接点位置应避开危险区域，且不应在装卸作业场所主导风向的下风方向。移动设备应采用制式规范的连接器与接地支、干线相连，不得采用缠绕等不可靠的方法连接。移动设备应选用截面积不小于$10mm^2$的铜芯软绞线作接地连接线。在爆炸危险场所宜通过防爆开关将接地装置与被保护物体相连。用软管输送轻质油品时，应使用导静电软管，当使用内附金属丝（网）的胶（塑料）管时，在胶（塑料）管的两端必须将金属丝（网）与设备可靠连接并接地。轮式移动泵组的静电接地插杆插入土壤中的长度不应少于400mm，插杆不得涂漆和有油污，连接导线须留有足够的长度余量。

（7）自动化计量设备的接地。凡自动化仪表部件或系统组件，其装在油罐上及伸入油罐内部的管子均应采用密闭式金属导管，并安全可靠，罐内安装的部件必须做好静电接地。一切漂浮部件除做好静电接地外，还应设有导向装置限定漂浮位置。液位计仪表及部件须与油罐罐体做可靠的电气连接。自动化电子计量灌装设备的防静电联锁装置必须可靠完好。

（8）静电接地的管理要求。设备、管道等进行局部检修时，如会造成有关物体静电连接回路断路或破坏等电位时，应事先做好临时性接地，检修完毕后及时恢复。每年春、秋季应对各静电接地体电阻进行测量，并建立测量数据档案。如果接地电阻不合格，应立即检修。应建立全库静电接地分布图，详细记载接地点的位置，接地体的形状、材质、数量和埋设情况。

2）加抗静电添加剂

油品容器的接地只能消除容器外壁的电荷，由于油品的电导率较小，油品表面及其内部的电荷，很难靠接地泄漏。抗静电添加剂的作用不是"抗"静电，而是加入微量的这种物质时，可以成十倍、成百倍地增加油品的电导率，使其电荷得不到积聚，加速静电泄漏，消除静电危险。

抗静电添加剂是消除静电的有效办法之一。但由于混合不匀或输送中的损耗会导致油品中抗静电添加剂的浓度过低。这种抗静电添加剂浓度过低的油品通过有过滤器的装油系统时，反而会比不加抗静电添加剂的油品带电量大。这是由于抗静电添加剂的微粒通过过滤器时，产生了大量的静电。例如含 $(0.05 \sim 0.15) \times 10^{-6}$ 重量的抗静电添加剂的油品通过过滤器产生的静电要增加12倍左右。尽管加入抗静电添加剂后，油品的电导率增加了，能加速静电泄漏，但油品的带电量也增加了，仍然有可能增大油面电位。因此，加入抗静电添加剂的数量不能太低，以防出现相反效果。

国际空运协会标准规定，油品电导率为50～450pS/m。要求炼油厂油品电导率不低于180～200pS/m。我国国内抗静电添加剂的使用量一般为百万分之一（1×10^{-6}）重量。多次使用证明，国产各牌号的航空煤油只要加上 1×10^{-6} 的抗静电添加剂就可使电导率维持在140～210pS/m。这对炼油厂装车（各种铁路油罐车）是足够安全的。《液体石油产品静电安全规程》(GB 13348—2009) 规定"在油品中加入微量的油溶性防静电添加剂，使其电导率达到250pS/m"。

3）设置静电缓和器

静电缓和器是一种接地良好的装在管线上的金属容器，可以看成一个扩大直径的管线段。如图3-15所示，它是一种结构简单并且消散电荷效果较好的装置。

根据连续性方程，管路各处管径截面积 i 与流速 V 的乘积相等，因此，当带电油品从管路进入该装置时，管路管径由 d_1 增加为 d_2，油品流速也发生变化，由 V_1 减小为 V_2。油品流速减慢，油品通过时间增加，油品电荷有足够时间通过接地引线流入大地，从而达到"缓和"作用。

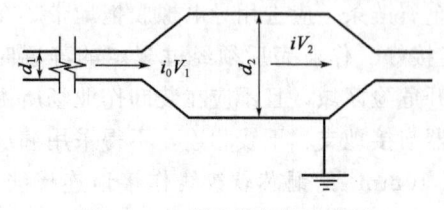

图3-15 缓和器机构示意图

缓和时间是确保静电消散效果的关键所在。缓和时间按式（3-7）计算：

$$t = \frac{\varepsilon_r \varepsilon_0}{\sigma} \qquad (3-7)$$

式中 t——缓和时间，s；
　　ε_r——油品相对介电常数；
　　ε_0——真空介电常数，pF/m；
　　σ——油品的电导率，pS/m。

工程中，带电油品在缓和器中的通过时间一般可按缓和时间的3倍设计。

4）设置静电消除器

静电消除器又叫静电中和器，它是消除或减少带电体电荷的装置。静电消除器所产生的电子和离子与带电体上相反符号的电荷中和，从而消除静电的危险。按照工作原理和结构的不同，它大体上可分为感应式、外加电压式、放射线式和离子流式四种。因此，目前在灌装油罐车中主要使用感应式静电消除器，因为它具有结构简单、使用方便以及消电效率高等优点。

感应式静电消除器的结构如图3-16所示，感应式静电消除器主要由三部分组成，接地钢管及法兰、内部绝缘管、放电针及镶针螺栓。在长约1m的钢管内，衬有厚度为50mm的聚乙烯塑料套管。为了在油品内均匀地产生相反的电荷，放电针沿长度方向从钢管外壁穿过套管布置四至五排，每排三至四枚，并互相错开。为了方便检查维修，放电针的尾部用螺栓固定在钢管上随同钢管接地。放电针选用耐高温、耐磨的钨合金等材料制作，针体的直径约为1~1.5mm，其一端处理成尖形。因为油管中的油品一般都是紊流状态，即电荷在管路中大体上是均匀分布的，所以放电针不用伸出管路内壁太长，一般突出管内壁10mm左右为宜。图3-17所示为空腔薄壁套管感应式静电消除器，它是选用玻璃或玻璃钢做成双层或单层管，使用时在真空腔内充满航空煤油或其他高阻油品，也可用输送油品作为电介质充满空腔，这样可减少重量，降低成本。

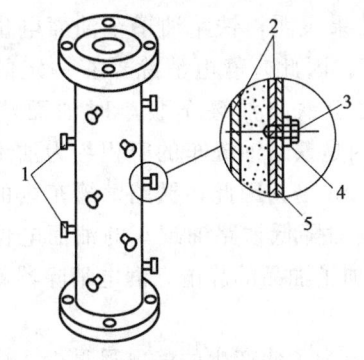

图3-16 感应式静电消除器结构示意图
1—放电针；2—绝缘套管；3—螺栓；
4—密封胶皮垫片；5—钢管

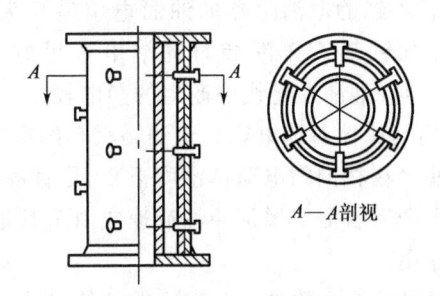

图3-17 空腔薄壁套管感应式
静电消除器结构示意图

消电原理是建立在尖端放电的基础上的，设管内流动的油品带正电，插入油品中的针尖感应出负电荷，如图3-18所示。因为曲率半径越小处的感应电荷密度越大，因而针尖处的电荷密度最大。针尖附件的电场最强。当针尖附近的场强增大到足以电离其附近的油品时，针尖产生电晕放电。电晕放电的负离子去中和管中油品的正电荷，正离子通过针尖传至大地,使油品中的电荷减少。消电器的针尖能否产生电晕放电,取决于油品中原来的电荷密度,电荷密度越小,消电器的消电作用越微弱;电荷密度越大,消电器针尖产生的离子越多,消电效果越好。

消电作用的过渡过程。图3-19是静电消除器出口电荷密度与时间变化的曲线。从图中可以看出,静电消除器达到稳定消电状态有一个短暂的过渡过程,从通油到达到稳定电荷密度的时间称为接通时间。接通时间约为20～30s。从使用角度来看,希望这个时间越短越好,但这并不是说在接通时间内工作就不安全。因为在给油罐等加油时,其初始允许电荷密度总是要高一些。

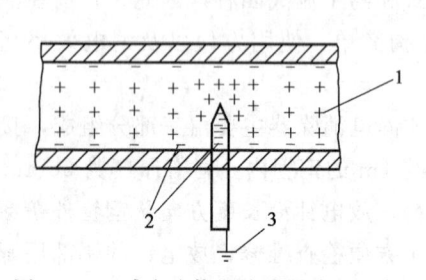

图3-18 感应式静电消除器消电示意图
1—正电荷;2—电离的负离子;3—接地

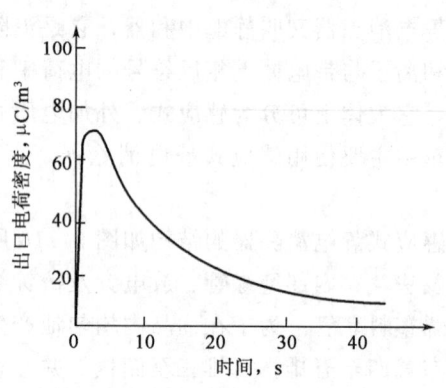

图3-19 静电消除器初始状态曲线

国内有关单位对油罐汽车加油试验的结果表明,感应式静电消除器能有效地降低油面电位,大体上使油罐汽车装车的油面电位自20000V降至300～400V。从试验结果可以看出,厚壁静电消除器性能与薄壁空心静电消除器性能相近。有关单位的试验还说明静电消除器长度为1m左右,消电性能较好;静电消除器进口电位管内径203mm、长1m的感应式静电消除器,对铁路油罐车灌装航空煤油的消电效果测试结果表明,铁路油罐车油面电位最高为16000V,不经静电消除器的油面电位最高为28000V。因此,静电消除器有一定的消电效果,但不如油罐汽车灌装时的消电效果好,这是由于铁路油罐车装车时油面流速较低(1.78m/s),油品在管线中产生的静电较少;另一原因是铁路油罐车的容积约为油罐汽车的15倍,而其罐体对地电容大于油罐汽车的电容又不到15倍,因此,铁路油罐车内的油面电位要高些(在相同的电荷体密度下)。尽管静电消除器对降低铁路油罐车的油面电位效果不理想,但今后若需要增加装油流速或由于其他原因增加了油品的静电,静电消除器就能发挥更大的作用。

油品经静电消除器后,流入输油管又要产生静电。为了使产生的静电尽量少,应把静电消除器装在离鹤管较近处。

5)保证缓和时间

经过过滤器的油品,由于与过滤器发生剧烈摩擦,大大增加了接触和分离的强度,可能使油品的电压增加10～100倍。图3-20给出了汽车罐车装油时,油品静电电荷分布图。显然,过滤器大大增加了油品静电。

为了弄清泵、管线和过滤器各部位起电情况,有人做了综合运转试验,其试验装置如图3-21所示。按图组成的系统用绝缘法兰将各部分互相绝缘,通过接地微安表测出各部分产生的静电电流。其结果见表3-3，很明显，过滤器后的电流最大。

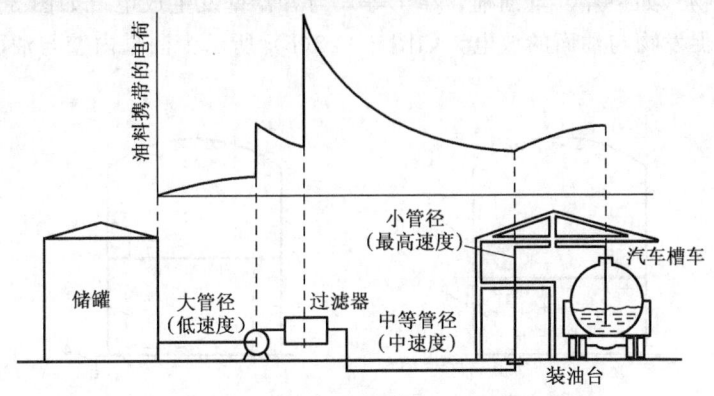

图3-20 油罐车装油时静电电荷分布图

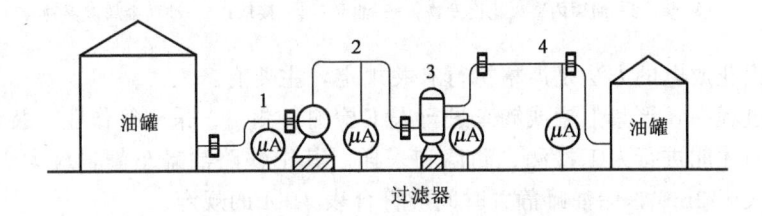

图3-21 泵、管线和过滤器各部位起电情况试验装置图
1—油罐至泵的管线；2—泵及泵出口管线；3—过滤器；4—过滤器至油罐的管线

表3-3 不同部位起电比较

流量，m³/min	各部位电流值，μA			
	1	2	3	4
0.4546	0.023	0.028	1.35	0.17
0.9092	0.030	0.068	2.45	0.37
1.3638	0.085	0.100	4.00	0.80
1.6820	0.090	0.220	5.40	1.75

为了避免把大量电荷注入容器，装有过滤器的油品管线，在其出口要留有一定长度或流经一定时间，将其大量电荷流散掉，再注入容器。通常规定经过过滤器的油品要有30s以上的缓和时间，因此通过过滤器的油品，必须在接地管线中继续流经30s以上的管长后（可通过设置静电缓和器来增加缓和时间），才允许进入容器。

为了避免静电事故，设备管线的合理布置对控制静电有很大关系，如过滤器不要靠近油罐、装油台，应留有一定的缓和长度；管线尽量少拐弯、变径等。必须使用软管的地方应选用导电软管。

3. 消除火花放电

采取了减少静电产生和积累的措施已为消除火花放电做好了预防，但仍有放电的危险存在。火花放电的危险之一是金属设备之间的放电，防止的办法是将它们都跨接起来，即做良好的电气连接，并做可靠的接地，如同减少静电积累的方法一样。火花放电的危险之二是容器内的油品与容器内壁及其他的突出金属（如毛刺、加油栓、鹤管口等）之间的放电，或油面上的金属漂浮物（如垫片、量油桶、浮子等）与容器壁发生放电。如图3-22(a)所示为油罐内壁的火花促发物与油面的放电，如图3-22(b)所示为油罐内壁与油面上的火花促发物的放电。

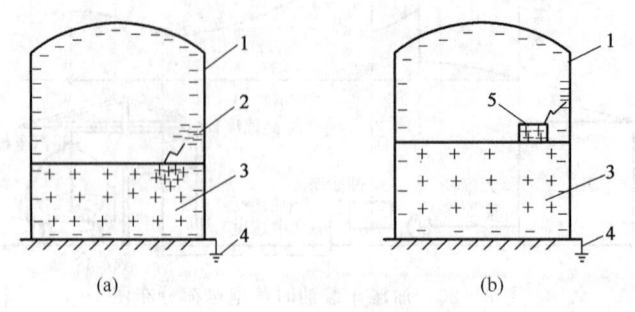

图3-22 油罐内部静电放电
1—罐壁；2—油罐内壁火花促发物；3—油品；4—接地；5—油面金属漂浮物

防止这种火花放电的方法是严格执行有关规定，主要有：

(1) 装油过程中，严禁上罐或罐车进行人工检测、测温、采样等作业。装油完毕后，必须静置一段时间才能进行人工检测、测温和采样。其中铁路油罐车静置应大于5min，汽车油罐车静置应大于2min，储油罐静置时间应符合表3-4的规定。

表3-4 储油罐进程采样、测温和人工检尺前的静置时间

油罐容量，m³	<10	11~50	51~5000	>5000
静置时间，min	>3	>5	>20	>30

(2) 给油罐车加油时，鹤管管口应插至罐车底部，如前所述。

(3) 油品加注用车辆运输等过程中及未达到静置时间时，严禁有任何金属体落入容器内或不接地的金属物体浮于油品表面。

五、防止人体静电引燃引爆

人体可能带上静电，而且还可能引起火灾、人身伤害等事故，研究人体静电的产生、影响因素、危害及防止方法是很必要的。

1. 人体静电的产生方式

油库中，人体静电带电原因有以下三种：

(1) 自身活动产生静电带电。如人体在工作中与其他物体相接触摩擦，穿脱衣、帽，以及穿绝缘鞋在地面行走时都可能产生静电。

(2) 人体与带电体接触。人体与其他带电物体相接触，电荷迁移至人体，引起人体带电。例如：人体接触静电带电体，电荷移向人体，悬浮的带电物体或离子等附着于人体等都可能使人体带电。

(3) 静电感应。当人体接近带电体时，由于静电感应将引起人体带电，带电体带正电，则人体感应带负电，反之则带正电。

2. 影响人体静电的因素

(1) 运动速度。人的操作速度、行走速度对起电效率有很大影响。操作速度、行走速度

越高，衣物之间、鞋与地面之间接触和分离的速率越大，单位时间内起电量也就越高。例如：同样是穿塑料鞋的人在工业橡胶板地面上行走，走快时起电可达－2500V，走得慢时起电仅－800V；又如，同样用布擦油漆桌面，动作快的人，起电电位达3100V，慢的仅为1000V左右。

(2) 衣服材料。人体穿着的内、外衣，由于材料不同，在穿脱时所产生的静电量也相差很大。穿着各种材料的内外衣在穿脱情况下所产生的静电见表3-5。从表中可以看出，衣服为合成纤维品或羊毛织品时产生的静电高，在穿脱时形成蓝色火花。因此，进入油库泵房，罐间等1区、0区爆炸危险区域工作的人员应穿防静电服或不宜产生静电的棉织品，着防静电鞋，严禁用化纤和丝绸类纱布去擦拭油泵、油罐口、量油口、油船舱口等危险区域的设备；在有爆炸和火灾危险场所设置座椅，也不得选用易产生静电的材料作靠垫的座椅。

表3-5 穿脱各种材料的内、外衣时产生的静电值

穿脱材料		穿上时	穿后5min	脱下时
内衣	外衣	\multicolumn{3}{c}{静电电压，V}		
棉织	棉织品	0	0	－500
	羊毛织品	0	10	－4500～4800
	合成纤维品	－100～200	－100～300	0～400
合成纤维	棉织品	10～30	20～30	600～1500
	涤棉织品	－10	－30～－5	
	羊毛织品	50～300	80～150	

(3) 人体对地电阻。人体的对地电阻对人体的带静电量和静电电位也有影响。在起电速率一定的条件下，人体对地电阻越大，对地放电时间常数越大，静电消散越慢，人体饱和带电量越大，人体静电电位越高。例如，地干燥时对地电阻比地潮湿时大，因此，人在干燥地面上行走产生的静电电位比在潮湿地面上行走所产生的静电电位要高。

3. 人体静电的危害

在油库中，人体静电的危害主要有两个方面。首先是人体静电带电的放电，可能引起油品的燃烧和爆炸事故。例如，人体电容取200pF，则当人体静电电位达到2000V时，人在触及导体而发生火花放电时放出的能量达0.4mJ，比石油蒸气混合气的最小引燃能量0.2mJ高出许多，如果遇到合适浓度的油蒸气，足以引燃引爆。其次人体静电放电产生的电击可能引起人体的不快感和恐惧感，而导致工作效率降低甚至产生事故。

4. 油库防止人体静电危害的措施

(1) 设人体排静电体。在爆炸危险场所的入口处（如储油洞口、泵房门上、露天油罐上梯口、装卸油平台入口、码头入口、操作间、桶装库房、采样测量口等），应设置人体静电消除装置，也可直接利用接地的金属门、拉杆、支架等作为人体手握接地体。人体进入爆炸危险区域前，应将手或戴防静电手套触摸人体静电消除装置，以导走所带静电。

(2) 穿防静电服和防静电鞋。防静电服是指为了防止人体静电积聚，用防静电织物为衣料而缝制的工作服。穿防静电服不仅可以降低人体电位，还可以避免服装带高电位引起的灾

害。防静电服分为 A 级和 B 级。每件防静电工作服的带电电荷量必须小于 $0.6\mu C$/件，耐洗涤时间：A 级不小于 33h；B 级不小于 16.5h。

防静电鞋是指鞋底用电阻较小的导电性材料制作的鞋，不仅具有防止人体静电积聚的性能，而且还能防止因触及工频电而导致人体电击。防静电鞋的电阻值为 $10^5\sim10^8\Omega$，目的是将人体接地，既防止人体和鞋本身带电，又防止人体万一触到带电的低压线而发生触电事故。穿防静电鞋，必须考虑所穿袜子为薄尼龙袜或导电性袜子。禁在鞋底上贴绝缘胶片，并定期检查。普通尼龙袜的接地电阻在 $10^9\Omega$ 以下，但脚汗少的人袜子的绝缘性也不可忽视。穿长筒袜，泄漏电阻一般允许有所提高，见表 3-6。在爆炸危险场所，工作人员应穿防静电服和防静电鞋。

表 3-6 防静电袜的要求

长筒袜种类	脚汗分泌	泄漏电阻，Ω		
		未穿过的或新洗的	穿 2h	穿 20h
普通尼龙袜 普通轻薄的棉袜	大量	—	$10^3\sim10^6$	$0\sim10^3$
	一般	—	$10^3\sim10^5$	$10^3\sim10^6$
	少量	—	$10^3\sim2\times10^6$	$10^3\sim10^7$
牢度一般的羊毛袜和普通毛袜	大量	$10^5\sim5\times10^7$	$10^3\sim10^4$	$0\sim10^6$
	一般		$10^3\sim10^6$	$10^3\sim10^5$
	少量		$10^3\sim10^7$	$10^4\sim10^6$
普通厚型的羊毛袜、羊毛短袜	大量	10^8	$10^3\sim10^5$	$0\sim10^6$
	一般		$10^3\sim10^7$	$10^4\sim10^6$
	少量		$10^3\sim10^8$	$10^5\sim10^7$

（3）严禁在危险场所穿脱衣服、帽子等类似物品。穿脱衣物时，人体和衣服上产生的静电可能达到数千伏的高电位，形成的火花放电可能点燃可燃性混合气体而发生爆炸；在危险场所应徒手或戴防静电防护手套操作。

六、防止其他物体摩擦产生的静电引燃引爆

在油库中，除了油品在储存和输转过程中产生的静电和人体静电易引起静电火灾以外，其他物体摩擦产生的静电也不容忽视，对于易燃易爆场所中可能存在的相对移动的物体，应避免选用电阻率高的绝缘材料，且相对移动速度应控制在较小范围内，以防止静电引燃引爆。在以下两种作业中尤其应注意这一点，也有相应的严格规定。

1. 检尺、测温、采样作业

测温盒和采样器严禁选用绝缘绳套。测绳和油尺应选用单位长度电阻值不大于 $1\times10^5\Omega/m$ 或表面电阻率和体积电阻率分别不大于 $1\times10^9\Omega\cdot m$ 及 $1\times10^8\Omega\cdot m$ 的静电亚导体材料。使用时绳套末端应与罐体做可靠接地。储罐测量口必须装有铜（铝）测量护板，钢卷尺、测温盒绳、采样器绳进入油罐时必须紧贴板下落和上提。检尺、测温、采样时不得猛拉猛提，上提速度不大于 0.5m/s，下落速度不大于 1m/s。严禁在测量口附近用化纤布擦拭检尺、测温盒和采样器。同时检尺、测温盒、采样器的金属部件必须做可靠接地，作业必须在规定的静置时间后进行。

2. 设备、器具清洗作业

严禁在爆炸场所内使用化纤丝绸材质制成的拖布拖擦物体和设备；严禁使用汽油、煤油洗涤化纤衣服。

七、油库防静电危害的安全管理

（1）油库必须对全体工作人员进行防静电危害安全教育，在每年的业务训练中安排相应的训练内容。油库安全规章制度、设备检查、安全评比都要有防静电方面的具体要求。

（2）每年春、秋季应对各静电接地体的接地电阻进行测量，并建立测量数据档案。若接地电阻不合格，应立即进行检修。

（3）应建立全库静电接地分布图，详细记载接地点的位置、接地体形状、材质、数量和埋设情况等。

（4）及时检查、清查油罐（舱）内未接地的浮动物。

（5）在爆炸危险场所，作业人员必须使用符合安全规定的防静电劳动保护用品和工具；严禁穿脱、拍打任何服装，不得梳头和互相打闹。

（6）油库必须配备静电测试仪表，根据不同环境条件及对象，进行静电产生状况普查和检测，并针对实际存在的问题，制定整改和预防措施。

（7）所有防静电设施、设备必须有专人负责定期检查、维修，并建立设备档案。静电防护用品应符合国家安全有关规范规定，不得使用伪劣、无合格证号或过期失效产品。

（8）油库工作人员应了解本库所储油品的静电特性参数，并掌握测量方法，了解静电危害的安全界限及减少静电产生的措施。

（9）怀疑为静电引燃的事故（视频3-2），除按常规进行事故调查分析外，还应按《防止静电事故通用导则》（GB 12158—2006）中相关规定进行分析及确认。作出静电引燃事故结论，须有劳动保护研究权威机构出具鉴定或验证证明书。

视频3-2　加油站静电火灾

拓展阅读

某油库静电火灾爆炸事故

1987年10月29日，某油库发生了一起储油罐火灾爆炸事故。爆炸时油罐腾空而起，造成1人死亡、1人重伤、7人轻伤；烧毁1000m³立式拱顶煤油罐1座、500m³内浮顶汽油罐1座、500m³立式拱顶机油罐2座、50m³高架油罐4座及油泵房、管线、阀门等辅助设施；烧掉油料652.66t，直接经济损失达68.36万元。

1. 事故经过

该油库的油罐区由露天罐区和山洞罐区两部分组成。露天罐区有8座立式钢质油罐，分别设置在两个防火堤内。1~4号罐在一个防火堤内，1号罐为500m³内浮顶油罐，储存汽油；2号罐为500m³立式拱顶油罐，储存10号车用机油；3号罐为1000m³立式拱顶油罐，储存灯用煤油；4号罐为500m³立式拱顶油罐，储存15号车用机油。

1987年10月29日0时30分，装载煤油的油轮到港。油轮配备6CYZ-65油泵，根据记录，作业时泵出口压力为0.451MPa，油流速约为3.15~3.78m/s。开泵卸油时，两名操作工一起进入油罐区检查煤油管线和附件的作业情况。在要离开罐区时，操作人员听到正在进油的3号油罐发出"噼啪"的响声。此时一名操作工去停泵，正当他跑下防火堤几米时，3号煤油罐突然爆炸，他当即被气浪推倒，另一名操作工被抛出30m外，当场死亡。

3号煤油罐整个罐底与圈板连接处的焊缝爆裂，油罐向上抛起，倒向4号车用机油罐，其余3座油罐也被烧。10min后，2号机油罐爆炸，罐底板与圈板焊缝全部断开，整座油罐腾空而起，向右侧飞出59.7m远。燃烧的火流，从防火堤的排水孔流出，进入油库排水网，点燃了露天堆放的沥青、泵房、灌油间、高架罐、桶装库等。燃烧面积达7000m³，油库顿时一片火海。经过3个多小时奋战，火才完全熄灭。

2. 事故现场调查

3号罐建于1956年，原为无力矩罐，20世纪70年代改成拱顶罐，1984年换底和第一圈圈板。油罐爆炸之后，罐体下部内陷，但顶部完好。机械呼吸阀出气孔阀杆断裂，阻火器铜丝网无破损，液压呼吸阀内无油。进油管罐内短管长0.4m，出口做成45°坡口，坡口朝罐底。

爆炸后在罐内发现，罐顶与罐壁连接处有两道角钢做成的胀圈，在靠近量油孔离罐壁10cm处有一根直径14mm、壁厚3mm的下垂钢管，上端与罐顶焊接，下端焊有一块钢板，尺寸约为5cm×9cm，系以前遥测计量时用的吹气管，已废弃不用，但没有拆除。1984年改造油罐时，由于底圈板升高60cm，钢管悬在罐内；在泡沫发生器上有两根下垂的钢丝绳，下垂约2m，已被烧焦；第二圈钢板内壁下部，在能观察到的内部位置上（由于罐体瘪塌严重，有些地方无法观察）发现了很多高约10mm、宽约10mm、长几十至100多毫米不等的条状金属突出物，突出物距离罐底均在1.9～2.2m之间。突出尖状物来源于1984年换底板和第一圈钢板时，为了保持油罐的圆度，施工中在第二圈钢板内侧下部焊了胀圈，施工后只丢掉了胀圈，突出尖状物没有消除。

同时，调查组还查阅了该罐近两年的油品计量登记表，此次发生事故时油面液位为213.1cm，其他各次进油时的液位高度分别为：33.7cm、33.2cm、88.7cm、35.3cm、54.0cm、47.0cm、65.4cm、487.9cm、31.1cm、32.7cm、80.1cm、380.5cm、96.4cm、288.7cm。

3. 阅读提示

根据上述事故现场调查，从静电的产生积聚、合适浓度的爆炸混合气体和足够的点火能量三个方面分析本次事故静电爆炸的基本条件；分析此次静电事故放电导体；讨论在油品收发作业中如何避免静电事故。

第二节 油库雷电危害及防止

雷电是自然界中常见的一种静电放电现象，由于其在极短时间内放出巨大的能量，如果油库中的易燃易爆场所遭受雷击，就极易造成火灾等事故。虽然雷电几乎是无法控制的，但控制和减少它的危害是可以做到的。

一、雷电的形成

雷电是常见的、无法控制的一种自然现象。它是雷云（带有不同极性电荷聚积的云团），在一定条件下对大地或大地上物体（人、畜、各种设备）发生放电，或者雷云与雷云之间相互放电。雷电的形成与大气湿度、温度和地形有关，是自然界中特殊的静电放电现象。雷云中电荷的形成有各种理论，国内外学者对它进行了长期的观察和研究，目前还没有一种理论可以解释全部雷电现象。

其中有一种冰晶与冰块带电说，它认为由饱和热空气凝成的水滴，上升到高空中遇冷结成冰粒、冰块后逐渐下降，在降落途中会粘住相遇的水滴，于是冰粒或冰块周围形成一层水膜，在冰粒（块）与水膜的界面上产生电位差，冰粒（块）带负电，水膜带正电。此后随着冰粒（块）粘住的水滴不断增多，水膜不断加厚，它们的下降速度也加快，最后水膜层被上升的气流吹散，成为许多带正电的小水滴，这些小水滴被上升的气流带到云层的顶部，在那里遇冷凝结，并形成带正电的冰晶区。而冰粒（块）则下降到云层底部并融化形成带负电的液水区。大多数（约85%）的雷云顶部带正电，底部带负电。

随着雷云上下部分电荷的聚积，雷云的电位逐渐升高，产生的电场强度也逐渐增强，当电场强度达到 10^6 V/m 以上时，雷云之间的气体被击穿而发生火花放电，即片状雷。

当雷云较低时，会使大地或地面物体感应出与雷云底端符号相反的电荷，当这个电场的强度足以击穿空气时，雷云与大地之间发生放电，即落地雷。放电时放出强烈闪光，由于放电时温度高达20000℃，空气受热急剧膨胀，发出爆炸的轰鸣声，这就是闪电和雷鸣。因此，雷云的放电，可以在雷云之间，也可能在雷云与大地（或地面物体）之间。

二、雷电的种类

雷电按形状的不同可分为以下三种形式：

1. 线状雷

线状雷是最常见的，它是发生在雷云和大地或地面物体之间的放电，又称落地雷。它是曲折的枝杈纵横的巨型电弧，其通道长一般为2~3km，有时大于10km。

2. 片状雷

片状雷的电弧通道呈片状，发生在雷云之间，破坏性不大。

3. 球状雷

球状雷是一种特殊的雷电现象，简称"球雷"。"球雷"是一种紫色或红色的发光球体，直径范围从几毫米到几十米，存在的时间一般为3~5s。"球雷"通常是沿着地面大约以2m/s的速度滚动或在空中飘行，并且还会通过缝隙进入室内。"球雷"碰到障碍物便可发生爆炸，并往往引起燃烧。

三、雷电的危害

雷电不仅能击毙人、畜，劈裂树木、电杆，破坏建筑物及各种工农业设施，还能引起火灾和爆炸事故。雷电的火灾危险性主要表现在雷电放电时所出现的各种物理效应。雷云内部的放电一般不会造成危害，雷云对大地放电则可能造成危害。雷电的危害，按机理可分为四类：直接雷击、间接雷击、雷电波侵入和反击危害。

1. 直接雷击危害

直接雷击造成电效应、热效应和机械效应，它们的破坏作用都是很大的。

（1）电效应。当雷云对大地放电时，雷电流直接通过具有电阻或电感的物体时，因雷电流的变化率很大（几十微秒时间内变化几万甚至几十万安培），会击穿电力系统的发电机、电力变压器、断路器、绝缘子等电气设备的绝缘，或烧断电线，造成大规模停电；绝缘损坏还能引起短路，导致可燃、易燃、易爆物品的火灾或爆炸（视频3-3）；反击的放电火花也可能引起火灾或爆炸；绝缘破坏还会造成高压窜入低压和设备漏电的隐患，可能引起严重的触电事故，巨大的雷电流入地下，会在雷击点及其连接的金属部分产生极高的对地电压，可能直接导致接触电压和跨步电压的触电事故。

视频3-3 雷击事故实拍

（2）热效应。因为极强雷电流通过导体时，能使放电通道的温度高达数万摄氏度，在极短的时间内将转换成大量的热能，雷击点的发热能量约为500～20000J，这一能量可熔化直径50～200mm²的圆钢。当油库内设施遭到雷击时，雷击部位产生强烈的电弧，使设备金属熔化、飞溅，可能点燃油蒸气，引起火灾或爆炸事故。雷雨天飞机避雷的方法见视频3-4。

视频3-4 雷雨天飞机怎么避雷

（3）机械效应。雷电流作用于非导体（如砖、混凝土罐、房屋、树木和山石等）上时，由于雷电的热效应，使被击物缝隙（树木内部的纤维缝隙、砖石结构中间的缝隙）中的气体剧烈膨胀，同时使水分及其他物质分解为气体，因而在被雷击物体内部产生强大的机械压力，致使被击物体遭受严重破坏或造成爆炸，机械效应对非金属罐存在极大的威胁。此外，发生雷击时其气浪也有一定的破坏作用。

2. 间接雷击危害

间接雷击危害分为雷电流引起的静电感应危害和电磁感应危害。

（1）静电感应危害。雷云的静电感应危害是指带电的雷云接近地面时，对导体感应出与雷云符号相反的电荷。发生雷击时，雷云的电荷迅速消失，处于雷云与大地之间放电通路中的接地导体其感应电荷能迅速消失，使雷云与大地间电场消失，但对地绝缘导体或非导体等建筑物或设备顶部的大量感应电荷不能迅速导入地壳，因感应静电荷的存在而产生很高的对地电压。这种对地电压称为静电感应电压。静电感应电压往往高达几万伏，可以击穿数十厘米的空气间隙，发生火花放电。这种放电电流很小，但足以引起可燃气体燃烧或爆炸。如未与罐壁等电位连接的浮顶油罐浮盘的感应电荷对罐壁放电，就足以引燃浮顶罐罐顶密封处的油蒸气。

若金属油罐接地不良则静电感应电压可能引起不连接处击穿空气，而形成火花放电。室外架空管道若不接地，在平行的两管之间或绝缘法兰垫片两侧间，可能击穿空气，而形成火花放电。非金属油罐上，因感应电荷不易导走，同性电荷间产生了冲击性的相斥作用，可能将非金属罐炸裂。雷云静电感应的危害和直接雷电危害一样，可引起火灾和爆炸事故。

（2）电磁感应危害。雷电具有很高的电压和很大的电流，同时又是在极短的时间内发生的。当雷电流通过导体而导入大地时，在其周围的空间里，将产生强大的交变电磁场。不仅会使处在这一电磁场中的导体感应出较大的电动势，而且还会在构成闭合回路的金属物体上产生感应电流。这时如回路上有的地方接触电阻很大或有缺口，就会局部发热或击穿缺口间空气，而形成火花放电，引燃可燃气体。

金属油罐接地、室外架空管道跨接并接地、泵房内机泵管道接地可有效地避免局部火花放电，并导走电磁感应电流。

3. 雷电波侵入危害

雷击在架空线路、金属管道等导体上会产生冲击电压，并沿线路或管道迅速传播（传播速度分别为0.15m/s和0.3m/s），这种现象称为雷电波侵入。雷电波若侵入建筑物内，可造成配电装置和电气线路绝缘层击穿短路，引起建筑物内的易燃易爆气体燃烧或爆炸。

4. 反击危害

当防雷装置受雷击时,在接闪器、引下线和接地体上都具有很高的电压,它足以击穿3m以内的空气,而形成火花放电,这种现象称为"反击"。当防雷装置与建筑物内、外的电气设备、电气线路或其他金属管道的距离小于3m时,它们之间就可能发生放电,可能引起电气设备绝缘破坏、金属管道击穿,甚至引燃引爆。

四、防雷装置

防雷装置的作用是防止被保护物遭受直接雷击,并将雷电流引入大地。常见的防雷装置有避雷针、避雷线、避雷网、避雷带、避雷器。一套完整的防雷装置包括接闪器、引下线和接地装置。上述避雷针、避雷线、避雷网、避雷带实际上都只是接闪器,而避雷器是一种专门的防雷设备。避雷针主要用来保护露天设施设备、保护建(构)筑物;避雷线主要用来保护电力线路;避雷网和避雷带主要用来保护建筑物;避雷器主要用来保护电力设备等。油库油品设施多为相对分散的点状设施,因此主要采用的防雷装置是避雷针,下面就主要讨论避雷针。

避雷针分为独立避雷针和附设避雷针。独立避雷针是离开建(构)筑物单独装设的;附设避雷针是装设在建(构)筑物上的。

1. 避雷针的结构

1) 接闪器

接闪器又称受雷器,是直接接受雷电的金属构件。其所用材料、尺寸应能满足机械强度、耐腐蚀性,并具有足够的热稳定性,能防止雷电流的热破坏作用。

避雷针一般采用镀锌圆钢或者打扁并焊接封口的镀锌钢管制成。针长1m以下者,圆钢直径不得小于12mm,钢管直径不得小于20mm。针长1~2m时,圆钢直径不得小于16mm,钢管直径不得小于25mm。

2) 引下线

引下线为避雷装置的中间连接部分,上接接闪器,下接接地装置。其作用是将雷电流自接闪器引入接地装置。引下线所用材料的要求和接闪器相同。引下线应短而直,避免转弯和穿越铁质闭合结构(必须穿过时,必须等电位跨接),以防止雷电流通过时因电磁感应而造成危害。

引下线一般采用圆钢或扁钢。圆钢直径不得小于8mm,扁钢厚度不得小于4mm,截面积不得小于$48mm^2$。如用钢绞线作引下线,其截面积不应小于$25mm^2$。

利用钢筋混凝土杆或钢结构支架支撑受雷器时,可以利用钢筋或钢结构支架本身作为引下线;金属油罐本身也可作为引下线,不必另设引下线。

3) 接地装置

接地装置是防雷装置的重要组成部分。它是指埋设在地下的接地体和接地线的总称,用来向大地泄放雷电流。

接地装置的设置方法可参照本章的"静电接地",所不同的是防直接雷击的接地装置的接地电阻应不大于10Ω,同时为防止雷击反击,接地体埋设位置距被保护的建(构)筑物不应小于3m,并应远离受高温影响而使土壤电阻率升高的地方。为了防止跨步电压伤人,在埋设接地体的地面上应铺50~80mm厚的沥青绝缘层。

2. 避雷针的保护作用

在某一高度上，由于避雷针造成一定高度范围内的空间电场发生畸变，畸变的电场对下行先导的发展路线将发生影响，使先导开始定向前进，直到与避雷针相接，通常把畸变电场能够造成下行先导定向发展的高度称为"定向高度"。定向高度大小受到避雷针高度、周围其他物体的高度及雷云带电多少的影响。一般来说，避雷针高度越高、其他物体越低、雷云带电量越大，定向高度就越高。

当雷云的下行先导在较高的高度时，其发展方向仅由雷云下行先导本身及其周围气体电离情况决定，不受地面物体影响，但是当雷云下行先导前进到距地面一定高度，即雷电定向高度时，雷云下行先导放电的方向开始受到地面物体的影响。例如，某一地区相邻两块土壤，电导率相差较大，由于雷云的下行先导接近地面时，使地面（或物体）受到感应，而引起地面（或物体）产生与雷云相反电荷的聚积，这种聚积向土壤电导率高的方向发展，这就是雷电"择地而击"的现象（视频3-5）。避雷针正好起到了这个作用，由于避雷

视频3-5 避雷针作用原理

针高度较高，并且具有良好的接地，随着下行先导的带电，避雷针上因静电感应而聚积了与雷云相反的电荷，使其针上和附近的电场强度显著增强，所以当雷云的下行先导前进到定向高度时，电场开始发生畸变，雷云下行先导放电途径由原来可能向被保护设备发展的方向转到避雷针方向，然后将雷电流按预定通路导入大地，这就是避雷针的保护作用原理。

如图3-23所示，雷云位于a时在（避雷针的正上方），接地的避雷针感应出与雷云下端相反的电荷。因为避雷针比其周围建筑物高而尖，其感应电荷的场强比周围建筑的感应电荷的场强大得多，使避雷针附近的空气较容易击穿，使雷云对大地发生放电。这是因为避雷针针尖附近的空气已击穿，通过避雷针放电是最有利的路径，即避雷针吸引了雷云，使雷电流经避雷针入地，避免雷电经其附近的建筑物入地。

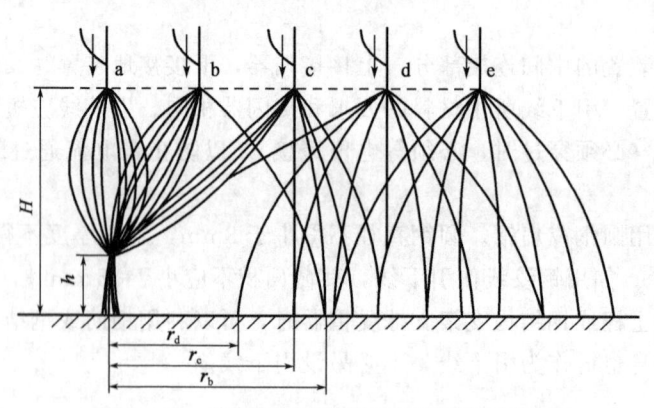

图3-23 单支避雷针的保护作用及保护范围

当雷云位于b点时，大部分雷击仍然落在避雷针上，但也有偶然几次雷击落在离避雷针一定距离r_b的大地上。雷云在此位置时若发生放电，避雷针对半径为r_b以内的建筑物都起了保护作用。当雷云位于c点时，因避雷针离雷云较远，针尖上感应电荷密度比雷云在a、b位置时小，针尖附近电场较弱，没有为雷云对避雷针放电提供很有利的条件，因

而雷云对大地放电概率增大，对避雷针放电概率减小，避雷针的保护半径也减小了（$r_c<r_b$）。当雷云继续移至 d 点时，只有偶然的个别雷会击落在避雷针上，此时的保护半径 r_d 更小了（$r_d<r_c$）。当雷云移至 e 时，所有雷击都落在离避雷针较远的地方。因此，单支避雷针对地面建（构）筑物有一定的保护范围，如图 3-23 中的 r_d 即为避雷针对地面的保护半径。

3. 避雷针的保护范围

受到避雷针某种程度保护的空间称为避雷针的保护范围。避雷针的保护范围可根据模拟实验及运行经验确定。应该指出，位于避雷针附近的任何空间都能受到避雷针的保护，只是受到保护的程度不同而已。一般来说，距离避雷针越近的空间受到保护的程度越高，遭到雷击的可能性越小。因此，保护范围总是相对于一定的雷电穿越概率来说的：要求的雷电穿越概率越低，则保护范围越小；要求的雷电穿越概率越高，则保护范围越大。由于雷电放电途径受很多因素的影响，要想保证被保护物绝对不遭到雷击是很不容易的。我国现行的规范所确定的保护范围是指 1000 次雷击中落于保护范围内的次数小于一次的空间，即落于保护范围边界上的概率为 0.1%。避雷针的保护范围与避雷针的高度、数目、相对位置、雷云高度以及雷云对避雷针的位置等因素有关。

避雷针的保护范围可用折线法或滚球法求得。滚球法是国际电工委员会（IEC）推荐的方法，也是我国现行建筑防雷规范推行的计算方法（20 世纪我国主要采用折线法）。下面介绍滚球法。

滚球法是一种形象的叫法。假设雷电先导是一个自由发展的放电，它首先从雷云出发，不受地面任何特征的影响。当雷电先导到达定向高度时，电场才开始向地面的突出目标偏转。如果以这个定向高度作为球的半径 h_r，以偏转点 P 为球心作球，那么球面所触及的就是可能放电对象，而球面未接触到的则可得到保护。如图 3-24 所示，球面接触到的避雷针和大地就是可能的放电对象，而球面以下部分空间物体都将得到保护。h_r 称为滚球半径，其数值与建筑物的防雷级别有关，可根据《建筑物防雷设计规范》（GB 50057—2010）相关要求确定，见表 3-7。

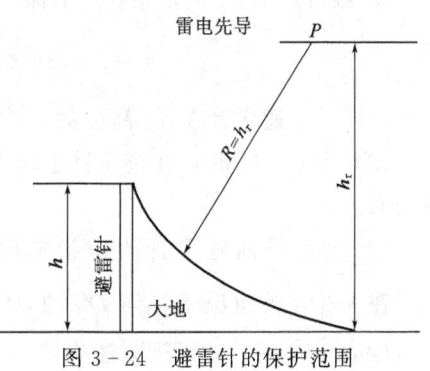

图 3-24 避雷针的保护范围

表 3-7 按建筑物的防雷类别布置接闪器

建筑物防雷类别	滚球半径（h_r），m	避雷网网格尺寸，m
第一类防雷建筑物	30	≤5×5 或 ≤6×4
第二类防雷建筑物	45	≤15×15 或 ≤12×8
第三类防雷建筑物	60	≤20×20 或 ≤24×16

1）单支避雷针的保护范围按下列方法确定（见图 3-25）

（1）当避雷针高度 $h≤h_r$ 时：

① 距地面 h_r 处作一平行于地面的平行线；

② 以针尖为圆心，h_r 为半径，作弧线交于平行线的 A、B 两点；

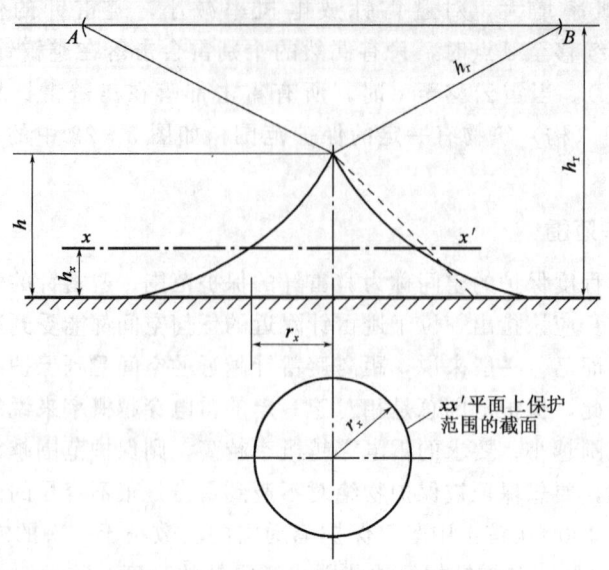

图 3-25 单支避雷针的保护范围

③ 以 A、B 为圆心，h_r 为半径作弧线，该弧线与针尖相交并与地面相切。从此弧线起到地面止就是保护范围。保护范围是一个对称的锥体；

④ 避雷针在 h_x 高度的 xx' 平面上的保护半径，按下式计算：

$$r_x = \sqrt{h(2h_r-h)} - \sqrt{h_x(2h_r-h_x)} \tag{3-8}$$

式中 r_x——避雷针在 h_x 高度的 xx' 平面上的保护半径，m。

(2) 当 $h > h_r$ 时，在避雷针上取高度 h_r 的一点代替单支避雷针针尖作为圆心，其余的做法同上。

2) 双支等高避雷针的保护范围（图 3-26）

在 $h \leqslant h_r$ 的情况下，当 $D \geqslant 2\sqrt{h(2h_r-h)}$ 时，可按单支避雷针的方法确定；当 $D < 2\sqrt{h(2h_r-h)}$ 时，按下列方法确定。

(1) $ADBC$ 外侧的保护范围，按照单支避雷针的方法确定。

(2) C、D 点位于两针间的垂直平分线上，在地面每侧的最小保护宽度 b_0 按下式计算：

$$b_0 = \overline{CO} = \overline{DO} = \sqrt{h(2h_r-h)-(0.5D)^2} \tag{3-9}$$

在 AOB 轴线上，距中心线任一距离 x 处，其保护范围上边缘的保护高度 h_x 按下式确定：

$$h_x = h_r - \sqrt{(h_r-h)^2+(0.5D)^2-x^2} \tag{3-10}$$

式中 x 为距中心线的距离。

实际上，该保护范围上边线是以中心线距离地面 h_r 的一点 O' 为圆心，以 $\sqrt{(h_r-h)^2+(0.5D)^2}$ 为半径所作的圆弧。

(3) 两针间 $ADBC$ 内的保护范围，ACO、BCO、ADO、BDO 各部分是类同的，以 ACO 部分的保护范围为例，按以下方法确定：在任一保护高度 h_x 和 C 点所处的垂直平面

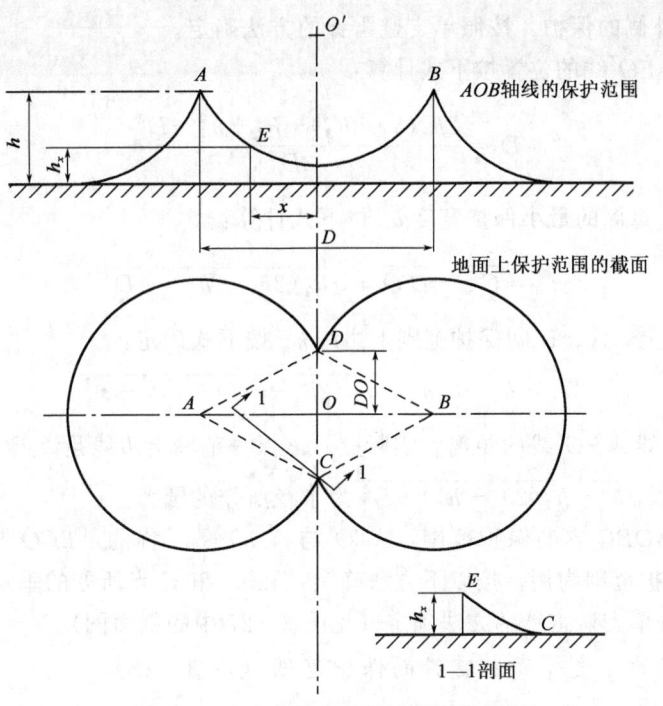

图 3-26 双支等高避雷针的保护范围

上，以 h_x 作为假想避雷针，按单支避雷针的方法逐点确定（见图 3-26 中的剖面图）。

3) 双支不等高避雷针的保护范围（图 3-27）

在 $h_1 \leqslant h_r$ 和 $h_2 \leqslant h_r$ 的情况下，当 $D \geqslant \sqrt{h_1(2h_r-h_1)} + \sqrt{h_2(2h_r-h_2)}$ 时，各按单支避雷针所规定的方法确定；当 $D < \sqrt{h_1(2h_r-h_1)} + \sqrt{h_2(2h_r-h_2)}$ 时，按下列方法确定：

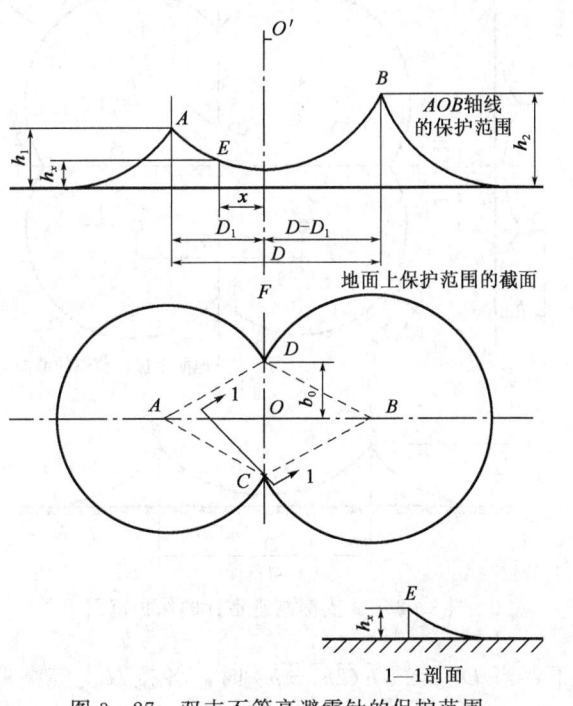

图 3-27 双支不等高避雷针的保护范围

(1) $ADBC$ 外侧的保护，按照单支避雷针的方法确定。

(2) CD 线或 FO' 线的位置按下式计算：

$$D_1 = \frac{2h_r(h_1-h_2)-h_1^2+h_2^2+D^2}{2D} \qquad (3-11)$$

(3) 在地面上每侧的最小保护宽度 b_0 按下式计算：

$$b_0 = \overline{CO} = \overline{DO} = \sqrt{h_1(2h_r-h_1)-D_1^2} \qquad (3-12)$$

在 AOB 轴线上，A、B 间保护范围上边线 h_x 按下式确定：

$$h_x = h_r - \sqrt{h_r^2 - h_1(2h_r-h_1)+D_1^2-x^2} \qquad (3-13)$$

式中，x 为距 CD 线或 FO' 线的距离。实际上，该保护范围上边线是以 FO' 线上距地面 h_r 的一点 O' 为圆心，以 $\sqrt{h_r^2-h_1(2h_r-h_1)+D_1^2}$ 为半径所作的圆弧。

(4) 两针间 $ADBC$ 内的保护范围，ACO 与 ADO 是对称的，BCO 与 BDO 是对称的，以 ACO 部分的保护范围为例，按以下方法确定：在 h_x 和 C 点所处的垂直平面上，以 h_x 作为假想避雷针，按单支避雷针的方法确定（见图 3-27 中的剖面图）。

4）矩形布置的 4 支等高避雷针的保护范围（图 3-28）

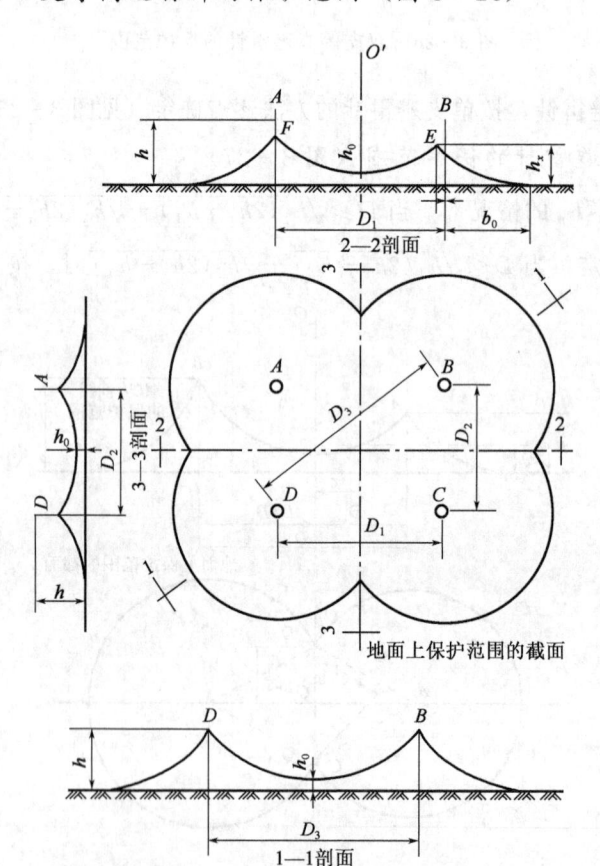

图 3-28 4 支等高避雷针的保护范围

在 $h \leqslant h_r$ 的情况下，当 $D_3 \geqslant 2\sqrt{h(2h_r-h)}$ 时，各按双支等高避雷针的方法确定；当

$D_3 < 2\sqrt{h(2h_r-h)}$ 时，按下列方法确定。

（1）4支避雷针的外侧各按双支避雷针的方法确定。

（2）B、D避雷针连线上的保护范围见图3-28中1—1剖面图，外侧部分按单支避雷针的方法确定。两针间的保护范围按以下方法确定：以B、D两针尖为圆心、h_r为半径作弧相交于O点，以O点为圆心、h_r为半径作圆弧，与针尖相接的这段圆弧即为针间保护范围。保护范围最低点的高度h_0按下式计算：

$$h_0 = \sqrt{h_r^2 - (0.5D_3)^2} + h - h_r \qquad (3-14)$$

（3）图3-28中2—2剖面的保护范围，以A、B针间的垂直平分线上的O'点，距地面的高度为$h_r + h_0$为圆心、h_r为半径作弧与B、C和A、D双支避雷针所作出在该剖面的外侧保护范围延长圆弧相交于E、F点，E点（F点与此类同）的位置及高度可按下式确定：

$$\begin{cases} (h_r - h_x)^2 = h_r^2 - (b_0 + x)^2 \\ (h_r + h_0 - h_x)^2 = h_r^2 - (0.5D_1 - x)^2 \end{cases} \qquad (3-15)$$

（4）图3-28中3—3剖面保护范围的确定与2—2剖面保护范围相同。

五、油库防雷措施

目前，油库防止雷电引燃引爆的措施主要有三种：一是设置避雷装置（如避雷针），将雷电流导入大地；二是采用电气连接，防止放电；三是在雷雨时及雷雨前，严格控制油气排放；四是油气呼吸管路装设阻火器。依据《石油库设计规范》（GB 50074—2014）和《石油与石油设施雷电安全规范》（GB 15599—2009），在石油生产、输送、储存过程中为避免或减少油库石油设施雷电危害应采取雷电安全防护措施。

1. 预防雷电危害的基本要求

（1）石油和石油产品应储存在密闭性能良好的容器内，并避免油气混合物在容器周围积聚。

（2）在油气可能泄漏或积聚的区域，应避免金属导体间产生火花放电。

（3）固定顶金属容器附件（如呼吸阀、安全阀）应装设阻火器。

（4）石油设施应采用防雷接地。防雷、防静电、电气设备、保护及信息系统等的接地，宜共用接地装置。

2. 预防雷电危害的技术措施

1）金属储罐

（1）顶板厚度小于4mm的钢储罐和顶板厚度小于7mm的铝顶储罐，应装设防直击雷设备，其保护范围的确定应符合《建筑物防雷设计规范》（GB 50057—2010）的有关要求。钢储罐顶板钢体厚度不小于4mm时，不应装设避雷针。

（2）金属储罐应做环形防雷接地，其接地点不应少于两处，并应沿罐周均匀或对称布置，其罐壁周长间距不应大于30m，接地体距罐壁的距离应大于3m。引下线宜在地面0.3m至1.0m之间装设断接卡，用两个型号为M12的不锈钢螺栓加防松垫片连接。宜将储罐基础自然接地体与人工接地装置相连接，其接地点不应少于两处。冲击接地电阻不宜大于10Ω。

(3) 浮顶金属油罐应采用两根截面积不小于50mm²的扁平镀锡软铜复绞线或绝缘阻燃护套软铜复绞线将浮顶与罐体进行良好的电气连接,其连接点不少于两处。连接点应沿罐周均布,连接点沿罐壁周长的间距不应大于30m。

(4) 金属储罐的阻火器、呼吸阀、量油孔、人孔、放水管、透光孔等金属附件应等电位连接。

(5) 与金属储罐相连的电气、仪表配线应采用金属管屏蔽保护。配线金属管上下两端与罐壁应做电气连接。在相应的被保护设备处,应安装与设备耐压水平相适应的浪涌保护器。

(6) 覆土油罐。因为油罐埋在土里,受到土壤的屏蔽作用,当雷击油罐顶部时,土层可将雷电流疏散导走,起到保护作用。所以凡覆土厚度在0.5m以上者,可不装防雷装置,但覆土油罐的罐体及罐室的金属构件以及呼吸阀、量油孔等金属附件,一般都没有覆土层,故应做良好的电气连接并接地,接地电阻不应大于10Ω。

2) 非金属储罐

地上非金属油罐,包括钢筋混凝土油罐及其他非金属油罐。

(1) 非金属油罐应装设独立避雷针(网)等防直击雷设备。

(2) 独立避雷针与被保护物的水平距离不应小于3m,应设独立接地装置,其冲击接地电阻不应大于10Ω。

(3) 避雷网应采用直径不小于12mm的热镀锌圆钢或截面积不小于25mm×4mm的热镀锌扁钢制成,网格不宜大于5m×5m或6m×4m,引下线不得少于两根,并沿四周均匀或对称布置,其间距不得大于18m,接地点不得少于两处。

(4) 非金属储罐应装设阻火器和呼吸阀。储罐的防护护栏、上罐梯、阻火器、呼吸阀、量油孔、人孔、透光孔、法兰等金属附件应接地,并应在防直击雷装置的保护范围内。

3) 人工洞石油库

(1) 人工洞石油库储罐的金属呼吸管和金属通风管的露出洞外部分,应装设独立的避雷针,其保护范围应高出管口2m,独立避雷针距管口的水平距离不应小于3m。

(2) 进出洞内的金属管道从洞口算起,当其洞外埋地长度超过$2\sqrt{\rho}$m(ρ为埋地金属管道外的土壤电阻率,单位为Ω·m),且不小于15m时,应在进入洞口处做一处接地。在其洞外部分不埋地或埋地长度不足$2\sqrt{\rho}$m时,除在进入洞口处做一处接地外,应在洞外做两处接地,接地点的间距不应大于50m,冲击接地电阻不宜大于20Ω。

(3) 电力和信息线路应采用铠装电缆埋地引入洞内。洞口电缆的外皮应与洞内的油罐、输油管道的接地装置相连。若由架空线路转换为电缆埋地引入洞内时,从洞口算起,当其洞外埋地长度超过$2\sqrt{\rho}$m时,电缆金属外皮应在进入处做接地。当埋地长度不足$2\sqrt{\rho}$m时,电缆金属外皮在进入洞口处做接地外,还应在洞外做两处接地,接地点间距不应大于50m,接地电阻不宜大于20Ω。埋地电缆与架空线路的连接处,应装设过电压保护器。过电压保护器、电缆外皮和瓷瓶铁脚,应做电气连接并接地,接地电阻不宜大于10Ω。

4) 汽车槽车和铁路槽车

(1) 露天装卸作业,可不装设避雷针(带)。在棚内进行装卸作业的,棚应装设避雷针(带),避雷针(带)的保护范围应为爆炸危险区域1区。

(2) 装卸油品设备（包括钢轨、管中、鹤管、栈桥等）应做电气连接并接地，冲击接地电阻应不大于10Ω。

5）管路

(1) 输油管路可用其自身做接闪器，其弯头、阀门、金属法兰盘等连接处的过渡电阻大于0.03Ω时，连接处应用金属线跨接，连接处应压接接线端子。对有不少于五根螺栓连接的金属法兰盘，在非腐蚀环境下，可不跨接，但应构成电气通路。

(2) 管路系统的所有金属件，包括护套的金属包覆层，应接地。管路两端和每隔200~300m处，以及分支处、拐弯处均应有接地装置。接地点宜在管墩处，其冲击接地电阻不得超过10Ω。

(3) 可燃气体放空管路应安装阻火器或装设避雷针，当安装避雷针时保护范围应高于管口2m，避雷针距管口的水平距离不应小于3m。

(4) 地埋管道上应设置接地装置，并经隔离器或去耦合器与管道连接，接地装置的接地电阻应小于30Ω。

(5) 地埋管道附近有构筑物（高压杆塔、变电站、电气化铁路、通信基站等）时，宜沿管线增设屏蔽线，并经去耦合器与管道连接。

6）油库其他设施

(1) 油库内露天布置的塔、容器等，当顶板厚度不小于4mm时，可不设避雷针保护，但应设防雷接地。

(2) 甲、乙类厂房、泵房（棚）应采用避雷带（网），其引下线不应少于两根，并应沿建筑物四周均匀对称布置，间距不应大于18m，网格不应大于10m×10m或12m×8m；进出厂房和泵房（棚）的金属管道、电缆的金属外皮、所穿钢管或架空电缆金属槽，在厂房、泵房（棚）外侧应做一处接地，接地装置应与保护接地装置及避雷带（网）接地装置合用。

(3) 丙类厂房、泵房（棚），在平均雷暴日大于40d/a的地区，厂房、泵房（棚）宜装设避雷带（网），其引下线不应少于两根，间距不应大于18m；进出厂房和泵房（棚）的金属管道、电缆的金属外皮、所穿钢管或架空电缆金属槽，在厂房、泵房（棚）外侧应做一处接地，接地装置应与保护接地装置及避雷带（网）接地装置使用。

(4) 生产装置信息系统，配线电缆宜采用铠装屏蔽电缆，且宜直接埋地敷设；电缆金属外皮两端及在进入建筑物处应接地；建筑物内防雷接地应与交流工作接地、直流工作接地、安全保护接地共用一组接地装置，接地装置的接地电阻值应按接入设备中要求的最小值确定；线路首、末端应装设与电子器件耐压水平相适应的浪涌保护器。

(5) 泵站等供配电系统宜采用TN-S系统，供电系统的电缆金属外皮或金属保护管两端应接地，在各被保护的设备处，应安装与设备耐压水平相适应的浪涌保护器。

3. 预防雷电危害检测和安全管理措施

(1) 每年在雷雨季节到来之前，应检查防雷装置的完整性及接地电阻是否符合要求，对不合格的应及时维护处理，检查的主要项目包括：

① 检查防雷设备的外观外貌、连接程度，如发现断裂、损坏、松动应及时修复。运行15年及以上，腐蚀较严重的接地装置宜进行开挖检查，发现问题及时处理。

② 检测防雷设备设施接地电阻值、等电位连接接触电阻，如发现不符合要求，应及时修复。

③ 清洗堵塞的阻火芯，更换变形或腐蚀的阻火芯，并应保证密封处不漏气。

（2）雷雨时，不应进行有油气排放的作业，禁止进行甲、乙类油品的装卸和油罐清洗、通风等作业，要盖严罐口，并将有关设备的电源开关断开。

拓展阅读

某油库雷击火灾事故

1989年的某油库雷击火灾事故是迄今为止国内最严重的因雷击引起的油库火灾爆炸事故（图3-29为事故现场），大火持续104h，烧掉原油$3.6×10^4$t，烧毁油罐5座，整个老罐区已无修复价值，直接财产损失3540万元。在灭火过程中，有14名消防官兵牺牲、56人受伤；5名油库职工牺牲、12人受伤。

图3-29 事故现场

视频3-6 某油库事故

1. 雷击火灾经过（视频3-6）

该油库老罐区有5座储油罐，设计储油量为$7.6×10^4$m³。其中，1号、2号、3号罐为10000m³的梁柱式金属罐，4号、5号罐为23000m³的半地下非金属石壁油罐。老罐区西北部有1座储油量为150000m³的地下水封油库。新罐区位于老罐区北100m处，建有6座50000m³的浮顶罐。

1989年8月12日9时55分，正在收油的老罐区5号罐（半地下非金属罐）爆炸起火。14时35分，距该罐东侧37m处的另一座结构相同的油罐爆裂起火，整个老罐区变为一片火海。

10时40分，第一批消防力量到场后，立即成立了火场指挥部，展开扑救。

11时49分，第二批10辆消防车赶到现场加入扑救。

14时35分，5号罐的火势突然增大，喷出的浓烟为火焰所代替，火焰的颜色也由橙红色变成红白色，明亮耀眼。约10分钟后，4号罐发生了爆炸，5号罐发生了喷溅，1号、2号、3号罐先后爆炸、燃烧，冒着熊熊火焰的原油四处奔流。

16时许，消防人员准备再次进攻灭火时，5号罐发生了第二次喷溅，消防人员被迫再一次撤出。

18时左右，部分喷漏的原油沿地下管道沟、路面及低洼处入海，使部分海域遭到污染。

21时许，大型泡沫消防车赶到火场，消灭了二期工程区的部分火焰。

13日1时20分，5号罐又发生了第三次喷溅，油火又一次扑向二期工程罐区，使灭火部署只得暂停执行。

13日11时，5号油罐火势得到控制。

14时20分，1号、2号、5号油罐火被基本扑灭。

14日19时，3号油罐火被扑灭。

16日18时，罐区内的明火被扑灭后，又采取灌泡沫、运沙堵截等方式将管沟内和地面暗火、残火全部扑灭。

2. 雷击火灾原因分析

(1) 库区建设忽视消防安全要求，储油规模过大，生产布局不合理。

不到1.5km²的面积，储油规模达$7.6×10^4 m^3$，油库1号、2号、3号油罐原设计储油量为5440m³。施工时竟改为10000m³，以致油罐间的防火间距不符合有关规定，形成油库区相连、罐群密集的布局。而且部分油罐建在半山坡，输油生产区建在山脚下。一旦油罐起火爆炸，首先殃及生产区，构成重大事故隐患。

(2) 混凝土油罐先天不足，固有缺陷不易整改。

5号油罐是1974年建的半地下式非金属储油罐，石砌，预制钢筋砼拱梁，铺钢筋砼拱板，上覆1.5～1.6m的土，罐内钢筋和金属构件互不连接，钢筋外露，存在容易因雷电感应产生火花的先天性缺陷。4号、5号油罐原设计没有避雷装置，忽视了罐顶金属件良好接地的可能。1985年7月15日因雷电感应，4号油罐金属呼吸弯管与泡沫管间产生火花引发起火。虽然在两罐四周加装8支避雷针，罐顶铺设防感应雷的均压屏蔽网，但网的结点与接地角钢未焊，只用螺丝压紧。经测量，锈蚀的压接屏蔽网结点的电阻远超过规定阻值。

(3) 消防设计错误，设施落后，力量不足，管理不严。

这次事故发生时，消防队员及时赶到现场，但装设在油罐顶上的消防设施由于平时没有检查维护而不能使用，贻误时机。

(4) 油库安全生产管理存在漏洞。

自1975年以来，该库已经发生雷击、跑油、着火等多起事故，都未引起重视；根据规定，雷雨时，禁止进行甲、乙类油品的装罐、清洗、通风作业；为防止雷击事故，雷雨天尽可能避免使用金属油罐。而当时雷电天气，却仍一直给5号罐输油，值班作业人员和消防人员均擅离职守。

3. 阅读提示

熟悉油库防雷设施设备的管理和维护；掌握油库防雷具体做法；树立爱岗敬业，遵章守纪，一丝不苟的工作作风。

第三节　油库电气设备安全

油库电气设备安全主要包括三个方面：油库供配电设备及系统的功能安全、防火防爆安全及人身安全。除了电气系统常用的安全措施以外，油库采取的主要措施是采用防爆电气和可靠的接地系统。

一、防爆电气设备的防爆原理

防爆电气产品是按照特定标准要求设计制造而不会引起周围爆炸性可燃混合物爆炸的特种设备，主要用于确保安全生产和人身、财产以及环境的安全。

可燃气体或液体的蒸气与空气混合即构成爆炸性混合物,该混合物的爆炸是可燃气体(蒸气)在空气中迅速燃烧,引起压力急骤升高的过程。气体爆炸可以在设备、管道、建(构)筑物或船舱内发生,亦可在户外开阔的场地发生。由于防爆电气设备的使用场所为爆炸危险场所,因此必须根据爆炸危险场所中存在的可燃性气体混合物的燃爆特性在电气设备结构上进行防护,使之能够正常安全地运行。

在爆炸危险环境中,应不设置或尽可能少设置电气设备,以减少因电气设备或电气线路发生故障而成为引爆源引起的爆炸事故。必须设置电气设备时,应选用适用于该危险区中的防爆电气设备。电气设备的防爆原理如图3-30所示。

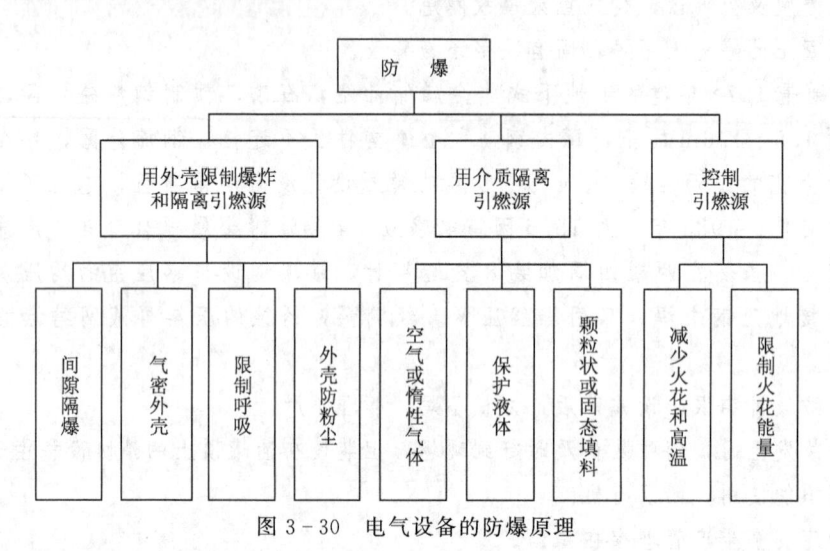

图3-30 电气设备的防爆原理

1. 用外壳限制爆炸和隔离引燃源

1) 用外壳限制爆炸

用外壳限制爆炸是传统的防爆方法,一般称为间隙隔爆。它是把设备的导电部分放在外壳内,外部可燃性气体通过外壳上各个部件的配合面间隙进入壳内,一旦被内部电气装置上的导电部分产生的故障电火花点燃,这些配合面将使由外壳内向外排出的火焰和爆炸生成物冷却到安全温度,而不能点燃外壳外部周围的爆炸性混合物,即外壳阻止了爆炸向外传播的可能性。这种防爆型式国外一般称为隔爆外壳,我国称为隔爆型电气设备。

2) 用外壳隔离引燃源

(1) 采用熔化、挤压或胶粘的方法将外壳密封起来,阻止外部可燃性气体进入壳内,而与引燃源隔离,达到防爆的目的。这种防爆型式的设备称为气密型电气设备。

(2) 当电气设备只用于爆炸性混合物在某个时候出现的场所,则可利用设备内部出现爆炸性混合物所需的时间,作为保护因素。为此,采用密封性能良好的外壳来限制可燃性气体或蒸气进入,相当于限制设备"呼吸",使外壳内部聚积的可燃性气体或蒸气浓度升到下限值的时间比外部环境中可燃性气体或蒸气可能存在的时间要长。这样实际上就使进入壳内的气体和蒸气浓度达不到爆炸下限值,因而不会被点燃,达到防爆的目的。这种防爆型式称为限制呼吸外壳。

2. 用介质隔离引燃源

其原理是把电气设备的导电部件放置在安全介质内，使引燃源与外面的爆炸性混合物隔离来达到防爆的目的。

1) 用气体介质隔离引燃源

当采用的介质是气体（一般是新鲜空气或惰性气体）时，应使设备内部的气体相对于外面大气有一定的正压，从而阻止外部大气进入，这种防爆型式的设备称为正压型电气设备（以前称为通风充气型电气设备）。

2) 用液体介质隔离引燃源

当采用液体（一般是变压器油）作为隔离介质时，这种防爆型式的设备称为充油型电气设备。

3) 用固体介质隔离引燃源

（1）当采用颗粒状的固体（一般是石英砂）作为隔离介质时，这种防爆型式的设备称为充砂型电气设备。

（2）当采用固化物填料（一般是环氧树脂），把引燃源浇封在填料里面，而与外面爆炸性混合物隔离时，这种防爆型式的设备称为浇封型电气设备。

3. 控制引燃源

这种控制方法适用于两种类型的电气设备：正常运行时不产生火花、电弧的电气设备和弱电设备。

1) 减少火花和高温

对于正常运行时不产生火花电弧和危险高温的电气设备，可以采取一些附加措施来提高设备的安全可靠性，如采用高质量绝缘材料、降低温升、增大电气间隙、增加爬电距离、提高导线连接质量等，从而大大减少火花、电弧和危险高温现象出现的可能性，使之可以用于危险场所。这种防爆型式的设备称为增安型电气设备（以前称为安全型电气设备）。

还有一种与增安型防爆措施类似的防爆型式，按其定义，它是一种正常运行时不产生火花和危险高温，也不能产生引爆故障的电气设备，称为无火花型电气设备。与增安型相比，无火花型电气设备没有规定再增加一些附加措施来提高设备的安全可靠性，所以它的安全性比增安型要低，只能用于 2 区危险场所。

2) 限制火花能量

限制火花能量指对于弱电设备，如仪器仪表、通信、报警装置等这类设备，把它们处于爆炸危险环境中的那部分电路所释放的能量限制到一定的数值内，当电路发生故障，如领路、短路时产生的火花不能引燃爆炸性混合物，从而达到防爆目的。这种电路和设备称为本质安全型电路和电气设备（以前称为安全火花型电路和电气设备）。

二、防爆电气设备选用与安装要求

油品具有易挥发、易流失、易燃烧、易爆炸等特性，因此油库中爆炸危险环境电气设备的防爆问题对安全生产有着重要意义。电动机、电线电缆、变配电设备及电气仪表、照明等电气设备，过负荷、绝缘破坏、接触不良、漏电等都可能成为爆炸性混合物的引燃引爆能源，如处理不当，将会造成严重后果。因此，在设计和使用过程中，应根据防爆场所级别，按爆炸介质性质，正确选择和使用维护防爆电气设备，对于确保油库安全具有重要意义。

1. 防爆电气设备的类型

防爆电气设备的选型，应根据爆炸危险区域等级及爆炸危险物质的类别、级别和组别来确定。防爆电气设备的类型、级别和组别除在铭牌上标志外，还应在设备的明显处有清晰的"Ex"标志，仪器、仪表也应有非凸纹的永久性标志。

防爆电气设备的类型见表3-8。本书中不对粉尘防爆电气设备作表述。

表3-8 防爆电气设备的新旧类型名称和标志

类型名称		标志		
旧	新	工厂用		煤矿用
		旧	新	
隔爆型	隔爆型	B	d	KB
防爆安全型	增安型	A	e	KA
防爆充油型	充油型	C	o	KC
	充砂型		q	
防爆、通风、充气型	正压型	F	p	KF
	本质安全型	H	i	KH
安全无火花型	无火花型		n	
	气密型		h	
	浇封型		m	
防爆特殊型	特殊型	T	s	KT

1）隔爆型

隔爆型是用途较广、开发较早的一种防爆型式，它不受电气设备正常运行中电弧、火花和危险温度的限制，对容量大小适应范围也较广。所谓隔爆型电气设备，就是将可能产生火花、电弧和危险温度的电气零部件置于隔爆外壳内，当隔爆外壳内部产生电火花或爆炸时，不会点燃存于隔爆外壳外部的爆炸性混合物的电气设备。这种隔爆型结构能够承受电气设备外壳内部爆炸性气体混合物的爆炸压力，并阻止内部的爆炸向外壳周围爆炸混合物传播。

隔爆外壳是电气设备的一种防爆型式，这种外壳能够承受通过外壳任何接合面或结构间隙渗透到外壳内部的可燃性混合物在内部爆炸而不损坏，并且不会引起外部由一种、多种气体或蒸气形成的爆炸性环境的点燃。隔爆外壳的这种不传爆性，并不是由密闭外壳来取得，而是通过一定的间隙来实现隔爆的。当外壳内部的爆炸性混合物发生爆炸时，通过隔爆间隙的作用，使传到壳外的气体和金属微粒的温度降到周围爆炸性混合物的自燃温度以下。隔爆型电气设备为了保证达到隔爆要求，必须做到：

（1）隔爆外壳有足够的机械强度，能承受爆炸压力与外力冲击而不变形；
（2）组成整个隔爆外壳的全部缝隙，均制成能够隔爆的结构；
（3）控制外壳表面温度使其不能达到危险温度。

以上三项是保证隔爆要求的必要条件，必须同时满足，缺一不可。

隔爆外壳不同部件相对应的表面配合在一起（或外壳连接处）且火焰或燃烧生成物可能

会由此从外壳内部传到外壳外部的部位,称为隔爆接合面。隔爆结合面的表面平均粗糙度R_a不超过$6.3\mu m$。而隔爆接合面相对应表面之间的距离即为隔爆间隙。从隔爆外壳内部通过接合面到隔爆外壳外部的最短通路长度称为接合面宽度(或火焰通路长度)。

2) 增安型

对于设备在正常运行时能产生电弧、火花的部件放在隔爆外壳内,或采取浇封型、充砂型、充油型或正压型等其他防爆型式就可达到防爆目的。对于在正常运行时不会产生电弧、火花或可能点燃爆炸性混合物的高温的设备,如果在其结构上再采取一些保护措施,尽量使设备在正常运行或认可的过载条件下不发生电弧、火花和过热现象,就可进一步提高设备的安全性和可靠性,因此这种设备在正常运行时就没有引燃源,而可用于爆炸危险环境,这就是增安型电气设备的防爆原理,同时也是它的名称的来源。

增安型电气设备和隔爆型电气设备相比,其主要优点是成本低、重量轻、便于维护,因此比较经济,但它的防爆安全性能比隔爆型电气设备差,它的安全程度不仅取决于本身的结构型式,而且和使用的环境、维护情况直接有关。

3) 充油型

充油型电气设备是用油将设备中可能出现火花、电弧的部件或整个设备浸在油内,使设备不能点燃油面以上或外壳以外的爆炸性混合物,从而达到防爆的目的。

这种防爆型式的可靠性与外壳的机械强度及油的状态、数量、监控方法有关。现在充油型电气设备应用有限,品种很少,它只能制成固定式设备。

充油型电气设备的外壳防护等级须不低于 IP43,外壳设有排气孔时,排气孔的防护等级须不低于 IP41。外壳的密封零件,如衬垫、密封圈等,须采用耐油材料制成。

4) 充砂型

充砂型电气设备是在外壳内充填砂粒材料,使在规定的使用条件下,壳内产生的电弧传播的火焰、外壳壁或砂粒材料表面的过热均不能点燃周围的爆炸性混合物的电气设备。

这种设备是以砂粒材料(一般用石英砂)作保护材料。这种材料本身及装填材料的容器,对爆炸性混合物没有点燃能力,并且使设备在运行中产生的火花、电弧及可能出现的火焰在其中熄灭,又因砂粒充填到一定厚度,使砂粒层表面温度即使在弧光短路情况下也低于爆炸性混合物的引燃温度。因此不能引燃周围的爆炸性混合物,从而达到防爆的目的。

这种防爆类型只适用于额定电压不超过 6kV,使用时活动零件不直接与填料接触的电气设备,如电容器、熔断器、变压器等。

5) 正压型

正压型电气设备指向外壳内充入洁净空气、惰性气体等保护性气体,保持外壳内部保护气体的压力高于周围爆炸性环境的压力,阻止外部爆炸性混合物进入外壳而使电气设备的危险源与环境中爆炸性混合物隔离的电气设备。

正压型电气设备在起动和运行时,设备外壳内部充以保护气体,使其内部的气压高于设备外壳外部的气压。把电气设备可能产生火花、电弧和危险温度的部分全部放置在这种正压设备外壳保护之内,使其不可能与周围含有爆炸性气体混合物接触,即使设备外壳内部产生火花、电弧和危险温度也不可能引起爆炸事故的发生,同时采取措施,在保护气体供应出现故障的情况下也能进行保护,从而达到安全运行的目的。

6) 本质安全型

全部电路均为本质安全电路（或称本安电路）的电气设备称为本质安全型电气设备。所谓本质安全电路是指在规定的试验条件下，在正常工作或规定的故障状态下，产生的电火花和热效应均不能点燃爆炸性混合物的电路。

其中"规定的试验条件"是指考虑了各种最不利的因素（如安全系数、试验介质浓度等）而规定的试验条件。

"正常工作"指电气设备在设计规定条件下工作。检验单位用火花试验装置对电路进行接通和断开试验视为对正常工作状态的检验。

"规定的故障状态"是指为了试验的目的而设想的非正常工作状态。即在分析电路时，除"可靠性元件和组件"外，任何其他元件、组件都认为可能损坏而形成电路参数的状态及电气连接的故障。如电气元件短接、晶体管或电容击穿、线圈匝间短路和保护装置失灵等都属于规定的故障状态。

"电火花"是指电路中触点动作火花（按钮、开关、接触器等），以及电路短路、断路或接地时产生的火花，也包括静电火花和摩擦火花。

"热效应"是指电气元件、导线过热造成的表面温度和热能量，以及电热体的表面温度和热能量。

关联电气设备是指设备的电气系中，并非全是本质安全型电路，而含有能影响本安电路安全性能的电路的电气设备。关联电气设备一般有两种型式：一种是和本安电路在同一电气设备中，它是可能对本安电路的本安性能有影响的非本安电路部分，例如置于危险场所的隔爆与本安复合型电气设备中隔爆的部分即为关联电气设备；另一种是指在本质安全电气系统中，与本质安全型电气设备有电气联接并可能影响其本安性能的非本质安全型电路的电气设备，例如安全栅以及其他具有限压限流功能的保护装置等。

关联电气设备可以是其他防爆类型的，也可以是一般型式的。这主要取决于关联电气设备所置于的场所。若置于爆炸危险环境中，则必须采取另一种防爆类型，目前最普遍的是采用隔爆外壳，也有极少部分是采用增安型式。

安全栅是本质安全型电气设备的关联电气设备，接在本安电路与非本安电路之间，其作用是限流、限压，以防止危险能量窜入到本安电路中去，是确保本安电路安全性能的装置。安全栅分为齐纳式、电阻式、变压器隔离式等多种型式。

本质安全型电气设备及其关联设备，按本质安全电路使用环境及安全程度分为 ia 和 ib 两个等级。

（1）ia 等级——在正常工作、一个故障和两个故障时均不能点燃爆炸性气体混合物的电气设备，标志为 Exia。

正常工作时，安全系数为 2.0；1 个故障时，安全系数为 1.5；2 个故障时，安全系数为 1.0。

正常工作时有火花的触点要加隔爆外壳、气密外壳或加倍提高安全系数。

（2）ib 等级——在正常工作和一个故障时不能点燃爆炸性气体混合物的电气设备，标志为 Exib。

正常工作时，安全系数为 2.0；1 个故障时，安全系数为 1.5。

若正常工作时，有火花的触点加隔爆外壳或气密外壳保护，并且有故障自显示的措施，1 个故障时的安全系数可定为 2.0。

电路中1个元件损坏视为1个故障，但由于该元件损坏引起电路参数改变、导致其他元件损坏，由此类推产生的一系列元件损坏都视为1个故障。2个元件均单独损坏及其产生的一系列损坏可视为2个故障。

ia等级的电气设备安全程度要高于ib等级的电气设备。电气设备等级的确定一般是按电气设备使用场所的爆炸危险程度、安装位置和维护周期等情况而定。如果电气设备用于爆炸危险程度较高的场所（如爆炸性气体混合物长期或周期性泄放的0区场所）或安装位置在不易维护的地方等都应选择ia等级的电气设备。此外可选用ib等级的电气设备，本质安全型电气设备的级别见表3-9。

表3-9 本质安全型电气设备的级别

级别	ⅡA	ⅡB	ⅡC
最小点燃电流比（MICR）	MICR＞0.8	0.8＞MICR＞0.45	0.45＞MICR

7）无火花型

电气设备在电气、机械上符合设计技术要求，并在制造厂规定的限度内使用不会点燃周围爆炸性混合物，且一般不会发生点燃作用故障的电气设备。在防止产生危险温度、外壳防护、防冲击、防机械摩擦火花、防电缆头故障等方面采取措施，防止火花、电弧或危险温度的产生，以此来提高安全程度的电气设备。

无火花型电气设备外壳的防护等级须不低于下列要求：绝缘带电部件的外壳应为IP44；裸露骨带电部件的外壳应为IP54。

8）气密型

气密型电气设备是指外壳根本不会漏气的一种电气设备，就是说环境中的爆炸性混合物不能进入电气设备外壳内部，从而保证外壳内部带电部分不会接触到爆炸性混合物，故达到防止发生点燃爆炸的目的。

该外壳用熔化、挤压或胶粘的方法进行密封，防止壳外的气体进入壳内，使之与引燃源隔开。气密结构对一些小型的电气设备，特别是对其他防爆结构不易制造的小产品更能发挥作用。如小型开关、继电器、电容器、变压器和传感器等，如制成隔爆型结构，既浪费材料、体积大，又笨重，使用很不方便，若采用气密结构，就能克服这些缺点。但由于其本身不可拆卸，只能一次性使用而不能再次修理。

9）浇封型

浇封型电气设备是将其中可能产生点燃爆炸性混合物的点燃源（如电弧、火花、危险高温）封在如合成树脂一类的浇封剂中，使其不能点燃周围可能存在的爆炸性混合物。实质上是将固化后的浇封剂作为外壳或外壳的一部分。

10）特殊型

凡在结构上不属于上述基本防爆类型，或上述基本防爆型的组合，而采取其他特殊措施经充分试验又确实证明具有防止引燃爆炸性气体混合物能力的电气设备称为特殊型电气设备。该型设备须经国家主管部门指定的检验单位检验合格，还应报国家标准局备案。它的防爆原理仍然是使引燃源与爆炸性混合物相遇或同时存在的概率低于规定的危险概率。以前，对上面所述的一些防爆类型，如浇封型、气密型还未作为独立的防爆类型时，人们将其归属于特殊型。

在油库中，由于维护管理等多方面原因，使用的防爆电气设备一般为隔爆型、增安型和本质安全型。

2. 低压电器外壳防护等级

低压电器的外壳是能提供一个规定的防护等级，来防止一定的外部影响和防止接近、触及带电部分及运动部件的部件。对于为了防护外界固体异物进入壳内触及带电部分或运动部件而设置的栅栏、孔洞形状以及其他设施不管是否附于外壳或是封闭设备组成部分，均被认为是外壳的一部分（那些不用钥匙或工具就能拆除的部件除外）。对仅为人身安全而设置在外壳周围的栅栏等防护措施应不算作外壳的一部分。

防护等级是指按标准规定的检验要求，对外壳能防止外界固体异物进入壳内触及带电部分或运动部件以及防止水进入壳内的防护程度，如表3-10、表3-11、表3-12所示。

表3-10 第一位表征数字及数后补充字母表示的防护等级

第一位表征数字及数后补充字母	表征符号	防护等级 简述	防护等级 含义
0	IP0X	无防护	无专门防护
1	IP1X	防止大于50mm的固体异物	能防止人体的某一大面积（如手）偶然或意外地触及壳内带电部分或运动部件，但不能防止有意识地接近这些部分；能防止直径大于50mm的固体异物进入壳内
2L	IP2LX	防止大于12.5mm的固体异物	能防止直径大于12.5mm的固体异物进入壳内和防止手指或类似物体触及壳内带电部分或运动部件
3	IP3X	防止大于2.5mm的固体异物	能防止直径（或厚度）大于2.5mm的工具、金属线等进入壳内
3L	IP3LX	防止大于12.5mm的固体异物进入和防止大于2.5mm的探针触及	能防止直径大于12.5mm的固体异物进入壳内和防止长度不大于100mm、直径为2.5mm的试验探针触及壳内带电部分和运动部件
4	IP4X	防止大于1mm的固体异物	能防止直径（或厚度）大于1mm的固体异物进入壳内
4L	IP4LX	防止大于12.5mm的固体异物进入和防止大于1mm的探针触及	能防止直径（或厚度）大于12.5mm的固体异物进入壳内和防止长度不大于100mm、直径为1mm的试验探针触及壳内带电部分和运动部件
5	IP5X	防尘	不能完全防止尘埃进入壳内，但进尘量不足以影响电器的正常运行
6	IP6X	尘密	无尘埃进入

表3-11 第二位表征数字表示的防护等级

第一位表征数字及数后补充字母	表征符号	防护等级 简述	防护等级 含义
0	IPX0	无防护	无专门防护
1	IPX1	防滴	垂直滴水应无有害影响
2	IPX2	15°防滴	当电器从正常位置的任何方向倾斜至15°以内任一角度时，垂直滴水应无有害影响

续表

第一位表征数字及数后补充字母	表征符号	防护等级	
		简述	含义
3	IPX3	防淋水	与垂直线成60°范围以内的淋水应无有害影响
4	IPX4	防溅水	承受任何方向的溅水应无有害影响
5	IPX5	防喷水	承受任何方向由喷嘴喷出的水应无有害影响
6	IPX6	防海浪	承受猛烈的海浪冲击或强烈喷水时，电器的进水量应不致达到有害的影响
7	IPX7	防浸水影响	当电器浸入规定压力的水中经规定时间后，电器的进水量应不致达到有害的影响
8	IPX8	防潜水影响	电器在规定的压力下长时间潜水时，水应不进入壳内

表 3-12 常用的防护等级

第一位表征数字及其数后补充字母的防护	第二位表征数字的防护								
	0	1	2	3	4	5	6	7	8
0	IP00	—	—	—	—	—	—	—	—
1	IP10	IP11	IP12	—	—	—	—	—	—
2	IP2L0	IP2L1	IP2L2	IP2L3	—	—	—	—	—
3	IP30	IP31	IP32	IP33	IP34	—	—	—	—
3	IP3L0	IP3L1	IP3L2	IP3L3	—	—	—	—	—
4	IP40	IP41	IP42	IP43	IP44	—	—	—	—
4	IP4L0	IP4L1	IP4L2	IP4L3	—	—	—	—	—
5	IP50	—	—	—	IP54	IP55	—	—	—
6	IP60	—	—	—	—	IP65	IP66	IP67	IP68

当防护的内容有所增加时，可用补充字母来表示。

IP：表示防护等级符号的表征字母。

W：表示在特定气候条件下使用的补充字母。

N：表示在特定尘埃环境条件下使用的补充字母。

L：表示在规定固体异物条件下使用的补充字母。

代号举例：

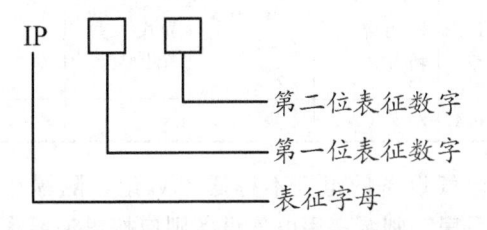

IP □ □
　　│ │
　　│ └── 第二位表征数字
　　└──── 第一位表征数字
　└────── 表征字母

如：IP65——指能防止尘埃进入电器外壳内部，并能防喷水。

IP4L4——能防止直径大于12.5mm固体异物进入壳内和防止长度不大于100mm、直径为1mm的试验探针触及壳内带电部分和运动部件，并能防溅水。

IPW33——指在特定的气候条件下使用，其外壳能防止大于2.5mm的固体异物进入电

— 117 —

器外壳内部，并能防淋水。

在非恶劣情况下，油库低压电器，特别是电动机，IP44、IP45、IP54、IP55、IP65这几种型号应用得较为普遍。

3. 防爆电气设备的选用原则

各种防爆电气设备、防爆技术，根据其防爆原理，有不同的应用范围。选择电气设备应视场所等级和场所中的爆炸性混合物而定。原则是：场所决定类型，爆炸性混合物决定级别和组别。因此，选择在爆炸危险环境内使用的电气设备时，要从实际情况出发，根据爆炸危险环境的等级、爆炸危险物质的级别和组别，以及设备的使用条件和电火花形成的条件，选择相应的电气设备，其选用原则如下：

（1）根据爆炸危险区域的分区、电气设备的种类和防爆结构的要求，选择相应的电气设备。

在0区场所，只准使用ia级本质安全型电气设备。在各级场所，尽量不选用正压型或充油型电气设备。在储存煤油、柴油的洞库内，在没有其他性质的爆炸性混合气体的情况下，允许使用增安型手电筒。在储存汽油的洞库内，其油气浓度不超过爆炸下限的20%情况下，允许使用增安型手电筒，但不允许在测量取样、清洗油罐时用。

（2）选用的防爆电气设备的级别和组别，不应低于该爆炸性气体环境内爆炸性气体混合物的级别和组别。

当存在两种以上易燃性物质形成的爆炸性气体混合物时，应按危险程度较高的级别和组别选用防爆电气设备。防爆电气设备的级别和组别见表3-13。

表3-13 爆炸性气体分类、分级、分组举例表

类和级	最大试验安全间隙 MESG，mm	最小点燃电流比 MICR	引燃温度(℃)与组别					
			T1 $T>450$	T2 $450 \geqslant T>300$	T3 $300 \geqslant T>200$	T4 $200 \geqslant T>135$	T5 $135 \geqslant T>100$	T6 $100 \geqslant T>85$
Ⅰ	MESG=1.14	MICR=1.0	甲烷					
ⅡA	0.9<MESG<1.14	0.8<MICR<1.0	乙烷、丙烷、甲苯、苯、氨、一氧化碳、氯乙烯	丁烷、甲醇、丙烯、丁醇、乙酸	戊烷、己烷、庚烷、辛烷、汽油、柴油、煤油、松节油、硫化氢	乙醚、乙醛		亚硝酸乙酯
ⅡB	0.5<MESG≤0.9	0.45<MICR≤0.8	民用煤气、环丙烷	乙烯、环氧乙烷、丁二烯	异戊二烯、二甲醚			
ⅡC	MESG≤0.5	MICR≤0.45	水煤气、氢	乙炔			二硫化碳	醋酸乙酯

例如汽油场所，防爆电气设备的组别不得低于C组，隔爆型电气设备不得低于2级。煤油、柴油共同使用一个泵房，则泵房用电气设备则应按煤油要求级别的组别选择。

（3）爆炸危险区域内的电气设备，应符合周围环境内对电气设备的要求。电气设备结构应满足电气设备在规定的运行条件下不降低防爆性能的要求。

① 腐蚀性。对电气设备的化学要求主要是防腐。在具有爆炸危险的场所，有些还存在着腐蚀性气体（有些爆炸性混合物本身就具有腐蚀性），这些气体对电气设备的金属材料及

绝缘材料有很大影响,当这些材料受到腐蚀破坏时,将影响电气设备的防爆性能。所以,根据环境条件应选用既防爆又防腐的产品。

② 温度。工厂用防爆电气设备规定的使用环境温度为-20~40℃。过高和过低的温度都会影响防爆性能。

③ 湿度。湿度视具体设备而定。山洞油库潮湿问题还没有普遍解决,大部分情况下湿度不能达到要求。除安装上采取适当的局部降湿措施外,在难以解决湿度问题而又必须安装防爆电气设备时,可以选用适合于湿热带条件下工作的电气设备。

④ 高原和户外使用。有些电气设备安装在高原、户外使用,雨雪侵蚀、大气冷热的变化、强烈的日光照射、高原的低温、低气压等,都对电气设备的防爆性能产生影响。根据需要,分别设计有户外防腐防爆型和户外防爆型,它们的标志是在防爆电气设备的型号后增加WF和W等字母代号。例如:户外防腐防爆型电磁起动器BQD51~30WF;对使用环境的海拔高度高于产品要求时,应另外向生产单位提出专门要求。

⑤ 其他环境。除以上环境外,其他特殊环境也应考虑,如油船上的震动、颠簸、盐雾、海水的侵袭及其他场合的冲击、震动等。尤其对腐蚀性大、特别潮湿、户外使用环境等因素,都需在选择中考虑或订购中注明。

(4) 应考虑安装和维修的方便。

防爆电气设备的安装以及安装后的维护管理极为重要,在选用上必须考虑维护、安装的方便性,并考虑使用与安装费用的经济性。

油库爆炸危险区域防爆电气设备的选型,见表3-14。

表3-14 防爆电气设备的使用情况表

设备名称	0区 本安ia	1区 本安ia、ib	1区 隔爆d	1区 增安e	2区 本安ia、ib	2区 隔爆d	2区 增安e
笼型感应电动机			○	×		○	○
固定式白灯			○	×		○	○
移动式			△	×		○	○
固定式荧光灯			○	×		○	○
固定式高压汞灯			○	×		○	○
携带式电池灯(含手电筒)		○	○	△	○	○	△
空气开关			○	×		○	×
操作用小型开关、按钮	○	○	○	×	○	○	○
磁力启动器			○	×		○	○
挠形管			○	×		○	○
接线盒、管接件			○	×		○	○
插销、电磁阀			○	×		○	○
热敏电阻、热电偶			○	×		○	○
传感器类	○	○	○	×	○	○	△
仪表类	○	○	○	×	○	○	△

续表

设备名称	0区	1区			2区		
	本安ia	本安ia、ib	隔爆d	增安e	本安ia、ib	隔爆d	增安e
指示灯类	○	○	○	×	○	○	○
通信设备类	○	○	○	×	○	○	○
操作柱、盘			○	×		○	○
控制开关及按钮	○	○	○		○	○	○
信号、报警装置	○	○	○	×	○	○	○

注：○为适用；△为慎用；×为不适用。

4. 油库防爆电气设备设计要求

爆炸危险环境的电力设计，从安全可靠、经济合理角度出发，首先应尽量将有关的电气设备布置在非爆炸危险环境，如必须设在危险场所内，也应布置在相对危险性较小的地点，使得油库内所使用的防爆电气设备，在运行过程中，不可能引燃周围的爆炸性气体混合物。

1）轻油洞库防爆电气设计要求

（1）变配电间、空气压缩机间、发电机间等，不应与油罐室布置在同一主巷道内，当布置在单独洞室或布置在洞外时，其洞口和建筑物、构筑物至油罐室的主巷道洞口、油罐室的排风管或油罐的呼吸管出口的距离，不应小于15m。

（2）油泵房、通风机室与油罐室布置在同一主巷道内时，与油罐室的距离不应小于15m。洞内的变配电间、仪表间，应采用隔离式衬砌，并应采取防潮措施。变配电间应有检漏保护装置。

（3）洞库内电力和通信线路应采用铜芯铠装电缆埋地引入洞内，若由架空线路转换为电缆埋地引入洞内时，由洞口至转换处的距离应符合防雷接地要求。电缆与架空线路的连接处，应装设低压阀型避雷器。避雷器、电缆外皮和瓷瓶等应做电气连接并接地，接地电阻不大于10Ω。洞口的电缆外皮钢带，必须与油罐、管线的接地装置连接并接地。

（4）洞库内尽量少安装固定动力电缆线路和插销，且动力线路不宜有中间接头。动力线路与照明线路必须单独分设，严禁合用。

（5）洞内电力电缆与通信、信号电缆应分开敷设，巷道内的通信和信号电缆，应敷设在电力电缆的对面；如因条件所限，也可同侧敷设，但应敷设在电力电缆的上方，间距应分别不小于300mm。

（6）洞内照明，应按实际作业需要，采取分段控制的方法，尽量减少每次作业开灯的数量，三相供电负载应尽量平衡，避免中性线出现过高不平衡电位。

（7）洞内隔爆型插销的安装，必须保证在插头拔脱后，其插座上的裸露触点不带电，接地触点的接线正确无误，接地良好。

（8）轻油洞库的防爆通信系统，在洞外非爆炸危险环境必须装设电话避雷装置。在线路进洞之前，应加装双投控制开关，做到作业完毕后，切断洞内通信电源。

（9）轻油洞库应使用隔爆型（或本安型）电话单机和隔爆型电话插销。本安型电话单机与总机之间必须有安全隔离装置（安全栅关联设备），当采用隔爆型电话单机或隔爆型与本安型复合型的电话单机时，必须按钢管配线或铠装电缆配线。

（10）洞口配电间的总开关宜采用四联制控制开关，当切断洞口三相电源时，同时切断中性线，以确保洞内电气安全。当配用四联开关时，中性线的重复接地应装配在开关的洞内配电侧，不应设在开关的电源进线侧。洞库内应尽量少装或不装防爆插销，灯距也不宜过密，以基本能满足作业照明需要为原则。

2）油泵房防爆电气设计要求

（1）油库（站）泵房用电动机，应为隔爆型，且与油泵为同机座安装，机座采用预埋螺栓固定，并应有防松装置。

（2）泵房用电动机严禁采用隔墙机械传动的防爆方法。

（3）电动机引出电缆应用铜芯铠装电缆。

（4）电缆敷设在混凝土地坪下，并应采用穿钢管保护方法，钢管内径为电缆外径的1.5倍。

（5）电缆由室外引入配电间、配电间与泵房间，埋地电缆穿墙等应密封，严禁采用电缆沟方式。

（6）泵房内不应装设防爆插销。

（7）泵房内照明灯应采用隔爆型，灯距也不宜过密，以基本能满足作业照明需要为原则，其线路应明敷，并采用钢管布线工程，于配电间侧应装设隔离密封盒。

3）其他危险场所防爆电气设计要求

（1）铁路装卸区。

① 油库（站）铁路（包括铁路隧道）收发油栈桥上，不宜装设灯具。

② 主、附油泵房距离很近，且附油泵房不符合防爆要求时，只允许其中之一的泵房作业，严禁同时作业。

③ 铁路装卸油区的照明灯，应设置在1、2区外，可设置在铁路专用线两端的合适地点。

（2）码头装卸区。

码头装卸区的泵房防爆电气设备施工设计与安装除参照以上有关规定执行外，还应执行以下规定：

① 电缆应采取钢管保护。

② 电缆穿线钢管在浮桥与岸、浮桥与趸船之间的连接处，应采用挠性连接。

③ 电缆的长度应留有足够的余量。

（3）加油站。

① 加油站供电负荷等级应为三级。

② 加油站的供电电源宜采用380/220V外接电源。

③ 在缺电少电地区，可设置小型内燃发电机组。内燃机的排烟管口，应安装排气阻火器。排烟管口到各油气释放源的水平距离为：排烟口高度低于4.5m时应为15m；排烟高于4.5m时应为7.5m。

④ 低压配电盘可设在站房内。配电盘所在房间的门、窗与加油机、油罐通气管口、密闭卸油口等的距离，不应小于5m。

⑤ 加油站内的电力线路，应采用电缆并直埋敷设。穿越行车道部分，电缆应穿钢管保护。当电缆较多时，可采用电缆沟敷设。但电缆不得与油品、热力管线敷设在同一沟内，且电缆沟内必须充砂。

⑥ 加油站电气设备的规格型号，应按爆炸危险环境划分确定。非爆炸危险环境罩棚下的照明灯具，应选防护型。

⑦ 自动控制加油设备应采用隔爆型，其电气线路采用钢管配线工程。

（4）化验室。

① 化验室应建在行政管理区（非爆炸危险环境）。

② 化验室的照明用电与操作用电应分开安装。

③ 油品（样）间不宜装设固定电气设备。

5. 防爆电气设备的安装

防爆电气设备的安装包括施工和验收两个内容。在爆炸和火灾危险环境进行电气装置的施工安装，尤其是扩建和改建工程中，安全技术措施是非常重要的，对其安装工程应作严格要求。电气防爆安全设施应与主体工程同时设计、同时施工、同时竣工验收。油库的电气安装工程必须依照已批准的设计图纸施工，严禁边设计边施工或无图施工。

1）安全技术措施准备

在爆炸和火灾危险环境进行电气装置的施工安装，尤其是扩建和改建工程中，要事先制定安全技术措施并严格遵守。这些安全技术措施应符合现行有关安全技术标准及产品的技术文件规定，同时还应符合油库安全运行规程中与施工有关的安全规定。对重要工序，必须事先制定专项安全技术措施。

2）建筑工程准备

为了尽量减少现场施工时电气设备安装和建筑工程之间的交叉作业，做到文明施工，确保设备安装工作的顺利进行和设备的安全运行，规定了设备安装前及设备安装后投入运行前建筑工程应达到的一些要求。

电气设备安装前，建筑工程应具备下列条件：

（1）基础、构架应符合设计要求，并应达到允许安装的强度；

（2）室内地面基层施工完毕，并在墙上标出地面标高；

（3）预埋件、预留孔应符合设计要求，预埋的电气管路不得遗漏、堵塞，预埋件应牢固；

（4）有可能损坏或严重污染电气装置的抹面及装饰工程应全部结束；

（5）模板、施工设施应拆除，场地应清理干净；

（6）门窗应安装完毕；

（7）接地干线不得浇铸在混凝土内部。

电气装置安装完毕，投入运行前，建筑安装工程应符合下列要求：

（1）缺陷修补及装饰工程应结束；

（2）二次灌浆和抹面工作应结束；

（3）防爆通风系统应符合设计要求并运行合格；

（4）受电后无法进行的和影响运行安全的工程应施工完毕，并验收合格；

（5）建筑照明应交付使用。

3）防爆电气设备的运输和保管

爆炸和火灾危险环境采用的电气设备和器材，在选型时应根据其环境危险程度选用适合环境防爆要求的型号规格。所采用的设备和器材均应符合国家现行技术标准的规定，并应有合格证件。设备应有铭牌，防爆电气设备应有防爆标志。所选定电气设备和器材的运输、保管，应符合国家有关物资运输、保管的规定；当产品有特殊要求时，尚应符合现行产品标准的要求。

4）防爆电气设备的检查

设备和器材到达现场后，应及时作下列验收检查，通过查看及时发现问题并解决问题。

（1）包装及密封应良好。

（2）开箱检查清点，其型号、规格和防爆标志，应符合设计及定货要求，附件、配件、备件应完好齐全；在《防爆电气设备的铭牌及产品说明书》中，核对以下技术规格：

① 防爆型式、类别、级别、组别；

② 额定电压、电流及功率；

③ 额定频率及相数；

④ 外壳的防护等级（防异物及防水侵入等级）；

⑤ 环境条件：包括环境温度、相对湿度、海拔高度、振幅及频率、防轻腐蚀、防日晒等；

⑥ 安装方式及安装位置；

⑦ 配线（绝缘导线或电缆）的型号规格；

⑧ 配管及附件的型号规格；

⑨ 密封填料及其他堵料的技术要求；

⑩ 安装用的紧固件要求等。

（3）产品的技术文件应齐全。

（4）防爆电气设备的铭牌中，必须标有国家检验单位发给的"防爆合格证号"。

（5）产品应完好、无损伤：

首先外观应无裂纹、损伤；隔爆接合面的紧固螺栓应齐全，弹簧垫圈等防松设施应齐全完好，弹簧垫圈应压平；密封衬垫应齐全完好，无老化变形；透明件应光洁无划伤或其他损伤；运动部件应无碰撞和摩擦；接线板及绝缘件应无碎裂，接线盒盖应紧固；接地标志及接地螺钉应完好。

制造厂检验合格的产品，到现场进行验收检查后，一般情况下就无需进行拆卸检查，而只进行外观检查。防爆电气设备拆装次数过多会影响其防爆性能。

5）防爆电气设备的安装施工

防爆电气工程在施工过程中，应保证电气安全措施落实，为此，施工部门要加强工程质量的检查。

（1）通用要求。

防爆电气设备安装工程在施工过程中，要遵守现行有关安全技术规定。在扩建、改建及革新改造工程中，由于生产环境及工艺设备、管道内部可能有爆炸性混合物的聚集，所以还必须严格遵守工厂安全生产规程中与施工有关的安全规定。施工动火前必须输动火审批手续，重要的施工工序尚须事先编制安全技术措施，经主管部门审批后方可施工。

现场安装的防爆电气设备，不像机械设备配合安装那样有严格的尺寸要求。电气设备的就位应按其安装图进行，但某些场合也有灵活性。不过，电气设备的安装位置，必须便于操作运行、维护检查，特别要考虑紧急情况下操作的电气设备，应保证有充分的活动余地，避免拐弯绕远，比如事故排风机的按钮应单独安装在便于操作的位置，且应有特殊标志。此外，防爆电气设备还应避免设置在结构物或机械装置有震动的部位上，宜安装在金属制作的支架上，支架应牢固，有振动的电气设备（如电动机、通风机）的固定螺栓应有防松装置。支架的固定，可采用预埋、膨胀螺栓、尼龙塞、塑料塞以及焊接法，在具体工程施工安装时，可参照《防爆电气设备安装标准图集》的规定，但要求固定应牢固。为防止降低钢结构的强度，采用焊接法固定时，应实行点焊。

电气设备的安装还应保证安装方式(立式、卧式及允许倾斜度)合理。如隔爆插销、充油型防爆电气设备应垂直安装，有些防爆灯具也特别指出仅允许在一定的倾斜度范围内安装使用，这些必须特别注意。

接线盒的位置应便于外部配线的连接，配管。电气设备安装的紧固件应有足够的机械强度，并加防松措施（如加弹簧垫圈等），并都应经防锈处理。防爆电气设备接线盒内接线紧固后，其裸露带电部分之间及它们与金属外壳之间的爬电距离及电气间隙应符合以下要求：

单相供电网络：电气间隙>6mm，爬电距离>8mm；
三相供电网络：电气间隙>8mm，爬电距离>10mm。

防爆电气设备的进线口按规定采用钢管配线或电缆配线进行布线，多余的进线口，其橡胶密封圈和金属垫片（堵片，厚度应不小于2mm）应齐全，并应拧紧压紧螺母，保证进线口密封。

防爆电气设备的配线，应按设计施工图及说明书的要求实施。

防爆电气设备中塑料制成的透明件或其他部件，不得采用溶剂擦洗，可采用家用洗涤剂擦洗。这是由于塑料制品种类较多，其中有些塑料不耐溶剂侵蚀，故推荐使用家用洗涤剂清洗。

当施工场所为爆炸性危险环境时，应采用防爆工具进行施工安装。

(2) 隔爆型电气设备的安装。

隔爆型电气设备在安装前应进行检查，然后按技术要求进行安装。隔爆型电气设备不宜拆装，需要拆装时，应符合下列要求：

① 应妥善保护隔爆面，不得损伤；
② 隔爆面上不应有砂眼、机械伤痕；
③ 无电镀或磷化层的隔爆面，经清洗后应涂磷化膏、电力复合脂或204号防锈油，严禁刷漆；
④ 组装时隔爆面上不得有锈蚀层；
⑤ 隔爆接合面的紧固螺栓不得任意更换，弹簧垫圈应齐全；
⑥ 螺纹隔爆结构，其螺纹的最少啮合浓度不得小于表3-15的规定；

表3-15 隔爆结构螺纹的最少啮合扣数和最小啮合深度

外壳净容积V, cm³	螺纹最小啮合深度, mm	螺纹最少啮合扣数 ⅡA、ⅡB	ⅡC
$V \leqslant 100$	5.0	6	试验安全扣数的2倍，但至少为6扣
$100 < V \leqslant 2000$	9.0		
$V > 2000$	12.5		

⑦ 隔爆型电动机的轴与轴孔、风扇与端罩之间在正常工作状态下,不应产生碰擦;

⑧ 正常运行时产生火花或电弧的隔爆型电气设备,其电气联东风装置必须可靠;当电源接通时壳盖不应打开,而壳盖打开后电源不应接通,用螺栓紧固的外壳应检查"断电后开盖"警告牌,并应完好;

⑨ 隔爆型插销的检查和安装,应符合下列要求:

插头插入时,接地或接零触头应先接通;插头拔出时,主触头应先分断;开关应在插头插入后才能闭合,开关在分断位置时,插头应插入或拔脱;防止骤然拔脱的徐动装置,应完好可靠,不得松脱。

(3) 增安型和无火花型电气设备的安装。

增安型和无火花型电气设备在安装前进行检查,然后按技术要求进行安装。滑动轴承的增安型电动机和无火花型电动机应测量其定子与转子间的单边气隙,其气隙值不得小于表 3-14 中规定值的 1.5 倍;设有测隙孔的滚动轴承增安型电动机应测量其定子与转子间的单边气隙,其气隙值不得小于表 3-16 中的规定。

表 3-16 滚动轴承的增安型和无火花型电动机定子与转子间的最小单边气隙值

单位:mm

极　　数	$D \leqslant 75$	$75 < D \leqslant 750$	$D > 750$
2	0.25	$0.25+(D-75)/300$	2.7
4	0.2	$0.2+(D-75)/500$	1.7
6 及以上	0.2	$0.2+(D-75)/800$	1.2

注:(1) D 为转子直径;
(2) 变极电动机单边气隙按最少极数计算;
(3) 若铁芯长度 L 超过直径 D 的 1.75 倍,其气隙值按上表计算值乘以 $L/1.75D$;
(4) 径向气隙值需在电动机静止状态下测量。

(4) 本质安全型电气设备的安装。

本质安全型电气设备在安装前应进行检查,在进行检查时,不但应对本质安全型电气设备进行认真的检查,而且对与之关联的电气设备也应进行检查。本质安全型电气设备、关联电气设备产品铭牌的内容应有防爆标志、防爆合格证号及有关电气参数。本质安全型电气设备与关联电气设备的组合,应符合现行国家标准中的有关规定。电气设备所有零件、元器件及线路,应连接可靠,性能良好。

在安装时,与本质安全型电气设备配套的关联电气设备的型号,必须与本质安全型电气设备铭牌中的关联电气设备的型号相同。凡是与本质安全型电气设备配套的关联电气设备都是经过国家检验单位检验确认的设备,如其关联的电气设备的型号不符合本质安全型电气设备铭牌中的规定,则破坏了本质安全型电气设备的防爆性能。

关联电气设备中的电源变压器,其铁芯和绕组间的屏蔽,必须有一点可靠接地;直接与外部供电系统连接的电源变压器其熔断器的额定电流,不应大于变压器的额定电流。

独立供电的本质安全型电气设备的电池型号、规格,应符合其电气设备铭牌中的规定,严禁任意改用其他型号、规格的电池。如果随意更改电池型号、规格,就改变了本质安全型电气设备的能量供应，在事故情况下，产生的电火花和温度就可能超过其额定值而引起爆炸事故。

防爆安全栅应可靠接地，其接地电阻应符合设计和设备技术条件的要求。

本质安全型电气设备与关联电气设备之间的连接导线或电缆的型号、规格和长度，应符合设计规定。

6）防爆电气设备的工程验收

防爆电气设备的安装工程结束后，应进行交接验收。验收中，除按一般电气施工要求检查外，还须对安装现场进行全面检查，并对安装、高度记录等技术文件作认真的审理，确认符合防爆技术要求后方可进行试运转。

三、爆炸危险环境电气线路的选用与敷设

在爆炸危险环境中，由于电气线路在运行中受到自身和外界诸多条件的影响，容易发生过负荷、接地、短路、机械损伤等故障而产生电火花、弧光或危险温度，诱发易燃易爆物质的燃烧与爆炸事故，因此在爆炸危险环境中的电气线路需要严格执行规范并采取相应的技术措施。

1. 爆炸危险环境电气线路的选用要求

1）爆炸危险环境电缆、电线的选择

（1）电气线路除应按爆炸危险环境的危险程度和防爆电气设备的额定电压、电流选用电缆电线外，还应根据使用环境的具体情况选用具有相应的绝缘性能、耐热性能、耐腐蚀性能或防火性能等的电缆、电线（系指绝缘导线，下同）。

（2）在爆炸危险环境内使用的电力、照明电缆、电线的额定电压必须不低于线路的工作电压，且应不低于500V（通信电缆、电线除外）。中性线绝缘的额定电压应与相线电压相等，并应安装在同一护套或保护管内。

（3）在有剧烈振动地方用电设备的电气线路应采用铜芯软导线或铜芯多股导线的电缆、电线。

（4）在爆炸危险环境1区内敷设的电缆、电线应采用铜芯电缆、电线；在爆炸危险环境2区内敷设的电缆宜采用铜芯电缆、电线。

（5）在爆炸危险环境1区、2区内电缆敷设的技术要求，应符合下列规定：

① 明设塑料护套电缆，当采用能防止机械损伤的电缆槽板、托盘或架空桥架敷设方式时，可采用非铠装电缆。

② 在爆炸性粉尘环境选用电缆时应考虑到环境腐蚀、鼠类和白蚁危害、环境温度及用电设备接线盒引入装置的型式等因素。仅在架空桥架敷设的电缆宜采用阻燃电缆。

（6）在爆炸危险环境内，应尽量少装或不装防爆插销。灯距不宜过密，以基本能满足作业照明需要为原则。

2）电气线路配线方式的选用

在爆炸危险环境内电气线路的配线方式应根据生产工艺设备布置的具体情况，选用表3-17中推荐的配线方式。

表 3-17 爆炸危险环境电气线路的配线方式

配线方式		爆炸危险环境				
		0区	1区	2区	10区	11区
本质安全电路的配线		○	○	○	○	○
钢管配线		×	○	○	○	○
电缆配线	低压电缆	×	○	○	×	○
	高压电缆	×	△	○	×	△

注：○表示适用；△表示尽量避免；×表示不适用。

配线方式的基本原则是：油库（站）内各区场所，可以任意选择钢管配线或电缆配线；防爆电动机、风机宜优先采用电缆进线方式。

3）线路走向的确定

（1）电气线路应敷设在爆炸危险性较小的环境中或距离释放源较远的地方。并应避开易受到机械损伤、振动、腐蚀、粉尘、纤维积聚及有危险温度的地方。如实在不能避开时，应采取相应的保护措施，以满足电气线路安全运行的技术要求。

（2）电气线路宜在有爆炸危险的建筑物、构筑物的墙壁或梁架外敷设较为安全。

（3）在爆炸危险环境中，当易燃、易爆物质的密度比空气大时，电气线路应在它的较高处（上面）采用沿支架架空槽板、托盘或桥架敷设；或采用直接埋地敷设；或采用电缆隧道、电缆沟内沿支架等方式敷设。但隧道和沟道都应采取防止易燃、易爆物质窜入的措施及设置排水措施。

（4）爆炸危险环境中，当电气线路需沿输送易燃气体或液体的物料管道敷设时，应符合下列技术要求：

① 电气线路应沿爆炸危险程度较低的物料管道的一侧敷设。

② 当物料管道中易燃物质的密度比空气大时，电气线路宜在物料管道的上方稍偏处敷设。

4）线芯截面的选定

在爆炸危险环境中所用的电缆、电线的线芯截面应较非爆炸危险环境所用的电缆、电线的截面留有较大的裕度，一般情况下，宜稍大一点，最多不大于导线截面的一个级别。保证电缆、电线线芯具有较高的机械强度以防止断线，保证电缆、电线线芯具有稍低的电流密度以降低运行温度。

对于固定敷设的低压电线，其铜、铝线芯最小截面应符合规定。移动式电气设备的供电线路，移动敷设的低压电缆、电线应使用橡胶护套铜芯电缆，电缆型号和主线芯的允许最小截面应符合表 3-18 中的规定。

表 3-18 橡套护套铜芯电缆型号和主线芯最小截面　　　　单位：mm²

爆炸危险环境	橡套电缆型号	主线芯最小截面
1区	YC、YCW（重型）	2.5
2区	YC、YCW（重型）	1.5

注：表中 W 表示为户外型。

在爆炸危险环境1区、2区内敷设的电缆、电线的线芯截面选择应符合下列技术要求：

（1）线芯允许载流量，应不小于熔断器熔体额定电流的 1.25 倍或自动开关长延时过电流脱扣整定电流的1.5倍。

(2) 引向电压为1000V以下的鼠笼型感应电动机的电缆、电线线芯的长期允许截流量应不小于电动机额定电流的1.25倍。

(3) 电压为1000V以下的电缆、电线,应按短路电流进行热稳定校验。

爆炸性气体环境电缆配线和钢管配线的技术要求如表3-19及表3-20所示。

表3-19 爆炸性气体环境电缆配线技术要求

爆炸危险区域 \ 项目	电缆明设或在沟内敷设时的最小截面			接线盒	移动电缆
	电力	照明	控制		
1区	铜芯2.5mm² 及以上	铜芯2.5mm² 及以上	铜芯2.5mm² 及以上	隔爆型	重型
2区	铜芯1.5mm² 及以上,或铝芯4mm² 及以上	铜芯1.5mm² 及以上,或铝芯4mm² 及以上	铜芯1.5mm² 及以上	隔爆型、增安型	中型

表3-20 爆炸危险环境钢管配线技术要求

爆炸危险区域 \ 项目	线芯最小截面,mm²							分支盒挠性连接管	移动电缆	钢管连接要求
	铜芯				铝芯					
	电力	控制	照明	通信	电力	控制	照明			
1级	20.5	20.5	20.5	0.28	×	×	×	隔爆型	重型	对公称直径25mm及以下的钢管螺纹旋合不应少于5扣,对公称直径32mm及以上的不应少于6扣,并有锁紧螺母
2级	10.5	10.5	10.5	0.19	4	×	20.5	隔爆型、增安型	中型	对公称直径25mm及以下的螺纹旋合不应少于5扣,对公称直径32mm及以上的不应少于6扣

注:(1) 表中×表示不适用;
(2) 控制线路包括仪表和信号回路;
(3) 铝芯截面4mm²的导线应用多股线芯,在无多股线芯时,可用6mm²多股铝线或单芯铝线。

5) 电气线路的连接

(1) 爆炸危险环境1区内的电缆线路严禁安设中间接头。在2区内的电缆线路不应安设中间接头。在特殊情况下,电缆线必须安设中间接头时,只允许在2区内采用相应的防爆接线盒加以保护,方可进行中间连接。

(2) 电气线路使用的连接保护器件,如接线盒、分线盒、接头、隔离密封盒及挠性连接管等,在1区内应用隔爆型,在2区内应用隔爆型、增安型。

(3) 电缆、电线的芯线与芯线的相互连接、芯线与线鼻子的相互连接,均宜采用压接、熔焊或钎焊工艺。当采用铝芯电缆时,应通过铜铝过渡接头与电气设备上铜质接线端子相连接。

6) 进线口的密封

防爆电气设备、接线盒等的进线口,不论是压盘式或压紧螺母式,均应做好密封,并符合下列要求：

(1) 电缆进接线口时，电缆断面应为圆形，整体、护套表面不应有凹凸、裂缝、砂眼等缺陷；严禁多股单根导线合并后进入接线盒（钢管配线除外）。

(2) 橡胶密封圈的内孔应与电缆内护套的外径紧密配合，其剩余径向厚度不应小于电缆外径的 3/10，且不得小于 4mm，其轴向长度不应小于电缆外径的 7/10，且不得小于 10mm。

(3) 橡胶密封圈两端应有金属垫片，不允许压紧螺母式压盘直接压在密封圈上。

(4) 外径大于 20mm 的电缆，必须配用喇叭口状有防止电缆拔脱装置的进线口。

(5) 电缆铠装钢带应与电气设备的外壳接地螺栓连接，密封圈不得直接压在铠装钢带上。

(6) 进密封口处，电缆轴线与进线口中心轴线应平等，不允许出现电缆单边挤压密封圈的现象。

(7) 防爆电气设备的进线口，必须用弹性橡胶密封圈密封，禁止采用填充密封胶泥、石棉绳等其他方法代替。禁止在接线盒内填充任何物质。橡胶密封圈上的油污应擦洗干净，以免老化变质，失去防爆性能。

7) 电气线路的隔离密封

(1) 爆炸危险区域与非爆炸危险区域之间、不同危险区域之间设置的隔墙、楼板、沟道上为电气线路敷设方便预留或开着的孔、洞与电气线路保护管间的空隙，均应用 100 号水泥砂浆堵塞严密。

(2) 电气线路保护管两头的管口处，管壁与电缆外皮间的空隙，均应用非燃性纤维堵塞严密后再填实密封胶泥。胶泥填实高度不得小于管子内径的 1.5 倍，且不得小于 50mm。杜绝易燃、易爆物质的相互窜通，以防止爆炸事故的发生。

8) 电气线路的安全距离

(1) 10kV 及其以下电压的电力电信架空线路，严禁跨越爆炸危险环境（含生产装置，建筑物，构筑物）。当此类架空线路必须与爆炸危险环境毗邻架设时，架空线路与爆炸危险环境边界的水平距离应不小于杆塔高度的 1.5 倍。在特殊情况下，采取防止杆塔倒塌或增大导线截面等有效措施后，可适当减少其水平距离。

(2) 厂房（建筑物、构筑物）内明敷电气线路与工艺管道之间的最小安全距离应符合技术规范要求。

(3) 直埋电缆与地面、建筑物和构筑物边界之间的最小安全距离：直埋电缆外皮至地面的最小埋设深度一般应不小于冻土层深度，且不小于 0.7m，如因特殊情况需要，增加钢管保护时，埋设深度可降到 0.5m；直埋电缆外皮至建筑物地下基础或混凝土散水坡边界的水平距离应不小于 0.6m，如因特殊情况需要，采取有效措施后，其水平距离可降到 0.4m。

(4) 直埋电缆与地下管道间的最小安全距离：直埋电缆与地下热力管道平行敷设时，其水平距离应不小于 2m，交叉敷设时，其垂直距离应不小于 0.5m；直埋电缆与其他物料管道平行或交叉敷设时，其水平与垂直距离均应不小于 0.5m；直埋电缆严禁将电缆平行敷设在各种物料管道上面或下面（指垂直面）。

(5) 直埋电缆相互之间最小安全距离：10kV 及以下电压的电力电缆之间，或与控制电缆之间的水平安全距离应不小于 0.1m；10kV 及以下电压的电力电缆与 35kV 及其以上电压的电力电缆之间的水平安全距离应不小于 0.255m；电缆交叉敷设相互之间的垂直安全距离应不小于 0.5m。

2. 爆炸危险场所电缆的敷设

电缆敷设的方法很多，分为直接埋地敷设、电缆地沟（或地下隧道）内敷设式、管道中（穿）敷设式以及沿建筑明敷等。在油库内电缆主要的敷设方式为直接埋地敷设、钢管配线和明敷三种，在变配电间电缆采用电缆沟敷设。

1）直接埋地敷设

直接埋地敷设电缆，简称直埋电缆，是沿已选定的线路挖掘壕沟，把电缆埋在里面。电缆根数较少、线路较长时多采用此法。施工时应符合以下要求：

（1）直接埋在地下的电缆，一般使用铠装电缆。

（2）挖掘的沟底必须是松软的土层，没有石块或其他硬质杂物，否则，应铺以 100mm 厚的软土或砂层；电缆周围的泥土不应含有腐蚀电缆金属包皮的物质（烈性酸碱溶液、石灰、炉渣、腐殖质和有害物渣滓等），否则，须予以清除和换土；埋深不应小于 0.7m，穿越农田时不应小于 1m；在严寒地区，电缆应敷设在冻土层以下。

（3）电缆敷设完毕，上面应铺以 100mm 厚的软土或细砂，然后盖上混凝土保护板，覆盖宽度应超过电缆直径两侧以外各 50mm。在一般情况下，也可用砖代替混凝土保护板。

（4）埋地电缆一般不宜有中间接头，若设有中间接头，其中间接头盒外面应有生铁或混凝土保护盒；如果周围介质对电缆有腐蚀作用，或者地下经常有水并在冬季可能冰冻，则保护盒内应注满沥青。

（5）埋地电缆之间及与管道、道路、建筑物之间平行和交叉时的最小净距见表 3-21。电缆相互交叉、与非热力管道和沟道交叉，以及穿越公路和墙壁时，均应穿在保护管中，保护管长度应超出交叉点前后 1m，交叉净距离不得小于 250mm，保护管内径不得小于电缆外径的 1.5 倍。

表 3-21　埋地电缆之间及与管道、道路、建筑物之间平行和交叉时的最小净距　　单位：m

项　目		最小净距	
		平行	交叉
电力电缆间及其与控制电缆间	10kV 及以下	0.10	0.50
	10kV 以上	0.25	0.50
控制电缆间		—	0.50
不同使用部门的电缆间		0.50	0.50
热管道（管沟）及热力设备		2.00	0.50
油管道（管沟）		1.00	0.50
可燃气体及易燃液体管道（管沟）		1.00	0.50
其他管道（管沟）		0.50	0.50
铁路路轨		3.00	1.00
电气化铁路路轨	交流	3.00	1.00
	直流	10.0	1.00
公路（平行时与路边，交叉时与路面）		1.50	1.00
城市街道路面		1.00	0.70

续表

项　目	最小净距 平行	最小净距 交叉
杆基础（边线）	1.00	—
建筑物基础（边线）	0.60	—
排水明沟（平行时与沟边，交叉时与沟底）	1.00	0.50
乔木	1.5	—
灌木丛	0.5	—

注：(1) 当电缆穿管或用隔板分隔开时，平行净距可降为0.1m；
(2) 控制电缆间平等敷设的净距不做规定；
(3) 电缆在交叉点前后各1m范围内穿入保护管或用隔板分隔开时，交叉净距可降为0.25m；
(4) 应采取隔热措施，使电缆周围土壤的温升不超过10℃；
(5) 交叉净距能符合要求，但检修管路（管沟）可能损伤电缆时，也应在交叉点前后各1m范围内，采用钢管保护或其他保护措施；
(6) 表中净距均指管道和电缆的保护措施的边界间的净距离。

(6) 无铠装电缆从地下引出地面时，高度1.8m及以下部分，应采用金属管或保护罩保护，以防机械力损伤（电气专用房间除外）。电缆线路敷设后，应当在拐弯、接头、终端和进出建筑物等地段装设明显的标桩，直线段上也应设一定数量的标桩，为电缆线路的检修和今后其他地下设施的施工提供依据。

(7) 在铠装电缆的金属外皮两端应可靠接地，接地电阻不应大于10Ω。

2) 钢管配线

配线用钢管应采用低压流体输送用镀锌焊接钢管。镀锌钢管的内壁、外壁均应作防腐处理；应清除内壁的毛刺与铁屑，外壁镀锌层脱落处补刷防腐油漆；钢管不应有折扁、裂缝和穿孔，管端螺纹应完好，镀锌层应完整；管内应无铁屑及毛刺，切断口应平整，管口应光滑；管端没有螺纹的还应套扣螺纹，必要时套上管接头，保护螺纹。

(1) 钢管的敷设。

① 明配钢管应排列整齐。固定钢管的管夹子的螺栓应在墙壁、构件上埋设牢固（禁用埋木头楔子拧木螺栓压紧管夹子固定钢管的方法），固定点间的距离应均匀。

② 钢管水平敷设管路超过下列长度时，中间应加装接线盒或拉线盒，其安装位置应便于穿线。

a. 管路长度每超过45m，无弯头时；

b. 管路长度每超过30m，有1个弯头时；

c. 管路长度每超过20m，有2个弯头时；

d. 管路长度每超过12m，有3个弯头时。

③ 钢管垂直敷设，管路超过下列长度时，中间应加装接线盒或拉线盒，并应在管口及盒子中安设夹子紧固导线。

a. 导线截面50mm² 及以下，每超过30m；

b. 导线截面70~95mm²，每超过20m；

c. 导线截面120~240mm²，每超过18m。

④ 钢管煨制弯头时，弯头处管壁不应有折皱、凹穴和裂缝等缺陷，弯扁程度应不大于钢管外径的10%；明配钢管的弯曲半径，一般应不小于钢管外径的6倍；当管路上只有1

个弯头时，可不小于钢管外径的 4 倍；暗配钢管的弯曲半径，一般应不小于钢管外径的 6 倍；当埋设于地下或混凝土中时，应不小于钢管外径的 10 倍。

⑤ 钢管进入灯头盒、开关盒、接线盒、拉线盒、密封盒及配电箱时应符合下列要求：暗配钢管在穿线前，可用点焊固定钢管；在穿线后，可用管夹子压紧固定钢管、当钢管穿入盒、箱内腔时管口露出盒、箱内腔约 3~5mm；明配钢管可用锁紧螺母或管头护帽固定钢管，管口露出锁紧螺母的丝扣约 2~4 扣；钢管进入落地式配电箱，排列应整齐，管口高出基础地面应不小于 50mm。

⑥ 暗配钢管的管路宜沿最近的路线敷设，并应减少弯头；埋入隔墙或混凝土内的管子，离其表面净距应不小于 15mm。

⑦ 明配钢管水平或垂直敷设时，在长 2m 以内，偏差值应小于 3mm；全长度内，偏差值应小于钢管内径的 1/2。

⑧ 明配和暗配钢管穿过隔墙、楼板及混凝土基础时，均应加设管路的金属保护管。

(2) 钢管的连接。

① 钢管之间、钢管与钢管附件之间、钢管与电气设备引入装置之间、钢管与隔离密封盒及防爆挠性连接管之间的连接，均应采用螺纹连接；镀锌钢管和薄壁钢管应采用螺纹连接或套管紧定螺钉连接，不应采用熔焊连接。钢管连接或固定的附件均应镀锌或刷防腐油漆。管端螺纹长度不应小于管接头长度的 1/2，螺纹连接的有效啮合扣数应不少于 5~6 扣，外露丝扣不宜过长，以 2~3 扣为宜。螺纹表面应光滑、无缺损，管接头处应加防松螺帽牢固地拧紧，以防松动。为防止腐蚀性气体、爆炸性粉尘及潮湿气的侵入，螺纹连接部分应涂导电性防锈脂、磷化膏、204 号润滑脂、工业凡士林等不干性防锈油脂。除设计有特殊规定外，螺纹连接处一般不焊接地用金属跨接线；钢管之间连接有困难时，不得采用倒扣，应使用防爆活接头。

当钢管与设备直接连接时，应将钢管敷设到设备的接线盒内。当钢管与设备间接连接时，对室内干燥场所，钢管端部宜增设电线保护软管或挠性金属电线保护管后引入设备的接线盒内，且钢管管口应包扎紧密；对室外或室内潮湿场所，钢管端部应增设防水弯头，导线应加套保护软管，弯成滴水弧状后再引入设备的接线盒，与设备连接的钢管管口与地面的距离宜大于 200mm。安装电器的部位，为了方便接线及检修应设置接线盒。

② 防爆挠性连接管应无裂缝、孔洞、机械损伤及变形等缺陷。

1 区内用隔爆型挠性连接管；2 区内用隔爆型或增安型挠性连接管；环境温度应不超过 ±40℃；弯曲半径应不小于管外径的 5 倍。下列各处可安设防爆挠性连接管：电动机的进线口处；管路经过建筑物、构筑物的伸缩缝、沉降缝处；管路与电气设备连接有困难处。

③ 镀锌钢管或挠性金属电线保护管的跨接接地线宜采用专用接地线卡跨接，不应采用熔焊连接。

④ 明配钢管应排列整齐，固定点间距应均匀，钢管管卡间的最大距离应符合表 3-22 的规定；管卡与终端、弯头中点、电气器具或盒（箱）边缘的距离宜为 150~500mm。

表 3-22 钢管管卡间的最大距离   单位：m

敷设方式	钢管类型	钢管直径，mm			
		15~20	25~32	40~50	65 以上
吊架、支架或沿墙敷设	厚壁钢管	1.5	2.0	2.5	3.5
	薄壁钢管	1.0	1.5	2.0	—

(3) 管路的隔离密封。

① 在爆炸危险环境内，为了防止易燃易爆物质的相互窜通，必须认真做好隔离密封技术措施。钢管配线在下列各处应装设不同型式的隔离密封盒：

　　a. 电气设备没有防爆引入装置时，在进线口处装设；

　　b. 管路通过不同爆炸危险区域之间、爆炸危险环境与非爆炸危险环境之间的隔墙时，应在隔墙的任意一侧不超过 350mm 处装设横向式隔离密封盒；

　　c. 管路通过不同爆炸危险区域之间、爆炸危险环境与非爆炸危险环境之间的楼板或地坪时，应在接板或地坪的上方不超过 300mm 处装设纵向式隔离密封盒；

　　d. 当管径大于 50mm、管路长度超过 15m 时，应在每隔 15m 处适当地点装设与环境相应的隔离密封盒；

　　e. 当管路易积聚冷凝水时，水平敷设的管路除留有一定的坡度外，还应在管路坡度的下方（垂直敷设的管路应在垂直段的下方）装设排水式隔离密封盒。

② 隔离密封盒内应无锈蚀、油脂、裂缝及孔洞，螺纹应完整无损。

③ 供隔离密封用的连接部件，不应作为导线的连接或分线用。

④ 在隔离密封盒内进行密封工作时，导线在密封盘内不得有接头，导线之间应分开，导线与盒壁之间应保持合理距离；密封堵料应使用非燃性纤维材料作填充层的底层或隔层，以防止密封混合料流散；充填密封胶泥、与水配合搅拌好粉剂密封填料时，应将密封内腔充满充实，填满至浇灌口的下端，凝固后其表面应光洁无裂纹。排水式隔离密封盒充填密封填料后，表面应光洁，并应有自行排水的坡度。

⑤ 电线管与保护管间用非燃性纤维材料，在保护管两头充填密实；保护管与隔墙、楼板及地坪间应用强度不小于 100 号水泥砂浆填实抹平。

3）明敷

明敷一般采取架空和沿墙敷设两种方式。电缆架空是采用专用卡子、帆布带或铁钩等，将电缆吊挂在镀锌钢绞线上。电缆沿墙敷设是采用扁铁或钢筋制作的电缆钩将电缆吊挂于建筑物的墙壁上或梁、柱上，油洞库内多采用这种方式敷设电缆。这种敷设方式结构简单，易于解决电缆与其他管线的交叉问题，维护检修方便，但容易积灰和受热力管道的影响。

4）电缆沟内敷设

电缆沟分屋内电缆沟、屋外电缆沟和厂区电缆沟三种。当电缆数量在 8 根以上，18 根以下时，沿同一路敷设，同时电缆线路与地下管道交叉不多，地下水位较低，不容易积灰、积水的场所应选用地沟敷设，以便于维修，但在爆炸危险环境不应采用电缆沟方式敷设，以防爆炸性混合气体在电缆沟内积聚引发危险。

四、油库爆炸危险环境内的电气接地要求

接地和接零是电气技术中最重要的保护措施之一。当电气设备发生接地或碰壳短路时，接地短路电流便通过接地体向大地作半球形扩散。电流在地中流散时所形成的电压降，距接地体越近就越大，距接地体越远就越小。在油库爆炸危险环境大都采用三相五线制供电，电气设备的外壳都通过接地干线与接地体相连。

1. 接地的范围

（1）所有电气设备中，正常不带电的金属部分均须可靠接地，主要有：

① 电动机、变压器、防爆灯具、插销、开关、接线盒、携带式及移动式用电器具的底座和外壳；

② 电气设备的传动装置；

③ 配电、控制、保护用的屏（盘、台、箱）及操作台等的金属框架和底座，各种安装电气设备的金属支架；

④ 室内外配电装置的金属架构和钢筋混凝土的架构，以及靠近带电部分的金属遮挡、金属门；

⑤ 交直流电力电缆的接线盒、终端盒的外壳，以及电缆的金属外皮、穿线的钢管等；

⑥ 工作电压超过安全电压而未采用隔离变压器的手持电动工具或移动式电气设备的外壳等；

⑦ 电流互感器和电压互感器的二次绕组。

（2）不属于电气设备，但由于杂散电流、零线电流等影响，可能发生跳火危险的设备，也应可靠接地，主要有：

① 泵房管组、工艺设备；

② 铁轨、鹤管、钢栈桥；

③ 输油管、金属油罐。

2. 接地的通用要求

（1）在中性点接地的低压系统中，爆炸危险环境必须建立保护接地干线（网），且与变压器的中性点连接成一体。接地干线（网）应在不同方向与接地体相连，连接处不得少于两处。

（2）从变压器中性点接地体引出来的工作零线，每隔1km应重复接地一次，进入到洞库、泵房等爆炸危险环境之前，必须重复接地一次。

（3）1区的电气设备、仪表、灯具等的电气线路及2区内除照明灯具以外的其他电气设备中，必须设有专用的接地线，与保护接地干线（网）相连。此时爆炸性气体环境的金属管线，电缆的金属包皮等，只能作为辅助接地线。

（4）2区的照明灯具可不设专用接地线，可利用穿线钢管作接地线用，与保护接地干线（网）相连，但不得利用油品的工艺管道、通风管道、金属容器壁等作为保护接地线用。

（5）铠装电缆引入电气设备时，其内部接地线与设备的内接地螺栓相连，外部钢带作为辅助接地与设备的外接地螺栓连接，且钢带的另一端也必须可靠接地。

（6）爆炸危险环境电气设备接地系统中接地体不得与防直击雷接地体共同设置，且两者之间的最小距离不得小于3m。

（7）在对设备、管道等进行局部检修时，如会造成有关物体电气接地断路或破坏等电位时，应事先做好临时性接地，检修完毕后及时恢复。

（8）当采用漏电开关作相线漏电接地保护时，被保护的电气设备外壳应作单独接地，不得与其他电气接地干线相连。漏电开关必须选用经国家有关部门颁发生产许可证的厂家的产品。

(9) 电气设备的接地装置与防止直接雷击的独立避雷针的接地装置应分开设置；与装设在建筑物上防止直接雷击的避雷针的接地装置可合并设置；与防雷电感应的接地装置也可合并设置，接地电阻值应取其中最低值。油库电气系统接地电阻最大值见表 3-23。

表 3-23 接地电阻值　　　　　　　　　　　　　　　　　单位：Ω

工作接地	重复接地	保护接地	防雷接地	防静电接地
4	10	4	10	100

(10) 保护接地线或接零线连接用螺栓，应有防松措施；接地线紧固前，连接端子导电面上应挫光并涂导电油膏，以保证接触良好；接地线连接紧固螺栓规格（不含接线盒内和仪表外部的接地螺栓）应符合下列规定：

① 电气设备容量为 10kW 以上，不小于 M12；
② 电气设备容量为 5~10kW，不小于 M10；
③ 电气设备容量为 5kW 以下，不小于 M8；
④ 按钮、灯具、信号灯，小型开关等电器外壳接地螺栓，不小于 M6。

3. 保护接地

1) 洞库、泵房的保护接地要求

(1) 洞库、泵房尽量用单独变压器供电，避免与生活区共用同一变压器。

(2) 架空线路进入洞库、泵房的配电间时，必须做重复接地，架空线杆上必须装设防雷装置。从架空线处进入洞内的线路必须是埋地铠装电缆，埋地段一般不少于 50m，埋地长度及接地要求应符合防雷要求。电缆与架空线路的连接处，应装设低压阀型避雷器。避雷器、电缆外皮和瓷瓶铁脚应做电气连接并接地，接地电阻不宜大于 10Ω。洞口的电缆外皮，必须与油罐、管线的接地装置连接。

(3) 洞库、泵房的接地干线（网）应有专用接地线与变压器中性点相连，形成保护接地回路。电动机（风机）和其他设备的保护接地螺栓与该回路的接地线相连，不应与工作零线相连（包括零线的重复接地线）。

(4) 当变压器远离洞库、泵房（一般大于 200m），设置专用保护回路线有困难时，应将工作零线多处重复接地，以降低零线上的电位，其接地电阻应小于 4Ω，且不得与生活区共用同一变压器。此时，中性线虽与专用接地线共用同一接地体，但油库（站）爆炸危险环境的专用接地干线（网）仍不能省略。

(5) 当采用漏电开关做相线漏电接地保护时，被保护的电气设备外壳应单独接地，不得与其他电气接地干线相连。漏电开半必须选用国家有关部门颁发生产许可证的厂家的产品。

(6) 洞口配电间的总开关宜采用四联制控制开关，当切断洞内三相电源时，同时切断工作零线，以确保洞内电气安全；当配用四联开关时，零线的重复接地应装设在开关的洞内配电侧，不应设在开关的电源进线侧。

油库、泵房零线、地线接线如图 3-31 所示，需要说明：

(1) L_1、L_2、L_3 为相线，N 为零线，PE 为保护接地干线；
(2) 专用接地线在洞外部分可选用扁钢；
(3) 洞内部分可选用扁钢、绝缘导线或与相线相同的电缆；

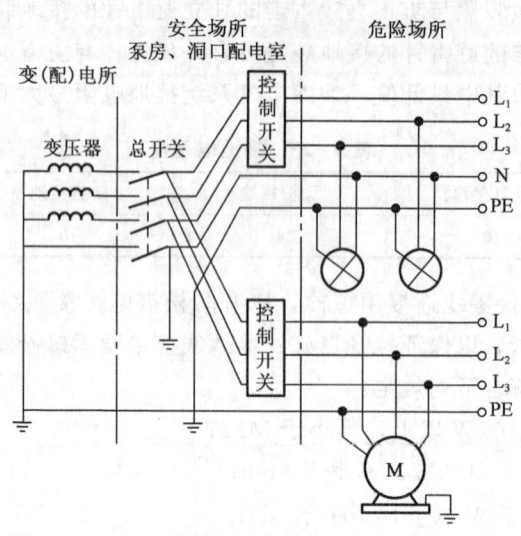

图 3-31 轻油洞库、泵房零线、地线接线示意图

(4) 专用接地线在洞外部分若采用裸线埋地铺设，洞口可不做重复接地；

(5) 配电盘、配线铠装带（钢管）及电动机外壳要做接地；

(6) 专用保护接地干线应与变压器中性点直接相连，当直接相连确有困难时，可与中性线重复接地相连，但其接地电阻不得大于4Ω，中性线终端也应重复接地。

2) 携带式和移动式电气设备的接地

携带式电气设备的接地应使用携带型导线的专用接地芯线，此芯线不得同时用来通过工作电流。严禁利用其他用电设备的零线接地，零线和接地线应分别与接地网连接。接地线应采用多股软铜线，截面应不小于$1.5mm^2$（如接地芯线与电源芯线在同一外皮内，则接地芯线与导电芯线的截面应相同）。携带式接地线的夹具应保证它与电气设备和接地体的连接处具有良好的电气接触，并在短路电流作用下具有热稳定度和动稳定度。

移动式电气设备的接地，应满足以下要求：

(1) 移动式发电设备和固定式发电设备二者的接地要求相同。

(2) 由固定式电源或由移动式发电设备供电的移动式机械，其金属外壳或底座应与电源的接地装置有可靠的金属连接。在中性点不接地系统中，应在机械附近装设接地体或利用附近的自然接地体。

(3) 移动式电气设备和移动式机械的接地应符合对固定式电气设备接地的要求。

(4) 移动式电气设备和移动式机械的接地线截面应与固定式电气设备的接地线截面相同。

五、防爆电气设备的管理

防爆电气设备在试制和定型时，由防爆检验单位按照相关防爆标准对其图纸文件、样机进行防爆审查和检验，其结果合格并取得防爆合格证后才允许投产和销售；而防爆电气设备制造厂按照经检验机构检验合格的图纸文件生产防爆设备，又经规定的出厂检查和试验合格后才允许出厂。因此，一般来说，新的防爆电气产品的防爆安全性能是满足标准要求的，但由于防爆电气产品的使用环境条件一般比较恶劣，如高温高湿、化学腐蚀、振动及超负荷运行等，常会导致防爆电气设备原有的机械性能、电气性能和防爆性能受到不同程度的损伤或破坏。例如一台隔爆型电动机，在运行期间隔爆外壳可能会受到外力冲击产生裂纹和变形，轴承由于润滑不良会损坏，定子绕组由于长时间受热绝缘老化而击穿烧坏，其隔爆外壳的防爆接合面也会受到腐蚀性介质的作用发生锈蚀和损坏等，其他防爆电气设备也会发生类似的情况。

由于防爆电气设备的使用环境中可能存在爆炸性气体，防爆电气设备发生的故障，将直接影响周围环境防爆安全，为此应加强对使用中的防爆电气产品进行定期或不定期检查，加强对正常运行的设备进行保养维护，对有故障的电气设备进行修复或修理。

1. 防爆电气设备的检查与维护

1）检查、维护应具备的条件

（1）检查、维护人员资格。

① 有防爆电气设备使用、维护和检修经验或知识；

② 经过各种防爆型式、安装施工、场所分类、电气安装有关法规规程及其一般原理等方面的培训和定期学习，熟悉设备防爆结构，了解关键控制点。

（2）检查、维护所需要的资料。

必须准备以下资料：场所分类；设备防爆信息资料、使用记录资料（表示设备位号、备件、技术资料）、维修记录资料等。

（3）检查、维护所需设备、仪器、工具。

现场检查、维护所需的设备、仪器和工具都必须适用于现场环境的防爆要求。

2）检查和维护分类

（1）日常运行维护检查。

日常检查和维护工作主要由运行操作人员负责，主要内容有：

① 防爆电气设备应保持其外壳及环境的清洁，清除有碍设备安全运行的杂物和易燃物品，并定期分析电气设备周围爆炸性混合物的浓度。

② 防爆电气设备运行时应具有良好的通风散热条件，检查外壳表面温度不得超过产品规定的最高表面温度。检查运行电动机轴承润滑脂是否变质，轴承表面温度不应超过规定值。

③ 正常声音辨析。

④ 电气转动部件运转情况检查。

⑤ 检查外壳各部位固定螺栓和弹簧垫圈是否齐全，紧固不得松动。

⑥ 检查设备的外壳应无裂纹和有损防爆性能的机械变形现象。设备运行时不应受外力损伤，应无倾斜和部件摩擦现象。检查防爆灯具的结构完整性，测量灯罩表面温度不得超过产品的规定值。电气设备的引入装置应密封可靠，不使用的通孔，应用厚度2mm以上的钢质盲板堵死。

⑦ 设备上的各种保护、联锁、检测、报警、接地等装置应齐全完整。

日常运行维护检查每日或每周一次，发现有问题如设备出现过高温、有特殊气味、声响或冒烟、部件松动或摩擦等异常情况时应采取紧急措施。设备操作人员对日常运行维护中发现的异常情况及不符合规定者，可以处理的应及时处理，不能处理的应立即通知电气专业人员处理，并将发生的问题或事故如实登记在设备运行记录上。

(2) 专业维护检查。

专业维护检查工作主要由专职设备维护人员负责，主要内容有：

① 更换灯泡、保险丝、电池、接触器、导线、密封圈等易损件。更换照明灯泡（管）、熔断器熔体、本质安全型电气设备的电池，都必须符合原产品规定的规格、型号，不得随便变更。

② 清理电气设备内部灰尘，并进行防锈防腐处理。

③ 电气线路布线、接线检查，绝缘检查。

④ 接地电阻测试。

⑤ 防爆参数（如电气间隙、爬电距离、绝缘）测试。专业维护检查一般每月进行一次，打开外壳前必须切断电源，并挂牌"严禁通电"。

(3) 安全技术检查。

安全技术检查工作原则上是由油库主管安全的领导组织有关安全、设备、维护的技术人员或主管进行检查和处理，一般一年至少一次。

① 各项安全制度（设备档案、人员培训、持证上岗、检修制度、现场动火制度等）。

② 人员基本知识考核，特别是对新员工的培训和监督。

③ 按标准规定检查或抽查设备（环境、通信、报警、通风等所有专业检查内容）。

④ 对存在的问题及时处理。

3）危险区域电气设备的检查

装置或电气设备在投入运行之前应进行初期检查，投入运行之后应按规定进行定期检查和抽样检查，目的是确保电气设备保持在良好状态，能继续使用于危险场所。

(1) 初期检查。

初期检查是用来检查所选的防爆型式和其安装是否合适。除了损坏的设备，如果制造厂已进行了等效检查，那么所有的初期检查就不必进行。

(2) 定期检查。

定期检查可目测检查或细致检查。定期检查的周期一般不超过3年一次。按目测检查或细致检查的结果确定是否做进一步的详细检查。

(3) 抽样检查。

抽样检查可以是目视、细致或详细检查。所有样品的规格和组成应按检查目的来确定。目视检查和细致检查可以在设备带电时进行，详细检查一般要求设备断电。所有检查结果都应记录下来。

抽样检查不能发现随机性的故障，如连接松弛等，但可通过抽样检查来监测由于环境条件、振动、设计的内在弱点等产生的影响。

(4) 注意事项：

① 电气设备的防爆结构适合危险场所的类别。

② 电气设备的防爆类别正确。

③ 电气设备的温度组别正确。

④ 关于电气设备的电路的识别。进行作业时，应确实切断电气设备的电源，且电气设备的电路标记要便于识别。初期检查时，为了确保安全，应确认有关电气设备的所有资料的有效性。同时，定期检查时，应确认所有这些必要的资料是否都正确。确认资料是否正确的精密检查，可以在为进行其他精密检查而切断电路电源的状态下进行。

⑤ 关于电缆引入装置。简易检查时，可以用手检查电缆引入装置是否松动，而不用拆除防护胶带或护套，但有些精密检查却需要拆卸电缆的引入装置。

⑥ 关于电缆的类型。在进行电气配线的维修时，尤其应注意下列几项内容：有些配线敷设范围较广，同样的规格可能用在不同的环境条件下；有些生产设备的增设和改造，可能会改变当初的环境条件；由于配线容易受外界影响，故日常进行目测检查十分重要。

⑦ 管道之间、不同危险区域之间的密封必须牢固可靠。

⑧ 各种标牌应进行检查以确保它们清晰并符合有关文件的要求，保证实际安装的电气设备均是所规定的设备。

⑨ 应检查二极管安全栅装置以保证正确选用安全栅的型号，所有这类器件与安全栅接地棒牢固相连，使之连续接地良好。应检查各装置保证电路与其他器件之间起安全栅作用的带运动部件的继电器，不会因重复操作或振动使分隔距离减小而逐渐损坏。

⑩ 电线电缆。应检查各装置保证所有电缆符合文件的要求。对含有多个本安电路的多芯线电缆中，使用备用芯线时须特别注意，对本安系统电缆和其他电缆在同一管线、管道或电缆托架内穿过时提供的防护措施也应特别注意，应按照有关文件检查各装置以保证电缆屏蔽接地。非电气隔离电路的接地连续性，初期检查时应测试本安电路和接地点之间电阻，应使用专门用于本安电路的试验仪器进行测试。定期测试由负责人员选择出连接件的代表性样品，以确保连接的连续完整性。本安电路和非本安电路应有隔离。

除对一般控制室仪器因防止电冲击而要求测试接地回路的电抗外，对与本安电路有关的电源设备的接地回路阻抗不要求测试。因为，在一些设备内，其本安接地是内部连接到设备的框架上，阻抗的测量应采用专门用于本安电路的试验仪器进行，例如：插头的接地脚和设备框架之间，或设备框架和控制盘之间。

4）危险区域电气设备的维护

通过检查使正常运行的产品保持在良好的运行状态以完成它应有的性能；而通过维护使可能出现不正常运行的产品恢复到规定的正常运行状态。产品的维护应掌握以下原则：

（1）不得对产品结构、材料进行改变。

（2）不得妨碍制造厂为防止静电积聚而采取的措施，如接地线、接地金属框等。

（3）防爆灯具更换灯泡的种类、功率不得违背产品铭牌规定。

（4）结构复杂产品的维修及防爆性能的确认应与制造厂和有关部门共同完成。

（5）橡套软电缆及其末端容易损坏，应做好定期检查，发现损伤和缺陷立即更换。

（6）拆卸电气产品时，必须停止供电，并且对电线末端采取适当的绝缘保护措施，不能带电拆卸。永久性停用的产品应拆除有关配线。

（7）特殊紧固件及专用工具，应经常齐备，以便维修使用。

（8）恶劣环境下的设备应加以重点维护。恶劣环境如高温高湿、紫外线、水、尘、腐蚀性物质等；常见易于损坏的原因有塑料、橡胶件老化，金属腐蚀，设备防护涂料失效等。

（9）断电作业。所谓切断电源是指卸掉保险丝或切断断路器或打开隔离开关等，包括中性线、输入线，并根据情况考虑是否也切断输出线。

原则上危险场所的电气设备打开外壳维修时均须切断电源。如果须（需）带电作业，必须由作业区域管理负责人保证，已有书面依据预计在作业时间内作业场所不会形成爆炸性混合物。

(10) 本质安全设备的特殊要求。

只有遵守下列要求方可在带电设备上进行维护工作:

① 危险场所中的维护工作。

任何维护工作应仅限于下列情况:断开、拆卸或更换一些电气设备元件和电缆;调整那些标定电气设备或系统所需的控制装置;拆卸并更换插接元件或组件;使用有关文件中规定的检验仪器,在有关文件中没有规定检验仪器时,只能采用检验时不会影响本安性能的仪器;有关文件特别允许的其他维护工作。

执行上述这些职责的人员应保证在完成这些工作后,本安系统或独立的本安电气设备符合有关文件的要求。

② 非危险场所的维护工作。

非危险场所中的关联电气设备和部分本安电路的维护。当这类电气设备或电路部分仍然与危险场所中安装的本安系统部分内连时,应限于①项中所述的内容。另外,安全栅在未断开危险场所的电路时,不能拆卸其对地接线。

如果电气设备或本安电路与危险场所中的线路断开,则非危险场所中关联设备和本安电路的其他维护工作方可进行。

(11) 接地和等电位连接的检查,以保持良好状态。

(12) 对于防爆合格证编号附加有"X"标志的产品,特殊使用的条件予以满足;对于防爆合格证编号附加有"U"标志的产品,应弄清该部件产品所处系统(装置)是否有证书,部件产品不能单独使用。

(13) 移动设备(手提式、便携式、可运输式)应严格管理,移动设备只能在与其防爆级别、组别及场所等级相适应的环境中使用(在危险场所使用焊接机等普通工业用移动电气设备时,必须在确认无爆炸性混合物存在的基础上,按指定的程序使用)。

5) 不同防爆型式电气设备的检查与维护

(1) 隔爆型电气设备的检查与维护。

① 重新装配隔爆型防爆结构的外壳时,所有的接合面应十分清洁,同时,为了使其具有防腐性能和耐气候变化性能,应涂敷适当的黄油,并应除去空心螺钉孔中的黄油,另外最好使用非金属刮刀及无腐蚀性清洗剂清擦平面接合面。

② 如果无磨损、变形、腐蚀或其他损伤痕迹,一般可不检查止口接合面、旋转轴及螺纹接合部分的直径间隙,但是,如果有以上痕迹,则应参照制造厂的资料进行检查。

③ 更换与防爆结构有关的螺栓、小螺钉及类似部件时,应使用符合制造厂设计要求的部件。

通常可通过以下检查来确认产品的隔爆性能是否已经复原:外壳的接合面无损伤;接合面的间隙长度及接合面的间隙符合防爆结构的规定值;外壳表面及透光部件等无损伤;紧固螺栓紧固效果可靠;采取了有效的防腐、防锈措施。

(2) 增安型电气设备的检查与维护。

增安型产品的过负载及其保护措施是安全使用的关键,应特别关注。检查与维护的主要内容:

① 为了使电动机的绕组在运行中(包括堵转状态)不达到极限温度,必须采用适当的保护装置加以保护。

② 对于被保护电动机的堵转电流比,应检查所选用的保护装置是否具有使电动机从起

动（冷态起动）到动作的时间小于电动机铭牌上标明的允许时间的特点。

③ 在初期检查或定期检查中，可根据经验决定是否需要测定通电的脱扣时间。实际运行中的脱扣时间不得大于由延迟特性所得的最大时间+20%的允许误差。

通常可通过以下检查来确认增安型产品防爆性能的复原：各部分的温度测定值均符合规定；电气间隙及爬电距离符合使用电压的规定值；紧固螺栓紧固效果可靠；保护装置在设定值内正常动作；采取了有效的防腐、防锈措施，尤其对连接部分。

（3）本安型电气设备的检查与维护。

本安型电气设备检查与维护的关键是本安系统的匹配以及安全性评估，难点是对电路本安性能的分析。检查与维护的主要内容：

① 检查系统设备最高（允许）电压符合设备规定；

② 关联设备参数、本安设备参数符合各自设备要求；

③ 关联设备参数、本安设备和电缆参数符合系统匹配要求；

④ 保护器件、可靠器件与组件可靠有效；储能器件量值符合要求；隔离、布线符合要求。

通常可通过以下检查来确认本安型产品防爆性能的复原：本安系统参数符合规定要求；各部分的温度测定值均符合规定；电气间隙及爬电距离符合使用电压的规定值；采取了有效的电路隔离措施；采取了有效的电路接地措施。

2. 防爆电气设备的修理

1) 从事修理工作应具备的条件

（1）修理机构。

防爆电气设备检修是一项专业性能强的工作，需要用专业知识进行分析故障，查明原因，确定修理内容，制订修理方案和修理工艺，最后使产品恢复原有的性能，所以一般修理厂不能承担这项工作。规定必须由具备一定设备能力、技术能力，并经主管部门和国家防爆电气产品检验单位共同认可并取得防爆电气设备资格证书的工厂或工作间承担。

从事修理工作单位应具有工商管理登记执照，应配备专职或兼职的质量负责人和质量检验人员，应建立质量管理体系制度；修理单位应制定相应的修理工艺方法和规定，形成文件并贯彻执行；修理单位应制定相应的检查和试验规定，形成文件并贯彻执行；产品修理前的检查和修理后的检查试验均应有记录并建档保存。

（2）修理技术资料。

修理单位应具备必要的技术标准、规范，例如防爆基础标准、防爆产品标准、工艺文件和试验规范等。

（3）修理设备、工具和检验器具。

修理单位应具有与修理工作相适应的加工设备、工具、工装以及检验器具。

（4）修理人员。

修理单位应有专职或兼职的技术人员负责修理的技术工作。技术人员应熟悉修理技术和有关防爆标准（规定），熟悉各类型防爆电气设备的结构原理、熟悉各类防爆电气设备安装、使用、拆装、配线有关规定。修理单位应有熟悉各类防爆电气设备修理注意事项、掌握修理技术的技术人员。

从事修理的人员要定期进行专门培训,并取得培训合格证书。培训的内容应包括:防爆电气设备的防爆原理和防爆标志识别;各种防爆电气设备的特征及性能;防爆电气设备的标准和使用说明书;了解防爆电气设备上允许更换的零部件;修理技术、检验技术等。

(5) 工作环境。

修理单位应具有与修理工作相适应的工作场所和进行文明生产的环境。

(6) 资格证书。

修理单位应取得国家权威机构考核颁发的防爆电气设备修理单位资格证书。

2) 修理程序

防爆电气设备的修理一般按照以下程序:

(1) 登记入档,并做好有关准备工作:记录送修单位名称、联系人、电话号码;记录产品名称、型号规格、防爆标志、生产厂家、出厂日期、出厂编号、检修原因及要求等;了解产品使用环境,负载状况,故障原因;索求与该产品有关的资料,如使用档案资料、产品说明书、产品标准(或技术条件),产品图样等。

(2) 故障检查及修理。对于不能修复的产品应提出书面意见。

(3) 出厂检验。如果是改造的产品还应进行有关防爆性能试验和型式试验,产品出厂时修理单位应该向用户提供下列文件:设备故障检查情况;检修工作的情况说明;更换、修复部件的目录;改造说明、电气原理图;所有检查和试验结果;修理合格证。

上述文件资料,修理单位也应存档备查。

3) 设备故障检查和修理的一般内容

(1) 外部检查。

① 铭牌、标志牌完好情况;

② 外壳及外壳零部件完好情况(包括表面涂覆,锈蚀等情况);

③ 外壳紧固螺栓完好情况;

④ 接地端子完好情况;

⑤ 进线装置完好情况;

⑥ 通电试运行,查明故障做好记录。

(2) 内部拆检。

拆检产品时务必小心进行,不要猛烈敲打撞击,以免造成新的变形和损坏。如果产品锈蚀严重,拆卸困难,可先涂上松动剂(如煤油)解除锈蚀后再拆卸。对于复杂的产品应注意拆卸顺序,并将拆下的零部件挂牌编号,容易丢失的小零件应集中放入专用容器中,紧固件最好拧入原有的螺孔。

拆检后将故障零件以及外部检查存在的问题一并列入故障报告表。

(3) 修理。

按照故障报告表的内容和委托方的要求对设备进行修理。修理应按照如下原则:

① 对已损坏的绝缘件、密封件、浇封件、透明件以及螺纹等一般不进行修复,需要重新制作或购买新件更换。

② 修理或更换零件不得改变原零件的材料和结构形状。

③ 需要更换的零件应优先从制造厂购得。

④ 在设备修理时,如果涉及产品结构、主要材料、形状、功能方面的改变,按照定义这种修理属于改造。防爆电气设备的改造会影响设备的防爆性能,改造前应将改造方案送防

爆检验单位审查，改造后应该由防爆检验单位进行防爆检验。当然，这里是指对防爆有直接或间接影响的改造，如果仅仅在隔爆外壳内增加一个不产生附加危险的电气，或在防爆电动机上加设轴承测温传感器（传感器符合防爆要求，安装位置不影响电动机的防爆性能），则这类改动不属于改造。如果在修理隔爆电动机时改变了电压或转速，则这种改变会间接影响电动机的表面温度，因此应该按照改造对待。

(4) 修理证明。

防爆电气设备修理后，特别是对防爆结构或对与防爆有关的零部件修理后，则该防爆电气设备防爆安全责任就发生了转移。防爆电气设备出厂时经例行检查和试验合格，制造厂对该产品的防爆安全承担责任。用户按照使用说明书的规定安装和使用电气产品，并且按规定进行维护和保养，制造厂仍然对该产品的防爆安全承担责任。如果用户使用不当，或者维护保养不当，例如防爆接合面被严重锈蚀失去隔爆性能，或者用户没有按照规定给增安型电动机配置合适的过载保护继电器等，则防爆安全责任由用户承担。防爆电气设备经过修理，则修理过后的防爆安全责任由修理单位承担。因此，设备修理后，修理单位应该出具相应的证明——修理合格证，并且在设备上加设相应的标志。

标志牌必须清晰、耐久，并且耐化学腐蚀，标志牌一般应为金属材料，永久地固定在修理过的设备上。再次修理后可以将前一次的修理标志牌去掉。

(5) 设备修理后的检验和发证。

防爆电气设备检修后应进行必要的检验。出厂检验由修理单位的检验部门进行，并签发修理合格证，证明产品经修理后的性能。

经改造后的产品，须根据具体情况进行必要的型式试验和防爆性能检验。防爆性能检验须由国家认可的防爆检验单位进行。试验和检查结果应详细记录并存档备查。

4) 防爆电气产品的修理原则

(1) 对已损坏的绝缘件、橡胶件、浇封件、透明件以及螺纹等一般不进行修复，须要重新制作或购买新件更换。

(2) 修理或更换的零件不得改变原零件的材料和结构形状。

(3) 需要更换的零件应优先从制造厂购得。

(4) 用户要求对产品修改（改造）时，涉及隔爆结构时须经国家防爆检验单位审查认可，必要时应另设置改造后的产品铭牌。

3. 防爆电气设备的报废

防爆电气设备因受外力损伤、大气腐蚀、自然老化、机械磨损、事故损坏时，使防爆性能下降即将失效，虽经检修和更换零部件，仍恢复不到原有的防爆性能，危及安全运行的，应当报废，予以更新。

防爆电气设备经过大修虽能达到质量标准，但检修时间长、检修费用大于或接近于购置同型设备费用，经济上不合算的，应当报废，予以更新。

防爆电气设备制造厂家和国家防爆检验机关宣布淘汰并禁止使用者，应当报废，予以更新。

凡经修理后不能恢复原有等级的防爆电气设备要降为非防爆电气设备使用。

批准降为非防爆电气设备的，应除去防爆标志，不准再在爆炸危险环境使用，其批准文件、防爆性能测试记录等资料一并存入设备档案，随设备转移。

4. 防爆电气设备的资料管理

油库内所有防爆电气设备均应建立设备档案，从设备安装、试车、运行、检修，直到设备的防爆降级、报废。各自不同时期的各种技术数据应齐全，整理归档，并在设备上逐一分类编号。

油库应根据本库实际情况，建立防爆检查、保养、检修制度和防爆安全教育、技术培训、考核制度。

第四节　杂散电流危害及防止

杂散电流是指任何不按照有规则的电流通路流动的电流。它流经的通路可能是大地或是与大地接触的管道及其他金属物体和建（构）筑物。杂散电流可以是连续的或间断的、直流的或交流的，并通常会分布在许多它可以利用的并联线路上，其分布量与各线路的电阻成反比。

杂散电流的存在能引起火灾爆炸事故，还能加速油库设备的电化学腐蚀速度，造成设备腐蚀、穿孔漏油等事故。

一、油库杂散电流源

杂散电流产生的原因较多，归纳起来主要有以下几种：

1. 电气化铁路的强电干扰

我国目前运营的电气化铁路，采用单相不平衡方式供电，即：供（变）电所向接触网提供电流，经电弓引入电力机车，驱动电动机旋转牵动列车，然后由钢轨、大地返回供（变）电所。由于传导和感应作用，直接或间接地在附近的油库设施上对地产生电位差，构成对油库安全的威胁。电气化铁路对油库设备设施的影响因素很多，其规律与几何位置、供电情况及输油管线、设备处理情况，以及土壤环境有关。

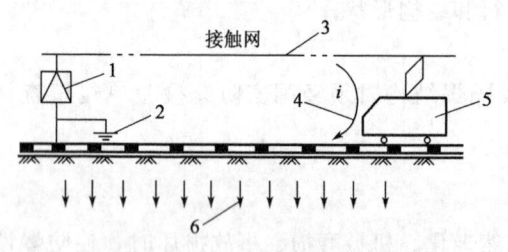

图 3-32 电力机车供电示意图
1—变电所；2—接地网；3—接触网；4—牵引电流（i）；
5—电力机车；6—泄漏电流

（1）地电场影响（阻性耦合）。电气化铁路的牵引电流通过钢轨返回变电所接地网，如图 3-32 所示。由于钢轨通过枕木对大地存在泄漏电流，所以杂散的交流地电流形成了地电位，而邻近的埋地输油管线与其共存于一个电解质环境——土壤中，便以传导方式把交流电能以电流或电位的形式传递到埋地输油管线等油库设备上，产生阻性耦合影响。特别是油库专用线与电气化铁路接轨时，钢轨直接将杂散交流电能引入油库专用线。通过大地的电能传导作用而引起的阻性耦合，使专用线钢轨电位升高，在不同金属导体间形成电位差。

受地电场的影响，土壤电阻率越小，泄漏电流越大，电流泄漏点到输油管线或设备的距离越近，则埋地（接地）输油管线或设备受地电场影响越严重。当埋地输油管线靠近或穿越电气化铁路，埋地油罐、泵房设备距电气化铁路很近时，受地电场影响比较明显。

（2）静电场影响（容性耦合）。在有数万伏电压的电气化铁路接触网周围，存在着一个静电场，它通过接触网与附近的油库设备设施，以及输油管线之间的电容作用产生静电感应。由于空气介质的作用，使油库设备、设施及输油管线带电，产生电位。

受静电场的影响，输油管线或设备接地电阻越大，与电气化铁路供电接触网的距离越近，接触网电压越高，环境气候越潮湿，受静电场的影响就越严重。悬空的、施工期间或正在修理尚未埋地的输油管线及设备会聚积大量的静电荷。

（3）电磁场影响（磁性耦合）。由于电气化铁路接触网上数百安培的牵引电流在其周围产生一个交变电磁场，通过磁场感应，使邻近输油管线上产生交变感应电压和电流。形象地讲，输油管线起到了具有感应电压和电流的"变压器"单匝次极线圈的作用，使输油管线有电流流过，同时在输油管线某一管段两端产生电位差。

受电磁场的影响，电气化铁路牵引电流越大，接触网与输油管线的平行距离越长，相互间的距离越近，土壤电阻率越大，输油管线涂层性能越好，受电磁场的影响越严重。输油管线在管沟或地面上敷设比埋地敷设的影响大，输油管线感应电压峰值出现于与电气化铁路平行的管线两端、管线间断点（如绝缘法兰），以及二者几何位置、敷设形式、土壤电阻率等理化参数明显变化处。电气化铁路对油库设备设施的影响主要是电磁场影响，尤其是对与其平行的输油管线及与管线相连的管线附件和设备。

2. 电化学腐蚀电流

杂散电流的另一个起源是由于金属与土壤的接触产生的电化学腐蚀。腐蚀电流会沿着地下管道，从一类土壤的接触点流到另一类不同土壤的接触点。由电化学腐蚀产生的电位必须严格限制并且在任何情况下不得超过15V，否则，电路中断时，虽然有中断点冷却效应作用，也有可能产生引燃火花。

3. 强制电流阴极保护

参见本书相关章节。

4. 其他偶然因素

除了上述原因外，还有一些偶然因素，如管路等由于焊接施工带电；与外单位合用的铁路专用线由于偶然原因，导入电流；漏电事故等等都有可能使油库设施设备带电。

二、防止杂散电流引燃引爆的措施

防止杂散电流引燃引爆的方法应根据杂散电流的特征、环境及设施设备特点而定。

防止杂散电流危害的一般方法主要是：

1. 绝缘隔离

根据全库的情况，将全库分为几个区域。在管道、铁路专用线等设备进库时或各区域之间装设绝缘装置，管道可用绝缘法兰，轨道可用绝缘轨缝，以防止杂散电流流入及在各区之间相互传导。

2. 跨接和接地

将相邻金属设备做必要的电气连接并接地，对防雷电、静电放电引燃有很好的作用。同样，它对防止杂散电流产生电弧火花也很有用，跨接的方法可参考防雷、防静电的方法和要求进行。

跨接的方法还可用于维修中,例如对于一个可能存在杂散电流的输油管路,直接拆卸其上的法兰,可能会因杂散电流的存在而发生跳火,甚至引燃引爆油蒸气,如果在拆卸法兰前,先将两侧的管路用导线跨接起来,然后再拆卸法兰,显然就可防止跳火的发生。

3. 电气化铁路引起的杂散电流危害应采取专用的防护措施

防护措施的平面布置如图 3-33 所示。

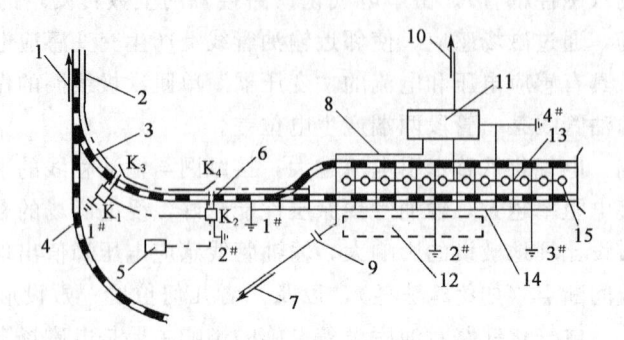

图 3-33 油库电气化铁路专用线安全防护措施平面布置示意图
1—车站方向;2—供电接触网;3—油库铁路专用线;4—电气化铁路干线;5—控制室;
6—绝缘轨缝;7—中继泵房或小储存区方向;8—输油管线;9—绝缘法兰;
10—主储存区方向;11—泵房;12—站台;13—集油管;14—均压装置;
15—鹤管;K_1、K_2—回流开关箱;K_3、K_4—高压隔离开关

(1) 接触网。在引入油库的电气化铁路专用线接触网上设置两道高压隔离开关(又称抗电弧分段绝缘器)。开关在电力机车进库取送罐车时接通,平时断开。

高压隔离开关基本要求是:额定电压为 30kV;额定电流为 400A;两组高压隔离开关间距应大于 150m;具有灭电弧装置。

(2) 铁路钢轨。由于铁路装卸作业区产生火花,主要是专用线钢轨传导电流产生的电位差而引起。所以,在引入油库的电气化铁路专用线钢轨设置两组(或称作两道)绝缘轨缝,并安装有可靠接地的回流开关和回流开关电气控制装置。当电力机车取送罐车时,将回流开关接通而短接钢轨的绝缘轨缝;平时断开绝缘轨缝的电气连接,即断开回流开关。这样既可保证机车取送罐车作业中接通接触网、机车、钢轨的电气回路,又可防止非取送罐车作业时,钢轨电流窜入铁路装卸油作业区。

绝缘轨缝基本要求是:绝缘电阻不低于 2MΩ;回流开关接地电阻不大于 4Ω;两组绝缘轨缝间距应大于 150m。

(3) 均压接地。由于专用线钢轨传导电流产生的电位与鹤管等油库设施间形成电位差,当彼此接触时可能产生火花。为消除这一电位差,防止火花产生可能引发的火灾爆炸事故,必须将钢轨、鹤管、输油管线(含集油管)、栈桥等油库设施进行可靠的电气连接,在钢轨与鹤管间设均压带和均压接地极,接地装置的敷设应满足电气保护接地要求。均压带专用接地极应不少于两处,其专用接地引线宜设为四条,且不得与作业区避雷引线同处设置,两引线平行时,间距不得小于 3m。凡有法兰连接的均进行可靠跨接,使油库设施与大地形成等电位体。

均压接地基本要求是:均压接地带间距应小于 2m;均压接地极接地电阻不大于 4Ω;法兰跨接电阻值小于 0.03Ω;均压接地后,油库设施对地交流电位小于 1.2V,油库设施间的电位差不大于 10mV。

第五节　　油库接地技术与管理

由上述可知，防静电危害、防雷电危害、防杂散电流危害、电气设备安全防护都涉及一种技术——接地。因此油库设施设备的接地系统实际是由防静电危害、防雷电危害、防杂散电流危害、电气设备安全接地共同构成的一个综合系统。除了移动设备、人体排静电装置、埋地管道以外，都应是防止静电、雷电及杂散电流引燃引爆的共用接地系统。三者之中，防直接雷击的接地电阻要求不大于10Ω，防间接雷击的接地电阻要求不大于30Ω，且要求"平行敷设于地上和管沟的金属管道，其净距小于100mm时，应用金属线跨接，跨接点间距不应大于30m，管道交叉点净距小于100mm时，应用金属线跨接"，防静电的接地电阻不大于100Ω，防杂散电流的接地电阻要求不大于20Ω，可见防雷击的要求最高，共用时，应以它为基本要求。若与电气设备的保护接地共用接地装置，则接地电阻一般不宜大于4Ω。图3-34是一个泵房的接地系统示意图。

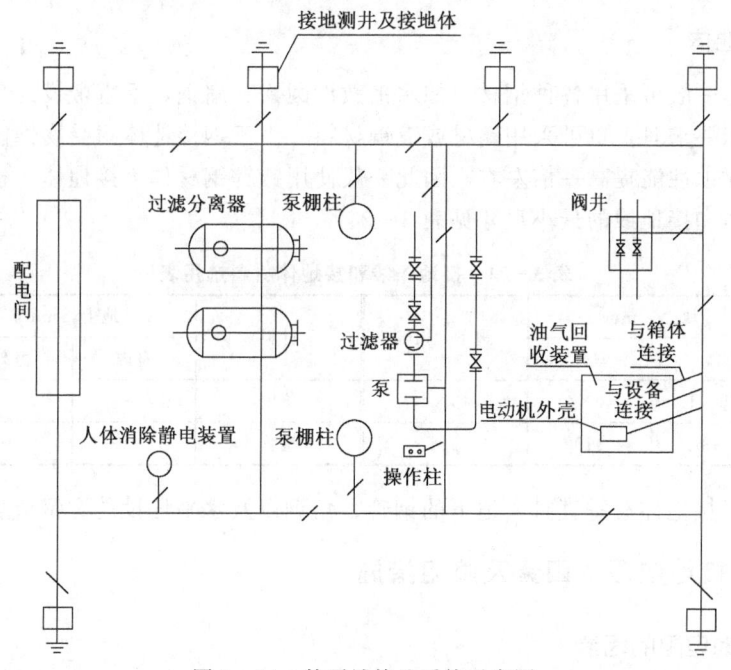

图3-34　某泵站接地系统示意图

一、接地装置的选择

接地装置由埋在地下的接地体和与它相连的接地线两部分组成。接地体分为自然接地体和人工接地体。

1. 自然接地体

埋设在地下的各种金属管道（输送易燃液、气体或易爆炸介质的管道除外）、金属井管；与大地有可靠连接的建筑物和构筑物的金属结构等均可用作自然接地线。

利用自然条件构成接地体时，至少要有两根引出线与接地干线相连，并且使用焊接相连接。利用地下金属管道作为自然接地体或者利用地上和地下金属管道作为自然接地线时，在管接头和接线盒处都要用跨接线连接，连接方法为焊接。管径为40mm及以下时，跨接线可采用6mm圆钢；管径在50mm以上时，跨接线应采用100mm²的扁钢。配线用的保护钢管如敷设在水泥地坪中或安装在干燥的建筑物时，允许作为接地线，但其壁厚不得小于1.5mm，以免产生锈蚀而成为不连续的导体。

利用建（构）筑物的金属构件作为接地线时，凡是用螺栓或铆钉连接的地点，必须用跨接线连接。这些金属构件作为接地干线使用时，跨接线应采用100mm²的扁钢；作为接地支线使用时，跨接线应采用48mm²的扁钢。在建筑物伸缩缝处，为了避免因建筑物下沉不均匀而造成接地线断开，也必须用跨接线跨过伸缩缝。这种跨接线可采用直径不小于12mm的钢绞线，连接方法是在钢绞线两端焊上平面接头，再用螺栓紧固。

利用自然导体作接地体和接地线不但可以节省钢材和施工费用，还可以降低接地电阻和设备间的电位。如果有条件，应当优先利用自然导体作接地体和接地线。

如果利用自然接地体，其接地电阻不能满足要求，应再补装人工接地体；如果利用自然接地线不能满足规定要求，则应另装一根辅助接地线。

2. 人工接地体

人工接地体一般可采用各种钢材，如水平敷设圆钢、扁钢，垂直敷设的角钢、钢管、圆钢等。当有特殊要求时，也可采用铜材或镀铜材料。由于钢接地体耐受腐蚀能力差，而钢材镀锌后能将耐腐蚀性能提高一倍左右，因此一般使用镀锌钢材作为接地体。按照机械强度要求，钢质接地体和接地线的最小尺寸见表3-24。

表3-24 接地干线和接地体材料选用表

材料	地上，mm 室内	地上，mm 室外	地下，mm	材料	地上，mm 室内	地上，mm 室外	地下，mm
扁钢	25×4	40×4	40×4	角钢	—	—	50×50×5
圆钢	ϕ8	ϕ10	ϕ16	钢管			DN50

常用的人工接地体有垂直打入地下的钢管、角钢以及水平埋设的圆钢或扁钢等。

二、影响接地电阻的因素及降阻措施

1. 影响接地电阻的因素

接地装置的接地电阻是接地体的流散电阻与接地线的电阻之和。流散电阻是流散电流自接地体向四周流散在土壤中遇到的全部电阻。接地电阻的大小取决于接地线的电阻和接地体本身的电阻、接地体表面与周围土壤之间的接触电阻、接地体周围土壤的电阻率。其中接地线、接地体自身的电阻值很低，往往可以忽略不计，接地电阻主要取决于流散电阻。接地体的流散电阻主要受以下因素的影响：

（1）接地体结构和组成。一般情况下，接地体总表面积越大，接地体所占地面积越大，接地体埋设越深，则流散电阻越小。

（2）接地体腐蚀情况。接地体腐蚀严重后，流散电阻增大。

（3）土壤性质。土壤电阻率越低，流散电阻越小。

（4）土壤含水量。含水量15%～20%以下时，含水量越高，流散电阻越小；含水量超过15%～20%，大约至75%以下时，流散电阻变化不大；含水量75%以上时，流散电阻随水的成分而异。

(5) 土壤温度。从0℃开始，随着温度上升，流散电阻降低；当温度升高到100℃时，流散电阻随之上升；当温度低于0℃时，流散电阻急剧上升。

(6) 土壤化学杂质。当土壤含有盐、碱、酸等杂质时，流散电阻明显降低。

(7) 土壤物理成分。当土壤含有炭或金属杂质时，流散电阻明显降低。

(8) 土壤物理状态。土壤越紧密或颗粒越粗，流散电阻越小。

土壤电阻率是表明导电能力的性能参数，常见土壤的电阻率见表3-25。

表3-25 常见土壤的电阻率　　　　　单位：Ω·m

名　称	近似值	变动范围 较湿时（多雨区）	较干时（少雨区）	地下水含盐碱时
陶黏土	10	5～20	10～100	3～10
泥炭、沼泽地	20	10～30	50～300	3～10
捣碎的木炭	40	—	—	—
黑土、园田土、陶土、白垩土	50	30～100	50～300	3～10
黏土	60	30～100	50～300	3～10
砂质黏土	100	30～300	80～1000	3～10
黄土	200	10～200	250	30
含砂黏土、沙土	300	100～1000	>1000	30～100
多石土壤	400	—	—	—
上层红色风化黏土、下层红色页岩	500（相对湿度30%）	—	—	—
表层土夹石、下层石子	600（相对湿度30%）	—	—	—
沙子、砂砾	1000	250～1000	1000～2500	—
砂层深度大于10m，地下水较深的草原或地面黏土浓度偿大于1.5m，底层多岩石的地区	1000			
砾石、碎石	5000	—	—	—
金属矿石	0.01～1	—	—	—
水中的混凝土	40～50			
在湿土中的混凝土	100～200			
在干土中的混凝土	500～1300			

2. 高阻区降低电阻的措施

1) 换土

用电阻率较低的土壤（如黏土、黑土等）替换电阻率较高的土壤。

2) 利用接地电阻降阻剂

接地电阻降阻剂是由多种化学物质配制而成的。目前国内的降阻剂生产厂较多，其产品的类型、电性能及降阻机理虽然不尽相同，但其降阻机理中却有公认的相同之处：在接地体周围敷设了降阻剂后，可以起到增大接地体外形尺寸，降低与其周围大地介质之间的接触电阻的作用，因而能在一定程度上降低接地体的接地电阻。降阻剂用于小面积的集中接地、小型接地网时，其降阻效果较显著。

在选用降阻剂时，应注意选用合格厂家的产品，同时严格按照生产厂家使用说明书规定的操作工艺施工。

3) 深埋接地体

当地下深处的土壤或水的电阻率较低时，可采用深埋接地体的方法来降低接地电阻值。

4) 利用水或与水接触的钢筋混凝土体作为流散介质

充分利用水工建（构）筑物（水井、水池等）以及其他与水接触的混凝土体内的金属体作为自然接地体，可在水下钢筋混凝土结构物内绑扎成的许多钢筋网中，选择一些纵横交叉点加以焊接，并与接地网连接起来。

当利用水工建（构）筑物作为自然接地体仍不能满足要求，或利用水工建（构）筑物作为自然接地体有困难时，应优先在就近的水中（河水、池水等）敷设外引（人工）接地体（水下接地网）。该接地体应敷设在水流速不大处或静水中，并要回填一些大石块加以固定。

5) 采用专用降阻接地体

经过多年发展，目前已有多种专用降阻接地体。

三、接地装置的敷设和管理

1. 接地装置埋设地点的选择

（1）接地装置应埋在距建（构）筑物或人行道 3m 以外的地点。如果不能满足这一要求，埋设地点应铺设厚度不小于 50mm 的沥青，以形成沥青地面。

（2）接地装置不得靠近烟道等热源设施，以免由于土壤干燥、电阻率升高而影响接地效果。

（3）接地装置不应埋在有强烈腐蚀作用的土壤、垃圾堆或灰渣堆中。

（4）接地装置所在的位置应不妨碍有关设备的拆装或检修。

（5）保护、防静电接地装置与独立避雷针的接地装置之间，应按有关规程的规定留有足够保护的距离（一般为 3m），以免发生雷击时防雷接地装置向电气接地装置进行火花放电而引起火灾。

2. 人工接地体的埋设

人工接地体宜采用垂直接地体，多岩石地区可采用水平接地体。接地体的平面布置见图 3-35 和图 3-36。

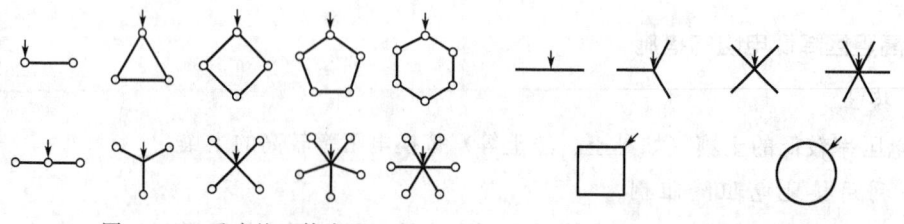

图 3-35　垂直接地体布置　　　图 3-36　水平接地体布置

垂直安装的人工接地体，主要有钢管、角钢等常用接地体，以及锌包钢、铜包钢、石墨、稀土电极等专用接地体。专用接地体由专业公司预制并成系统。常用接地体通常则由施工单位自制安装，如果使用钢管，应选用直径为38～50mm、壁厚不小于3.5mm的钢管，按设计长度（一般为2～3m）切割。钢管打入地下的一端加工成一定形状。若打入一般松软泥土，可将打入地下的端切成斜面形。为了防止打入时受力不均而使管子歪斜，可将打入地下的一端加工成扁尖形。若土质很硬，可将尖端加工成圆锥形，如图3-37所示。

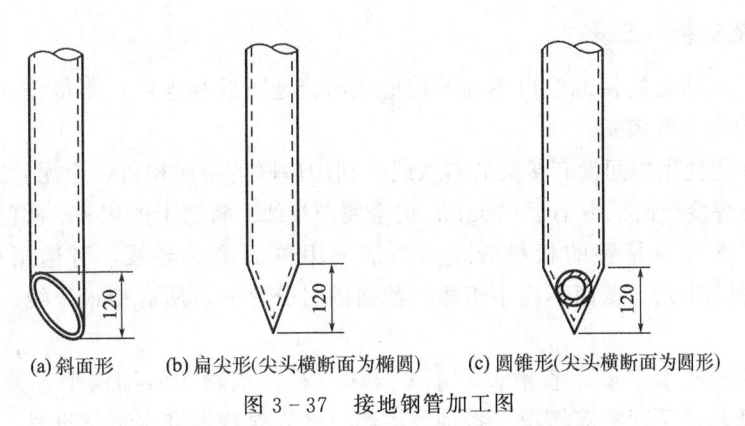

(a) 斜面形　　(b) 扁尖形(尖头横断面为椭圆)　　(c) 圆锥形(尖头横断面为圆形)

图3-37　接地钢管加工图

如果使用角钢，一般选用40mm×40mm×4mm或50mm×50mm×5mm的角钢，切割长度也是2～3m。角钢的一端加工成尖头形状。

在垂直安装接地体时，先在接地处挖一宽0.5～0.6m、深1m的地沟，以便埋设接地体。采用打桩法将接地体自沟底垂直打入地下，接地体应与地面保持垂直，不可歪斜，以免增大接地电阻；打入地下的有效深度不得小于2m，各接地体之间的距离不宜小于其长度的2倍。用锤子敲击角钢时，落点应在其端面的角脊处，以保证角钢垂直打入。若是钢管，落点应与钢管尖端位置相对应，使锤击力集中在尖端的切点位置。否则，钢管容易倾斜，造成接地体与土壤之间有缝隙，增大接地电阻。接地体打入地下后，应留出0.1～0.2m的露头，将接地线焊在露头上，再在其四周填土夯实，以减小接地电阻。

在土层浅薄的地点宜敷设水平接地体。水平接地体一般选用扁钢或圆钢。扁钢接地体的厚度不应小于4mm，截面积不小于48mm^2；圆钢接地体的直径不应小于8mm。水平接地体的长度约为几米至十几米（随接地电阻的大小、安装条件和接地装置的结构型式而定）。安装时采用挖沟深埋法，将接地体水平敷设于地下，距地面至少0.6m；如果是多极接地或接地网，各接地体之间的间距不宜小于5m。

由于在地表下0.15～0.5m处，是处于土壤干湿交界的地方，接地导体易受腐蚀，因此接地体顶面埋设深度不宜小于0.6m（农田处不应小于1m），同时应埋在土壤冻土层以下。除接地体外，接地体引出线的垂直部分和接地装置焊接部位应作防腐处理；在做防腐处理前，表面必须除锈并去掉接处残留焊药。埋设在地下的接地体不应涂漆，但地表的接地线应刷漆防腐。

接地干线至少有两组接地体，并在干线的两端与接地体相连。自然接地体应在不同的两点及以上与接地干线或接地网相连接。

接地体与建（构）筑物距离不宜小于1.5m。为了减少相邻接地体的屏蔽作用，垂直接地体的间距不宜小于其长度的2倍。水平接地体的间距应符合设计规定，当无设计规定时不宜小于5m。

接地体敷设完后的土沟其回填土内不应夹有石块、建筑材料和垃圾等；外取的土壤不得有较强的腐蚀性；在土壤电阻率较高地区可掺和化学降阻剂，以降低接地电阻；回填土应分层夯实。

接地体在地面上必须设立标桩，标桩刷白色底漆，标以黑色字样，以区分接地体的类别及编号。

3. 接地线的安装与敷设

（1）每个电气装置的接地应以单独的接地线与接地干线相连接，不得在一个接地线中串接几个需要接地的电气装置。

（2）接地线应使用中间没有接头的整根线。利用串联的金属构件、金属管道作接地线时，应在其串接部位焊接截面积不小于100mm^{2}的金属跨接线。管道上的仪表、阀门等处均应敷设跨接线。接地支线应有足够的机械强度，严禁采用单股绝缘导线，可选用截面积不小于10mm^{2}的多股铜芯电线，截面不应小于相线截面的二分之一，所有接地干线、支线均应采用裸线。

（3）接地线应按水平或垂直敷设，也可与建（构）筑物倾斜结构平行敷设；在直线段上，不应有高低起伏及弯曲等情况。接地线沿建（构）筑物墙壁水平敷设时，离地面距离宜为250~300mm；接地线与建（构）筑物墙壁间的间隙宜为10~15mm。支持件间的距离，在水平直线部分宜为0.5~1.5m；垂直部分宜为1.5~3m；转弯部分宜为0.3~0.5m。接地线的敷设位置应便于检查，同时不应妨碍设备的拆卸与检修。

（4）在接地线跨越建筑物伸缩缝、沉降缝处时，应设置补偿器。补偿器可用接地线本身弯成弧状代替。

（5）明敷接地线的表面应涂以15~100mm宽度相等的绿色和黄色相间的条纹。在每个导体的全部长度上或只在每个区间或每个可接触到的部位上宜做出标志。当使用胶带时，应使用双色胶带。

（6）接地线应防止发生机械损伤和化学腐蚀。在与公路、铁路或管道等交叉及其他可能使接地线遭受损伤处，均应用管子或角钢等加以保护。接地线在穿过墙壁、楼板和地坪处应加装钢管或其他坚固的保护套，有化学腐蚀的部位还应采取防腐措施。

（7）在接地线引向建（构）筑物的入口处和在检修用临时接地点处，应刷白色底漆并标以黑色记号，其代号为"⏚"。

4. 接地装置的连接

接地线与埋于地下的接地体连接时，不得用螺栓连接，必须实行焊接，焊接必须牢固无虚焊，焊接部位应补刷防腐漆，接地体引出线埋地部分应作防腐处理。接至电气设备的接地线，应用镀锌螺栓连接；接地线与接地极的连接应采用两个M10以上的螺栓进行螺栓连接，其金属接触面应去锈、除油污，加防松螺帽或弹簧垫，同一连接点螺栓数量不少于两个，并应涂以电力复合脂。

接地体（线）的焊接应采用搭接焊，其搭接长度必须符合下列规定：

（1）扁钢为其宽度的2倍且至少3个棱边焊接；

（2）圆钢为其直径的6倍；

(3) 圆钢与扁钢连接时，其长度为圆钢直径的6倍；

(4) 扁钢与钢管、扁钢与角钢焊接时，为了连接可靠，除应在其接触部位两侧进行焊接外，并应焊以由钢带弯成的弧形（或直角形）卡子或直接由钢带本身弯成弧形（或直角形）与钢管（或角钢）焊接。

5. 接地测试箱（井）的设置

接地测试箱是接地电阻连线上的一处可断开点，用于检查测试接地体接地电阻值的地方。测试箱的位置应离开易燃易爆部位（或重点场所），且选用在不受外力伤害、便于检查、维护和测试的地方。

接地测试箱中的接地干线与接地体之间应设置螺栓连接的断开点，测量接地体电阻值时应断开连接螺栓进行测量。为保证测量的精度要求，对距测点5m长的接地干线应涂以3～5mm厚的沥青绝缘。测试箱上盖应标明其编号、类别等。测试箱的安装方法较多，如图3-38、图3-39、图3-40所示为三种常见形式。

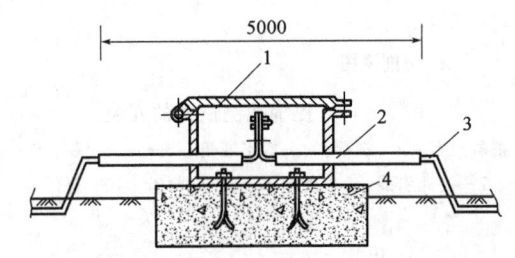

图3-38　地面金属箱式接地测试箱的安装
1—测试箱；2—绝缘套管；3—接地干线；4—测试箱底座

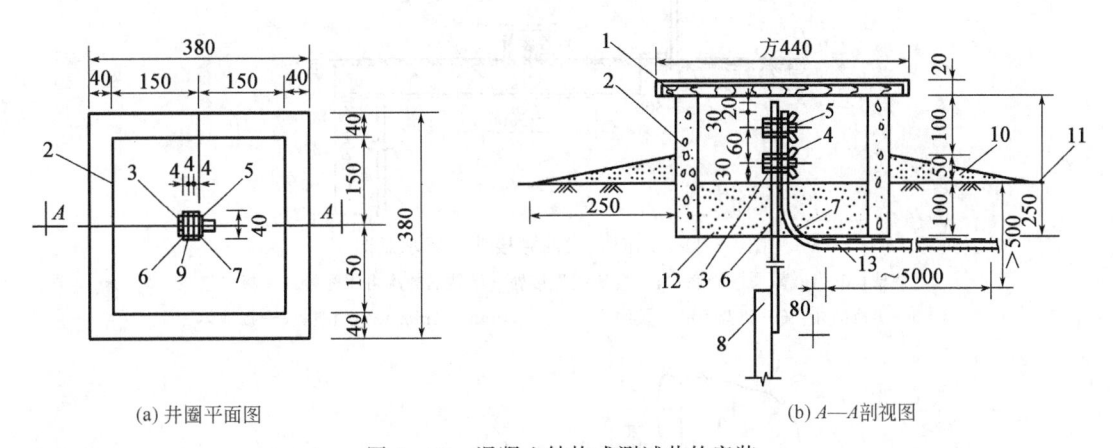

(a) 井圈平面图　　(b) A—A剖视图

图3-39　混凝土结构式测试井的安装
1—盖板；2—井圈；3—M10×25螺栓；4—碟形螺母；5—弹簧垫圈；6—接地体扁钢；7—接地引线；8—接地体；9—分割条；10—土护坡；11—自然地坪；12—回填土

6. 油库中主要设备设施的接地连接举例

地面油罐接地装置，如图3-41、图3-42所示。地上管路和管沟管路的接地示意图如图3-43、图3-44、图3-45所示。铁路装卸油栈桥、铁轨、管路接地做法如图3-46所示。

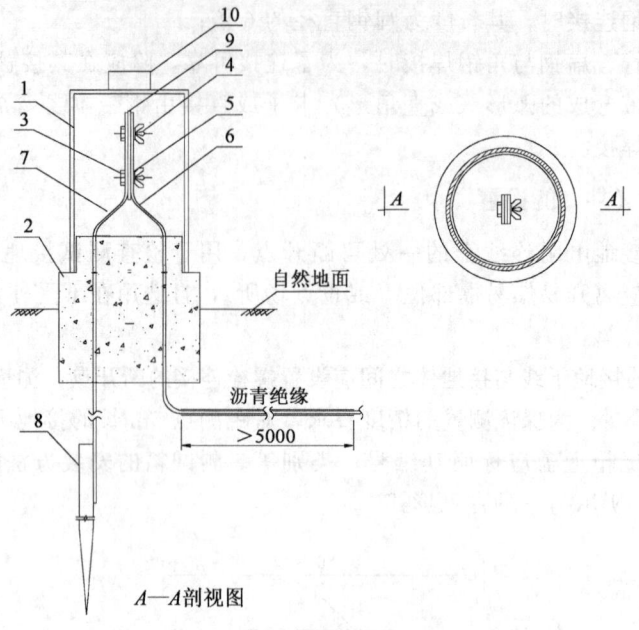

图 3-40 提桶式测试井的安装

1—罩筒；2—混凝土台；3—螺栓；4—蝶形螺母；5—弹簧垫圈；6—接地体扁钢；
7—接地引线；8—接地体；9—分割条；10—提手

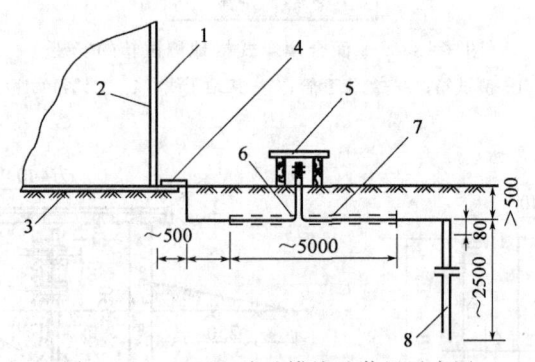

图 3-41 地面立式油罐接地装置示意图

1—罐壁；2—油罐；3—罐底；4—接地端焊接处（已装油的罐可用螺栓或夹板连接）；
5—接地测井；6—沥青绝缘（长约 5m）；7—40mm×4mm 扁钢引线；8—接地体

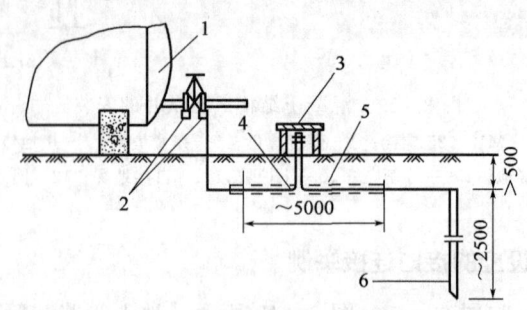

图 3-42 地面卧式油罐接地装置示意图

1—卧式油罐；2—法兰跨接；3—接地测井；4—沥青绝缘（长约 5m）；
5—ϕ40mm×4mm 扁钢引线；6—接地体

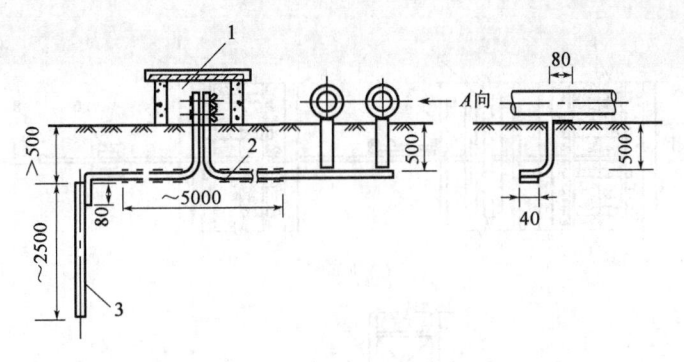

图 3-43 管线接地连接示意图
1—接地测井；2—φ40mm×4mm 接地引线；3—接地体

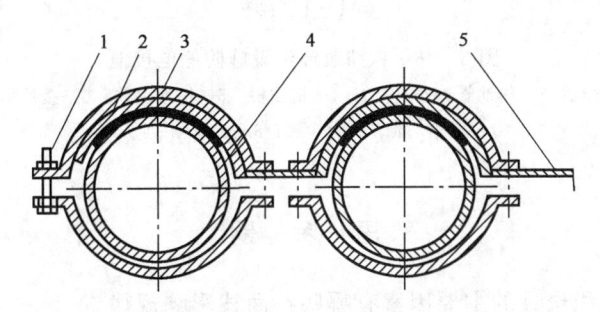

图 3-44 地上管路防静电接地示意图
1—紧固螺栓；2—卡子；3—导静电黏合剂；4—输油管；5—导静电接地线

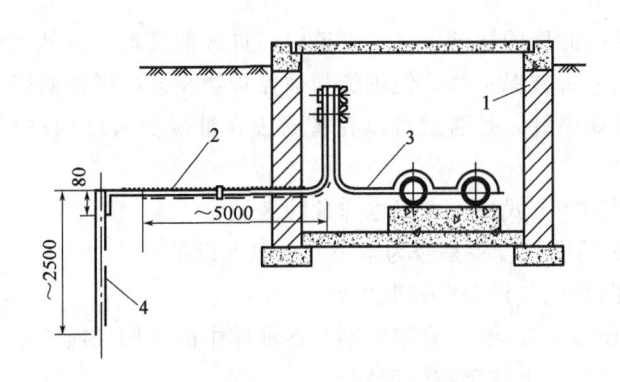

图 3-45 管沟管路防静电接地示意图
1—管沟；2—沥青绝缘层；3—φ40mm×4mm 接地引线；4—接地体

7. 油库中接地电阻的测量与管理

测量接地电阻时，必须将接地体与接地干线断开，单独测量接地体的接地电阻，测量点必须设在非爆炸危险环境。每年春秋两季应对各接地体电阻进行测量，并记入技术档案。如接地电阻不合格，应立即检修。同时应建立全库电气接地分布图及技术档案，详细记载接地点的位置，接地体的形状、材质、数量和埋设情况，以备日后的检修和维护。

(a) 平面图

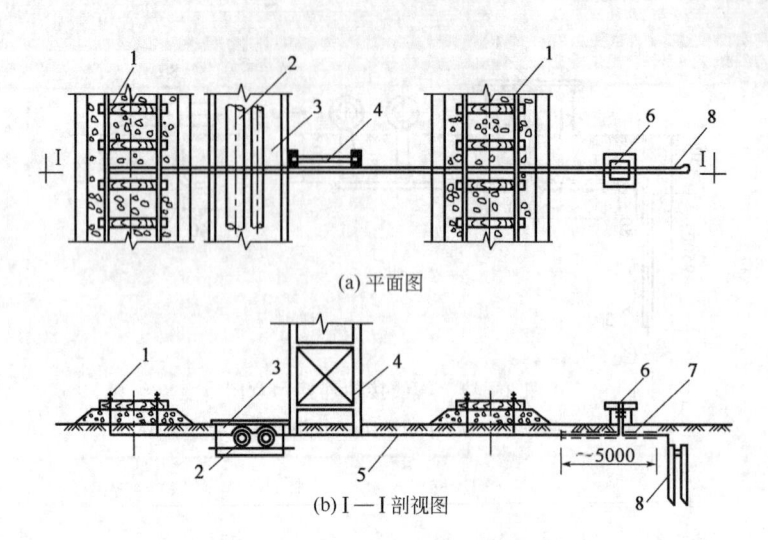

(b) I—I 剖视图

图 3-46 铁路装卸油设施防静电接地
1—钢轨；2—集油管；3—管沟；4—钢栈桥；5—接地引线；6—接地测井；
7—沥青绝缘涂层；8—接地体

思 考 题

1. 影响油品静电积聚量的主要因素有哪些？简述影响规律。
2. 为什么说喷溅式加油非常危险？
3. 在收油过程中，是否收油时间越长，静电量越大，放电的危险性越大？
4. 人体静电有何危害？
5. 进入易燃油品装卸区的输油（气）管道应在进入前接地。接地电阻不应大于多少？
6. 避雷针应尽量靠近被保护物，但不能与被保护物相连的说法对吗？
7. 按规定安装了避雷针，是否就可以在雷雨天在被保护区域内进行有油气逸出的装卸油作业。
8. 电线能否采用架空方式进入1级爆炸危险区域？
9. 电压小于12V的电气设备是否为本质安全电气设备？
10. 按防爆原理防爆电气设备分哪几类？
11. 本安型电气设备中 ia 和 ib 有何区别？在油库中的应用场所有何不同？
12. 本质安全型和安全火花型有何区别？
13. 隔爆面为什么不能用密封垫密封？
14. 移动式防爆电气设备能否用固定防爆电气设备代替？为什么？
15. 防爆场所的配线选型有何规定？
16. 爆炸危险环境中，当电气线路需沿输油管铺设时，应采取哪些技术措施？
17. 如何处理防杂散电流、防静电和阴极保护之间的相互影响关系？
18. 简述油库中防静电、防雷、防杂散电流及电气保护接地之间的关系。
19. 某库组织铁路装卸油卸油作业，当鹤管插入罐车前，连接鹤管与罐体时多次出现跳火现象，可能是什么原因？如何解决？

20. 接地线是否需要防腐？为什么？
21. 有哪些办法能使接地电阻达标？

> 课程思政

重视安全隐患，提高风险防控意识

【思政知识点】风险防控意识

【思政教学目标】通过介绍某钻井平台沉船事故的原因，警示学生重视安全隐患，提高科学防控风险的意识。

一、问题引入

安全生产是保证劳动者的安全、健康和国家财产不受侵害，促进社会生产力发展的基本保证，也是保证社会主义经济发展，进一步实行改革开放的基本条件。安全隐患出现后不重视、不排除，安全事故就无法避免。风险防控理论可明确事故产生的原因和机理，在此基础上按照事故预防和风险控制的原则，有针对性地采取对策，从而使事故尽可能不发生或事故发生后损失尽可能地减小。

二、案例介绍

1979年11月25日凌晨3时30分左右，从日本进口的一艘自升式钻井平台在渤海湾迁移井位拖航作业途中翻沉，遇难72人，直接经济损失达3700多万元，这是石油系统新中国成立以来较重大的死亡事故。

1979年11月22日上午，总调度室负责人主持召开了拖航会议。会前，该钻井平台曾自海上发来电报，告知平台上的3号潜水泵落水，要求派潜水员打捞。

11月24日7时30分，总调度长李某向值班员了解各气象台气象预报的情况，被告知天津、河北、山东三台均发布大风警报，随即向领导干部碰头会上做了汇报。当日早晨8时03分，拖轮靠近钻井平台准备带缆，但因海浪大而失败；8时59分，第二次带缆成功，随即降船。

1979年11月25日，在降船时，渤海海面上刮起了7～8级大风。在现场的拖航领导小组还是决定让8000hp的拖轮带上缆，继续实施拖航作业。不料，风越刮越猛，晚间阵风达到11～12级，由于干弦低，甲板没在水里。钻井平台在风浪中颠簸摇晃厉害，钻井队长刘某在甲板上指挥抢险，人们都忙着加固甲板上的物件，并严防海水进入舱室内。但人力无法抵御海力，几个巨浪扑上甲板，猛地将两只通风筒盖掀开，海水咆哮着从通风筒口涌入舱内，在甲板上形成巨大的漩涡。25日2时10分，通风筒被打坏，海水涌进泵舱。霎时间，底舱被灌进了大量海水，应急发电机也被淹没，整个平台漆黑一片。拖航指挥者显然意识到了眼前的危险，见甲板迎着风浪，舱内进水太猛，立即做出拖轮调转航向的决定，企图让钻井平台高大的生活楼替甲板挡浪。3时10分至20分，钻井平台用明码报局电台"我船开始下沉"，几分钟后，又用内部频率发出"SOS"（呼救信号）3次，同时告拖轮救人，3时35分后，拖轮已看不到钻井平台灯光，钻井平台已翻没海中。

1. 事故原因

造成这次特大沉船事故的主要原因是：拖航时没有打捞怀疑落在沉垫舱上的潜水泵，以致沉垫与平台之间有1m的间隙，两部分无法贴紧，丧失了排除沉垫压载舱里压载水的条件。这就导致钻井平台载荷重、吃水深、干舷低、稳定性差，破坏了其拖航作业的完整稳定性，严重削弱了该船抗御风浪的生存能力，违反了该钻井平台制造厂制定的《自升式钻井船使用说明书》的规定，也违反了该司制定的《××钻井船使用暂行规定》中关于拖船航行应排除压载水的规定，不符合拖航状态的规则和要求。故此造成了特大钻井平台船舶沉船事故的发生。

2. 经验教训

该钻井平台翻沉事故的发生绝非偶然，而是公司长期以来忽视安全生产工作，在海上石油钻井生产中不尊重客观规律，钻井作业违章操作造成的严重恶果。仅1975—1979年间的不完全统计，该司发生各类事故1043起（其中重大事故30多起），造成105人死亡，114人重伤，经济损失数十亿元。多数事故发生后，没有发动员工认真总结经验教训，没有解决事故隐患，没有开展全国大检查，没有举一反三，采取有效的防范措施。1977年底，该钻井平台发生桩脚折断事故，所幸没有造成船翻人亡。事后领导未能引起警惕，没有实事求是地吸取教训，而是热衷于给有关人员披红戴花，大搞表彰活动，结果非但没有根据前车之鉴改进工作，反而助长了不尊重科学之风。

三、思政点睛

安全隐患是事故发生的必要条件，安全隐患出现后不重视、不排除，则安全事故无法避免。该钻井平台沉船事故前，已经出现一次安全事故，可是并没有引起足够的重视，还将事故原因归咎于客观因素，未能采用风险防控理论降低发生事故的可能性、减小事故发生后果，从而导致了更为严重的安全事故。大家要重视安全隐患，树立风险防控的意识，才能将安全事故扼杀在萌芽中。

第四章　油库消防技术

【学习提示】油库消防工作包括火灾及火灾隐患的预防和控制（消除）两个方面内容。防止发生火灾事故是油库安全工作的一项重要内容，应该把预防火灾工作放在首位；在积极做好预防工作的同时，还必须做好油库火灾的扑救工作。作为一名油库工作人员，要"懂理论、会操作"，即掌握消防灭火原理、消防设备运行原理等基础知识，学会设施设备的使用维护和常规小型油库火灾的扑救方法。同时，要形成"安全第一，预防为主，防患于未然"的工作思路。

第一节　灭火的基本原理

一、灭火原理与方法

灭火原理就是破坏燃烧条件。根据燃烧的三个条件和构成火焰燃烧的链式反应，在消防技术中常采用冷却、窒息和隔离三种基本物理方法灭火和化学中断法灭火。

1. **冷却法**

冷却法的目的在于吸收可燃物氧化过程中放出的热量，对于已燃烧的物质则可以降低其温度，使其降低到燃点以下，同时抑制可燃物分解的过程，减缓可燃气体产生的速度，造成因可燃气体"供不应求"而灭火。对于燃烧物附近的其他可燃物，可使他们免受火焰辐射热的威胁，破坏燃烧的温度条件。

2. **窒息法**

窒息法是取消助燃物——氧，使燃烧物在与空气隔绝的情况下自行熄灭。运用这种方法灭火的方式有：

（1）用不燃物或难燃物直接覆盖在燃烧物的表面，隔绝新鲜空气；

（2）将水蒸气或难燃气体喷射到燃烧物上，稀释空气中的氧，使氧在空气中的含量降到9％以下，例如泵房中的蒸气灭火；

（3）设法密闭正在燃烧的容器的孔洞、缝隙，使容器中的空气消耗殆尽后火焰自行熄灭，例如：洞库着火后，关闭密闭门就是窒息灭火法中的一种。

3. **隔离法**

隔离法是将火源与可燃物隔离，以防止燃烧蔓延。具体方法有：

（1）迅速移开火场附近的可燃物、易燃物、易爆物；

（2）及时拆除火场附近的可燃建筑物及导火物；

（3）断绝可燃和易燃的物质进入燃烧地带；

（4）限制燃烧的物质流散、飞溅；

（5）将可移动的燃烧物移到空旷的地方，使燃烧物在人的控制下燃烧，例如：油罐车着火，迅速拖出库外。

4. 化学中断法

化学中断法又称化学抑制法灭火。它是一种近代迅速发展起来的新的灭火技术。化学中断法灭火就是向火焰中喷进一种化学灭火剂，借助于化学灭火剂破坏、抑制这些活性基团的产生和存在，阻止燃烧的链式反应使燃烧停止，从而达到灭火的目的。常用的化学中断法灭火的药剂有干粉灭火剂和高效卤代烷灭火剂等。

二、灭火剂及其灭火原理

灭火剂是能够在燃烧区域内有效地破坏燃烧条件，中止燃烧而达到灭火目的的物质，其灭火机理在于当灭火剂被喷到燃烧物质和燃烧区域后，通过一系列的物理化学作用，能使燃烧物冷却，燃烧物与氧气隔绝，燃烧区内氧的浓度降低或燃烧的链锁反应中断，最终导致维持燃烧的必要条件受到破坏，从而停止燃烧反应，起到灭火作用。因此选用灭火剂必须具备以下条件：一是灭火效率高，能以最快的速度扑灭火灾；二是使用方便，设备简单，来源丰富；三是灭火费用低，投资成本少；四是对人体及物质基本无害。气味过重、腐蚀或有害的灭火剂都是不适宜的。

灭火剂可按聚集状态进行分类，也可按熄灭燃烧的机理进行分类。按照灭火剂的聚集态，灭火剂可分为液态的灭火剂（水、水溶液等）、泡沫灭火剂（化学泡沫和空气泡沫）、粉状、散粒材料（砂、土、熔剂、专用灭火剂等）、气态灭火剂（1211、1301、氮气、二氧化碳等）。按照灭火机理，灭火剂可分为四类：冷却类，即冷却反应区或燃烧着的物质；稀释类，即稀释燃烧反应区内的反应物；化学抑制类，即抑制燃烧的链式反应过程；隔绝类，即将反应物与燃烧区隔离。

灭火剂的灭火效果，不但需要相应的灭火设备和器材的配合，还要根据它们各自的不同性能，正确地应用到不同的灭火场合，才能充分发挥其作用。因此掌握各种灭火剂的性能、灭火原理及适用范围，正确地选用灭火剂，对灭火战斗具有重要作用。

1. 水和水蒸气

水是最常用的天然灭火剂。水和水蒸气都是不燃性物质。水的密度比油大，又不溶于油，故用水直接射向油品燃烧面，非但不能扑救油品火灾，反而能因液面升高或油滴飞溅而使火灾扩大，只有把水喷洒在燃烧物上，吸热后变成水蒸气，才能起到冷却和降温作用，控制火势蔓延和发展，所以多以雾状水的形式来进行灭火。水和水蒸气的灭火机理主要是冷却作用和窒息作用。

1) 冷却作用

水的比热和蒸发热都比较大，1kg 水可吸收 2.57×10^3 kJ 的热量，在水与炙热的燃烧物接触加热和汽化过程中，会大量吸收燃烧物的热量，使燃烧物的温度降低而灭火。

2) 窒息作用

雾状水滴与火焰接触后，水滴很快变成水蒸气，体积急剧增大，1kg 水大约可转化为 $1.7 m^3$ 水蒸气，阻止空气进入燃烧区，降低了燃烧区域内氧的含量。一般对汽油、煤油、柴油和原油火灾，当空气中的水蒸气含量达到 35%（体积浓度）时，燃烧就会停止。

3）乳化作用

雾状水滴与重质油品相遇，在油品表面形成一层乳化层，可降低燃烧石油的蒸发速度，促使燃烧停止。

4）水力冲击作用

水由消防泵加压后，可达 0.588～1.471MPa，具有很大的动能和冲击力，可以冲散燃烧物，使燃烧强度显著降低。

水和水蒸气的灭火应用范围是有限制的。水主要用来冷却油罐及相应设施。雾状水可扑救原油、重油及一般可燃性物质火灾，可以扑救槽车、低液位小直径储罐及装卸栈桥、阀门及泵房的火灾，但不宜扑救与水能起化学反应的物质火灾，水不能直接扑救带电电气设备火灾。水蒸气适宜扑救油库泵房、灌桶间、面积小于 500m² 的厂房、污水处理场地的隔油池、设备管道等处的火灾，但不适宜扑救遇水蒸气能发生爆炸事故场合的火灾，不适宜扑救露天场地等处的火灾。

2. 二氧化碳灭火剂

二氧化碳是无色无味、不燃烧、不助燃、不导电、无腐蚀性的惰性气体，其物理性质见表 4-1。

表 4-1 二氧化碳物理性质

相对分子质量	44	临界容积，m³/kg	0.51
熔点，℃	-56	临界密度，kg/m³	0.46
升华点，℃	-78.5	液态相对密度（0℃，3.4856MPa）	0.914
临界温度，℃	31	蒸气压，MPa	5.786
临界压力，MPa	7.149		

灭火用的二氧化碳一般是以液态灌装在钢瓶内，当钢瓶开启卸压后，二氧化碳迅速汽化喷出，由于 1kg 液态二氧化碳汽化时需吸收 578kJ 热量，大量的吸热使温度大大降低（可至 -78.5℃）又使部分二氧化碳变为固体颗粒（干冰），这样二氧化碳气体与干冰一起喷出，因此具有较好的冷却作用。同时二氧化碳覆盖于燃烧物表面，隔绝燃烧物和空气，同时也冲淡空气中氧的含量。当燃烧区域空气中氧的浓度低于 12% 或二氧化碳的体积浓度达到 30%～35% 时，绝大多数火焰会自动熄灭。

二氧化碳适宜扑救 6000V 以下带电电气设备、珍贵仪器设备、易燃可燃材料和燃烧面积不大的油品等火灾，如泵房、灌装间、加油站等处的火灾。不适宜扑救本身能供氧的化学物质，如钾、钠、铝、镁等轻金属及金属氢化物的火灾。还要注意二氧化碳对铝制件有腐蚀作用。

3. 干粉灭火剂

干粉灭火剂又称粉末灭火剂。它是一种干燥的，易于流动的微细固体粉末，一般借助于专用灭火器或灭火设备中的气体压力，将干粉从容器中喷出，以粉雾的形式灭火。

干粉灭火剂是由灭火基料、少量的防潮剂和流动促进剂、结块防止剂组成的微细固体颗粒。基料含量一般在 90% 以上，添加剂量则在 10% 以下。由于这类灭火剂具有灭火效力大、灭火速度快、无毒、不腐蚀、不导电、久储不变质等优点，是油库中主要的化学灭火剂。干粉灭火剂按其使用范围,主要分为BC类、ABC类及D类,详见表4-2。干粉灭火剂的灭火原理主要是通过抑制作用和"烧爆"作用实施灭火。

表4-2 干粉灭火剂分类

分类	品 种	使用范围
BC类 (普通)	以碳酸氢钠为基料的改性钠盐干粉 以碳酸氢钠为基料的钠盐干粉 以碳酸氢钾为基料的紫钾盐干粉 以氯化钾为基料的钾盐干粉 以硫酸钾为基料的钾盐干粉 以尿素和碳酸氢钠(钾)反应物为基料的氨基干粉	扑救可燃液体、可燃气体及带电设备的火灾
ABC类 (多用)	以磷酸盐为基料的干粉 以聚磷酸铵为基料的干粉 以硫酸铵和磷酸铵盐的混合物为基料的干粉	扑救可燃固体、液体、气体及带电设备火灾
D类	以氯化钠为基料的干粉 以碳酸钠为基料的干粉 以氯化钾为基料的干粉 以氯化钡为基料的干粉	扑救轻金属火灾

1)抑制作用

燃烧反应是一个链锁反应,靠大量的活性基因来维持。当大量的粉粒以雾状形式喷向火焰时,可以吸收火焰中大量的活性基因,使其数量急剧减少,并中断燃烧的链锁反应,从而使火焰熄灭,起到化学中断作用或抑制作用。

2)"烧爆"现象

某些化合物如带有一个结晶水的草酸钾或尿素与碳酸氢钾的反应产物,与火焰接触时,其粉粒受高热的作用,可以爆裂成许多更小的颗粒。这样,使火焰中粉末的表面积急剧增大,增加了同火焰的接触面积,从而产生"烧爆"现象,具有很高的灭火效力。

3)其他作用

使用干粉灭火时,浓云般的粉雾包围了火焰,可以减少火焰对燃料的热辐射;同时粉末受高温作用,将会放出结晶水或发生分裂,不仅可吸收火焰的部分热量,而且分解生成的不活泼气体又可稀释燃烧区内氧的浓度。当然这些作用对灭火的影响远不如抑制作用大。

干粉灭火剂可装在手提式干粉灭火器、推车式干粉灭火器及大型干粉灭火车中,也可装在大型固定式干粉灭火器中使用。干粉灭火剂对燃烧物的冷却作用极微,扑救较大面积火灾时,如灭火不完全或因火场中炽热物的作用,容易引起复燃,需与喷雾水流配合,以改善灭火效果。扑救非水溶性可燃、易燃液体的火灾时,如干粉与氟蛋白泡沫或轻水泡沫联用,干粉有利于迅速控制火势,泡沫则可有效地防止复燃。但干粉灭火剂不能与蛋白泡沫联用,因为干粉灭火剂对蛋白泡沫和一般合成泡沫有较大的破坏作用。

4. 卤代烷灭火剂

卤代烷(Halon,哈龙)是以卤素原子取代烷烃分子中的部分或全部氢原子后得到的一类有机化合物的总称。卤代烷灭火剂属于化学灭火剂，因具有灭火快、用量省、易汽化、洁净、不导电、不宜变质、效率高等特点而被广泛采用。

卤代烷灭火剂主要有五种，其命名方式是以数字按顺序分别表示卤代烷中碳和卤族元素的原子数，详见表4-3。其中1211是一种无色的气体，稍带芳香气味，密度约为空气的5倍，易用加压的办法使其液化而装入容器，卤代烷的灭火机理是借其在火焰高热中分解产生的活性游离基 Br、Cl 等参与物质燃烧过程中的化学反应，消除维持燃烧所必需的活性游离基，生成稳定的分子及活性较低的游离基，从而使燃烧过程中的化学链锁反应的链传递中断而灭火。

表4-3　卤代烷灭火剂

卤代烷名称	代号	分子式	抑爆峰值（体积分数），%	抑爆峰值（质量分数），%
二氟一氯一溴甲烷	1211	CF_2ClBr	9.3	68.71
二氟二溴甲烷	1202	CF_2Br_2	4.2	39.37
三氟一溴甲烷	1301	CF_3Br	6.1	49.57
四氟二溴乙烷	2402	$C_2F_4Br_2$	4.9	58.87
四氯化碳	104	CCl_4	4.5	79.00

卤代烷灭火剂的最大的缺陷在于它对臭氧层的破坏作用。20世纪80年代以来，科学家们的分析和研究表明，泄放到大气中的卤代烷，在太阳紫外线辐射作用下，能分离出氯原子和溴原子。分离出来的氯原子和溴原子破坏臭氧分子，每一个游离的氯原子、溴原子可破坏高达10万个臭氧分子。众所周知，臭氧层能吸收太阳发出的有害紫外线辐射，是保护地球的天然屏障，臭氧层一旦遭受破坏，将会造成人类免疫系统的破坏，并引起地球气候的剧变，严重影响植物和农作物的生长。根据保护臭氧层的《蒙特利尔议定书》及我国《淘汰哈龙战略》，我国已于2004年实现完全停止哈龙生产。由此可见，保护臭氧层就是保护人类自己，我国在加快削减哈龙灭火剂的同时也在研制、开发、生产清洁、无毒、高效和经济的灭火剂。哈龙灭火剂的替代研究可分为两大方向：一是哈龙灭火剂替代品的研制和选择；二是在哈龙灭火剂应用范围内替代技术的研究。目前，国际上已实际应用的哈龙替代品主要有 IG541（烟络尽）灭火剂、细水雾灭火剂、气溶胶灭火剂、氟碘烃灭火剂和三氟甲烷、七氟丙烷等卤代烃灭火剂。与此同时，科学家正在进一步研究更高效更环保的哈龙替代灭火剂。

5. 泡沫灭火剂

泡沫灭火剂是能够与水混溶，并可通过化学反应或机械方法产生灭火泡沫的药剂。泡沫灭火剂的性能主要是以泡沫灭火剂的发泡性、热稳定性、抗烧性和流动性的好坏来衡量。灭火机理主要是通过泡沫在燃烧物表面形成泡沫覆盖层，隔绝空气同燃烧表面接触，遮断火焰的热辐射，阻止燃烧物本身和附近可燃物质的蒸发，同时泡沫析出的液体对燃烧表面进行冷却，泡沫受热蒸发产生的水蒸气又可降低燃烧物附近氧的浓度，也在不同程度上破坏了燃烧的条件。

按照泡沫生成机理，泡沫灭火剂可分为化学泡沫灭火剂和空气机械泡沫灭火剂两大类。

由两种药剂的水溶液经过化学反应产生的灭火泡沫称为化学泡沫，化学泡沫由发泡剂、泡沫稳定剂和其他添加剂组成，目前有YP和YBP型两种，化学泡沫适用于扑救各种可燃液体和易燃液体的火灾，不能用于扑救水溶性可燃、易燃液体、带电设备及遇水可能燃烧爆炸的物质火灾。

用机械方法把空气吸入含有少量泡沫液的水溶液中所产生的泡沫称为空气机械泡沫，简称为空气泡沫。通常把泡沫灭火剂的水溶液变成灭火泡沫后的体积膨胀倍数称为发泡倍数。空气泡沫按泡沫的发泡倍数可分为低倍数泡沫、中倍数泡沫和高倍数泡沫三种。发泡倍数为1～20倍的泡沫液为低倍数泡沫液；发泡倍数为21～200倍的泡沫液属于中倍泡沫液；高倍数泡沫液发泡倍数为201倍以上。依据发泡剂的类型和用途，低倍数泡沫灭火剂分为5种，见表4-4。

表4-4 泡沫灭火剂分类

分 类			典 型 产 品
化学泡沫灭火剂			YP型、YBP型
空气机械泡沫灭火剂	高倍数空气机械泡沫灭火剂		YEGZ6A型、YEGZ3B型
	中倍数空气机械泡沫灭火剂		SS-78型
	低倍数空气机械泡沫灭火剂	蛋白泡沫灭火剂	YE3、YE6型
		氟蛋白泡沫灭火剂	YEF3型、YEF6型
		轻水泡沫灭火剂	YEQ780型、YEQ206型、YEQ6型
		合成泡沫灭火剂	
		抗溶性泡沫灭火剂	YEDF-6型、YEK-6型

1) 蛋白泡沫灭火剂

蛋白泡沫灭火剂是以动物性蛋白质或植物性蛋白质的水解浓缩液为基料，加入适当的稳定剂、防腐剂和防冻剂等添加剂的起泡性液体，是一种黑褐色的黏稠液体，具有天然蛋白质分解后的臭味。按与水的混合比例来分，有6%和3%两种；按制造原料来分，有植物蛋白和动物蛋白两类。目前生产的以动物蛋白型居多。

蛋白泡沫灭火剂主要用于扑救非水溶性可燃和易燃液体火灾，如石油产品、油脂等火灾，也用于扑救木材等一般可燃固体物质的火灾。由于它具有良好的热稳定性和覆盖性能，还被广泛地应用于石油储罐的灭火和将泡沫喷入未着火的油罐，以防止被附近着火油罐辐射热引燃。使用蛋白泡沫扑救原油及重油储罐火灾时，要注意可能引起的油沫沸溢或喷溅，因为原油或重油在燃烧一段时间后，会在油面上形成一个热油层，其温度高于水的沸点，随着燃烧时间的延长，热油层的厚度也逐渐增加，这时把泡沫喷到热油层上时，将使泡沫中的水迅速汽化，并夹带出油品，形成大量燃烧着的油沫从罐中溢出或喷溅出来。地上油罐的中倍数泡沫灭火剂宜采用蛋白泡沫灭火剂。

2) 氟蛋白泡沫灭火剂

在蛋白泡沫中加入"6201"预制液，即可成为氟蛋白泡沫灭火剂。"6201"预制液又称为FCS溶液，是由"6201"氟碳表面活性剂、异丙醇和水按3∶3∶4的质量比配制成的水溶液。

氟蛋白泡沫灭火剂的灭火原理与蛋白泡沫基本相同。由于"6201"氟碳表面活性剂是憎油性的，具有高效的表面活性作用，在泡沫液和水的混合液中含有少量的"6201"氟碳表面活性剂，则可大大改变泡沫的性能，它可以提高泡沫的耐火性和流动性，降低表面张力，提高泡沫抵抗油类污染的能力，灭火效率大大优于蛋白泡沫灭火剂，其具体表现为：

(1) 表面张力与界面张力显著降低。"6201"氟碳表面活性剂水溶液具有极低的表面张力。表面张力和界面张力的降低，都意味着产生泡沫所需的能量相对减少。

(2) 泡沫易于流动。泡沫的临界剪切应力是衡量泡沫流动性能的标志。临界剪切应力越小，泡沫的流动性就越好。根据测定：蛋白泡沫的临界剪切应力为200Pa左右，而氟蛋白泡沫的临界剪切应力仅为100Pa左右，因而氟蛋白泡沫的流动性比蛋白泡沫好得多。使用氟蛋白泡沫灭火，以较薄的泡沫层即能迅速地把油面覆盖，且泡沫比较牢固，不易被破坏，即使被冲破，由于它有良好的流动性而能自行愈合，具有很好的自封能力，所以氟蛋白泡沫灭火剂灭火效率优于蛋白泡沫。

(3) 泡沫疏油能力强。灭火时，往往由于泡沫喷射与油面发生冲击作用，而使部分泡沫潜入油中，并夹带一定量的油再浮到油面上来。当蛋白泡沫含有一定油量时，即能自由燃烧，因而不能用于液下喷射。而使用氟蛋白泡沫灭火时，由于氟碳表面活性剂分子中的氟碳链既有疏水性又有很强的疏油性，可以在泡沫与油的交界面上形成水膜，又能把油滴包于泡沫之中，阻止了油的蒸发，降低含油泡沫的燃烧性。实验证明：蛋白泡沫中汽油含量达到2%以上时，即有可燃性，达8.5%时即可自由燃烧，而氟蛋白泡沫中的汽油含量需高达23%以上时才能自由燃烧。

(4) 与干粉联用性好。在扑救油类火灾时，往往将泡沫灭火剂与干粉灭火剂联合使用，这样可以同时发挥两种灭火剂的长处，缩短灭火时间，其中干粉灭火剂灭火速度快，可以迅速压住火势；泡沫则覆盖在油面上，能防止复燃。但是蛋白泡沫却不能与一般干粉灭火剂联用。因为一般干粉中所常用的一些防潮剂（如硬脂酸盐）对泡沫的破坏作用很大，两者一经接触，泡沫就会很快被破坏而消失，所以蛋白泡沫与干粉灭火剂联用受到限制。而氟蛋白泡沫由于氟碳表面活性剂的作用，使它具有抵抗干粉破坏的能力，因此，氟蛋白泡沫灭火剂可与各种干粉灭火剂联用，并能取得良好的灭火效果。

氟蛋白泡沫灭火剂的使用方法与蛋白泡沫灭火剂相同。它主要用于扑救各种非水溶性可燃、易燃液体和一般可燃固体的火灾，特别是被广泛应用于扑救非水溶性可燃、易燃液体的大型储罐、散装仓库、输送中转装置、生产加工装置、油码头的火灾及飞机火灾。在扑救大面积油类火灾中，氟蛋白泡沫与干粉灭火剂联用则效果更好。它的显著特点是可以采用液下喷射的方式扑救油罐火灾，但使用液下喷射方法扑救原油及重油火灾时要慎重，注意防止油品的沸溢或喷溅。

3）轻水泡沫灭火剂

轻水泡沫灭火剂又称水成膜泡沫灭火剂，是一种高效泡沫灭火剂。它是由氟碳表面活性剂、无氟表面活性剂和改进泡沫性能的添加剂（泡沫稳定剂、抗冻剂、助溶剂以及增稠剂等）及水组成。

氟碳表面活性剂在"轻水"泡沫灭火剂中的含量为1%～5%，无氟表面活性剂的含量为0.01%～0.5%。无氟表面活性剂的作用是降低"轻水"泡沫水溶液与油类之间的界面张力，增加与油品之间的亲和力，有助于水膜的形成和扩散，并可增强泡沫的性能和适当降低泡沫液的凝固点。"轻水"泡沫灭火剂还含有0.19%～0.5%的聚氯乙烯，用以改进泡沫的抵抗复燃能力和自封能力。

"轻水"泡沫扑救石油产品的火灾是靠泡沫和水膜的双重作用，其中泡沫起主导作用。由于氟碳表面活性剂和其他添加剂的作用，使"轻水"泡沫灭火剂的临界剪切应力大大降低，仅为60Pa，比氟蛋白泡沫的临界剪切应力低，因此具有非常好的流动性，当把它喷射到油面上时，泡沫能迅速在油面上展开，并由于氟碳表面活性剂和无氟表面活性剂共同作用，形成一层很薄的水膜，这层很薄的水膜漂浮于油面上使可燃油与空气隔绝，阻止油品的蒸发，并有助于泡沫的流动，加速灭火。实验证明："轻水"泡沫灭火剂可以在很多非水溶性可燃、易燃体的表面上形成一层水膜。但仅靠水膜的作用还不能有效地灭火，随着油品燃烧时表面温度的升高和热辐射，或由于日光照射及风力等因素的影响，水膜仍较难维持长久甚至较难形成。所以"轻水"泡沫的实际灭火作用是：当把泡沫喷射到燃油表面时，泡沫一边在油面上散开，并析出液体冷却油面；一边在油面上形成一层水膜，与泡沫层共同抑制油品的蒸发，使油品与空气隔绝，并使泡沫迅速向尚未灭火的区域进一步流动。

"轻水"泡沫灭火剂主要适用于扑救一般非水溶性可燃、易燃液体的火灾，且能够迅速地控制火灾的蔓延和扑灭火灾。"轻水"泡沫是一种理想的灭火剂，它与各种干粉灭火剂联用时，效果更好。"轻水"泡沫也与氟蛋白泡沫一样，可以采用液下喷射的方式扑救油罐火灾。还因为"轻水"泡沫具有非常好的流动性，能绕过障碍物流动，所以用于扑救因飞机坠毁、设备破裂而造成的流散液体火灾，效果也很好。

"轻水"泡沫灭火剂国内一般使用混合比为 6%（国外也有 3%）型的，适用于通用的低倍数泡沫灭火设备。但是"轻水"泡沫的 25% 析液时间短，仅为蛋白泡沫或氟蛋白泡沫的 1/2 左右，因而泡沫不够稳定，消失较快，而且对油面的封闭时间和阻回燃时间也短，所以在防止复燃与隔离热液面的性能方面不如蛋白泡沫和氟蛋白泡沫。此外，"轻水"泡沫如遇已烧得灼热的油罐壁时，容易被罐壁的高温破坏，失去水分，变成极薄的泡沫骨架，这时除需用水冷却罐壁外，还要喷射大量的新鲜泡沫。

"轻水"泡沫灭火剂不能用于扑救水溶性可燃、易燃液体和电器及金属火灾。

4）抗溶性泡沫灭火剂

用于扑救水溶性可燃液体火灾的泡沫灭火剂称为抗溶性泡沫灭火剂。水溶性可燃液体，例如醇、酯、醚、醛、有机酸和胺等，由于它们的分子极性较强，能大量吸收泡沫中的水分，使泡沫很快破坏而不起灭火作用，所以不能用蛋白泡沫、氟蛋白泡沫和"轻水"泡沫来扑救此类液体火灾，而必须用抗溶性泡沫来扑救。抗溶性泡沫灭火剂有金属皂型（目前已淘汰）、高分子型、触变型、氟蛋白型和以硅酮表面活性剂为基料的抗溶性泡沫灭火剂五种类型。抗溶性泡沫在灭火中的作用除与一般空气泡沫相同外，还因为从抗溶性泡沫中析出水分，对水溶性可燃、易燃液体的表面层有一定的稀释作用，有利于灭火。虽然抗溶性泡沫灭火剂也可以扑救一般油类火灾和固体火灾，但价格较贵，一般不采用。

5）高倍数泡沫灭火剂

20 世纪 60 年代，高倍数泡沫及其应用技术在英国、美国、瑞典、日本等国得到了迅速发展。它以合成表面活性剂为基料，高倍数泡沫灭火剂水溶液通过高倍数泡沫产生器可产生 200~1000 倍的泡沫，气泡直径一般在 10mm 以上，其体积膨胀大，再加上高倍数产生器的发泡量大（大型的可在 1min 内产生 $1000m^3$ 以上泡沫），泡沫可迅速充满着火空间，覆盖燃烧物，使燃烧物与空气隔绝；泡沫受热后产生的大量水蒸气大量吸热，使燃烧区温度急剧下降，并稀释空气中的含氧量，阻止火场中热传导、对流和热辐射，防止火势蔓延。因此高倍数泡沫灭火技术具有混合液供给强度小，泡沫供给量大，灭火迅速，安全可靠，水渍损失少，灭火后现场处理简单等特点。

我国有关单位研制成功 YEGZ、YEGD、YEGH6 这 3 种类型的高倍数泡沫灭火剂。其中 YEGZ 型又有 4 种规格：YEGZ3A 型、YEGZ3B 型、YEGZ6A 型和 YEGZ6B 型，目前已实现标准化和系列化。

它主要适用于扑救非水溶性可燃、易燃液体火灾和一般固体物质火灾以及地下室、仓库、覆土油罐、电缆沟、管沟等建（构）筑物有限空间内发生的火灾。

高倍数泡沫灭火剂不能用于扑救地上油罐火灾。因为油罐内油品燃烧时，油罐上空的上升气流升力很大，而泡沫的密度很小，不能覆盖到油面上，达不到有效的灭火目的。按《石油库设计规范》（GB 50074—2014）规定，覆土油罐灭火剂宜采用合成型高倍数泡沫液，当覆土油罐采用高倍数泡沫系统时应做到：出入口和通风口的泡沫封堵宜采用两台高倍数泡沫产生器，无消防车的油库宜配备 1 台 500L 推车式压力比例泡沫混合装置、1 台 18.375kW 的手抬机动泵以及不小于 $50m^3$ 的消防储备水量，单罐容量等于或大于 $5000m^3$ 油罐的高倍数泡沫液储备量不宜小于 $1m^3$；单罐容量小于 $5000m^3$ 油罐的高倍数泡沫液储备量不宜小于 $0.5m^3$；每个出入口应备有灭火毯和沙袋。灭火毯不少于 5 条，沙袋不应少于 $0.5m^3/m^2$。

6. 氮气灭火剂

氮气灭火剂与二氧化碳一样皆属于惰性气体灭火剂，随着哈龙替代气体研究的不断深入，氮气作为惰性气体灭火的一种，引起人们的广泛关注。到目前为止，国外已经出现商业化的氮气灭火系统 IG-100，并且获得了美国环保署的认可。然而，氮气灭火系统在我国地面建筑的应用还不多，主要应用于变压器的火灾扑救，以及作为其他气体灭火系统的加压气体。

1）氮气的灭火机理

氮气的物理性质：分子式为 N_2，相对分子质量为 28，沸点为 $-195.8℃$，20℃ 气体密度为 $1251kg/m^3$。对于大多数可燃物而言，只要空气中氧的体积浓度降到 12%~14%以下时，燃烧就会终止。通过将氮气注入着火区域，使着火区中的氮气体积浓度达到 35%~50%时，将火区中氧含量体积浓度降低到 10%~14%，实现火区空气的惰化，从而达到灭火的目的。

2）氮气灭火的特点

(1) 氮气为无色、无味、不导电的气体，其密度近似等于空气的密度；
(2) 氮气无毒、无腐蚀，它不参与燃烧反应，也不与其他物质反应；
(3) 对臭氧的耗损潜能值 OP=0；
(4) 因为是天然气体，对全球温室效应影响值 GWP=0；
(5) 氮气在灭火过程中不会分解，没有分解产物，因此灭火过程洁净，灭火后不留痕迹，使用中对仪器设备无损害；
(6) 氮气以高压的形式储存在气体钢瓶里，它对储瓶及管道要求高，基建费用相对较高；
(7) 氮气需要足够坚固的容纳系统，以承受气体压力，硬件需求类似于二氧化碳系统；
(8) 氮气具有与空气近似的密度，发生火灾时，在保护空间里能够比哈龙更好地维持其浓度；
(9) 排放时间一般都为 1~2min，这可能限制其在一些火灾发展场所迅速地应用；
(10) 氮气具有窒息性，必须考虑人的健康和安全问题。

3）氮气的适用范围

由于氮气不导电、无污染等特性，使其成为清洁的灭火气体，它对于扑救 A、B、C 和

D类火灾都有较好的效果，适宜于扑救地下仓库、坑（隧）道、控制室、计算机房、图书馆、通信设备、变电站等场所的火灾。氮气来源广泛、价格低廉，但由于使用氮气灭火时，需要降低火区氧含量来达到灭火的目的，因此它主要适用于无人或人员较少且能快速撤出的场所。

4）氮气灭火的主要影响因素

由于系统储瓶压力大，随着温度的升高，泄漏量增大；由于储瓶及系统运行时管道的压力高，对储瓶及管道要求高，导致系统成本升高；由于缺少应用实例及相关的实验，缺乏氮气灭火系统相关的技术和经验。

在没有研制出理想的哈龙替代灭火剂之前，氮气是一种较好的灭火剂。

第二节　油库常用小型灭火器具

油库初起火灾的范围小、火势弱，是扑救火灾的最佳时机。灭火器担负的任务是扑救初起火灾。灭火器是一类可在其内部压力作用下，将所充装的灭火剂喷出以扑救火灾，并由人力移动的灭火器具（视频4-1）。灭火器结构简单，轻便灵活，稍经训练即能掌握其操作使用方法，因此使用十分普遍，是消防实践中较理想的、第一线的、大众化的灭火工具。我国目前生产的灭火器按充装的灭火剂的类型划分，主要有泡沫灭火器、二氧化碳灭火器、干粉灭火器、清水灭火器等；按加压方式划分，可分为化学反应式灭火器、储气瓶式灭火器、储压式灭火器；按充装的灭火剂质量和移动方式划分，可分为手提式灭火器、推车式灭火器等。

视频4-1　灭火器的原理

油库内使用的灭火器普遍充装量小、有效喷射时间很短、种类多、使用方法不一、范围广，多数为非专业消防员使用，因此熟悉其结构、原理、使用维护方法有很重要的意义。

一、油库常用灭火器类型

1. 泡沫灭火器

泡沫灭火器是能产生机械泡沫和化学泡沫的灭火器，包括机械灭火器和化学灭火器两大类。机械灭火器是将泡沫灭火剂与水按一定比例混合，喷射时通过泡沫喷嘴吸入空气，使其产生泡沫用于灭火。机械泡沫灭火器可充填的泡沫灭火剂种类较多，最常见的是轻水泡沫灭火剂，充填其他种类药剂的机械泡沫灭火器，构造上与其基本相同。轻水泡沫灭火器有两种结构形式：一种是在筒内装轻水泡沫混合液，称为液体轻水泡沫灭火器；另一种是在筒内装普通水，而在喷嘴前面的药室内装有固体的轻水泡沫药剂，称为固体轻水泡沫灭火器。轻水泡沫灭火器的结构如图4-1所示，液体轻水泡沫灭火器的结构类同清水灭火器，喷嘴的作用是当泡沫混合液通过时，吸引空气并与药剂混合，形成空气泡

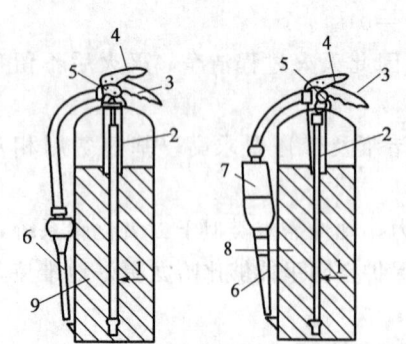

图4-1　轻水泡沫灭火器结构
1—虹吸管；2—过量充装溢出管；3—手提把；
4—喷射操纵杆；5—压力表；6—泡沫喷嘴；
7—药室；8—水；9—轻水泡沫液

— 168 —

沫喷出；固体轻水泡沫灭火器的固体药剂是在轻水泡沫灭火剂中加入使之易溶于水的添加剂，压制成圆柱形状，装在不透水的纸筒中制成，当有水流过药剂时，药剂按一定的溶解速度溶解于水中，形成泡沫与水的混合液，经泡沫喷嘴喷出泡沫。固体轻水灭火器的优点在于维修和再充装比较方便和经济，但药室要特别注意密封，以防药剂吸湿而失效。轻水泡沫灭火器的性能见表4-5。

表4-5 轻水泡沫灭火器性能

药剂容量，L	3	6	8
总量，kg	6.6	10.6	13.2
喷射时间，s	43	67	101
喷射距离，m	3～5	3.5～6	3～6

化学泡沫灭火器是通过圆筒内酸性溶液（硫酸铝）与碱性溶液（碳酸氢钠）混合后发生化学反应，喷射出泡沫，覆盖在燃烧物表面上，隔绝空气而达到灭火效果的小型灭火器具。由于化学泡沫灭火器的灭火剂对灭火器筒体腐蚀性强，使用时要倒置，容易产生爆炸危险，这种灭火器类型已列入国家颁布的淘汰目录。

2. 二氧化碳灭火器

二氧化碳灭火器有手提式和推车式两种，其中手提式又有手轮式和鸭嘴式两种。如图4-2所示的MT5、MT7型是鸭嘴式二氧化碳灭火器，其主要由开关、瓶胆、喷筒和虹吸管等部件构成。这种灭火器开启速度快，能自动关闭，今后手提式二氧化碳灭火器将以这种结构型式为主。MT2、MT3型为手轮式二氧化碳灭火器，如图4-3所示，它由手轮、钢瓶、阀门、喷筒和虹吸管组成，由于螺旋开启速度慢，使用不便，这种结构型式将逐渐淘汰。

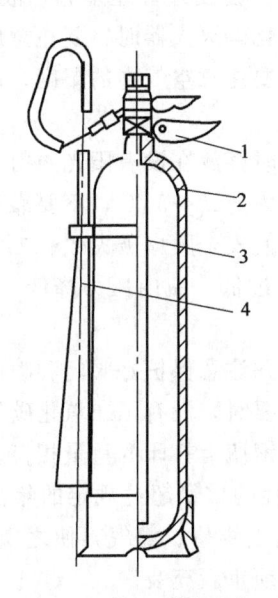

图4-2 MT5、MT7型鸭嘴式二氧化碳灭火器示意图
1—开关；2—钢瓶；3—虹吸管；4—喷筒

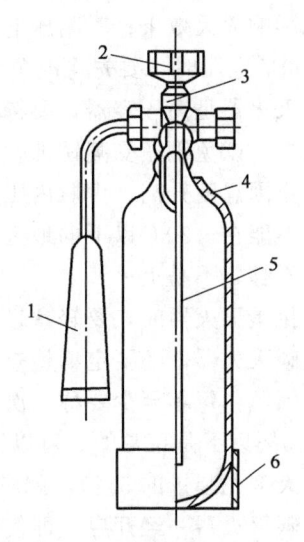

图4-3 MT2、MT3型手轮式二氧化碳灭火器示意图
1—喷筒；2—手轮；3—阀门；4—钢瓶；5—虹吸管；6—器座

视频4-2 二氧化碳灭火器的原理

当灭火器中的液态二氧化碳在瓶内压力作用下喷出的瞬间，因压力降低，一部分变为气体，另一部分放热变为雪花状的固体（约-78℃），喷射到火焰上，又立即从火焰中吸收大量热量，并蒸发出二氧化碳气体，因二氧化碳比空气密度大，笼罩在空气下层空间，对火焰起窒息作用，与此同时，因蒸发时从火中吸热，又起了冷却作用（视频4-2）。

扑灭火焰所用二氧化碳的浓度随燃烧物质的不同而不同。如空气中二氧化碳含量达23%可立即扑灭汽油火灾；当含量达到16%、18.5%和25%时，分别可立即扑灭纯甲苯、丙酮和乙醇的火灾。二氧化碳灭火器的性能见表4-6。

表4-6 二氧化碳灭火器性能指标

型式	型号	灭火剂量 kg	喷射时间 s	喷射距离 m	充装系数 kg/L	灭火剂纯度 %	使用温度范围，℃	灭火级别
手提式	MT2	2	≥8.0	≥1.5	≤0.67	≥98	-10～55	1B
	MT3	3	≥8.0	≥1.5				2B
	MT5	5	≥9.0	≥2.0				3B
	MT7	7	≥12.0	≥2.0				4B
推车式	MTT20	20	≥40.0	≥4.0		≥98		8B
	MTT25	25	≥50.0	≥5.0				10B
	MTT30	28	≥60.0	≥6.0				>10B

与化学泡沫灭火器从着火油品边缘喷射药液灭火的情形不同，二氧化碳灭火器应将喷射筒直接对准火焰喷射，以便迅速蒸发为二氧化碳气体，将火熄灭。灭火时，切勿用手触喷射筒，以防冻伤。当火熄灭后，即可关闭阀门，不必一次用完，长期保管不会失效。

需要注意，当空气中二氧化碳含量达8%～10%时，会使人昏迷窒息，故在室内灭火，应站在高处进行，火熄灭后立即通风；另外，使用二氧化碳灭火器时，要注意风向，避免逆风使用，以免影响灭火效果；对高压电气设备灭火时，要注意空气中的湿度，以免造成触电事故；超过600V电压时，要先将电源切断，再行灭火。

二氧化碳灭火器是高压容器，要特别注意安全，平时存放在没有阳光照射、取用方便和比较干燥的地方，以免钢瓶受潮锈蚀。存放环境温度应为-10～55℃，不要靠近热源，严禁烈日暴晒，防止因温度升高，钢瓶内压力急剧增加，而使安全膜爆破失效。二氧化碳灭火器虽能耐寒，但不能在-20℃以下的地区使用，因为温度过低，瓶内压力降低，喷射时间长，二氧化碳强度不够，不易灭火。

搬运二氧化碳灭火器时，要轻拿轻放，不可碰撞，并注意保护好阀门和喷筒。

对二氧化碳灭火器，还要定期检查，以防止一旦需要时，没有了二氧化碳气体，影响对火灾的扑救。因此，每年至少要称一次重量，看是否与钢瓶上打印的重量相符。如二氧化碳的年泄漏量在5%以下是正常的，可以继续使用；如减轻的重量超过规定的年泄漏量（即大于二氧化碳灭火剂充装量的5%），就应查明原因，并送去维修、灌气，使之恢复到原重量。另外，二氧化碳灭火器一经开启，即使喷出不多，也必须重新充装。

3. 干粉灭火器

干粉灭火器是20世纪50年代发展起来的一种轻便、高效的灭火器材。80年代以后，在我国干粉灭火器的产量已居灭火器之首。

干粉灭火器按充装干粉灭火剂分为BC类、ABC类和D类，分别适用于相应的火灾扑救。按驱动型式分为储气瓶式(图4-4)和贮压式(图4-5)。贮压式驱动气体采用的是氮气，不受低温影响，扩大了使用地区。按使用方式又分为手提式、推车式(图4-6)、舟车式等。

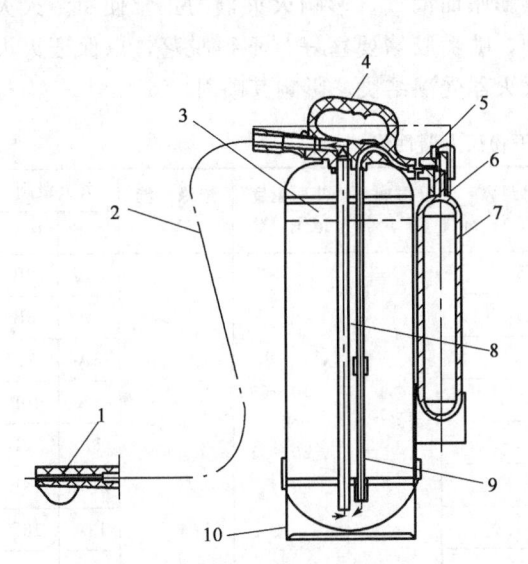

图4-4 MF8-2型储气瓶式干粉灭火器结构示意图
1—喷嘴；2—喷粉胶管；3—筒体；4—提柄；
5—钢瓶螺母；6—拉环；7—储气瓶；8—出粉管；
9—进气管；10—底圈

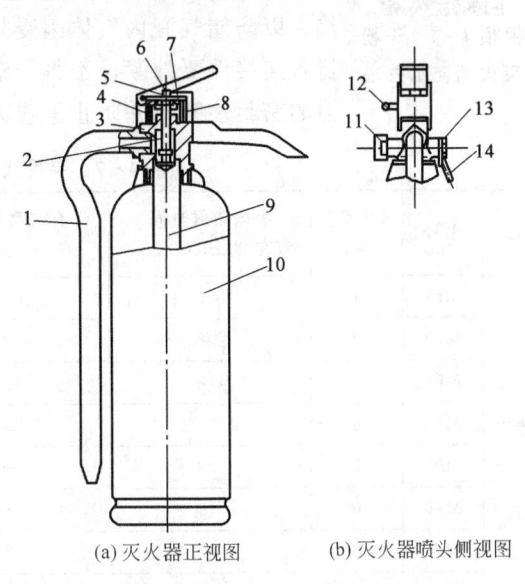

图4-5 MF4型贮压式干粉灭火器结构示意图
1—喷粉胶管；2—导杆；3—器头；4—导筒；5—销轴；
6—簧片；7—固定板；8—弹簧；9—出粉管；
10—筒体；11—压力表；12—拨把；
13—保险螺母；14—挂具

干粉灭火器的工作原理见上节干粉灭火剂（视频4-3），其主要性能见表4-7和表4-8。

应特别注意的是，干粉灭火器的灭火范围与其内装干粉灭火剂有关，选用时必须注意灭火对象应与之适应。另外，虽然干粉气化后没有污染性，但其未气化的残留物有污染作用，因此对存放精密仪器的场所（如化验室）选用时应慎重。

发现火警时，弄清楚用什么干粉灭火器灭火，将需要的干粉灭火器迅速提到现场，并用力颠倒摇晃数次，使干粉松动，撕去器头上的铝封，拔去保险销，一只手握住胶管，将喷嘴对准火焰的根部，另一只手按下压把或提起拉环，干粉即可喷出灭火。喷粉要由近及远，向前平推，左右横扫，不使火焰蹿回。灭油火时，喷粉不要冲击油面，以防飞溅和造成灭火困难。如是带点射装置的灭火器，在灭火后要松开压把，停止喷粉；遇有零星小火，扑灭一

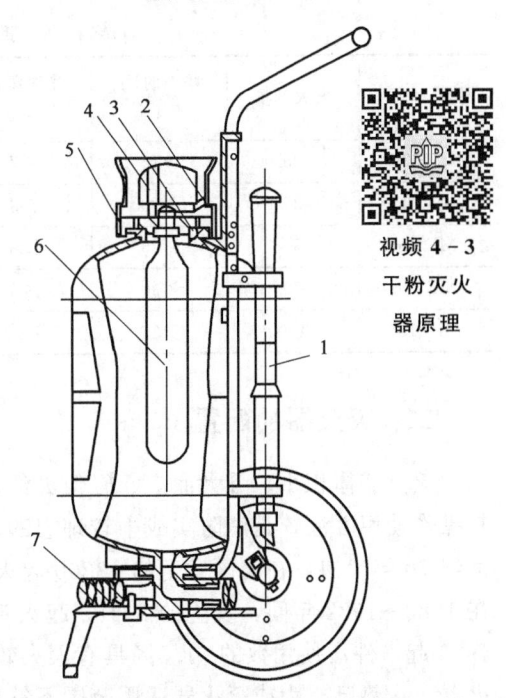

视频4-3 干粉灭火器原理

图4-6 推车式干粉灭火器结构示意图
1—喷枪；2—提环；3—进气压杆；4—压力表；
5—护罩；6—钢瓶；7—出粉管

— 171 —

处，立即松开压把，提至另一处，重新按下压把，即可灭火（视频4-4）。

干粉灭火器平时应放置在便于取用和通风、阴凉、干燥的地方，防止桶体受潮腐蚀，影响灭火器的强度和寿命，还应避免日光暴晒和强辐射热，以防储气瓶内气体因受热膨胀而漏气，影响灭火器的正常使用。灭火器各连接件要拧紧，不得松动，喷嘴胶堵要塞好，不得脱落，以保证灭火器的密封性能，并防止干粉灭火器受潮结块，影响其喷射。

视频4-4 干粉灭火器使用方法

表4-7 手提式干粉灭火器性能

型式	型号	灭火剂量 kg	有效喷射时间（在20±5℃），s	有效喷射距离（在20±5℃），m	喷射剩余率，%	使用温度范围，℃	绝缘性能 V	灭火级别 A类	灭火级别 B类
储气瓶式	MF1	1	≥6	≥2.5	≤10	-10~55 或 -20~55	≥5000	3A	2B
	MF2	2	≥8	≥2.5				5A	5B
	MF3	3	≥8	≥2.5				5A	7B
	MF4	4	≥9	≥4				8A	10B
	MF5	5	≥9	≥4				8A	12B
	MF6	6	≥9	≥4				13A	13B
	MF8	8	≥12	≥5				13A	18B
	MF10	10	≥12	≥5				21A	20B
贮压式	MFZ3.5	3.5	≥9	≥3	≤10	-10~55 或 -20~55	≥5000	>5A	8B
	MFZ4	4	≥9	≥4				8A	10B
	MFZ5	5	≥9	≥4				8A	12B

表4-8 推车式干粉灭火器性能

型号	灭火剂量	喷射时间 s	喷射距离 m	工作压力 MPa	使用温度范围 ℃	灭火级别 A类	灭火级别 B类
MFT25	25	≥15	≥7	0.8~1.0	-10~45	21A	35B
MFT35	35	≥20	≥8			27A	45B
MFT50	50	≥25	≥8			34A	65B
MFT70	70	≥30	≥8			43A	90B
MFT100	100	≥35	≥10			55A	120B

二、灭火器的配置

灭火器体积小、量大而广、轻便灵活、机动性强、灭火准备时间短、稍经训练即能掌握其操作使用方法，是消防实战中较理想的、第一线的、大众化的灭火工具。据资料表明，20世纪70年代初，在美国发生的13200起火灾中，一半是用手提式灭火器扑灭的。日本东京在1980—1982年间，发生的21155起火灾中，使用灭火器的有7983起，占37.7%，其中4906起事件占使用数的61.5%具有灭火效果，其余38.5%灭火效果不佳是由于不会使用灭火器、火势已扩大或灭火器适用范围不符等原因造成，因而灭火器担当扑救初起火灾的任务是十分重要的，但要达到这一目的，就必须根据火灾种类正确选择灭火器的类型。根据配置场所危险等级和火灾种类合理确定灭火器的配置基准，根据灭火器配置基准，保护距离和保护面积准确计算配置场所所需灭火器级别,并确定灭火器设置点的位置和数量;根据建(构)筑物使用性质与灭火器的类型确定对灭火器的设置要求,并加强对灭火器的管理。

1. 灭火器配置场所的危险等级

工业建筑灭火器配置场所的危险等级,可根据其生产、使用和储存物品的火灾危险性,可燃物数量,火灾蔓延速度,扑救难易程度等因素,划分为以下三级:

(1) 严重危险级。可燃物数量多,火灾危险性大,起火后蔓延迅速,扑救困难,容易造成重大火灾损失的灭火器配置场所为严重危险级。油库中的甲、乙类油品作业场所均为严重危险级场所。

(2) 中危险级。可燃物数量较多,火灾危险性大,起火后蔓延迅速,扑救难度较大,可能造成中等火灾损失的灭火器配置场所为中危险级。油库中的丙类油品作业场所均为中危险级场所。

(3) 轻危险级。可燃物数量较少,火灾危险性较小,起火后蔓延较慢,扑救较容易,可能造成轻度火灾损失的灭火器配置场所为轻危险级场所。油库中的非生产作业场所一般为轻危险级灭火器配置场所。

2. 灭火器配制场所预期火灾种类

灭火器配置场所可能发生的火灾种类可根据其生产、使用、储存可燃物种类及其燃烧特征来进行预鉴别,分为五类:

(1) A类火灾。A类火灾系指含碳固体可燃物燃烧的火灾,如木材、纸张、沥青等可燃物的火灾,油库中的A类火灾较少。

(2) B类火灾。B类火灾系指甲、乙、丙类液体发生燃烧的火灾,如汽油、煤油、柴油、润滑油引起的火灾都属B类火灾,油库中的火灾以B类为主。

(3) C类火灾。C类火灾系指可燃气体发生燃烧的火灾,如煤气、甲烷、乙炔、油气等燃烧的火灾,油库发生C类火灾一般都与B类火灾同时存在。

(4) D类火灾。D类火灾系指可燃的活泼金属发生燃烧的火灾,如钾、钠、镁、铝等金属或合金引起的火灾,油库中一般不存在D类火灾。

(5) E类火灾,即带电火灾。带电火灾系指电气元件与设备及电线电缆等,燃烧时仍带电的火灾,油库中的配电间、计算机房等处易发生带电火灾。

3. 灭火器的类型选择

合理选择灭火器类型的关键技术问题是要求其与扑救的预期火灾种类在灭火机理上必须匹配,即所选择的灭火器是能够扑救预期种类的火灾。

(1) A类火灾场所,应选择水型灭火器、磷酸铵盐干粉灭火器、泡沫灭火器或卤代烷灭火器。

(2) B类火灾场所,应选择泡沫灭火器、碳酸氢钠干粉灭火器、磷酸铵盐干粉灭火器、二氧化碳灭火器、灭B类火灾的水型灭火型或卤代烷灭火器,扑救极性溶剂的B类火灾可选用抗溶机械泡沫灭火器,不得选用化学泡沫灭火器。

(3) C类火灾场所,应选择磷酸铵盐干粉灭火器、碳酸氢钠干粉灭火器、二氧化碳灭火器或卤代烷灭火器。

(4) D类火灾场所应选择扑灭金属火灾的专用灭火器。在缺少相关产品的情况下可采用干砂或铸铁屑替代。

(5) 扑救存在带电物质燃烧的 E 类火灾,为防止选配灭火器不当而造成不必要的电击伤人或设备事故,应选择磷酸铵盐干粉灭火器、碳酸氢钠干粉灭火器、卤代烷灭火器或二氧化碳灭火器,但不得选用装有金属喇叭喷筒的二氧化碳灭火器。

(6) 为了保护大气臭氧层和人类生态环境,在非必要场所应当停止再配置卤代烷灭火器。在撤换了卤代烷灭火器的原灭火器设置点的位置上,重新配置的适用灭火器(可选配磷酸铵盐干粉灭火器等)的灭火级别不得低于原配卤代烷灭火器的灭火级别。

4. 灭火器的灭火级别

灭火器的灭火级别表示灭火器能够扑灭不同种类火灾的效能,它由数字和字母组成,如 1A、2A、89B、55B 等,数字表示灭火级别的大小,字母(A 或 B)表示灭火级别的单位及适用扑救火灾的种类。通常灭火器的规格由其充装的灭火剂量表示,如 MP6、MY2、MF5 等,而灭火级别也可作为灭火器的一种规格表示法,如 1A(MP6)、21B(MY2)、89B(MF5)等。

灭火器的灭火级别表征灭火器的灭火能力,系采用科学试验方法即用灭火器扑救相应的标准火试模型的火灾来确定的。目前世界各国现行国家标准仅有二类灭火级别,即 A 和 B。1A、1B 是灭火级别的基本单位值。我国现行标准系列规格灭火器的灭火级别有 3A、5A、8A、13A、21A 等和 1B、2B、3B、4B、…、120B 等两个系列,分别标记在相应规格灭火的铭牌上,运用灭火级别进行灭火器配置设计计算是当今世界各国普遍采用的先进、科学的方法,也符合灭火战斗必须注重灭火能力的消防实战需要。

5. 灭火器选择的一般原则

(1) 灭火的有效程度。适用于扑救同一种类火灾的灭火器类型可能有两种或多种。不同种类的灭火器,即使是同一规格的,其扑救同一种类火灾的灭火级别也不同,而且灭火速度也不同。通常干粉灭火器和卤代烷灭火器的灭火时间短,二氧化碳灭火器和泡沫灭火器的灭火时间长。因此,对贵重设备和严重危险级的场所,则应选灭火速度快的灭火器,其他可选用灭火速度较慢的灭火器。

(2) 设置点的环境温度。灭火器设置点的环境温度对灭火器的喷射性能和安全性能均有明显影响。若温度过低则灭火器的喷射性能显著降低,若环境温度过高则灭火器的内压剧增,灭火器则会有爆炸伤人的危险,因此要求灭火器设置点的环境温度应在灭火器的使用温度范围之内。各类灭火器的使用温度范围为:化学泡沫灭火器 4～55℃;贮压式干粉灭火器 －20～55℃;储气瓶式干粉灭火器 －10～55℃;二氧化碳灭火器 －10～55℃;卤代烷灭火器为 －20～55℃。

(3) 对保护物的污损程度。通常水、泡沫、干粉灭火器喷射后对贵重物品或电气设备有一定的腐蚀作用并有可能产生水渍、泡沫污染、粉尘污染等损害,同时也难以清洁,而用二氧化碳灭火器和卤代烷灭火器灭火则对保护物品既没有污损、腐蚀作用,也不导电。因此,应根据被保护的允许污损程度来选择灭火器。

(4) 灭火器的操作。为了避免灭火时混乱,方便操作,便于维修、保养和训练,因此在同一灭火器配置场所宜选用操作方法相同的灭火器,对于一些密封、体积小,并且有人的场所,应慎重选择气体型及干粉灭火器,因其在使用时,会给人带来不同程度的损害,同时灭火器的配置还应注意使用者的体力强弱。

(5) 灭火器之间的相容性。不同类型的灭火器只能充装指定的灭火剂，不能混装其他类型的灭火剂，即使同是干粉灭火器或泡沫灭火器，不同的干粉或泡沫之间也不能混装。另外在同一配置场所内，不能配置可能产生相互破坏而导致不利灭火的灭火器，一般磷酸铵盐干粉灭火剂同碳酸氢钠干粉灭火剂和碳酸氢钾干粉灭火剂是不相容的，水成膜泡沫与蛋白泡沫、氟蛋白泡沫是不相容的，干粉与蛋白泡沫、化学泡沫之间也是不相容的。

6. 灭火器的设置要求

（1）灭火器应设置在位置明显、便于取用的地点，且不得影响安全疏散。灭火器应设置稳固，其铭牌必须朝外。手提式灭火器宜设置在挂钩、托架上或灭火器箱内，其顶部离地面应小于1.50m，底部离地面不宜小于0.08m。对于推车式灭火器应设置在水平地面上，车轮应用楔块固定，不得出现自行随意滚动。

（2）灭火器不宜设置在潮湿或强腐蚀性的地点，当必须设置时，应有相应的保护措施。灭火器设置在室外时，应有相应的保护措施。灭火器不得设置在超出其使用温度范围的地点。

（3）灭火器的设置地点不应超出其最大保护距离。灭火器的保护距离指灭火器配置场所内，灭火器设置点到最不利点的直线行走距离。保护距离的远近对能否有效地扑灭初起火灾至关重要，因为它关系到人们能否及时取用灭火器，进而是否能够灭火，或是否会使火势失控成灾。灭火器最大保护距离见表4-9。

表4-9 灭火器最大保护距离   单位：m

灭火器型式		手提式灭火器		推车式灭火器	
火灾场所		A类	B、C类	A类	B、C类
危险等级	严重危险级	15	9	30	18
	中危险级	20	12	40	24
	轻危险级	25	15	50	30

同一单元灭火器的设置点应以2点为佳，若不能保证单元内任一点均在保护距离之内，可逐步增加设置点。

灭火器的保护面积有三种类型：一是设置在室内中心点时，保护面积以设置点为圆心，以保护距离为半径的全圆；二是灭火器靠墙设置时，保护面积为半圆；三是灭火器设置在室内墙角时，保护面积为1/4圆。

灭火器设置点要求在不超过规定的最大保护距离范围内选定，并且能满足尽快就近取用灭火器的原则，然后运用保护圆法或实际测算法，确定各单元的设置点和各设置点的位置。在实际应用时，要求灭火器设置点到灭火器配置场所内的任一点之间的行走距离应不大于该类灭火器的最大保护距离。

7. 灭火器配置设计计算

灭火器配置设计计算按下列程序进行：
（1）确定各灭火器配置场所的危险等级。
（2）确定各灭火器配置场所的火灾类型。
（3）划分灭火器配置场所的计算单元。通常将灭火器配置的计算区域称为计算单元。根据灭火器配置场所的危险等级和火灾种类，参考其使用性质、平面布局与保护面积，将危险等级与火灾种类不相同的各个场所分别作为一个独立计算单元，或将危险等级与火灾种类均相同，平面布局、保护面积和使用性质也相近，且彼此相邻相接的若干场所合并作为一个组合单元计算。

（4）单元的保护面积以实际使用面积为准，通过计算或测量得出。油桶堆场和储罐区的保护面积以实际堆放面积和储罐占地面积计算，不计算堆场外围及储罐与防火堤内的环形面积。

（5）确定各配置场所灭火器的最低配置基准。灭火器的最低配置基准见表4-10。

表4-10 灭火器的最低配置基准

危险等级		严重危险级	中危险级	轻危险级
每具灭火器最小配置灭火级别	A类火灾	3A	2A	1A
	B、C类火灾	89B	55B	21B
单位灭火级别最大保护面积	m²/A	50	75	100
	m²/B	0.5	1.0	1.5

E类火灾场所的灭火器最低配置基准不应低于该场所内A类（或B类）火灾的规定。

灭火器的配置设计时还应考虑其辅助基准，一般一个计算单元内配置的灭火器数量不得少于2具，每个灭火器设置点的灭火器数量不宜多于5具。

（6）计算单元的最小需配灭火级别。灭火器配置场所计算单元所需的最小灭火级别按式（4-1）计算：

$$Q = K \frac{S}{U} \tag{4-1}$$

式中 Q——计算单元的最小需配灭火级别，A或B；
S——计算单元的保护面积，m^2；
U——A类或B类火灾场所单位灭火级别的最大保护面积，m^2/A 或 m^2/B；
K——修正系数，无消火栓和灭火系统的取1.0，设有消火栓的取0.7，设有灭火系统的取0.5，设有消火栓和灭火系统的或是可燃物露天堆场、储罐区可取0.3，地下建筑取1.3。

（7）确定单元的灭火器设置点。
（8）计算每个灭火器设置点的灭火级别。

在计算出灭火器配置场所独立计算单元或组合单元所需灭火级别后，则灭火器每个设置点的灭火级别按式（4-2）计算：

$$Q_e = \frac{Q}{N} \tag{4-2}$$

式中 Q_e——灭火器配置场所每个设置点的灭火级别，A或B；
N——灭火器配置场所中设置点的数量。

（9）确定每个设置点灭火器的类型、规格与数量。
（10）验算各设置点和各计算单元实际配置的所有灭火器的灭火级别。
（11）确定每具灭火器的设置方式和要求，在设计图上标明其类型、规格、数量与设置位置。

8. 计算举例

油库中一轻油泵房有效面积为7m×10m，无任何消防设备，要求配置灭火器。

解：由于泵房输转轻质油品，又有带电设备，发生火灾时可能引起爆炸、油品外溢、火灾蔓延，故该配置场所为严重危险级，火灾类型为有带电设备的B类火灾。泵房内划为一个独立单元，有效面积为70m²，查表得到灭火器配置基准为0.5m²/B，修正系数取1.0，则该单元灭火器实际灭火级别为：

$$Q = KS/U = 1.0 \times 70 \div 0.5 = 140(B)$$

灭火器的最大保护距离以9m为半径，则在室内选择两个点，该设置点的灭火级别为：

$$Q_e = Q/N = 140 \div 2 = 70(B)$$

考虑到灭火器的最低配置基准中单具灭火器的最低配置灭火级别为89B，可选取两具MFZ/ABC8型手提式干粉灭火器（单具灭火器的灭火级别为144B），分设在两个点，分别满足计算单元的最小需配灭火级别140B和每具灭火器最小配置灭火级别89B的要求，以及288B灭火级别保护70m²、B类火灾的面积的要求。

灭火器的配置除了可采用上述方法外，还应符合《建筑灭火器配置设计规范》（GB 50140—2005）、《石油库设计规范》（GB 50074—2014）及相关行业的相关要求。军队油库地面及覆土储罐区灭火器配置位置、数量应符合表4-11的有关规定。

表4-11 油库地面及覆土储罐区灭火器配置举例

配置场所	建（构）筑物结构形式		数量	类型及规格	位置	备注
地上油罐	立式	轻油	2具/座	MF8	量油孔、罐前操作阀附近各1具	—
		润滑油	1具/2座	MF8	2座罐前操作阀之间适当位置	不足2座，按2座配置
	卧式	轻油	2具/2座	MF8	2座罐量油孔、罐前操作阀之间适当位置各1具	—
		润滑油	1具/4座	MF8	4座罐前操作阀之间适当位置	不足4座，按4座配置
	储罐区		1具/400m²	MF8	防火堤内、出入口附近	按面积计算的配置数量和按油罐确定的配置数量比较，依据最大数配置，不重复计算配置数量
覆土油罐	立式	轻油	2具/座	MF8	量油孔、操作阀（密封门外）附近各1具	不分容量大小，包括贴壁式油罐
		润滑油	1具/座	MF8	操作阀（密封门外）附近	
	同罐式卧式	轻油	2具/4座	MF8	4座罐量油孔、罐前操作阀之间适当位置各1具	包括地面房间式卧式罐（组）和半地下走廊（操作间）式卧式罐（组）
		润滑油	1具/4座	MF8	4座罐罐前操作阀之间适当位置	
	直埋卧式	轻油	2具/8座	MF8	8座罐量油孔、罐前操作阀之间适当位置各1具	—
		润滑油	1具/4座	MF8	4座罐罐前操作阀之间适当位置	—

三、灭火器的检查、维护与报废

1. 灭火器检查维护一般规定

油库各灭火器配置场所灭火器的检查与维护是一项重要的技术工作，应当落实到相关的技术人员。为了保障各配置场所内持续保有一定的扑救初起火灾的安全防护能力，在每个灭火器配置单元中，每次送修的灭火器数量不得超过计算单元总数量的1/4。超出时应选择相同类型和操作方法的灭火器替代，替代灭火器的灭火级别不应小于原配置灭火器的灭火级别。检查后或维修好的灭火器应当按原配置位置设置，不能随意变动原设置点的位置。由于灭火器的维修和报废是专业性很强的技术工作，而且具有一定的危险性，不是任何单位和个人都能安全操作的，因此需要维修、报废的灭火器应由灭火器生产企业或专业维修单位进行。灭火器的检查、维修、报废等技术要求还应符合《消防设施通用规范》（GB 55036—2022）、《建筑灭火器配置验收及检查规范》（GB 50444—2008）等相关规定。

2. 灭火器检查要求

灭火器的检查分为日常巡检、半月检及月检三种检查频率，各种检查记录应予保留。

灭火器的日常巡检主要对灭火器的位置变动、缺少零部件以及配置场所的使用性质发生变化等一些容易发现的问题，要求及时纠正。

油库办公及生活区等场所内配置的灭火器可按表4-12所列项目每月至少进行一次全面的检查，检查内容包括配置检查和外观检查。该表中详细地规定了灭火器月检应当检查的具体内容和要求。

油库内桶装油品堆场、油罐区、加油站、锅炉房、地下室等场所要求按表4-12的要求每半个月进行一次检查。这些场所若发生火灾，容易造成人员、财产的严重损失，这是因为甲乙类油品火灾危险性大，地下建筑物内灭火救援困难，因此这些区域要求灭火器保持随时能够安全使用的正常状态。

表4-12 灭火器检查内容、要求及记录

	检查内容和要求	检查记录	检查结论
配置检查	1. 灭火器是否放置在配置图表规定的设置点位置		
	2. 灭火器的落地、托架、挂钩等设置方式是否符合设计要求。手提式灭火器的挂钩、托架安装后是否能承受一定的静载荷，并不出现松动、脱落、断裂和明显变形		
	3. 灭火器的铭牌是否朝外，并且器头宜向上		
	4. 灭火器的类型、规格、灭火级别和配置数量是否符合配置设计要求		
	5. 灭火器配置场所的使用性质，包括可燃物的种类和物态等，是否发生变化		
	6. 灭火器是否达到送修条件和维修期限		
	7. 灭火器是否达到报废条件和报废期限		
	8. 室外灭火器是否有防腐、防晒等保护措施		
	9. 灭火器周围是否存在有障碍物、遮挡、拴系等影响取用的现象		
	10. 灭火器是否上锁，箱内是否干燥、清洁		
	11. 特殊场所中灭火器的保护措施是否完好		

续表

检查内容和要求	检查记录	检查结论
外观检查	12. 灭火器的铭牌是否无残缺,并清晰明了		
	13. 灭火器铭牌上关于灭火剂、驱动气体的种类、充装压力、总质量、灭火级别、制造厂名和生产日期或维修日期等标志及操作说明是否齐全		
	14. 灭火器的铅封、销栓等保险装置是否未损坏或遗失		
	15. 灭火器的筒体是否无明显的损伤(磕伤、划伤)、缺陷、锈蚀(特别是筒体和筒底)、泄漏		
	16. 灭火器喷射软管是否完好、无明显龟裂,喷嘴不堵塞		
	17. 灭火器的驱动气体压力是否在工作压力范围内(贮压式灭火器查看压力指示器是否指示在绿区范围内,二氧化碳灭火器和储气瓶式灭火器可用称重法检查)		
	18. 灭火器的零部件是否齐全,并且无松动、脱落或损伤现象		
	19. 灭火器是否未开启、喷射过		

3. 灭火器送修

(1) 送修具体条件。检查中发现灭火器存在机械损伤、明显锈蚀、灭火剂泄漏,被开启使用过或符合其他维修条件的灭火器,都需要送到灭火器生产企业或灭火器专业维修单位,及时进行维修。

(2) 维修期限。灭火器只要达到或超过表4-13中规定维修期限,即使灭火器未曾使用过,也应送修。该表中包括了首次维修之后的灭火器维修期限间隔。

表4-13 灭火器的维修期限

灭火器类型		维 修 期 限
水基灭火器	手提式水基型灭火器	出厂期限满3年;首次维修以后每满1年
	推车式水基型灭火器	
干粉灭火器	手提贮压式干粉灭火器	出厂期限满5年;首次维修以后每满2年
	手提储气瓶式干粉灭火器	
	推车贮压式干粉灭火器	
	推车储气瓶式干粉灭火器	
洁净气体灭火器	手提式洁净气体灭火器	
	推车式洁净气体灭火器	
二氧化碳灭火器	手提式二氧化碳灭火器	
	推车式二氧化碳灭火器	

4. 灭火器报废

(1) 应报废的灭火器包括如下5种类型:酸碱型灭火器,化学泡沫型灭火器,倒置使用型灭火器,氯溴甲烷、四氯化碳灭火器和国家政策明令淘汰的其他类型灭火器。这些类型的灭火器均系技术落后、产品过时,并已列入国家颁布的淘汰目录,产品标准也已经废止,在灭火器的检查过程中如发现则应当予以报废。

(2) 凡灭火器有如下任一种情况也应当予以报废:筒体严重锈蚀,锈蚀面积大于等于筒体总面积的 1/3，表面有凹坑；筒体明显变形，机械损伤严重；器头存在裂纹、无泄压机构；筒体为平底等结构不合理；没有间歇喷射机构的手提式灭火器；没有生产厂家名称和出厂年月，包括铭牌脱落，或虽有铭牌，但已看不出生产厂家名称，或出厂日期年月钢印无法识别；筒体有锡焊、铜焊或补缀等修补痕迹；被火烧过。

使用存在上述 8 种情况之一的灭火器时有可能对人员产生伤害，因此一经发现则应当予以报废。对于灭火器维修过程中发现的质量问题应执行《灭火器维修》（GA 95—2015）具体规定。

（3）灭火器的报废时限。灭火器出厂时间达到或超过表 4-14 规定的报废期限则应报废。

表 4-14 灭火器的报废期限

灭火器类型		报废期限
水基灭火器	手提式水基型灭火器	6 年
	推车式水基型灭火器	
干粉灭火器	手提贮压式干粉灭火器	10 年
	手提储气瓶式干粉灭火器	
	推车贮压式干粉灭火器	
	推车储气瓶式干粉灭火器	
洁净气体灭火器	手提式洁净气体灭火器	
	推车式洁净气体灭火器	
二氧化碳灭火器	手提式二氧化碳灭火器	12 年
	推车式二氧化碳灭火器	

（4）为保证灭火器报废后不影响灭火器配置场所的总体灭火能力，灭火器报废后应按照等效替代的原则进行更换。等效替代原则要求新配置的灭火器的灭火种类、温度适用范围等应与原配灭火器一致，其灭火级别和配置数量均不得低于原配灭火器。

第三节 油库火灾探测技术与报警系统

油库火灾科学研究的最终目的是为火灾防治有效性和经济性的统一提供科学依据，减少火灾损失和促进社会安定。"防"和"治"是目前处理火灾、减少损失的两种重要途径。火灾防治分为主动和被动两种方式，前者如探测、报警和灭火等；后者如阻燃、抑烟等。一般来说，火灾探测和报警系统是"防"的重要组成部分。下面从火灾探测和报警系统两个方面着手，介绍几种常用的探测器和报警系统。

一、火灾探测技术

火灾探测技术是火灾预防技术的重要内容。它前后经历了一个多世纪的发展过程。1890 年英国就利用金属材料热反应性能，研制出感温元件的测报火灾装置。第二次世界大战期间，瑞士西伯尔斯公司研制出世界上第一只离子感烟火灾探测器。从此，火灾探测报警技术不断迅速发展。我国火灾报警探测技术的发展也非常迅速，从多线型发展至总线制；从传统的开关量感烟、感温探测技术发展到具有模拟量、多传感、多判据等的智能型探测技术；从单一的火灾报警发展到结合消防联动、城市消防管理和消防通信指挥的联动控制技术。随着火灾探测技术与其他技术更广泛的交叉和结合，以及探测智能、监控智能和抗干扰算法在火灾探测技术中的应用，火灾探测技术进入了一个全新的发展时期。当前，火灾报警探测技术与信号处理技术、人工智能技术和自动控制技术更紧密地联系在一起，火灾探测算法在改进探测系统性能上的作用日益突出，火灾探测技术得到了前所未有的广泛应用。

1. 火灾探测器

物质在燃烧过程中，通常会产生烟雾，同时释放出称为气溶胶的燃烧气体，它们与空气中的氧发生化学反应，形成含有大量红外线和紫外线的火焰，导致周围环境温度逐渐升高。这些烟雾、温度、火焰和燃烧气体通常称为火灾参量。火灾探测器的基本功能就是对这些火灾参量做出有效反应，并通过敏感元件，将表征火灾参量的物理量转化为电信号，送到火灾报警控制器。

火灾探测器按照敏感元件（传感器）的结构形式不同，可分为点型和线型两种。其中点型火灾探测器是指响应一个小型传感器附近的火灾产生的物理和化学现象的火灾探测器件。线型火灾探测器则是能够响应某一连续线路附近的火灾产生的物理和化学现象的火灾探测器件。

按安装场所条件对火灾探测器分类，可分为陆用型、船用型、耐寒型、耐酸型、耐碱型和防爆型。

根据监测的火灾特性不同，火灾探测器可分为感烟、感温、感光和复合火灾探测器等四种类型。

1）感烟探测器

烟雾是火灾发生的初始阶段的早期表现，在可能产生阴燃火的场所，在火灾出现前有浓烟扩散、发生无焰火灾的场所，利用感烟式火灾探测器可以最早感应火灾信号，因此感烟式火灾探测器是目前应用较普及、数量较多的火灾探测器。从作用原理上分类，它可分为离子型、光电型、激光型及严酷环境下的智能感烟探测器等类型。

离子感烟探测器是利用烟雾粒子改变电离室电流的原理制成的。具体地讲，它是利用放射性同位素释放α射线将局部空间的空气电离产生正、负离子，在外加电场的作用下正、负离子的定向漂移形成离子电流，当火灾产生的烟雾及燃烧产物即烟雾气溶胶进入电离空间（一般称为电离室）时，比表面积较大的烟雾粒子将吸附其中的带电离子，使漂移速度降低且复合概率增加，从而使离子电流减小，经电子线路加以检测，最终获得与烟浓度有直接关系的电测信号，用于火灾的确认和报警。用空气离化探测法实现的感烟探测，对于火灾初起和阴燃阶段的烟雾气溶胶检测非常灵敏有效，可测烟雾粒径范围为 $0.03\sim10\mu m$。这类火灾探测器通常只适用于构成点型结构。按其内部电离室的结构形式，离子感烟式火灾探测器可分为双源感烟式和单源感烟式火灾探测器。

根据烟雾粒子对光的吸收和散射作用，光电感烟式火灾探测器可分为减光式和散射光式两种类型。它由光学系统、信号处理电流等部分组成，具有现场采集的能力。目前这种类型探测器多实现了智能化，主要是通过微处理器和软件算法实现的，其智能化水平主要体现在火灾探测的可靠性、自适应能力、抗干扰能力等方面。

散射光式光电感烟探测器是通过检测被烟雾粒子散射的光而达到对烟雾进行探测的目的，烟雾一旦产生，随着其浓度的增大，烟雾粒子数的增多，则被烟雾粒子散射的光量就增加。当被散射的光量达到规定值时，阈值比较型探测器就把该物理量转换成电信号送给报警控制器。

减光式光电感烟探测器由发光元件（平常光源）发出的光，通过透射镜射到受光元件（光敏元件）上，电路维持正常，如果有烟雾从中阻隔，到达光敏元件上的光通量就显著减弱，于是光敏元件就把光强的变化转化为电信号的变化，光电流相对于初始标定值的变化量的大小，反映了烟雾的浓度，据此可通过电子电路对火灾信号进行处理，通过放大电路发出相应的火灾信号。它可用于构成点型感烟探测器，但其探测原理更适合于构成线型感烟探测器。

激光感烟探测器从原理上说，是光电感烟探测器的一种类型，它也是利用光电感应原理，不同的是光源改用激光束，它是对烟感探测早期报警的革命，使烟感探测灵敏度比当前的光电技术高出10～50倍，因此它可以对阴燃小火提早作出预告。其性能可与当今的最新技术媲美，而安装费用却相当低廉。它使用高度极高的激光二极管，结构特殊的透镜和镜面光学技术，以取得比传统的光电传感器更高的信噪比。此外高度聚焦的光线和先进的软件算法，使系统可以区分尘埃和烟雾粒子。当调到极高的灵敏度时，也可排除空气中诸如灰尘、棉絮和小昆虫等微粒引起的假信号。

为解决高温、灰尘大、空气中的纤维或其悬浮颗粒多的环境，以及强气流、温度变化范围大等严酷污染环境条件下的火灾探测问题，业界一直在探索，Notifier公司开发出了HARSH智能感烟探测器，它甚至允许短时间使用低浓度的大气水雾而不致造成误报。

2）感温火灾探测器

在火灾初起阶段，对于那些存在大量粉尘、油雾和水蒸气的场所，不能使用感温式火灾探测器，用感温火灾探测器比较合适。在某些重要场所，为了提高火灾监控系统的功能和可靠性，或保证自动火灾系统的准确性，也要求同时使用感温式和感烟式火灾探测器。感温式火灾探测器按其作用原理分为三类：一类是能够感知环境温度异常高（大于60℃）的传感器件，通常称为定温探测器；一类是能够感知温升速度异常高（大于20℃/min）的传感器件，这种通常称为差温探测器；还有一类复合式的差定温探测器，它则是在温度达到一定值或温升速度达到一定值时，也可以动作发出火灾警报信号的热传感器。

当火灾发生后探测器的温度上升，探测器内的温度传感器感受火灾温度的变化，当达到报警阈值时，温度信号转变为电信号，探测器便发出报警信号，这种形式的探测器即为定温式火灾探测器。定温式火灾探测器因温度传感器的不同又可分为多种类型，如热敏电阻型、双金属片型、易熔合金型等。普通定温感温探测器从探测原理上分为两种：一种是利用某些金属易熔的特性，在探测器里固定一块低熔点合金，当温度上升到它的熔点（70～90℃）时，金属熔化，借助弹簧的作用力，使触头相碰，电路接通，发出信号，即当外界温度超过某一限值时就报警；另一种是运用金属热胀冷缩的特性，由一个自恢复型的不同热膨胀系数的双金属圆片与一个动作显示灯泡组合而成，当温度升高时，两种材质的金属片都将受热变形，但因其膨胀系统不同，两者的变形程度不同，就会产生一个变形力，当温度达到某一定值时，用其带动导电触点的闭合或断开来实现报警。定温探测器的特点是可靠性、稳定性高，保养维修较为方便，但灵敏度较低。

差温探测器是一种在规定的时间内火灾引起的温度上升速率超过某个规定值时起动报警的火灾探测器,它有线型和点型两种结构。线型结构差温式火灾探测器是根据广泛的热效应而动作的,主要的感温元件是按面积大小蛇形连续放置的空气管、分布式连接的热电偶以及分布式连接的热敏电阻等。点型结构差温式火灾探测器是根据局部的热效应而动作的,主要感温元件有空气膜盒、热敏半导体电阻元件等。

差定温式火灾探测器结合了定温式和差温式两种感温作用原理,并将两种探测器的感温元件组合在一起,同时兼有两种探测功能的报警器,只有在监测现场的温度既达到预设的温度值,又达到预设的一定时间内的温升值时,才发出警报,从而进一步减少误报,大大提高了火灾监测的可靠性。差定温式火灾探测器一般多是膜盒式或热敏半导体电阻式等点型结构的组合式火灾探测器,差定温火灾探测器按其工作原理,可分为机械式和电子式两种。电子差定温探测器一般采用两只同型号的热敏元件,其中一只热敏元件位于探测区域的空气环境中,使其能直接感受到周围环境气流的温度;另一只热敏元件密封在探测器的内部,以防止与气流直接接触,当外界温度缓慢上升时,两只热敏元件均有响应,此时探测器表现为定温特性,当外界温度急剧上升时,位于检测区域的热敏元件迅速变化,而在检测器内部的热敏元件阻值变化缓慢,此时探测器表现为差温特性。这种探测器兼有差温和定温的双重功能,因而提高了探测器的可靠性。

3) 感光探测器

感光式火灾探测器内部具有红外型或紫外型敏感元件,其特点是对火焰中的红外或紫外辐射特别灵敏,而对太阳光、白炽灯和荧光灯等恒定辐射的一般光源不响应。因此其工作稳定,抗干扰能力较强,主要适用于监视存储易燃物质区域的火灾的发生,如仓库、变电所、计算机房等场所,特别适用于没有阴燃阶段燃料火灾(如醇类、汽油、煤气等易燃液体、气体火灾)的早期检测报警。按检测火灾光源性质的不同,分为紫外感光探测器和红外感光火灾探测器两种类型。

红外感光火灾探测器是利用红外光敏元件的光电导或光伏效应来敏感地探测低温产生的红外辐射。由于红外线的波长较长,烟粒对其吸收和衰减能力较弱,致使存在大量烟雾的火场,在距火焰一定距离内,仍然可使红外线敏感元件感应,发出报警信号,具有误报少、响应时间快、抗干扰能力强、通用性强的特点。

当有机化合物燃烧时,其氢氧根在氧化反应中会辐射出波长约为 250nm 的紫外线,火焰温度越高,火焰强度越大,紫外线辐射强度也越高。紫外感光火灾探测器就是利用火焰产生的强烈紫外辐射来探测火灾的。探测器中的紫外光敏管是一种对火焰中紫外线部分特别灵敏的气体放电管,它相当于一个光电开关,当它接收到 185~245nm 的紫外线辐射时,紫外光敏管会由截止状态变化为导通状态,驱动电路发出报警信号,特别适用于有机化合物燃烧的场所,如油井、输油站、飞机库、可燃气罐、液化气罐、易燃易爆品库等,特别是用于火灾初期不产生烟雾的场所,如生产、储存酒精和石油的场所。

4) 复合火灾探测器

物质燃烧从阴燃到起火的整个过程中,要发热、发光和释放能量,总释放能量等于热量、质量损失和其他形式能量的总和。对于不同的火灾,总释放能量各组成部分的比例是不一样的,这就是使用单一传感方法的火灾探测器无法全面响应所有类型火灾,并且还可能产生误报警的原因,因此采用多元传感技术已成为当今火灾探测的一个主要发展方向。

一般的光电感烟探测器，在正常灵敏度范围内，对在火灾形成过程中产生的灰色烟雾有很高的灵敏度，但对某些化工原料形成过程中产生的黑色烟雾则灵敏度不高。这就是一般所称的"窄谱"探测特性。绝大多数上述化工原料制成品在燃烧过程中都会释放出大量的热，可以用温度探测的方法加以补偿，正因为如此，烟温复合探测器可以用于几乎所有场合的火灾探测。烟温复合探测器在烟雾探测方面，采用光电感烟的方法，避免使用放射源，消除了对环境的污染。在温度探测方面，使用响应快、线性好、长期稳定性好的温敏二极管作为传感元件，因此在复合探测状态下，它的误报率是最低的。

复合火灾探测器主要有烟温复合火灾探测器、光电感烟感温复合火灾探测器等。

2. 智能型火灾探测技术

近年来，智能控制技术已渐渐渗透到人们生产、生活的各个领域，成为人们生活的重要组成部分。这种系统探测器根据探测环境的变化而改变自身的探测零点，对自身进行补偿，并对自身能否可靠地完成探测作出判断，而控制部分仍是开关量的接收型。这种智能系统解决了由探测器零点漂移引起的误报和系统自检问题。

1) 基于模糊神经网络的火灾探测技术

模糊逻辑和神经网络是非常有效的模仿人类思维的智能化技术，将它们运用于火灾探测器，能很好地实现对多传感器探测到的各种环境特征参数的智能处理，有效提高探测灵敏度，大大提高系统的抗干扰能力和环境适应能力。模糊神经网络不是简单的模糊技术加神经网络，而是把神经网络技术与模糊技术结合为一个有机的整体，并由大量的模糊神经元相互连接构成。该系统是将模糊规则和隶属度函数用神经网络表现出来，将隶属度函数的参数赋予为神经网络的权值，生成的神经网络用于实现模糊推理。

将模糊系统与神经网络相结合，构成模糊神经网络来实现火灾探测。首先将传感器的输出信号送入模糊系统以充分提取火灾特征，接着经神经网络处理后，利用模糊逻辑来判断神经网络的输出结果。模糊逻辑和神经网络的复合算法能够有效地提高报警系统的自适应性，减少误报，提早报警。

2) 多传感器多判据火灾探测技术

早期火灾的自动探测除了用于向人们通报火情外，必要时可启动灭火设备。因此系统的可靠性十分重要。由于存在着多种不同类型的火灾，燃烧物质的数量、类型和供氧条件决定了火焰和烟浓度的规模及其发展趋势。因此单一探测原理不可以充分地探测客观存在的各种不同类型火灾，适用于一种火型的单元探测器可能就不适用于探测其他火型，例如传统的单传感器探测器不能将早期火灾信号与非火灾信号区分开来，大量由单传感器引起的误报警说明了这一点。实际上，响应各种不同类型的火灾，通常使用不同类型的火灾传感器，从这些传感器获得信号，并从这些信号中导出多样的报警和诊断判据，即利用多种或多个传感器进行数据的采集，利用数据融合技术进行数据的处理，提取有用的和准确的信息，达到测量和控制的目的。

多传感器信息融合技术或数据融合技术可概括为：充分利用不同时间和空间的多传感器信息资源，采用计算机技术对按时序获得的多传感器观测信息在一定的准则下加以自动分析、优化综合、支配和使用，获得被测对象的一致性解释与描述，以完成所需的决策和估计任务，使系统获得比他的各组成部分更优越的性能。

信息融合有串联、并联和混合融合三种结构形式。

3）基于视频图像处理的火灾探测技术

与其他火灾探测技术相比，图像信息的丰富性和直观性可为早期火灾的辨识和判断提供可靠的判据，从而保证图像监测技术具有较大的优势。

远程视频监控系统采用的是非接触式的探测技术，防腐蚀性能和密封性能良好，抗干扰能力强，同时结合数字通信和数字图像处理技术，分析火灾图像特征，可以很好地解决大空间恶劣环境下的火灾控制问题。

火灾图像探测系统，是一种以计算机为核心，结合光电技术和计算机图像处理技术研制而成的火灾自动监测报警系统，有观测普通影像和红外监测实现火灾自动报警的双重功能。火灾图像探测方法，是一种基于数字图像处理和分析的新型火灾探测方法，它利用摄像头对现场进行监视，同时对获得的图像进行图像处理和分析，通过早期火灾烟雾、火焰的形体变化特征来探测火灾。

基于视频图像的火灾探测系统包括摄像机、视频采集卡、火灾图像处理单元、中心控制系统、信息管理系统等主要结构。

摄像机是图像处理中常见的输入设备，其关键部件是摄像器件，摄像器件的基本任务是把输入的二维辐射（即光学图像）信息转换为适宜处理和传输的电信号。视频采集卡可将模拟摄像机、录像机、LD视盘机、电视机输出的视频信号等视频数据或者视频音频的混合数据输入电脑，并转换成电脑可辨别的数字数据，存储在电脑中，成为可编辑处理的视频数据文件。视频切换器的作用是同时对多个目标实行监控，按照一定规律进行巡检，通过视频切换，可以利用一套系统同时对多个现场进行监控；智能火灾图像处理单元主要完成火灾图像的处理过程，并输出处理结果，即火灾是否发生的判别结果；控制系统主要对智能图像处理单元输出的结果进行处理，如果有火灾发生，则控制联动模块进行报警及灭火；信息管理系统主要对火灾图像处理单元及视频监控单元的处理结果及各种火灾及视频监控信息进行管理。

二、油库火灾自动报警系统

《火灾自动报警系统设计规范》（GB 50116—2013）将火灾报警系统划分为区域火灾报警系统、集中火灾报警系统和控制中心报警系统三种基本形式。同时规范中还提出了消防联动消防控制的技术要求，强调火灾自动报警系统包括火灾监测和联动控制两个不可分割的组成部分，因此火灾自动报警系统也常称作火灾自动报警监测系统。

火灾自动报警系统一般由触发器件、火灾报警装置、火灾警报装置和电源四部分组成，复杂系统还包括消防控制设备。

在火灾自动报警系统中，触发器件是自动或手动产生火灾报警信号的器件，它主要包括火灾探测器和手动火灾报警按钮。

用来接收、显示和传递火灾报警信号，并能发出控制信号和具有其他辅助功能的控制指示设备称为火灾报警装置。火灾报警控制器是其中最基本的一种。在火灾自动报警系统中，火灾探测器是系统的"感觉器官"，它随时监视周围环境的火灾情况，而火灾报警控制器则是系统的"躯体"和"大脑"，是系统的核心。按照具体用途的不同，火灾报警控制器可分为区域火灾报警控制器、集中火灾报警控制器和通用火灾报警控制器三种基本类型。区域火灾报警控制器用于火灾探测器的监测、巡检、供电与备电，接收火灾监测区域内火灾探测器的输出参数或火灾报警、故障信号，并且转换为声、光报警输出，显示火灾部位或故障位置等。其主要功能有火灾信息采集与信号处理，火灾模拟识别与判断，声、光报警，故障监测与报警，火灾探测器模拟检查，火灾报警计时，备电切换和联动控制等。集中火灾报警控制器用于接收区域火灾报警控制器的火灾报警信号或设备故障信号，显示火灾或故障部位，记录火灾和故障信息，协调消防设备的联运控制和构成终端显示等。其主要功能包括火灾报警显示、故障显示、联动控制显示、火灾报警计时、联动联锁控制实现、信息处理与传输等。通用火灾报警控制器兼有区域和集中火灾报警控制器的功能，小容量的可作为区域火灾报警控制器使用，大容量的可独立构成中心处理系统，其形式多样，功能完备，可以按照其特点用作各种类型火灾自动报警系统的中心控制器，完成火灾探测、故障判断、火灾报警、设备联动、灭火控制及信息通信传输等功能。

在火灾自动报警系统中，用以发出区别于环境声、光的火灾警报信号的装置称为火灾警报装置。火灾警报器是最基本的火灾警报装置，它以声、光音响方式向报警区域发出火灾警报信号，以警示人们采取安全疏散、火灾救灾等相应措施。

在火灾自动报警系统中，当接收到来自触发器件的火灾报警信号，能自动或手动启动相关消防设备并显示其状态的设备，称为消防控制设备，主要包括火灾报警控制器、自动灭火系统的控制装置、室内消火栓系统的控制装置，以及火灾应急广播、火灾警报装置等。消防控制设备通常设置在消防控制中心以便集中统一控制，也可以设置在被控消防设备所在现场，但其信号须返回消防控制室，即实行集中与分散相结合的控制方式。

火灾自动报警系统属于消防用电设备，其主电源应当采用消防电源，备用电源采用蓄电池，系统电源除为火灾报警控制器供电外，还为与系统相关的消防控制设备等供电。

《石油库设计规范》（GB 50074—2014）规定，储罐总容量大于或等于 $50000m^3$ 的石油库的报警信号应在消防值班室显示；储罐区、装卸区和辅助作业区的值班室内，应设火灾报警电话；储罐区和装卸区内，宜在四周道路设置户外手动报警设施，其间距不宜大于100m；储存甲B和乙A类液体，且容量大于或等于 $50000m^3$ 的外浮顶罐，应在储罐上设置火灾自动探测装置，并应根据消防灭火系统联动控制要求划分火灾探测器的探测区域。

《后方油料仓库设计规范》（GJB 5758A—2020）规定，库区值班室、储油洞库、覆土油罐、地上油罐及油品装卸区等重要区域，应设火灾报警电话；一、二级油库宜采用网络视（音）频一体化火灾报警装置；油库总值班室和消防值班室应设专用火灾受警电话；油库总值班室、消防值班室与联防单位的消防站之间应设直接报警的外线电话。

油库火灾自动报警系统的设计、施工及验收还应符合《火灾自动报警系统设计规范》（GB 50116—2013）和《火灾自动报警系统施工及验收规范》（GB 50166—2019）。

第四节　油库泡沫灭火系统

油库灭火系统一般由报警系统、供水冷却系统、泡沫灭火系统或烟雾灭火系统等组成。泡沫是扑救油品火灾最为有效的灭火剂，泡沫灭火系统是扑救油库火灾行之有效的灭火手段。作为油库消防灭火系统的最重要组成部分，泡沫灭火系统为控制及扑灭油库火灾提供了有效的保障。

一、泡沫灭火系统分类

泡沫灭火系统按泡沫灭火剂的发泡性能分为低倍数泡沫灭火系统、中倍数泡沫灭火系统、高倍数泡沫灭火系统;按灭火时泡沫导入油罐的方式,可分为液上喷射泡沫灭火系统、液下喷射泡沫灭火系统和泡沫喷淋系统;按灭火设备的设置情况,又可分为固定式泡沫灭火系统、半固定式泡沫灭火系统和移动式泡沫灭火系统三种;按使用的泡沫药剂种类可分为化学泡沫和空气泡沫灭火系统。

二、泡沫灭火系统灭火过程

当油库发生火灾后,消防值班人员(手动)启动(或由火灾自动报警装置、自动控制启动)泡沫消防泵、冷却水管道控制阀门,比例混合器在压力水的作用下,按规定比例吸入泡沫液和水混合形成泡沫混合液,混合液进入泡沫消防泵进一步搅拌混合,泡沫混合液经管道输送到泡沫产生器,泡沫产生器吸入或吹入空气产生泡沫喷出,泡沫覆盖燃烧液面灭火。

从上述灭火过程可以看出,泡沫灭火系统有两个重要步骤,一是将泡沫液和水按比例混合形成泡沫混合液,吸入泡沫的比例是根据火场要求的泡沫混合液供给强度,可人为来设定,它直接关系到灭火效果,这是关键的一步;二是泡沫混合液输入泡沫产生器,吸入空气形成泡沫,这是决定泡沫质量的重要一步。

三、泡沫灭火系统构造

油库泡沫灭火系统可根据火灾的特点选用低倍数泡沫灭火系统、中倍数泡沫灭火系统、高倍数泡沫灭火系统。

1. 低倍数泡沫灭火系统结构

低倍数泡沫灭火系统使用发泡 20 倍以下的泡沫液,这种灭火系统适用于开放性的火灾灭火,是油库常用的泡沫灭火系统。其特点是使用范围广,泡沫可远距离喷射,抗风干扰比中倍数强,多次有效地扑灭了石油及石油类产品的火灾,是一种比较成熟的灭火方式,主要用于扑救原油、汽油、煤油、柴油等 B 类火灾,适合于油库内油罐、桶装库房、装卸油栈桥、石油码头等作业场所使用。低倍数泡沫灭火系统主要有如下五种类型:

1)固定式液上喷射泡沫灭火系统

固定式液上喷射泡沫灭火系统由固定泡沫混合液泵、泡沫比例混合器、泡沫液储罐、泡沫混合液管、泡沫产生器、水源和动力等组成,如图 4-7 所示。其特点是投资大、操作简单、出泡沫快、节省人力、劳动强度小。

2)固定式液下氟蛋白泡沫灭火系统

固定式液下氟蛋白泡沫灭火系统由消防泵、供水管线、泡沫管线、止回阀、高背压泡沫产生器、泡沫液储罐、水源和动力等组成,如图 4-8 所示。其特点是泡沫产生器不会因

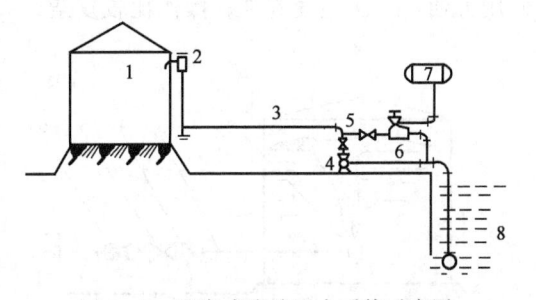

图 4-7 固定式泡沫灭火系统示意图
1—油罐;2—泡沫产生器;3—泡沫混合液管道;
4—泡沫泵;5—闸阀;6—比例混合器;
7—泡沫液罐;8—消防水池

油罐爆炸而受到损坏，但止回阀密封效果不够理想，常常出现渗漏现象。

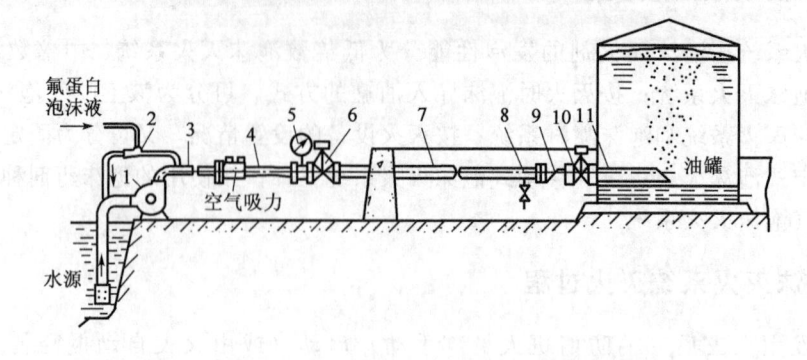

图4-8 固定式液下氟蛋白泡沫灭火系统
1—消防泵；2—空气泡沫比例混合器；3—混合管道；4—高背压泡沫产生器；5—背压表；6—背压调节阀；
7—泡沫管道；8—泡沫取样阀或放水阀；9—止回阀；10—截止阀；11—泡沫注入管

3) 半固定式液上喷射泡沫灭火系统

半固定式液上喷射泡沫灭火系统由水源或消防栓、泡沫消防车、消防水带、泡沫液混合器和空气泡沫产生器等部件组成，如图4-9所示。其特点是比固定式灭火系统投资少、维护费用少，但需要配备一定数量的消防车、消防水带等，适用于地形较为平坦的油罐区。

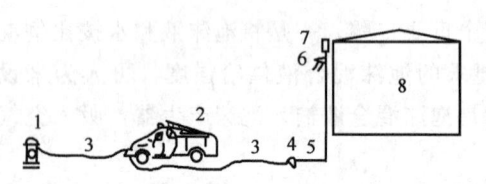

图4-9 半固定式液上喷射泡沫灭火系统
1—消防栓；2—泡沫车；3—水龙带；4—管牙接口；
5—固定的泡沫混合液管道；6—空气吸入口；
7—空气泡沫产生器；8—油罐

4) 半固定式氟蛋白泡沫喷射灭火系统

半固定式氟蛋白泡沫喷射灭火系统由固定的泡沫管线、止回阀、高背压泡沫产生器、快速接头及移动式消防车、消防水带和水源等组成，如图4-10所示。其特点是投资少、维护费用少，可靠性好，操作复杂，准备时间长。

5) 移动式液上喷射泡沫灭火系统

移动式液上喷射泡沫灭火系统由水源或消防栓、泡沫消防车、消防水带、泡沫钩管或泡沫管架等组成，如图4-11所示。其特点是灭火过程中不会因油罐爆炸而毁坏，可靠性高，使用方便，一次性投资少，操作比较复杂，灭火前准备时间长。

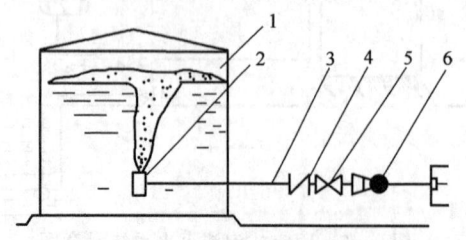

图4-10 半固定式氟蛋白泡沫喷射灭火系统
1—油罐；2—泡沫喷口；3—泡沫管线；4—止回阀；
5—阀门；6—高背压泡沫产生器

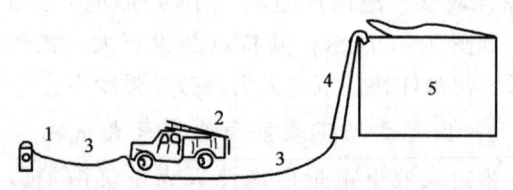

图4-11 移动式液上喷射泡沫灭火系统示意图
1—消防栓；2—泡沫消防车；3—消防水带；
4—泡沫管架（钩管）；5—油罐

2. 中倍数泡沫灭火系统结构

中倍数泡沫是指发泡 21～200 倍的泡沫液，发泡 50 倍以下的中倍数泡沫适用于地上油罐的液上喷射灭火，发泡 50 倍以上的中倍数泡沫适用于流淌火灾的扑救。由于蛋白型中倍数泡沫液性能的改进和中倍数泡沫质量比低倍数泡沫质量轻，应用于油罐的液上喷射灭火时，与低倍数泡沫灭火系统相比，具有一定的优势，表现为泡沫在油面上流动速度快，可直接喷射在油面上，受油品污染少，抗烧性好，灭火速度快。

中倍数泡沫灭火系统主要有局部应用式和移动式两种形式。

局部应用式中倍数泡沫灭火系统是由固定式或半固定式中倍数泡沫发生装置直接或通过导向装置将泡沫喷射到火灾部位的灭火系统。系统一般由固定泡沫发生器、比例混合器、泡沫混合液泵、水池、泡沫液罐、管道过滤器、阀门、管道及其附件等组成。用于扑救油罐内火灾时，其流程基本上与低倍数泡沫灭火系统相似。移动式中倍数泡沫灭火系统是由移动式中倍数泡沫发生装置直接或通过导泡筒将泡沫喷射到火灾部位的灭火系统。系统一般由水罐消防车或手抬机动泵、比例混合器或泡沫消防车、手提式或车载式泡沫发生器、泡沫液桶、水带及其附件等组成。

中倍数灭火系统主要应用于如下几种情况：大范围内的局部封闭空间；大范围内的局部设有阻止泡沫流失的围挡设施的场所；流散的 B 类火灾场所；不超过 100m^2 的流淌 B 类火灾场所。

3. 高倍数泡沫灭火系统

高倍数泡沫灭火系统是使用发泡 200 倍以上的泡沫液的泡沫灭火系统，这种灭火系统一般用于扑救密闭空间内发生的火灾，如覆土油罐、电缆沟、管沟等建（构）筑物内的火灾。

四、泡沫灭火系统主要设备

1. 泡沫消防泵

泡沫消防泵站可与消防水泵房合建，并应符合国家现行有关标准对消防水泵房或消防泵房的规定；泡沫消防泵站与被保护对象的距离不宜小于 30m，且应满足在泡沫消防泵起动后，将泡沫输送到最远保护对象的时间不宜大于 5min。

泡沫消防水泵、泡沫混合液泵应采用自灌引水启动，以节省准备时间，一组泡沫消防泵的吸水管不应少于两条，当其中一条损坏时，其余的吸水管可以替代，并应能通过全部用水量。泡沫消防泵宜选用特性曲线平缓的离心泵，当采用环泵式比例混合器时，泡沫混合液泵的额定流量宜为系统设计流量的 1.1 倍。泵的出水管上，应设置压力表、止回阀和带控制阀的回流管。

系统应设置备用泡沫消防水泵或泡沫混合液泵，其工作能力不应低于最大一台泵的能力。特殊情况下也可以不设备用泵。泡沫混合液泵备用泵的规格型号应与工作泵相同，且工作故障时应能自动与手动切换到备用泵。

2. 泡沫比例混合器

空气泡沫比例混合器是固定式空气泡沫系统、泡沫消防车的主要配套设备。它能使水与空气泡沫液按规定比例混合组成泡沫混合液，供给泡沫产生器、泡沫枪、泡沫炮和喷管等灭火使用。空气泡沫比例混合器有环泵式泡沫比例混合器、压力比例混合器、平衡压力比例混合器、管线式泡沫比例混合器等类型，可根据实际情况选用。

1) 环泵式泡沫比例混合器

PH系列环泵式泡沫比例混合器固定安装在消防泵的出水管和进水管之间，管线形成环流状，因此称为环泵式泡沫比例混合器，其安装示意图如图4-12所示。

PH系列环泵式泡沫比例混合器主要由调节手柄、指示牌、阀体、调节球阀、混合室和扩散管等部分组成，其构造如图4-13所示。调节手柄用来调节混合液流量，调节球阀有4个或5个不同口径，用以调节泡沫液流量，指示牌指示各挡表示泡沫混合液流量（单位是L/s），阀体是球阀的外壳，喷嘴安装在混合室内，依靠射流作用产生真空、吸引泡沫液，混合室是泡沫液和水的混合空间，在扩散管中能量由动能转变为压力能。

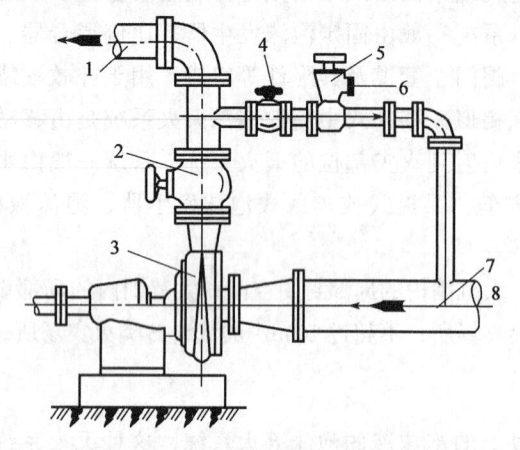

图4-12 PH系列环泵式泡沫比例混合器
1—出水管；2—出水总阀门；3—消防泵；4—阀门；
5—泡沫比例混合器；6—吸入空气泡沫液；
7—进水管；8—无压水源

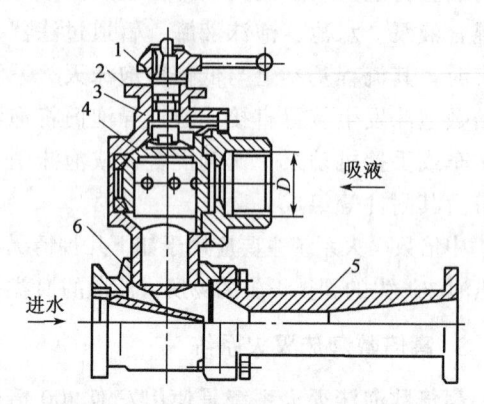

图4-13 环泵式泡沫比例混合器结构
1—调节手柄；2—指示牌；3—阀体；
4—调节球阀；5—扩散管；6—喷嘴

(1) 工作原理。

当从水泵出来的高速压力水通过喷嘴进入混合室时，由于射流质点的横向紊流扩散作用，将泡沫液吸入管内的空气带走，管内形成真空，泡沫液在大气压力下被吸入，两种液体在扩散管前喉管内混合，混合液扩散后，将大部分动力能转变为压力能，最后进入水泵，经水泵搅拌充分混合并将泡沫混合液输出。

(2) 规格性能。

PH系列环泵式泡沫比例混合器的规格按每秒提供的最大泡沫混合液量划分为PH32（32L/s）、PH48（48L/s）、PH64（64L/s）等三种型号，其主要性能参数见表4-15。

表4-15 PH系列环泵式泡沫比例混合器性能

型 号	PH32、PH32C					PH48				PH64、PH64C			
混合液流量，L/s	4	8	16	24	32	16	24	32	48	16	32	48	64
泡沫液流量，L/s	0.24	0.48	0.96	1.44	1.92	0.96	1.44	1.92	2.88	0.96	1.92	2.88	3.84
进口工作压力，MPa	0.6～1.4												
出口工作压力，MPa	0～0.05												

环泵式泡沫比例混合器适用于低倍数泡沫灭火系统，也适用于集中控制流量基本不变的一个或多个防护区的局部应用式中倍数泡沫灭火系统。它一般和固定式消防泵配套使用，也

可安装在泡沫消防车上。

(3) 注意事项。

环泵式泡沫比例混合器出口背压宜为零或负压，当进口压力为 0.7~0.9MPa 时，其出口背压可为 0.02~0.03MPa。当出口背压压力为零时，吸液管上应有防止水倒流入泡沫液储罐的措施。

环泵式泡沫比例混合器的吸液口不应高于泡沫液储罐的最低液面 1m。

环泵式泡沫比例混合器进口工作压力为 0.6~1.4MPa，该压力限制了消防泵站与扑救火灾最远点的距离和高差，即消防泵的出口压力最大不应超过 1.4MPa。

环泵式泡沫比例混合器一般采用 6% 型泡沫液，当油罐采用中倍数泡沫灭火系统时，由于中倍数泡沫液混合比为 8%，所以在使用 PH 系列比例混合器时，泡沫混合液流量将发生变化，如表 4-16 所示。

表 4-16 指针位置与泡沫混合液流量关系

比例混合器指针位置	4	8	12	16	24	32	48	64
泡沫液吸入流量，L/s	0.24	0.48	0.72	0.96	1.44	1.92	2.88	3.84
低倍数泡沫灭火系统（混合比 6%）的泡沫混合液流量，L/s	4	8	12	16	24	32	48	64
中倍数泡沫灭火系统（混合比 8%）的泡沫混合液流量，L/s	3	6	9	12	18	24	36	48

从表 4-16 可以看出，在中倍数泡沫灭火系统中，当需要泡沫混合液流量为 6L/s 时，应把比例混合器指针位置调到"8"，如果系统设计需要泡沫混合液流量为 30L/s 时，可选用 2 个 PH32 比例混合器关联安装，一个指针位置在"16"，另一个指针调至"24"位置上即可满足系统要求。

2) 压力比例混合器

压力比例混合器安装在耐压的泡沫液储罐上，并处在水泵出口压力的管网上，它的用途与负压比例混合器相同（视频 4-5）。

(1) 结构。

压力比例混合器按泡沫液储罐内设囊与否，可分为囊式和无囊式压力比例混合器；按照安装形式，可分为卧式和立式压力比例混合器两种。卧式和立式压力比例混合器构造如图 4-14 和图 4-15 所示。

视频 4-5 压力比例混合器

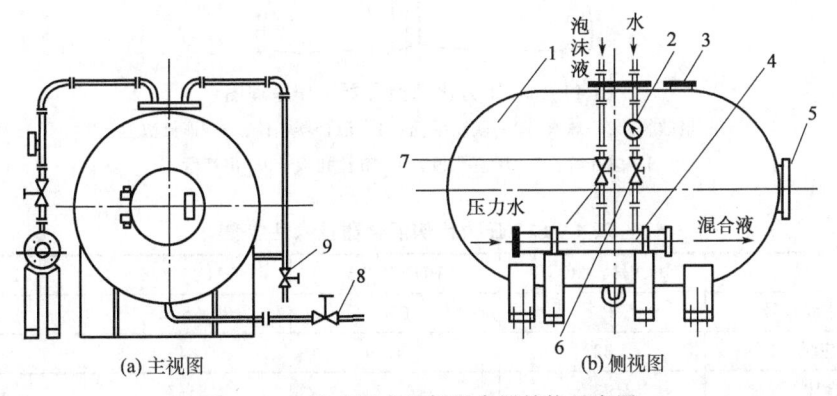

图 4-14 卧式压力比例混合器结构示意图

1—泡沫液储罐；2—压力表；3—加液口；4—比例混合器；5—人孔盖；
6—进水阀；7—出液阀；8—泄放阀；9—排气阀

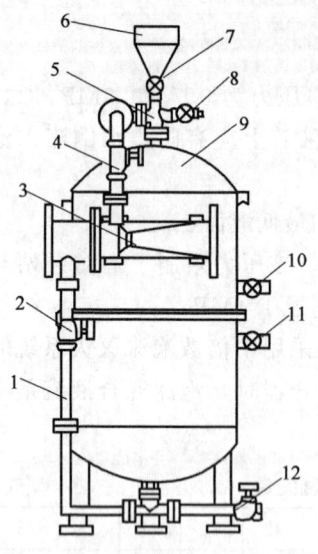

图 4-15 立式压力比例混合器
结构示意图
1—供水支管；2—进水阀；3—比例混合器；
4、5—出液阀；6—加液口；
7—加液阀；8—放置阀；9—储液罐；
10、11—检查阀；12—放水阀

（2）工作原理。

如图 4-16 所示，当有压力的水流通过比例混合器时，在压差孔板的作用下，造成孔板前后之间的压力差。孔板前较高的压力水由缓冲管进入泡沫液储罐上部，迫使泡沫液从储罐下部经出液管压出；当它通过节流孔板时，又受压差孔板后负压的作用被吸入。由于孔板的喷射作用，使泡沫液与压力水按 6:94 比例混合，并输送到泡沫产生器。它利用了压和吸的双重作用，故其压力损失小。进口压力的大小，取决于所配用的泡沫喷射设备的工作压力、管路（或水龙带）长度及摩擦损失的大小；出口压力只要能满足泡沫喷射设备的工作压力范围，混合器均能将泡沫与水按正常混合。

（3）规格。

压力比例混合器通常按照其提供的泡沫混合液流量划分为 PHY32C、PH648/55、PHY64/76、PHY72/30C 等多种规格，其中 PHY32C 为船用型号。混合器进口压力均为 0.6~1.2MPa，压力损失约为 0.1MPa，其技术性能见表 4-17。

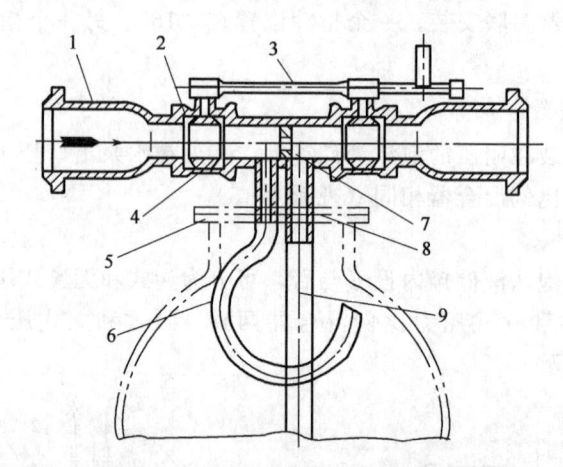

图 4-16 压力比例混合器工作原理图
1—聚散管；2—球阀；3—联动手柄；4—混合器本体；5—连接法兰；
6—缓冲管；7—压差孔板；8—节流孔板；9—出液管

表 4-17 压力比例混合器技术性能表

型　　号	PHY32C	PHY48/55	PHY64/76	PHY72/30C
配用泡沫液型号	3%	6%	6%	3%
混合液供应量，L/s	32	48	64	72
混合比	3~3.5	6~7	6~7	3~3.5
储罐容量，L	700	5500	7600	3000
最大供液量供液时间，min	12	30	30	23

(4) 使用范围及条件。

压力比例混合器适用于大中型储油罐区固定式或半固定式低倍数泡沫灭火系统，并可与泡沫炮、泡沫枪、泡沫钩管等配套使用。其安装示意图，如图4-17所示。

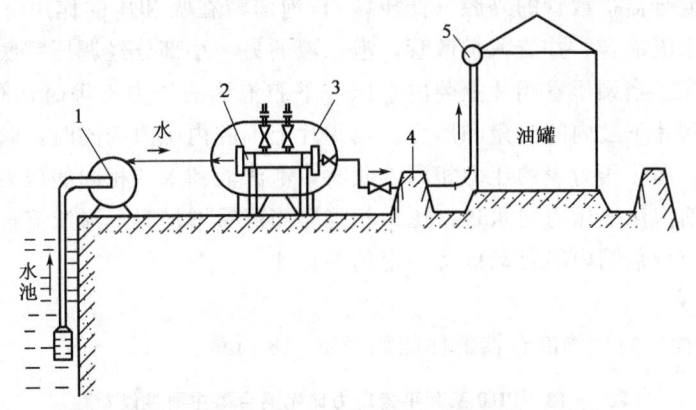

图4-17 PHY系列压力比例混合器安装示意图
1—水泵；2—压力比例混合器；3—泡沫液储罐；4—防护堤；5—泡沫产生器

与混合器配套使用的消防水泵的压力必须达到混合器所需工作压力的标准。混合器必须在标定的工作范围内使用，否则将影响混合比，降低空气泡沫液质量。

压力比例混合器使用时应首先开启排气阀，随后开启进水阀，当排气阀出水时即可关闭，待储罐内压力升到所需压力值时，开启出液阀，混合液即可输出。

混合液停止使用时，需要将出液阀、进水阀分别关闭，然后开启放液阀，待压力表回零时，开启排气阀，将储罐内泡沫和水放掉，因为储罐内剩余的泡沫液已与水混合，不能第二次使用，必须重新充填新的泡沫液。

混合器使用后必须用清水清洗干净，要特别注意混合器孔板的畅通。

PHYT系统推车式空气泡沫比例混合器，也带储存容器，可储存低、中、高倍数泡沫液，并能自动调节混合比。

3）平衡压力比例混合器

(1) 结构。

平衡压力比例混合器由平衡压力调节阀和比例混合器两大部分组成。平衡压力调节阀主要由调压阀、阀杆、阀芯、双阀座、橡胶阀片及压力表等部件构成。比例混合器位于孔板下部，主要包括喷嘴、扩散管和对泡沫液流量起控制作用的孔板等，其结构如图4-18所示。

(2) 工作原理。

PHP型平衡压力比例混合器与同步驱动的消防泵和泡沫液泵配套使用。消防泵压力水从混合

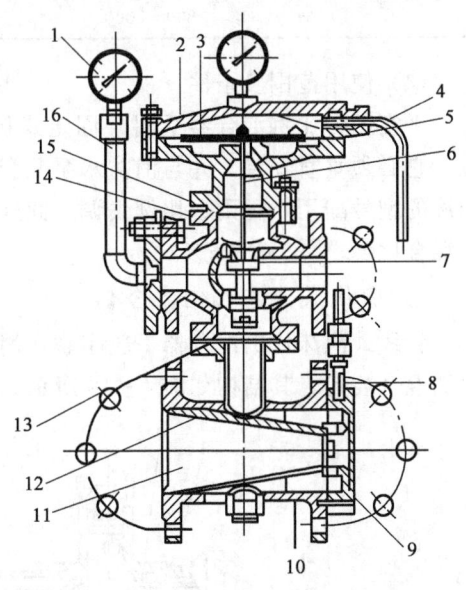

图4-18 平衡压力比例混合器结构
1—压力表；2—调压室盖；3—阀片压板；4—导水管；5—阀片；6—阀杆；7—阀芯；8—导水管入口端；9—混合器喷嘴；10—混合器；11—扩散管；12—泡沫液接管；13—孔板；14—双阀座；15—调压室下座；16—泡沫液压力管

器的喷嘴处流入时，由于喷嘴截面积变小，流速增高，水流以高速喷出进入扩散管。这时在孔板的下方形成低压区，压力水的另一小部分经过导水管入口流到调压阀的阀片上腔，由泡沫液泵输送的泡沫液以大于水的压力进入双阀座，通过阀芯与双阀座之间的空隙，大部分泡沫液由孔板进入混合器扩散管的外腔（低压区），泡沫液在吸和压的作用下，经喷嘴与扩散管的空隙同高速水流混合，并流入扩散管，泡沫液的另一小部分经调压室底座的两个孔流入调压室的阀片下腔。当调压室阀片上腔内水压与下腔泡沫液压力不等时，阀杆将上下移动，改变泡沫液进入阀片下腔内的流量和压力。当阀片上下腔内压力相同时，阀杆动作停止，在这种平衡状态下，两只压力表的压力相同。此时，泡沫液和水在相同的压力下分别流过孔板和喷嘴，即孔板前泡沫液压力与水进口压力相等。当流量增加时，泡沫流量也增加，反之则减少。在标定的流量范围内能自动保持一定的混合比。

（3）规格。

PHP系列平衡压力比例混合器的性能如表4-18所示。

表4-18 PHP系列平衡压力比例混合器主要性能参数

型号	水流量，L/min		水进口压力 p' MPa	泡沫液进口压力 p' MPa	混合比，%	压力降
PHP20	3%	700~1500	0.5~1.0	$p<p'<p+0.2$	3或6	≤20%
	6%	600~1500				
PHP40	3%	300~2200	0.5~1.0	$p<p'<p+0.2$	3或6	≤20%
	6%	600~2200				
PHP60	3%	1200~5000	0.5~1.0	$p<p'<p+0.2$	3或6	≤20%
	6%	800~5000				

（4）使用范围及条件。

平衡压力比例混合器适用于固定式低倍数泡沫灭火系统，也可用于高倍数泡沫灭火系统。它必须垂直安装，并与消防水泵配套使用。当使用3%或6%泡沫液时孔板必须按照泡沫液的型号配用，否则会比例失调。此外，使用时两只压力表指示压力值必须相同，才能满足混合比要求（3%或6%）。

4）管线式泡沫比例混合器

管线式泡沫比例混合器一般串联在消防管道或消防水带上，它是一种可以移动的便携式比例混合装置，其结构如图4-19所示。当消防水泵吸水时，依靠压力出水在喉管处形成的

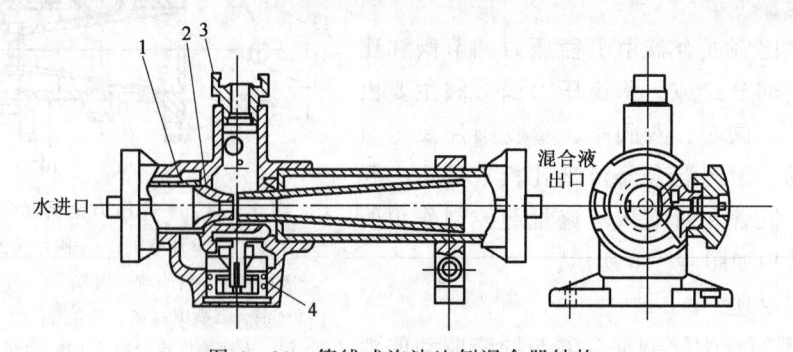

图4-19 管线式泡沫比例混合器结构

1—过滤网；2—喷嘴；3—吸液管接口；4—调节手柄

喷射作用将泡沫按比例吸入，与水形成泡沫混合液，输送至泡沫产生器。

管线式泡沫比例混合器具有结构简单、使用方便的优点，适用于半固定式或移动式泡沫灭火系统，可在低、中、高倍数泡沫灭火系统中采用。但由于通过该类型比例混合器时压降太大，因此其使用受到一定的限制。

PHX系列管线式泡沫比例混合器的主要技术性能参数见表4-19。

表4-19 PHX系列管线式泡沫比例混合器的主要性能参数

型 号	混合流量，L/s	混合比，%	进口工作压力，MPa	压力损失，MPa
PHX2/50	200			
PHX4/50	400	3或6	0.8~1.2	≤0.5
PHX8/50	800			

当半固定或移动式系统采用该比例混合器时，应符合下列规定：

(1) 水进口压力范围为0.6~1.2MPa，且出口压力应满足泡沫产生装置的进口压力要求；

(2) 比例混合器的压力损失可按水进口压力的35%计算。

3. 泡沫产生器

泡沫产生器是泡沫消防系统中用来产生和喷射泡沫的装置。空气泡沫产生器的作用是将空气和泡沫混合液混合形成灭火泡沫。空气泡沫产生器按使用位置分为液上空气泡沫产生器和液下空气泡沫产生器。按产生泡沫的倍数分为低倍数、中倍数和高倍数泡沫产生器。

1) 液上空气泡沫产生器

液上空气泡沫产生器有立式和横式两种，均安装在油罐壁的上部，它们只是安装形式不同，其构造和工作原理基本相同。

(1) 结构。

横式空气泡沫产生器结构如图4-20所示，主要由壳体、泡沫管、导流板等组成，壳体包括密封玻璃片、玻璃压圈、喷嘴、滤网、罩板、壳体等。密封玻璃片用于密封油罐，防止易燃气体外溢，玻璃压圈密封玻璃片，喷嘴控制流量。滤网防止杂物进入，罩板上安装玻璃片。泡沫喷射管是空气泡沫动态平衡管段，由连接管、90°弯头、喷管、出口组成。导流板用来引导空气泡沫沿罐壁流淌，使泡沫平稳地覆盖在燃烧液面上。

立式、横式空气泡沫产生器的安装如图4-21、图4-22所示。

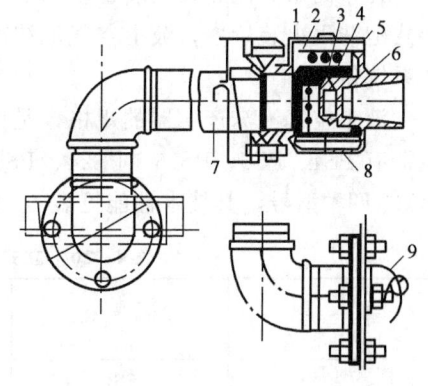

图4-20 横式空气泡沫产生器结构
1—密封玻璃；2—玻璃压圈；3—喷嘴；
4—滤网；5—罩板；6—壳体；
7—泡沫管；8—壳体组；9—导流板

(2) 工作原理。

泡沫混合液经管道流过泡沫产生器孔板时，突然节流，流速增大，造成负压，因而将大量空气吸入产生器内，同泡沫混合液混合形成空气泡沫，压力泡沫流将密封玻璃片冲破，进入喷射管的空气泡沫得到动态平衡变得更均匀，然后在导板的作用下，沿罐壁淌下，覆盖在燃烧液面上灭火。

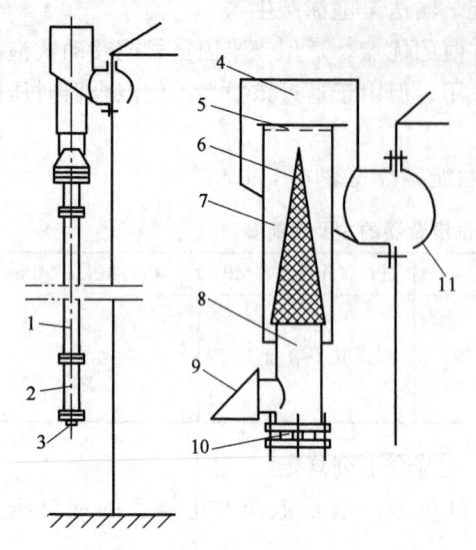

图 4-21 立式空气泡沫产生器示意图

1—混合液输入管；2—短管；3—闷盖；4—泡沫室盖；
5—玻璃盖；6—滤网；7—泡沫室本体；8—产生器本体；
9—空气吸入口；10—孔板；11—导板

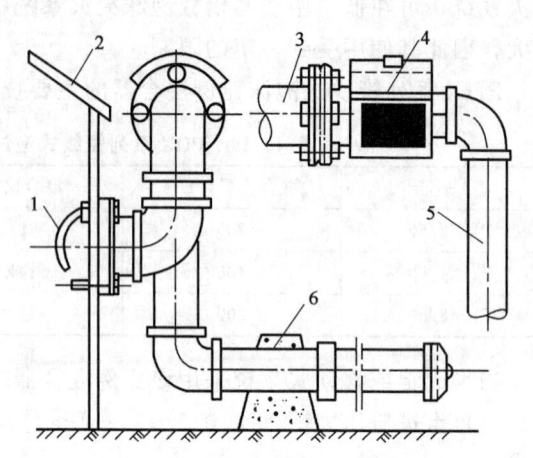

图 4-22 横式空气泡沫产生器安装示意图

1—油罐壁导向板；2—油罐；3—横管；
4—泡沫室；5—立管；6—防火堤

密封玻璃片是一种易碎品，用来防止易燃气体外溢，所以必须经常检查，发现破碎要及时更换。滤网是用来防止杂物进入的，也需要经常检查，一旦发现杂物堵塞时要及时加以清除。泡沫产生器的安装位置，要便于管理人员维护检查。

(3) 规格及性能参数。

在半固定式泡沫灭火装置中，液上空气泡沫产生器由泡沫消防车供给泡沫混合液；在固定式泡沫灭火装置中，液上空气泡沫产生器的泡沫混合液由消防泵房的固定消防泵及管道输送系统供给。

液上空气泡沫产生器的规格，是按其提供的最大混合液流量来划分的，立式空气泡沫产生器有 PS4、PS8、PS16、PS24、PS32 五种型号，横式泡沫产生器有 PC4、PC8、PC16、PC24 四种型号，其技术性能见表 4-20。

表 4-20 立式和横式空气泡沫产生器技术性能表

名 称	型 号	标定进口工作压力 MPa	混合液流量，L/s	空气泡沫流量，L/s
25L 空气泡沫产生器	PS4		4	25
	PC4			
50L 空气泡沫产生器	PS8		8	50
	PC8			
100L 空气泡沫产生器	PS16	0.5	16	100
	PC16			
150L 空气泡沫产生器	PS24		24	150
	PC24			
200L 空气泡沫产生器	PS32		32	200

(4) 使用及保养。

空气泡沫产生器需与泡沫比例混合器配套使用,操作应注意混合液进入产生器时的压力必须保证为0.3~0.5MPa,最低不得低于0.2MPa。如果压力过低,混合液就从空气进口流出,不能形成泡沫或倍数很低的泡沫;如果压力高于0.5MPa,也同样不利于泡沫的形成。

安装空气泡沫产生器前,先检查一下各部件是否齐全完好,装配部位是否正确,如有短缺或损坏应及时配齐或更换,并按照说明书和设计要求进行安装。每年应对泡沫产生器涂刷防腐油漆一次,并拆开泡沫室盖清除内部杂物,检查玻璃盖、滤尘罩是否完整,如有损坏及时更换。每次使用后应以清水将空气泡沫产生器冲洗干净,换上新玻璃盖。

2) 液下空气泡沫产生器

液下空气泡沫产生器又称为高背压泡沫产生器,是液下喷射灭火的关键设备。

(1) 结构及工作原理。

液下空气泡沫产生器主要由喷嘴、止回阀、压力表、混合管和扩散管等组成,如图4-23所示。

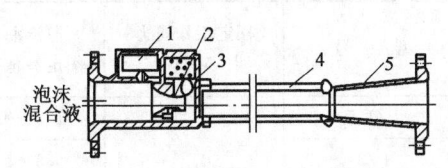

图4-23 高背压泡沫产生器示意图
1—压力表;2—喷嘴;3—止回阀;
4—混合管;5—扩散管

(2) 工作原理。

高背压泡沫产生器的工作原理是:当压力混合液流通过喷嘴以一定速度喷射时,由于射流质点的横向紊动扩散作用,将混合室内的空气带走形成真空区,这时空气由进气口进入混合室。空气与混合液通过混合管混合形成微细泡沫,当它通过扩散管时,由于扩散管断面逐渐扩大从而使流速逐渐下降,部分动能转变为势能,压力逐渐上升,流出扩散管后则形成具有一定压力和倍数的空气泡沫,以克服管道阻力和油层静压升浮到油面灭火。其中压力表用于指示液体进口压力,喷嘴用于控制流量和节流,止回阀用于超背压时自动关闭吸气口,阻止液体外溢。

(3) 主要技术参数。

液下喷射泡沫产生器的性能,如表4-21所示。

表4-21 PCY系列液下喷射泡沫产生器性能

型号	泡沫混合液流量 L/s	标定工作压力 MPa	背压,MPa	发泡倍数	泡沫25%析液时间 s
PCY450	450	0.7	0.175	2.51~4	>180
PCY450G	450				
PCY900	900				
PCY900G	900				
PCY1350G	1350				
PCY1800G	1800				

3) 中倍数泡沫产生器

中倍数泡沫产生器有固定式、移动式两种。

(1) 固定式。

喷嘴的四孔喷射出四股射流,相互碰撞后形成雾状水珠,击碎密封玻璃后,喷洒在发泡

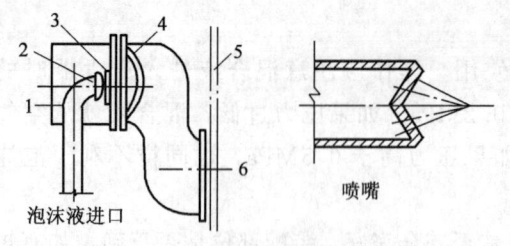

图 4-24 中倍数泡沫产生器结构
1—外壳；2—喷嘴；3—玻璃密封板；
4—发泡网；5—油罐外壁；6—泡沫发射口

网上，由于高速水流的边界为负压区，吸入大量空气后，在发泡网上便会产生大量泡沫后进入油罐，其结构如图4-24所示。

由于发泡网的材质、结构和形状对发泡量和泡沫质量有很大影响，为保证发泡性能和提高使用年限，要求发泡网应用不锈钢材料制作。此外安装在油罐上的中倍数泡沫产生器对吸气条件要求较严格，所以其进空气口应高出罐壁顶。

PZ系列中倍数泡沫发生器的性能见表4-22。

表4-22 PZ系列中倍数泡沫发生器主要性能参数

型号	额定工作压力 MPa	泡沫混合液额定流量，MPa	混合比	发泡倍数	泡沫液
PZ1.5	0.3	1.5±0.075	8%	21～40	YEZ（8）A、B型中倍数泡沫液
PZ3		3±1.5			
PZ6		6±0.3			

（2）移动式。

移动式中倍数泡沫发生器轻便、灵活，可以移动，类似于低倍数泡沫系统的空气泡沫枪。目前国内生产的PZ5型、PZ5A型中倍数手提式泡沫发生器的性能见表4-23。

表4-23 中倍数手提式泡沫发生器性能参数

型号	工作压力，MPa	泡沫混合液流量，MPa	发泡倍数	泡沫射程，m	配用泡沫液
PZ5	0.3～0.6	5	20～30	10～20	YEG23 或 YEZ
PZ5A					

注：可与PHYT系列推车压力式空气泡沫比例混合器、泡沫消防车配套使用。

4. 泡沫液及泡沫液储罐

泡沫液是泡沫灭火系统使用的灭火剂。按发泡倍数泡沫液分为低倍数、中倍数和高倍数三种。发泡倍数是指泡沫的体积与产生这些泡沫的泡沫混合液体积的比值。

1）泡沫液的选择及存储

（1）低倍数泡沫液。

低倍数泡沫液应用于低倍数泡沫灭火系统，应根据已经安装的泡沫灭火系统选用泡沫液。非水溶性甲、乙、丙类液体储罐低倍数泡沫液的选择应符合下列规定：当采用液上喷射系统时，应选用蛋白、氟蛋白、成膜氟蛋白或水成膜泡沫液；当采用液下喷射系统时，应选用氟蛋白、成膜氟蛋白或水成膜泡沫液；当选用水成膜泡沫液时，其抗烧水平不应低于现行国家标准《泡沫灭火剂》（GB 15308—2006）规定的C级。

保护非水溶性液体的泡沫——水喷淋系统、泡沫枪系统、泡沫炮系统，选择泡沫液时应满足下列要求：采用吸气型泡沫产生装置时，可选用蛋白、氟蛋白、水成膜或成膜氟蛋白泡沫液；采用非吸气型喷射装置时，应选用水成膜或成膜氟蛋白泡沫液。

(2) 中倍数泡沫液。

中倍数泡沫灭火系统泡沫液的选择应符合下列规定：用于油罐的中倍数泡沫灭火剂应采用专用8%型氟蛋白泡沫液；除油罐外的其他场所，可选用中倍数泡沫液或高倍数泡沫液。

中倍数泡沫液分为淡水型、耐海水型、淡水海水通用型三种，使用时应与油库消防水相匹配。

(3) 高倍数泡沫液。

高倍数泡沫液用于高倍数泡沫灭火系统，也可用于中倍数泡沫灭火系统。目前高倍数泡沫液分为淡水型、耐海水型、耐温耐烟型三种。

当高倍数泡沫灭火系统利用热烟气发泡时，应采用耐温耐烟型高倍数泡沫液。

泡沫液宜储存在通风、干燥的房间或敞棚内，储存的环境温度应符合泡沫液使用温度要求。一般泡沫液的储存温度通常为0～40℃。

2) 泡沫液储罐

泡沫液储罐是储存泡沫液的容器。当采用环泵式或平衡压力式泡沫比例混合流程时，泡沫液储罐应选用常压储罐。当采用压力式泡沫比例混合流程时，泡沫液储罐应选用压力储罐。

泡沫液储罐宜采用耐腐蚀材料制作，当采用钢罐时，储罐内壁应作防腐处理。泡沫液储罐的大小经计算确定，应能储存够扑灭一次火灾所需的泡沫液量。

泡沫液储罐分为立式和卧式两种结构型式，主要规格有300L、400L、500L、600L、700L、800L、1000L、1200L、1500L和2000L。储罐上应设置液面计、出液口、排渣孔、进料孔、人孔、取样口、呼吸阀或带控制阀的通气管等附件。图4-25是立式圆柱形泡沫液储罐，图4-26是卧式圆柱形泡沫液储罐。

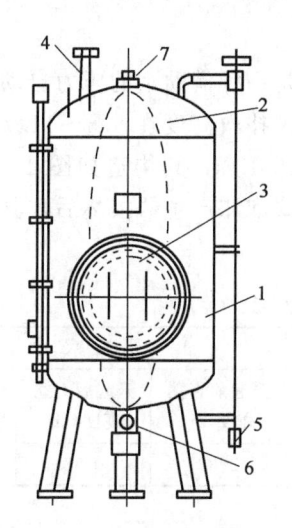

图4-25 立式圆柱形泡沫液储罐
1—罐体；2—滤网；3—人孔；4—泡沫液注入孔；
5—排水用短管；6—泡沫液出口；7—排气口

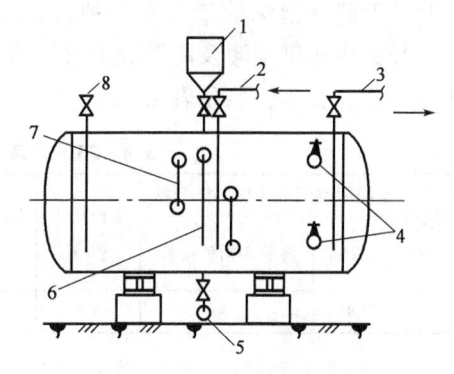

图4-26 卧式圆柱形泡沫液储罐
1—人工加液口；2—进液管；3—出液管；
4—取样口；5—放空管；6—溢流管；
7—液面计；8—通气管

出泡沫液的管线可以从泡沫液储罐的上部、中部或下部伸进罐内，但伸进罐的管口，应高出泡沫液储罐罐底最少15cm，其目的是防止泡沫液中的沉淀物堵塞出口。出液管上设置有止回阀、闸阀，以防止水倒流入泡沫液储罐。通气管直径一般选用DN50，溢流管直径应不小于进液管的直径。为了便于定期取样，测定泡沫液的性质，泡沫液储罐应设两个DN15取样口（高低液位各设1只）。

压力泡沫液储罐应设有安全阀、排渣孔、进料孔、人孔和取样孔。

5. 泡沫钩管

泡沫钩管是化学泡沫和空气泡沫两用的移动式灭火设备，用来产生和喷射空气泡沫，扑救油罐火灾，如图4-27所示。目前泡沫钩管只有一种，其泡沫发生量为100L/s。它通常配备有两个附件，使用化学泡沫时，在钩管下端装有"分支管"，以便分别跟甲、乙粉输送管线相接；使用空气泡沫时，在钩管下端装有空气泡沫发生器。钩管上端有弯形喷管，用来钩挂在着火的油罐上，向罐内喷射泡沫。如油罐高度过高或其他原因发生钩挂困难，可借助消防拉梯将钩管钩挂在罐壁上，如图4-28所示。泡沫钩管的技术性能见表4-24。

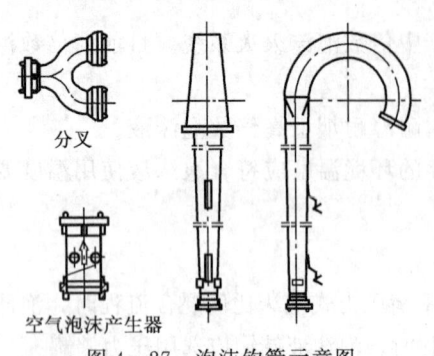

图4-27 泡沫钩管示意图

表4-24 泡沫钩管的技术性能

型号	规格 L/s	配用空气泡沫比例混合器 型号	配用空气泡沫比例混合器 调节阀指针位置	钩管进口压力 MPa	混合液耗量 L/s	泡沫发生量 L/s	外形尺寸 钩管长度，m	外形尺寸 钩管宽度，m	重量，kg
PG16	100	PH32	100	0.5	16	100	3.82	0.58	14

6. 升降式泡沫管架

升降式泡沫管架的作用和使用方法与泡沫钩管相同，是一种借助水的压力自动升起的移动式泡沫灭火设备，由于其长度范围可以调节，所以可用来扑救高度在6.5～11.7m的油罐火灾。目前升降式泡沫管架只有一种，其泡沫发生量为100L/s，其构造如图4-29所示，它适用于扑灭中小型油罐及高架罐火灾。当油罐上的固定式泡沫产生器损坏后，其可替代泡沫产生器工作，技术性能见表4-25。

表4-25 升降式泡沫管架技术性能

型号	规格 L/s	配用空气泡沫比例混合器 型号	配用空气泡沫比例混合器 调节阀指针位置	工作压力 MPa	混合液量 L/s	泡沫发生量 L/s	外形尺寸 升起前直立高度，m	外形尺寸 升起后直立高度，m	重量，kg
PG16	100	PH32	100	0.5	16	100	3.82	0.58	125

7. 空气泡沫枪

空气泡沫枪如图4-30所示，它兼有泡沫比例混合器和泡沫产生器的作用，是用来产生和喷射空气泡沫的灭火工具，适用于扑灭小油罐、油罐车以及灌油间、装卸区的地面火灾。

空气泡沫枪是由吸液管、吸液头、混合室（内有滤网及喷嘴）、水龙带接口、枪筒组成，有长筒式和短筒式两种，按泡沫发生量有25L/s、50L/s、100L/s三种规格，其技术性能见表4-26。

图 4-28 泡沫钩管喷射泡沫灭火示意图

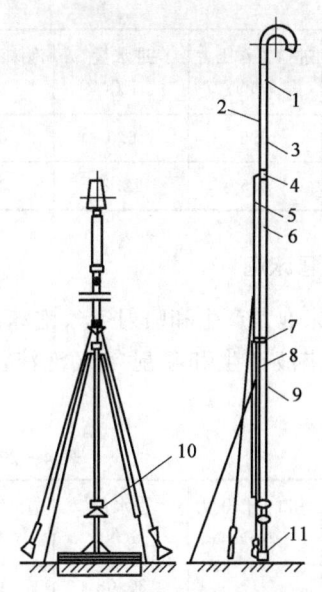

图 4-29 升降式泡沫管架图
1—弯形喷管；2—空气泡沫产生器；3—连接管；
4—控制阀；5—拉索；6—伸缩管；
7—制动装置；8—撑脚管；9—管架体；
10—防水阀；11—管架座

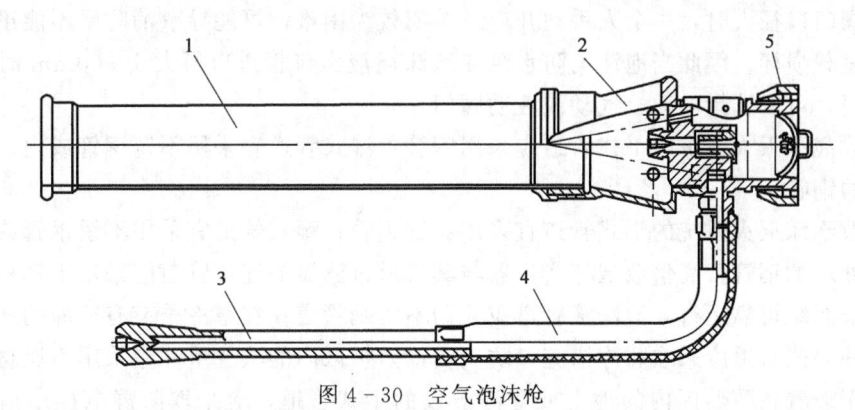

图 4-30 空气泡沫枪
1—枪筒；2—混合室；3—吸液头；4—吸液管；5—水龙带接口

表 4-26 空气泡沫枪技术性能

名称及型号	进口工作压力 MPa	进水量 L/s	泡沫液吸入量 L/s	混合液消耗量 L/s	泡沫发生量 L/s	射程，m 集中点	射程，m 最远点
PQ4	0.7	3.76	0.24	4	25	16	24
PQ8	0.7	7.52	0.48	8	50	17	28
PQ16	0.7	15.04	0.96	16	100		32
PQ4	0.5	3.0	0.20	3.2	20		

续表

名称及型号	进口工作压力 MPa	进水量 L/s	泡沫液吸入量 L/s	混合液消耗量 L/s	泡沫发生量 L/s	射程,m 集中点	射程,m 最远点
PQ8	0.5	6.0	0.40	6.4	40		
PQ16	0.5	12.2	0.80	13	80		

8. 空气泡沫炮

空气泡沫炮是产生和喷射空气泡沫的灭火器材。它可由消防泵供给混合液或由水泵供水自吸空气泡沫液产生和喷射空气泡沫,主要用于扑救油类火灾。空气泡沫炮技术性能见表 4-27。

表 4-27 空气泡沫炮技术性能

名称及型号	进口工作压力 MPa	进水量 L/s	泡沫液吸入量 L/s	混合液消耗量 L/s	泡沫发生量 L/s	射程,m 集中点	射程,m 最远点
PP32	1	30.08	1.92	32	200	45	50
PPY32	1	30.08	1.92	32	200	45	50

9. 控制阀门及管道

为避免油库发生火灾情况下人员的误操作,要求油库泡沫灭火系统中所用的控制阀门应有明显的启闭标志以保证系统可靠操作。

由于阀门口径大时,一个人手动开启或关闭较为困难,可能导致消防泵不能迅速正常启动,甚至过载损坏。因此当泡沫消防水泵或泡沫混液出口管道口径大于 300mm 时,不宜采用手动阀门,可以选择电动、气动或液动阀门。

中倍数泡沫灭火系统的干式管道应采用钢管;湿式管道宜采用不锈钢管或内、外部进行防腐处理的钢管。

高倍数泡沫灭火系统的干式管道宜采用镀锌钢管;湿式管道宜采用不锈钢管或内、外部进行防腐处理的钢管;高倍数泡沫产生器与其管道过滤器的连接管道应采用不锈钢管。

为保证系统可靠运行,泡沫液管道应采用不锈钢管道;在寒冷季节有冰冻的地区,泡沫灭火系统的湿式管道应采取防冻措施。防火堤或防护区内的法兰垫片应采用不燃材料或难燃材料。对于设置在防爆区内的地上或管沟敷设的干式管道,应采取防静电接地措施。钢制甲、乙、丙类液体储罐的防雷接地装置可兼作防静电接地装置。

五、油库泡沫灭火系统的技术要求

泡沫灭火系统是目前各个油库普遍采用的灭火系统,对扑救油罐火灾具有决定性的作用。一般油罐按要求都设置有泡沫灭火设施。但对于缺水少电及偏远地区的四、五级油库,因其周围空旷,油罐着火后一般不会造成重大危害,当设置泡沫灭火设施较困难时,也可采用烟雾灭火设施。

空气泡沫灭火系统应根据现行国家标准《泡沫灭火系统技术标准》(GB 50151—2021)、《石油库设计规范》(GB 50074—2014)、《石油化工企业设计防火标准(2018 年版)》(GB 50160—2018)、《后方油料仓库设计规范》(GJB 5758A—2020)等标准进行设计。

1. 一般技术要求

(1) 地面固定顶油罐、内浮顶油罐应设置低倍数泡沫灭火系统或中倍数泡沫灭火系统。

(2) 浮顶油罐宜设置低倍数泡沫灭火系统；当采用中心软管配置泡沫混合液的方式时，也可设中倍数泡沫灭火系统。

(3) 覆土油罐可设高倍数泡沫灭火系统。

2. 油罐泡沫灭火系统的设置

(1) 单罐容量大于 1000m³ 的地上油罐、单罐容量大于等于 500m³ 至小于 1000m³ 并采用双排布置的地上油罐和消防力量不足，用机动消防设备难以扑救的油罐应设固定泡沫灭火系统。其他情况地上油罐应设半固定泡沫灭火系统。

(2) 储存甲B、乙类油品的储油洞库、覆土立式油罐、覆土钢板贴壁油罐（池），应配备带泡沫枪的移动式泡沫灭火系统。

(3) 覆土卧式油罐、储存丙类油品的覆土立式油罐，以及仅储存丙类油品或只有卧式油罐的储油洞库，可不设泡沫灭火系统。

(4) 地上卧式油罐、油品装卸码头、铁路及汽车装卸油设施，可采用泡沫枪、泡沫炮灭火系统。

(5) 当油库采用固定式泡沫灭火系统时，除设置固定泡沫灭火设备外，还应配置泡沫钩管、泡沫枪和泡沫消防车等移动灭火设备。

(6) 后方油库的泡沫储备量，应在计算的基础上增加不少于 100% 的富余量。

3. 泡沫混合液供给强度和连续供给时间

泡沫混合液供给强度和连续供给时间，是估算灭火作战中泡沫液用量，以及确定不同火灾泡沫混合液供给强度的基本依据。

1) 低倍数泡沫灭火系统

(1) 固定顶储罐。

油库内固定顶油罐泡沫混合液供给强度和连续供给时间应符合表 4-28 的规定。固定顶储罐的保护面积应按其横截面积确定。

表 4-28 固定顶油罐泡沫混合液供给强度和连续供给时间

系统形式		泡沫液种类	供给强度 L/(min·m²)	连续供给时间, min		
				甲类液体	乙类液体	丙类液体
固定顶油罐液上喷射	固定、半固定式系统	氟蛋白、水成膜	6.0	60	45	30
	移动式系统	氟蛋白	8.0	60	60	45
		水成膜	6.5	60	60	45
固定顶油罐液下、半液下喷射		氟蛋白、水成膜	6.0	60		

扑救流散油品火灾需要配置辅助泡沫枪，每支泡沫枪的泡沫混合液流量不应小于 240L/min，其数量及泡沫混合液供给强度应符合表 4-29 的规定。

表 4-29 泡沫枪数量及泡沫混合液连续供给时间

油罐直径 D, m	泡沫枪数量, 支	连续供给时间, min
$D \leqslant 10$	1	10

续表

油罐直径 D, m	泡沫枪数量, 支	连续供给时间, min
10＜D≤20	1	20
20＜D≤30	2	20
30＜D≤40	2	30
D＞40	3	30

(2) 内浮顶储罐。

油库中钢制单盘式、双盘式与敞口隔舱式内浮顶油罐的泡沫混合液供给强度不应小于 12.5L/(min·m²)，泡沫混合液供给时间不应小于 30min。其他形式的内浮顶油罐的泡沫混合液供给强度和连续供给时间应按固定顶对待。钢制单盘式、双盘式与敞口隔舱式内浮顶油罐的保护面积，应按罐壁与泡沫堰板间的环形面积确定。

(3) 其他场合。

设有围堰的油品流淌火灾场所，其保护面积应按围堰的地面面积与其中不燃结构占据的面积之差计算，其泡沫混合液供给强度与连续供给时间不应小于表 4-30 的规定。当甲、乙、丙类油品泄漏导致的室外流淌火灾场所设置泡沫枪、泡沫炮系统时，应根据保护场所的具体情况确定最大流淌面积，其泡沫混合液供给强度和连续供给时间不应小于表 4-31 的规定。

表 4-30 围堰内流淌油品火灾场所泡沫混合液供给强度和连续供给时间

泡沫液种类	供给强度, L/(min·m²)	连续供给时间, min	
		甲、乙类油品	丙类油品
蛋白、氟蛋白	6.5	40	30
水成膜、成膜氟蛋白	6.5	30	20

表 4-31 室外大面积流淌油品火灾场所泡沫混合液供给强度和连续供给时间

泡沫液种类	供给强度, L/(min·m²)	连续供给时间, min
蛋白、氟蛋白	6.5	15
水成膜、成膜氟蛋白	5.0	15

2）中倍数泡沫灭火系统

对于储存甲、乙类油品的固定顶与内浮顶储罐，应选用固定式中倍数泡沫灭火系统。系统泡沫混合液供给强度不应小于 4L/(min·m²)，泡沫混合液供给时间不应小于 30min。油罐中倍数泡沫灭火系统应采用液上喷射形式，且保护面积应按油罐的横截面积确定。

设置固定式中倍数泡沫灭火系统的油罐区，宜设置低倍数泡沫枪。当设置中倍数泡沫枪时，泡沫枪数量及连续供给时间不应小于表 4-32 的规定。

表 4-32 中倍数泡沫枪数量及连续供给时间

油罐直径 D, m	泡沫枪流量, L/s	泡沫枪数量, 支	连续供给时间, min
D≤10	3	1	10

续表

油罐直径 D，m	泡沫枪流量，L/s	泡沫枪数量，支	连续供给时间，min
10＜D≤20	3	1	20
20＜D≤30	3	2	20
30＜D≤40	3	2	30
D＞40	3	2	30

4. 泡沫产生器设置

在低倍数泡沫灭火器系统中，泡沫产生器设置要求如下：

1）固定顶油罐

对于液上喷射系统泡沫产生器的型号及数量应根据计算所需的泡沫混合液流量确定，且设置数量不应小于表4-33中的规定。

表4-33　液上喷射泡沫产生器设置数量

油罐直径 D，m	D≤10	10＜D≤25	25＜D≤30	30＜D≤35
泡沫产生器设置数量，个	1	2	3	4

注：对于直径大于35m且小于50m的油罐，其横截面积每增加300m^2，应至少增加1个泡沫产生器。

当一个储罐所需的泡沫产生器数量大于1时，宜选用同规格的泡沫产生器，且应沿罐周均匀布置。

对于液下喷射系统高背压泡沫产生器的设置，其设置数量及型号应根据所需的泡沫混合液流量确定；当一个储罐所需的高背压泡沫产生器数量大于1时，宜并联使用；液下喷射灭火系统泡沫喷射口通常安装在高于油罐积水层0.3m以上的位置，泡沫喷射口的数量不应小于表4-34的规定。

表4-34　液下喷射灭火泡沫喷射口安装数量

油罐直径 D，m	D≤23	23＜D≤33	33＜D≤40
泡沫喷射口数量，支	1	2	3

2）外浮顶油罐

外浮顶油罐泡沫产生器的型号和数量应依据泡沫喷射口设置部位、堰板高度和保护周长等参数通过计算确定。

3）内浮顶油罐

在钢制单盘式、双盘式与敞口隔舱式内浮顶油罐上，单个泡沫产生器的保护周长不应大于24m，其余内浮顶油罐泡沫产生器的设置要求与固定顶油罐相同，泡沫产生器数量不应少于2个。

在中倍数泡沫灭火系统中，泡沫产生器应沿罐周均匀布置，当其数量大于或等于3个时，可每两个产生器共用一根管道引至防火堤外。

在高倍数泡沫灭火系统中，泡沫产生器的设置高度处于泡沫淹没深度以上；同时宜接近保护对象，但其位置应免受爆炸或火焰损坏；应使防护区形成比较均匀的泡沫覆盖层。

六、油库泡沫灭火系统设计

1. 求燃烧面积

立式固定顶油罐和浅盘或浮舱为易熔材料制作的内浮顶油罐的燃烧面积：

$$A = \pi D^2 / 4 \tag{4-3}$$

式中 A——燃烧面积，m^2；
　　　D——罐内直径，m。

立式外浮顶油罐及单、双盘式内浮顶油罐的燃烧面积：

$$A = \pi(D_1^2 - D_2^2)/4 \tag{4-4}$$

式中 A——燃烧面积，m^2；
　　　D_1——油罐内直径，m；
　　　D_2——泡沫挡板外直径，m。

2. 求扑救罐内火灾必需的泡沫混合液流量

由于不同形式的油罐，对泡沫混合液流量的要求不同，故需分类计算。

（1）根据泡沫混合液供给强度要求，泡沫混合液流量为：

$$Q_{强需} = A q_{强} \tag{4-5}$$

式中 $Q_{强需}$——扑救罐内火灾必需的泡沫混合液流量，L/s；
　　　A——燃烧面积，m^2；
　　　$q_{强}$——泡沫混合液供给强度，$L/(s \cdot m^2)$。

（2）计算泡沫产生器需要个数 N。

首先根据油罐的泡沫混合液强度和燃烧面积确定：

$$N_q = Q_{强需}/q_{产} \tag{4-6}$$

式中 N_q——根据泡沫混合液强度确定的泡沫产生器数量，取大于等于计算值的整数，个；
　　　$q_{产}$——泡沫产生器允许的泡沫混合液流量，L/s。

$q_{产}$ 与泡沫产生器的进口压力有关，可查表确定，也可用下式求得，也可按制造商提供的压力—流量特性曲线确定，如图 4-31 所示。

$$q_{产} = k\sqrt{10p} \tag{4-7}$$

式中 k——泡沫产生器的流量特性系数，由生产厂家给出；
　　　p——泡沫产生器进口压力，MPa。

液上喷射泡沫产生器取 0.3～0.6MPa，通常取 0.5MPa，铭牌上所标流量是与 0.5MPa 对应的。液下喷射高背压泡沫产生器取 0.6～1.0MPa，具体值应根据油罐最大油高与泡沫管道阻力损失确定，铭牌上所标流量是与 0.8MPa 对应的。

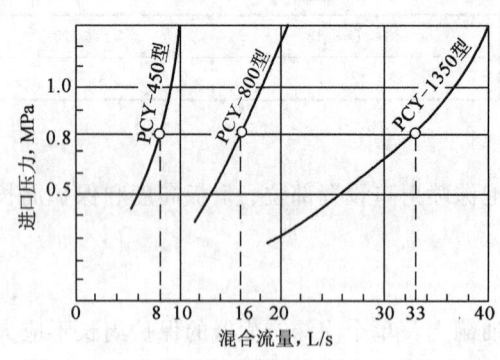

图 4-31 液下喷射泡沫产生器水力特性曲线

对于立式固定顶和浅盘或浮舱为易熔材料制作的内浮顶油罐，泡沫产生器的个数取决于泡沫混合液强度和燃烧面积。

$$N = N_q$$

式中　N——计算泡沫产生器数量，个。

对于外浮顶及单、双盘式内浮顶油罐，由于其燃烧面为环形，考虑到泡沫的流动，泡沫产生器的个数不仅与泡沫混合液强度有关，而且还与油罐周长有关：

$$N_1 = L_{罐} / L_{产} \tag{4-8}$$

式中　N_1——根据周长求得的泡沫产生器数量，个；
　　　$L_{罐}$——油罐周长，m；
　　　$L_{产}$——泡沫产生器的保护周长，m。

然后比较 N_q 和 N_1 取较大者：

$$N = \max(N_q, N_1) \tag{4-9}$$

实际泡沫产生器数量应取大于等于 N 的整数，对于中倍数泡沫灭火系统，N 可为泡沫产生器的实际个数；对于低倍数泡沫灭火系统，泡沫产生器的个数还应与表 4-33 的规定值比较，取两者中的大者。

（3）计算扑救罐内火灾必需的泡沫混合液流量：

$$Q_{罐需} = N q_{产} \tag{4-10}$$

式中　$Q_{罐需}$——扑灭罐内火灾必需的泡沫混合液流量，m^3/s；
　　　$q_{产}$——泡沫产生器的流量，m^3/s。

3. 求扑灭流散液体火灾需要的泡沫混合液流量

对于固定顶及浅盘或浮舱用易熔材料制作的内浮顶应按下列方法计算，外浮顶可不考虑：

$$Q_{散} = N_{枪} q_{枪} \tag{4-11}$$

式中　$Q_{散}$——扑救流散液体火灾需要的泡沫混合液流量，m^3/s；
　　　$N_{枪}$——所需泡沫枪个数，可按表 4-29 和表 4-32 确定；
　　　$q_{枪}$——泡沫枪流量，m^3/s。

4. 求泡沫混合液总流量

泡沫混合液的实际需要总流量应按罐区内最大直径油罐计算：

$$Q = Q_{罐需} + Q_{散} \tag{4-12}$$

式中　Q——所需要的泡沫混合液总流量。

5. 确定泡沫混合液的流速

首先根据消防系统流程计算出从泡沫泵到最大直径油罐泡沫产生器的管线的实际长度，然后根据泡沫到达时不大于 5min 的要求，求出流速 v：

$$v = L_{管} / 300 \tag{4-13}$$

式中　v——泡沫混合液的流速，m/s；

$L_{管}$——从泡沫泵到最大直径油罐泡沫产生器的管线长度，m。

如果计算出的流速 $v \geqslant 3\text{m/s}$，则说明管线过长，需改进流程；如果 $2.5\text{m/s} < v < 3\text{m/s}$，则可选定为计算值，如果 $v \leqslant 2.5\text{m/s}$，则可选定为 2.5m/s。

6. 确定泡沫混合液管路管径

$$d = \sqrt{\frac{4Q}{\pi v}} \tag{4-14}$$

式中　d——泡沫液管路内直径，m；
　　　Q——泡沫混合液流量，m^3/s；
　　　v——泡沫混合液流速，m/s。

根据计算值，查表取大于等于它的合适规格管径。

7. 求管路水力损失

泡沫混合液管道可按《泡沫灭火系统技术规范》（GB 50151—2021）的水力计算方法计算，采用普通钢管时，泵吸入管、排出管均可按下式计算：

$$h_{损} = 1.07 \times 10^{-5} L_{计} \frac{V^2}{d^{1.3}} \tag{4-15}$$

式中　$h_{损}$——管路水力损失，m（水柱）；
　　　$L_{计}$——管路计算长度，m；
　　　V——管路流速，m/s；
　　　d——管路内径，m。

对于液下喷射泡沫灭火系统，高背压产生器后还有一段泡沫管路，泡沫管路的水力计算按下式计算：

$$h = cQ_p^{1.72} \tag{4-16}$$

式中　h——每10m泡沫管道的压力损失，Pa/10m；
　　　c——管道阻力损失系数，可按表4-35取值；
　　　Q_p——泡沫流量，L/s。

表4-35　管道阻力损失系数

管径，mm	100	150	200	250	300	350
管道压力损失系数	12.920	2.140	0.555	0.210	0.111	0.071

泡沫管道上的阀门和部分管件的当量长度见表4-36。

表4-36　泡沫管道上的阀门和部分管件的当量长度

公称直径，mm 管件种类	150	200	250	300
闸阀	1.25	1.50	1.75	2.00
90°弯头	4.25	5.00	6.75	8.00
旋启式逆止阀	12.00	15.25	20.50	24.50

8. 求所需扬程

尽管泡沫混合液管路为环状或分支，但由于灭火时绝大多数为对某一个罐实施，故所需扬程仍可近似按单一管路计算：

$$H = \Delta Z + (p_2 - p_1)/\gamma + h + (v_2^2 - v_1^2)/2g \tag{4-17}$$

式中 H——所需扬程，m；

ΔZ——泡沫产生器或高背压泡沫产生器的进口与泵吸入液面的高度差，m；

p_2——泡沫产生器或高背压泡沫产生器进口压力，Pa；

p_1——泵吸入口液面压力，如为无压消防水池，则为大气压，Pa；

γ——被输送液体的重度，N/m³；

h——管路的阻力损失，m；

v_2——泡沫产生器或高背压泡沫产生器进口速度，m/s；

v_1——吸入口液面流速，m/s，如为消防水池，则 $v_1=0$。

9. 泡沫泵选型

若采用环泵式泡沫比例混合器的系统，选泵时还需考虑回流流量。回流流量按下式计算：

$$q = \mu f \sqrt{2gh} \tag{4-18}$$

式中 q——环泵式泡沫比例混合器动力水回流流量，m³/s；

μ——流量修正系数，取 $\mu=0.98$；

f——泡沫比例混合器喷嘴截面积，一般取 $f=9.7\times10^{-5}$ m²；

g——重力加速度，m/s²；

h——泡沫泵扬程，m。

采用压力比例混合器的则不考虑回流流量。

消防泵为专用泵，应在取得国家论证的消防系列泵中选取。泵的选择办法与油泵选择方法相同，即应满足流量、扬程的任务要求，且运行效率较好（由于消防泵极少运行，运行效率不必高要求）。最后，作出管路特性曲线和泵性能曲线，求出工作点。

10. 校核

1）校核流速是否超速

根据工作点流量求出泡沫混合液管道流速和泡沫管进入速度，看其是否小于 3m/s，如果流速不满足，应重新选择管路直径或泵。

2）校核泡沫产生器进口压力

校核泡沫产生器进口压力与计算时所取值是否接近，是否在允许范围之内。若相差过大，则应重新计算，或提出相应使用措施（如节流调节等）。

11. 求泡沫储备量和泡沫用水量

1）泡沫液常备储量

泡沫液常备储量为扑救油罐火灾所需的最大泡沫液量和充填泡沫混合液输送管道所需泡

沫液量之和。考虑到泡沫的实际使用效率,可乘上一定的备用系数,一般可取 1.2~1.5。扑救油罐需用的泡沫液量 $V_{泡1}$、充满泡沫混合液管道所需的泡沫液量 $V_{泡2}$ 可按下列公式计算:

$$V_{泡1} = (Q_工 - \mu f \sqrt{2gh}) t_1 k$$

$$V_{泡2} = \frac{\pi d^2}{4} L k \tag{4-19}$$

式中 $Q_工$——泡沫泵工作点流量,m^3/s;
k——泡沫与水的比例;
t_1——泡沫混合液连续供给时间,s;
L——充满混合液管道最大长度,m;
d——泡沫混合液管道内径,m。

则泡沫液常备储量为:

$$V_{泡备} = \beta (V_{泡1} + V_{泡2}) \tag{4-20}$$

式中 $V_{泡备}$——泡沫的常备储量,m^3;
β——泡沫量的备用系数,可根据油库情况和消防协作力量情况选取。

2)灭火用水量

灭火用水量 $V_水$ 是指配制泡沫液的用水量,为泡沫产生器的最大用水和充填泡沫管道的用水量之和,可按下式计算:

$$V_水 = \frac{1-k}{k} V_{泡备} \tag{4-21}$$

式中 $V_水$——配制泡沫液的用水量,m^3;
k——泡沫与水的比例;
$V_{泡备}$——泡沫的常备储量,m^3。

七、泡沫灭火系统的使用和维护

(1)空气泡沫液应储存于温度为 5~40℃ 的室内,禁止靠近一切热源,每年自检或联系厂家检查一次泡沫液沉淀状况。

(2)空气泡沫混合器,每半年做一次检查校验;化学泡沫室和空气泡沫产生器的空气滤网,应经常刷洗,保持不堵不烂,隔封玻璃要保持完好。

(3)各种泡沫枪、钩管、升降架等,使用后都应擦净、加油,每季进行一次全面检查。

(4)泡沫管线,每半年用清水冲洗一次;每年进行一次分段试压,试验压力应不小于 1.18MPa,5min 无渗漏。

第五节 烟雾自动灭火系统

烟雾灭火技术也称为气溶胶灭火技术,是我国自行研制发展起来的新型灭火技术。它适用于油罐的初期火灾,但不能用于流淌火灾,且不能阻止火灾的复燃。安装烟雾灭火系统装置的轻柴油罐容量最大到 5000m³，航空煤油、汽油罐容量最大到 1000m³，并已有 4 次自动扑灭油罐初期火灾的成功案例。

一、烟雾自动灭火系统的灭火原理

烟雾灭火剂是在发烟火药基础上研究发展起来的一种特殊灭火剂，其主要组分有硝酸钾、木炭、硫黄、三聚氰胺、碳酸氢钠。烟雾灭火剂的灭火机理不同于其他灭火剂，它主要通过气体稀释、喷射、降温和化学抑制等作用达到灭火的目的。

1. 烟雾气体的稀释作用

油罐发生火灾时，罐内安装的烟雾自动灭火装置内的烟雾剂即刻引起燃烧，产生大量的二氧化碳气体、氮气和水蒸气等灭火气体，喷射到整个燃烧的油面上。随着热气流上升，由于罐内气体突然增加，阻止罐外的空气向罐内流入，降低了燃烧区的含氧量和可燃气体的浓度，促使火焰熄灭。

2. 烟雾气体喷射的机械作用

油罐起火后，燃烧的火焰在液面上形成，在罐顶的开口部分，形成主要燃烧区，火势最旺。由于空气进入罐内不平衡而造成罐内火焰成湍动状态，此时罐内主要是油蒸气和少量的燃烧产物向罐顶扩散。烟雾自动灭火装置在喷烟过程中，灭火装置内最高压力可达 0.5～0.6MPa，烟雾气体和固体颗粒的高速喷射增加了油气上升的阻力，切断了油气进入燃烧区，使燃烧区内的油气含量降低，促使燃烧熄灭。

3. 烟雾气体和固体颗粒的降温和覆盖作用

烟雾自动灭火装置喷出口的烟雾气体和固体颗粒温度在 150～180℃之间。固体颗粒中含有大量烟雾灭火剂和未反应完全的中间产物，随着热气流上升，吸收热量，提高本身温度，在达到一定温度时，开始分解，产生大量的灭火气体和水蒸气，同时吸收大量热量，显著降低火焰温度。

4. 烟雾气体的化学抑制作用

烟雾灭火剂在燃烧中喷出的大量固体颗粒中，有阳离子 K^+ 和 NH_4^+ 等游离基，可与燃烧区内的活性基团发生化学反应，破坏燃烧链锁反应，对扑灭油罐火焰起到有效的作用。

二、烟雾自动灭火系统的种类和结构

烟雾自动灭火系统按安装形式不同，可分为罐内式和罐外式两种。

1. 罐内式自动烟雾灭火系统

罐内式自动烟雾灭火系统分为滑道架式和三翼浮漂式两种。

1）滑道架式烟雾自动灭火系统

滑道架式烟雾自动灭火器由烟雾灭火器、浮漂和滑道架组成，如图 4-32 所示。烟雾灭火器装在浮漂上，由滑道架固定在储罐中心位置，并随液面平稳升降。

(1) 烟雾灭火器。如图 4-33 所示，它主要有头盖、筒体和烟雾剂盘三部分。头盖上装有探头、喷孔、密封薄膜、导火索和导流板。探头内装有导火索，用探头帽罩住，再用低熔点合金封闭，当油罐起火后，罐内温度达到 110℃左右，探头帽自行脱落，导火索即将烟雾灭火剂引燃。头盖上有90个喷孔，沿圆周分两排均匀分布，喷孔直径大小因储罐直径不同而不同，一般为6～10mm孔各45个，喷孔设计应考虑到烟雾气体喷出后能均匀分布在燃烧油面上，喷孔轴线与水平方向成15°角倾斜，以防止烟雾气体喷出后搅动油面，影响灭火效果。喷孔距油面高度在350～370mm左右。导流板的作用是使烟雾气体沿喷孔方向喷出，防止烟雾气体在头盖上部形成涡流，影响灭火效果。密封薄膜是用6101号环氧树脂和65号聚酰胺，以6：4的重量比配制成黏合剂，将薄膜封在喷孔上，防止油气、水蒸气进入发烟器，不使烟雾灭火剂和导火线受潮。筒体呈圆柱形，正中间有立杆，用以绑扎导火索。烟雾剂盘分层装在筒体内，盘高30mm，两盘之间有12mm间隙，每盘可装烟雾剂3～6kg。

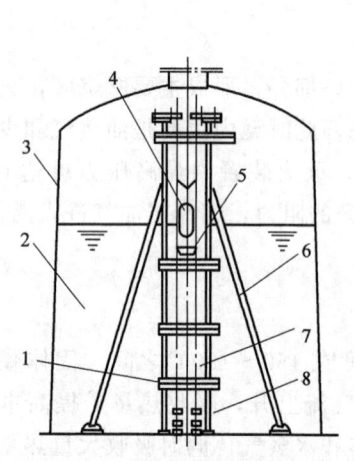

图4-32 滑道架式烟雾自动灭火系统示意图
1—加强圈；2—燃料油；3—储油罐；
4—烟雾灭火器；5—浮漂；6—斜撑；
7—钢丝绳滑道；8—滑道架

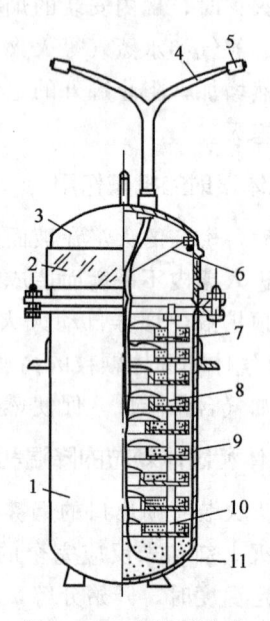

图4-33 烟雾灭火器
1—筒体；2—密封薄膜；3—头盖；4—导火索套管；
5—探头；6—导流板；7—放药盘；8—支柱；
9—烟雾灭火剂；10—放药盘导火索；11—筒体导火索

（2）浮漂。它是借助于液体的浮力，将发烟器漂浮在液面上的装置。其浮力大小可按液体的密度调节，使发烟器头盖上的喷孔高出液面350～370mm。

（3）滑道架。它是用三根钢管三等分垂直焊接在罐底上，钢管间焊有不少于两个的加强圈，并焊接三根钢管斜撑，形成有足够刚性的滑道架。滑道是用三根钢丝绳呈三等分与罐底钢丝绳固定圈相连，上端拉紧在滑道架顶部钢丝绳拉紧器上。

这种烟雾灭火器的适用范围见表4-37。

表4-37 滑道架式烟雾自动灭火器适用范围

烟雾灭火器规格	油罐直径，m	容量，m³	油品种类
ZW16	13～16	2000	闪点小于60℃的航空煤油
ZW12	11～12	1000	柴油、煤油、原油、润滑油

续表

烟雾灭火器规格	油罐直径，m	容量，m³	油品种类
ZW10	6~10	700	柴油、煤油、原油、重油
新ZW10	11~12	1000	闪点小于90℃的柴油、煤油、原油、重油

2）三翼浮漂式烟雾自动灭火系统

三翼浮漂式烟雾自动灭火系统是由烟雾灭火器和三翼式分瓣浮漂组成，如图4-34所示。

烟雾灭火器（图4-35）装在三翼分瓣浮漂上，由三翼支腿使整套灭火装置处于储罐液面中心位置上漂浮，并随液面上下平稳地升降，整套灭火装置与罐体无连接。

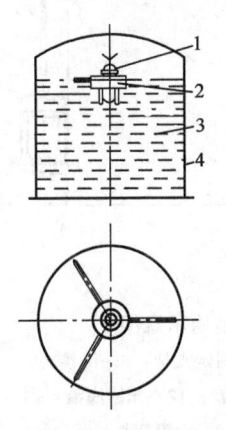

图4-34 三翼浮漂式烟雾自动灭火系统
1—烟雾灭火器；2—三翼式分瓣浮漂；
3—油品；4—油罐

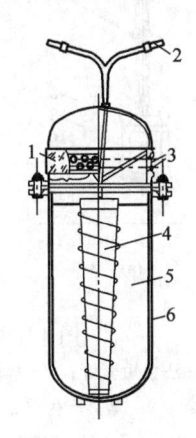

图4-35 烟雾灭火器
1—密封膜；2—探头；3—喷孔；4—导燃装置；
5—烟雾灭火剂；6—筒体

该灭火装置可分成若干组件，通过600mm储罐人孔进入罐内，再组装而成。这样不但新建储罐使用方便，而且在旧储罐上不必改造罐体即可安装应用，扩大了使用范围。这套灭火装置的各项技术性能和灭火效果比滑道架式灭火装置都有较大提高，设计合理，缩小了灭火装置的体积，减轻了重量，解决了滑道式灭火装置体积大、比较笨重、安装不方便等问题，提高了灭火药剂的灭火性能，增加了使用年限。

目前该灭火系统只有XZW-12型烟雾自动灭火装置一种产品，供直径为12m以下的原油、煤油、柴油、渣油储罐使用。

罐内式烟雾灭火系统由于安装在储罐内部，整个装置漂浮在储罐内的液体表面，并随液面上下浮动，该类系统由于在运行中容易发生技术问题，且更换发烟药剂比较困难，所以近几年工程实践中已经不再使用，实际应用主要是罐外式烟雾灭火系统。

2. 罐外式烟雾自动灭火系统

罐外式烟雾自动灭火系统主要由烟雾产生器、导烟头、喷头、感温探头、导火索、导火索保护管及烟雾产生器保护箱七大部分组成。烟雾产生器为钢制压力容器，主要用于固体发烟剂的储存并为固体发烟剂提供初始燃烧反应空间。导烟管用无缝钢管制成，用于将发烟器中反应生成的灭火烟雾输送到发生火灾的可燃液体储罐内，并为未反应的固体发烟剂提供二次反应空间。喷头的作用是将灭火烟雾均匀地喷放到储罐内。感温探头用低熔点合金制成，用来密封保护罐内导火索点火端，并在发生火灾时自行熔化脱落。导火索的作用是点燃燃烧烟雾器内的固体发烟剂，产生灭火烟雾。导火索保护管和烟雾产生器保护箱分别用于保护导火索和烟雾产生器免受外界阳光、风雨等的侵蚀损坏。图4-36为罐外式烟雾灭火系统组成示意图。

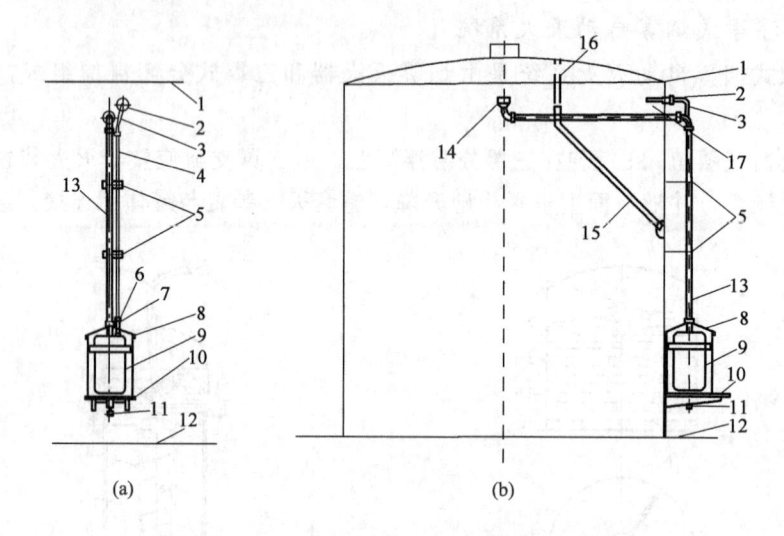

图4-36 罐外式烟雾灭火装置结构示意图
1—储罐上沿；2—法兰短套管；3—弯管；4—导火索保护管；5—固定支架；6—活接头；7—导火索连接盒；
8—保护箱；9—烟雾产生器；10—平台；11—高度调节装置；12—储罐底沿；13—导烟管；
14—喷头；15—支撑杆；16—拉杆；17—感温探头

当可燃液体储罐内发生火灾，或罐内温度达到110℃左右时，安装在罐内的感温易熔合金探头会迅速熔化脱落，从而使导火索引火端暴露。火焰点燃导火索，导火索迅速燃烧至烟雾产生器，引燃其中的固体发烟剂，发烟剂加速进行燃烧反应，瞬间生成大量含有水蒸气、氮气和二氧化碳以及固体颗粒的灭火烟雾，在烟雾产生器内形成一定内压，经喷头高速喷入罐内燃烧区，形成浓厚的灭火烟雾层，以窒息、隔离和化学抑制等多种作用将罐内的火灾扑灭。

该灭火系统与上述罐内式烟雾自动灭火系统的不同之处是，只有喷头和感温探头装在罐内，其余部分都设在罐外。因此结构简单、探测灵敏，灭火装置启动快，安装、检查、维修方便，灭火药剂和引燃系统使用期较长，投资少。

现已研制出的罐外式灭火装置有ZWW-3、ZWW-5、ZWW-10和ZWW-12四种型号。罐外式烟雾自动灭火系统除可扑救石油产品火灾外，还对乙醇、丁醇、丙烯酸丁酯、醋酸乙烯、苯乙烯、甲苯、200号溶剂油等七种火灾危险性大的化工产品进行了灭火试验，均取得了良好的灭火效果。

三、烟雾自动灭火装置的特点

烟雾自动灭火装置同其他灭火系统相比，其结构简单，性能可靠，安装方便，节省投资费用和人力；不用水、不用电，灭火迅速，特别适用于缺水、交通不便的偏远地区的易燃、可燃液体储罐火灾，对缺乏水源、电源及油罐数量较少的中、小型油库，更具有优越性。烟雾自动灭火装置扑灭储罐初期火灾快，适宜用于扑灭原油、煤油、柴油和燃料油罐火灾，比泡沫灭火费用节省，仅为固定式或半固定式泡沫灭火系统投资费用的 $1/3\sim1/4$。由于烟雾灭火装置是一次性使用，是通过化学抑制作用达到快速灭火，容易复燃，不适宜于汽油罐的灭火，特别是罐内式灭火装置，喷烟时间短，产生误动作后也不一定能发现，如不及时补充药剂，油罐将处于无消防状态。因此在使用时，还应配备一定的移动式泡沫灭火装置，以弥补不足。

四、有关使用规定

按《石油库设计规范》(GB 50074—2014)规定，对于设置泡沫灭火设施有困难，且无消防协作条件的四、五级油库时，可采用烟雾灭火方式。但应符合以下要求：立式油罐不应多于 5 座，甲 B 类和乙 A 类液体储罐单罐容量不大于 $700m^3$，乙 B 和丙类液体储罐单罐容量不应大于 $2000m^3$。

第六节　油库消防给水系统

油库消防给水主要用于油罐等重要设施的冷却和配制灭火泡沫，是油库消防设施的重要组成部分。根据现行石油库设计规范和行业标准，一级、二级、三级、四级油库应设独立的消防给水系统，五级油库的消防给水可与生产、生活给水系统合并设置。缺少水电的山区五级油库的立式油罐可不设消防给水系统，仅有油料洞库的可仅设置消防水池。

一、油库消防给水系统分类

按照供水压力不同，消防给水系统主要有以下三类：

1. 高压消防给水系统

高压消防给水系统是指经常能保持满足灭火、控火和冷却所需要的压力和流量，火灾时无需消防水泵或消防车加压的系统，如城乡市政给水管网、高位消防水池等。

2. 临时高压消防给水系统

临时高压消防给水系统是指平时不能满足灭火、控火和冷却时所需的压力和流量，火灾时，需消防水泵加压的系统，如消防水池与消防水泵联合供水系统等。

3. 低压消防给水系统

低压消防给水系统是指能满足消防车或手抬机动泵取水所需的压力（且压力从地面算起不小于 0.1MPa）和流量的系统。

当油库采用高压消防给水系统时，给水压力不应小于在达到设计消防水量时最不利点灭火所需要的压力；当采用低压消防给水系统时，应保证每个消火栓出口处在达到设计消防水量时，给水压力不应小于 0.15MPa。

为了减少消防水到达火场的时间，油库消防给水系统应保持充水状态，并最好维持低压状态，以便发生小规模火灾时能随时取水。将消防给水系统与生产、生活给水系统连通可较方便地做到这一点。

不论采取哪一种油库消防给水系统，当与生产、生活合用时，均须考虑生产、生活用水量达到最大时，保证满足最不利点（离消防泵最远、最高点）消火栓或其他消防用水设备的水压和水量要求。为确保消防用水量的需要，凡合用的给水系统，生产、生活用水量按最大日最大小时流量计算，消防用水量按最大秒流量计算。

二、消防给水系统构造

地上油罐着火时，为了迅速灭火，应尽快向燃烧油罐内喷射泡沫，同时还要对燃烧油罐进行冷却。因为着火油罐的金属罐壁直接受到火焰作用，应加强对油罐壁冷却降温。为防止火势扩大和保障相邻油罐安全，对着火罐及相邻罐进行冷却保护是必要的。

地上油罐消防给水系统根据控制方式的不同，可分为手动控制型和自动控制型两类。手动控制型系统需人工启动消防泵，根据火情需要人工开启相应各个罐给水系统控制阀，使冷却给水系统运行。自动控制型系统一般通过在油罐上层沿圈板周围安装的传动装置、火焰探测器来自动探测火灾的存在并自动打开报警控制阀门，向环形冷却水管中供水，报警控制阀门在供水的同时会通过水力警铃产生声音报警，且可通过压力开关的动作信号自动启动消防泵加压供水，从而实现持续喷水冷却。自动控制型消防给水系统适用于体积较大的油罐，且设备维护成本较高。目前，后方库和机场油库多采用手动控制型。

地上油罐消防给水系统又称消防冷却系统，根据设置方式的不同可分为固定式消防冷却系统和半固定消防冷却系统。

1. 固定式消防冷却系统

固定式消防冷却系统一般由消防水源（池）、消防水泵、供水主管、控制阀、喷淋环管、喷头等组成，图4-37为结构示意图。

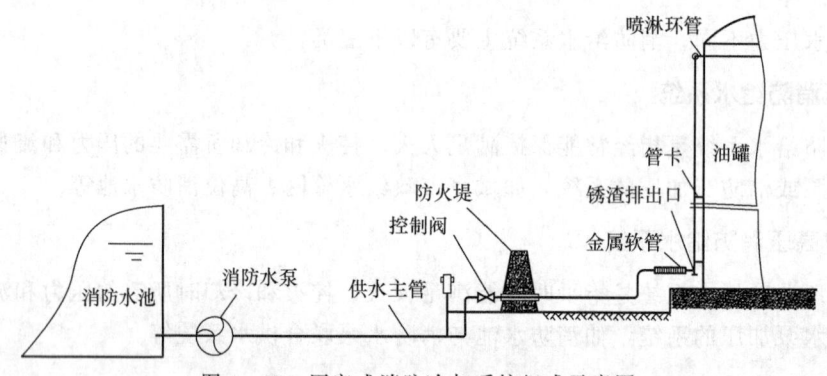

图4-37 固定式消防冷却系统组成示意图

固定消防冷却系统一般在油罐上层沿圈板圆周安装一圈环形带有孔眼的冷却水管，运行时，可将系统供给的冷却水喷射在罐壁上，达到冷却降温的效果。为节约用水，可以将环形冷却水管分成2个半圆形或4个圆弧形水管，利用阀门进行控制。使用时，对着火罐采用环形管道冷却水管喷水冷却；对相邻油罐就打开靠近着火罐一面的半圆形或2个圆弧形冷却水管喷水冷却。

单罐容量大于等于2000m³的地上立式油罐和单罐容量大于500m³并采用双排布置的甲B、乙、丙A类地上立式油罐组，应设固定消防冷却水系统；在同一个罐区内，各地上立式油罐的消防冷却形式应一致；采用铝制或不锈钢浮盘的内浮顶油罐，其消防给水应同固定顶油罐。

2. 半固定式消防冷却系统

半固定式消防冷却系统一般由消防水源（池）、消防水泵、供水主管、阀门、消火栓、等组成，图4-38为结构示意图。

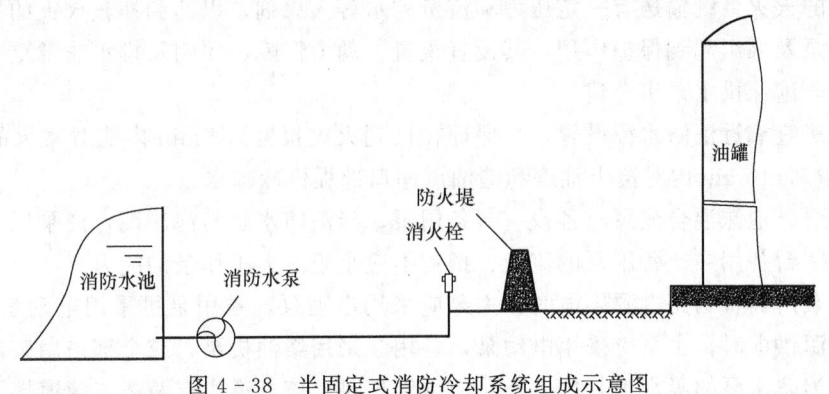

图4-38 半固定式消防冷却系统组成示意图

半固定式消防冷却系统需配合消防水带、消防水枪和消防车等移动设备，才能完成对油罐的灭火和冷却。

着火的覆土油罐（组）及相邻覆土油罐（组）可不冷却，但应考虑掩护灭火人员、冷却地面及油罐外露附件的保护用水；储油洞库应有保护洞口和外部设施的消防给水设施；着火的地上卧式油罐和距着火罐直径与长度之和1/2范围内的相邻油罐应冷却；铁路罐车装卸油设施、汽车罐车装卸油设施、桶装油品库房和油料装备器材库房等区域均应设置消防给水设施。

油库各区域消防给水系统的设置及冷却水供给强度、保护用水供给强度、供给时间应依据《建筑设计防火规范》（GB 50016—2014）、《石油库设计规范》（GB 50074—2014）和《后方油料仓库设计规范》（GJB 5758A—2020）等标准。

三、消防给水系统设备组成及要求

油库消防给水系统包括消防水源、消防水泵、供水主管、油罐冷却水管、消火栓、消防水带、消防水枪等。

1. 消防水源

消防水源是指满足火灾扑救所需水量的设施，主要包括市政（营区）给水、水井和天然水源。水源的选择与建设应综合考虑水质、水量、供应稳定等因素。

一般靠近城市的油库，消防用水都是依靠城市消防给水管网供给。当城市消防给水管网不能满足消防用水的水量或者不能确保消防用水的安全时，应设置消防水池。消防水池的设置应符合：

（1）油库消防水池的补水时间不应超过96h。当消防水池容量大于1000m³时，应分隔为2个池，并应用带阀门的连通管连通。

（2）供移动消防泵或消防车直接取水的消防水池，其保护半径不应大于150m，并应设置取水口。取水口与建筑物（水泵房除外）的距离不宜小于15m，与油罐的距离不宜小于40m，消防水池应保证移动消防泵或消防车的吸水高度不超过6m。

2. 消防泵房

油库通常采用消防泵及泵组作为其消防供水设施。消防泵是用作输送水等液体灭火剂的专用泵,消防泵上装有动力装置的称为泵组,它可由动力装置如电动机、柴油机来带动,向固定或移动的灭火系统输送有一定压力和流量的水等灭火剂,以达到扑救火灾的目的。消防泵房对消防泵及泵组起到保护作用,其设置位置、动力保障、照明及排水非常重要。通常消防供水泵房与泡沫供水泵房合建。

消防泵房宜靠近消防水源设置,且保证在接到火灾报警后 5min 内能对着火的地上立式油罐进行冷却,10min 内对覆土油罐和储油洞库口部提供冷却水。

消防水泵、泡沫混合液泵应各设一台备用泵,当消防水泵与泡沫混合液泵压力、流量接近时可共用一台备用泵。备用泵的流量、扬程不应小于最大工作泵的能力。

当消防泵房具备两路电源供电时,主泵应采用电动泵,备用泵可采用电动泵或柴油泵;只有一路电源供电时,主泵应采用电动泵,备用泵采用柴油机泵,或全部采用柴油机泵。

当多台消防水泵的吸水管共用一条泵前主管道时,该管道应有两条支管道接入水池,且每条管道应能通过全部用水量。

3. 消防管网

消防管网是指油罐区为消防冷却设施供水的管道。油罐区的消防给水管道宜采用环状管网敷设;山区或丘陵地带的油库,地形复杂,环状管网敷设困难,可采用枝状敷设。向油库油罐区的环状管网输水的供水干管不得少于两条。消防水环形管道的进水管道不应少于两条,每条管道应能通过全部消防用水量。

消防泵房至罐区的给水管道宜埋地敷设,埋设深度应在冻土层以下,且不小于 0.6m。地下供水管线要常年充水,主干线阀门要常开,地下管线每隔 2~3 年,要局部挖开检查,每半年应冲洗一次管线。

4. 消火栓

消火栓是主要的灭火供水设备,分为室内消火栓和室外消火栓两种类型,室外消火栓通常分为地下消火栓和地上消火栓两种。我国南方温暖地区一般采用地上消火栓。地上消火栓有一个口径 150mm 或 100mm 和两个口径 65mm 的接口;地下消火栓设置在消火栓井内,具有不冻结、不易损坏、不妨碍交通等优点,在我国北方寒冷地区广泛应用,地下消火栓有口径 100mm 和 65mm 的接口各一个。

油库消火栓设置应符合以下要求:

(1)消火栓宜采用地上消火栓。寒冷地区的消火栓应有防冻、放空措施。

(2)消火栓设置数量,应按灭火场所所需的用水量及消火栓的保护半径确定。扑救油品场所的消火栓保护半径不宜大于 80m,扑救非油品场所火灾的消火栓保护半径不应大于 120m。

(3)距离着火油罐罐壁 15m 内的消火栓,不应计入扑救该罐火灾的消火栓数量。

(4)地上立式油罐采用固定式消防冷却水系统所设置的消火栓的间距不应大于 60m。

(5)距离储油洞库洞口 20m,地上油罐、覆土油罐及油品装卸设施等油品场所 30m 范围内的植被,应在消火栓的保护半径之内。

(6)消火栓宜沿道路路边设置,与道路路边的距离宜为 2~5m。储油洞库洞口及覆土立式油罐通道口部的消火栓,不应设在口部可能发生流淌火灾时影响消火栓使用的部位。

四、消防给水系统的管理和检修

(1) 消防水池要保持水量充足,池内不应有水草杂物。

(2) 地下供水管线要常年充水,主干线阀门要常开,地下管线每隔2～3年,要局部挖开检修。

(3) 消防水管线(包括消火栓),每年要做一次耐压试验,试验压力应不低于工作压力的1.5倍。

(4) 每天巡回检查消火栓,每月做一次消火栓出水试验。距消火栓5m范围内,严禁堆放杂物。

(5) 固定水泵要常年充水,每天做一次试运转,消防车要每天发动试车并按规定进行检查、养护。

(6) 消防水带要盘卷整齐,存放在干燥的专用箱里,防止受潮霉烂。每半年对全部水带按额定压力做一次耐压试验,持续5min,不漏水为合格,使用后的水带要晾干收好。

第七节 油库火灾的常规扑救方法

熟悉油库火灾的常规扑救方法,可以缩短必要的准备时间,充分利用消防设施的作用,提高灭火效率,尽可能把损失降低到最小程度。

一、扑救油库火灾的基本要求

油库发生火灾,情况复杂,战斗任务比较艰巨,因此扑救油库火灾应实行统一指挥,查明情况,平时充分准备积极防卫,适时进攻,合理安排灭火战斗时间,速战速决。

1. 统一指挥

扑救油库火灾是一场艰巨而复杂的战斗,投入的灭火力量多,需要的战斗物资多,扑救时间长,战线长。为了保证灭火战斗有秩序地进行,搞好协同作战,有成效地扑灭火灾,在火场必须实行集中统一的指挥。各灭火小组应根据指挥员的要求及灭火作战预案进行战斗。

2. 查明情况

火灾发生后,应进行火情侦察,在平日调查研究的基础上,应进一步查明发生火灾的部位、地理环境、平面布置、周围有无其他重要部位和易燃易爆物品等。

若油罐发生火灾,应查明着火罐和邻近罐的直径、间距、储存油品类型、数量和液面高低;油品内有无可能含水,有无发生喷溅的可能,发生喷溅、沸腾可能造成的后果;防火堤阻油的性能,下水道水封情况;有无必要提高或降低油品的液位;油罐破裂状况;原有灭火设备的完好性;采用泡沫灭火的有效性等。若桶装库发生火灾,应查明库房建筑物特点、油桶数量、堆放形式、燃烧范围、蔓延方向,对邻近建筑的威胁程度,疏散油桶的必要性和可能性,以及需要的疏散力量等。若油槽车发生火灾,应查明油槽车着火部位、停靠路线、油品的类型、燃烧形式、对前后槽车和邻近建(构)筑物的威胁程度。若油船发生火灾,应查明油船停泊位置、燃烧形式、油品能否流散、对其他船泊或码头有无威胁、船内自救的能力等。

火场指挥员应根据侦察所得的情报资料，进行综合分析，对火势的发展作出正确的判断，明确火场上的主要方向，核实火场灭火力量，做好战斗准备，部署力量，实施进攻。应该指出，火场情况在不断变化，在整个灭火过程中要不断了解情况，使指挥员的主观指导符合客观情况，掌握灭火战斗的主动权，取得灭火战斗的成功。

3. 平时充分准备

扑救油库火灾做好充分准备极为重要。指挥员应掌握战斗力量、器材准备、水源情况及进攻时机，以利战斗行动，实施正确的指挥。

1) 战前准备

消防队平日应从长远出发，对油库进行调查研究，了解油库的地理位置、道路水源、油库的规模、储油形式、油品数量、建筑情况、总平面布置以及消防设施等情况，制订灭火作战计划。根据灭火力量的计算，布置火场灭火力量，提出相应的灭火战术。在灭火作战计划制订以后，根据灭火作战计划进行演习，熟识现场，为计划指挥创造条件。消防队在接到火灾报警后，按作战计划出动，到达火场后应迅速做好进攻前的准备。

2) 进攻前的准备

进攻前的准备系指消防队到达火场后，在向火灾发起进攻之前的一切准备。扑救油库火灾是一场艰巨的战斗。在发起进攻之前，火场总指挥员应向全体指战员作简短的战前动员。灭火进攻展开之后，在向燃烧罐发射泡沫之前，应进行试射，检验泡沫是否符合要求。在泡沫达到灭火要求后，指挥员下令向燃烧罐喷射泡沫灭火。当泡沫管枪手向燃烧油罐进攻时，可能受到火场浓烟和高温的阻挡。为了克服障碍，迅速达到预定的阵地，应组织必要的水枪交叉进行掩护，减少浓烟、高温对管枪手的威胁，便于顺利进攻。为了确保管枪手进攻的安全，管枪手应尽量穿着隔热服，戴上防护面罩和防毒面具等防护装具。

4. 积极防卫

"先控制、后消灭"是灭火战斗通用的原则。油罐发生火灾，首要的任务是对着火罐和邻近罐进行冷却，防止着火油罐变形破坏、邻近油罐发生燃烧或爆炸事故。当条件具备之后，才可能组织泡沫灭火工作。

油库发生火灾，无论是油罐还是油桶燃烧，都有可能使邻近的油罐或油桶受热变形、破坏、爆炸，周围的可燃建（构）筑物被辐射而起火燃烧或发生变形、倒塌，火势扩大，火灾蔓延，使扑救工作复杂化。为防止火势扩大和火灾蔓延，发生火灾后应及时组织冷却工作，采取积极的冷却措施。

油库内任一部位发生火灾，对四周设施都会造成很大的威胁。消防队到达火场后，应根据四周建（构）筑物及设备的特点，及时地组织力量，进行冷却，疏散，阻止火势扩大，火灾蔓延，保护燃烧部位四周设施的安全。

桶装库房或堆场发生火灾，疏散油桶是防止火势扩大、减小火灾损失的一项重要措施。在及时冷却油桶的同时，应组织一定的力量，科学地疏散受火灾威胁的油桶，并将疏散出来的油桶堆放到安全的地方。

油罐发生火灾，可能出现油品流散。桶装库、灌桶间、装卸站台、石油码头等发生火灾和容器损坏，也可能出现油品流淌。除在工艺上采取措施，减少油品来源之外，应采取措施防止形成大面积火灾。油罐、桶装库、灌桶间及装卸站台出现油品流散时，一般可采用加高防火堤或修筑防火围堤等堵油设施。若油品在水面扩散，应在水面上修筑浮堤堵油，拦截漫流燃烧的油品，控制火势。

5. 合理安排灭火战斗时间

合理安排灭火战斗时间的根本目的在于科学地计划安排灭火战斗行动，以期缩短完成灭火战斗任务的时间。缩短时间的关键是线路选择。把网络技术应用于灭火战斗，可通过调整关键线路来合理地、科学地组织灭火战斗，达到缩短灭火战斗时间的目的。一般来说，灭火战斗中的某一项具体任务是不宜采取硬性压缩的办法来缩短时间的。由于在灭火战斗中，在某一时刻要安排多项工作，这就有运用战斗力多少的问题，也有工作安排的次序问题。如果能合理地运用兵力，科学地安排灭火战斗行动的次序，就可进行灭火战斗的时间优化。

在灭火活动的组织中，将串联进行的活动调整为平行活动或交替活动，可在同一时间内安排更多的活动。在完成主要任务显得十分紧张，而次要任务比较松弛时，可从次要任务中调出部分力量来支援主要任务的完成。为保证整体灭火时间的缩短，可相应推迟主要任务的开始时间，延长次要任务的延续时间或从火场外部调进力量来加强第一线的灭火力量都可以优化灭火时间，缩短整体灭火时间。

二、消防空气呼吸器具

1. 用途及分类

在含有有害气体的环境中进行灭火、救灾活动或作业时，必须采取呼吸保护措施，以保证人身安全和健康。通常采用限制空气中有害气体最高允许浓度和佩戴呼吸器具的方法来保护人的呼吸。

为保护人的身心健康，国家对空气中的有害气体最高允许浓度做了具体规定，如表4-38所示。

表4-38 空气中有害气体最高允许浓度

二氧化碳 (CO_2)	一氧化碳 (CO)	二氧化氮 (NO_2)	二氧化硫 (SO_2)	硫化氢 (H_2S)	氨气 (NH_3)
0.5%	0.0024%	0.00025%	0.0005%	0.00066%	0.004%

消防人员在扑救油品火灾战斗中，往往处于高温辐射、浓烟，甚至有毒物质的包围之中，空气呼吸器可供消防人员在有浓烟、毒气、刺激性气体或严重缺氧的火灾现场佩戴使用，以便安全有效地进行侦察、灭火和抢救生命、财产等消防作业。

个体呼吸保护器具按供气系统的特点，可分为开路式呼吸保护器具和闭路式呼吸保护器具两大类。开路式呼吸器具与大气单向相通，能够确保人体吸入无毒的新鲜空气，呼出的废气经单向阀排入大气。闭路式呼吸器具使整个供气系统及人的呼吸器官完全和外界隔离，佩戴这种呼吸器具时人体的呼吸与外界大气无关，它依靠呼吸器具自身吸收转化二氧化碳，提供新鲜空气。

空气呼吸器按结构特点，分为负压型空气呼吸器和正压型空气呼吸器两种。在油库中通常采用开路式、正压型空气呼吸器。正压型空气呼吸器的供气机构能按佩戴者的需要供给新鲜空气，即向佩戴者提供的新鲜空气量等于佩戴者的吸气量。在佩戴者使用时，全面罩内的压力始终高于环境大气的压力，这样即使由于正压型空气呼吸器佩戴的不正确，面罩漏气，环境中的有毒、有害气体也不能进入面罩被佩戴者吸入，而损害佩戴者的健康。因此正压型空气呼吸器是一种既舒适，又安全性高的呼吸器，特别适用于消防灭火时使用。

2. 结构及技术参数

1) 基本结构

现用的两种AHK型正压型空气呼吸器如图4-39和图4-40所示，其中前者为背负式，后者为肩挎式。

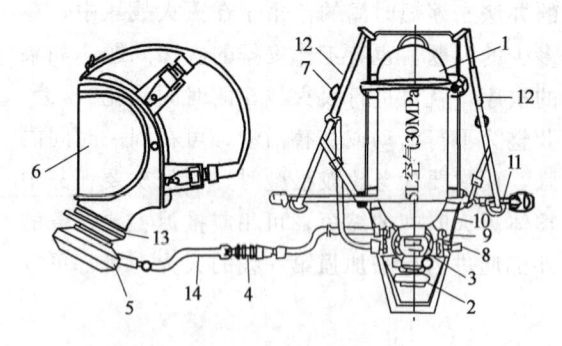

图4-39 AHK104/AHK105正压式消防空气呼吸器着装

1—气瓶；2—气瓶开关；3—减压器；4—快速插头；
5—正压型空气供给阀；6—正压型全面罩；7—气源压力表；
8—气瓶余压警报器；9—中压安全阀；10—背托；
11—腰带；12—肩带；13—正压型呼气阀；
14—中压软导管

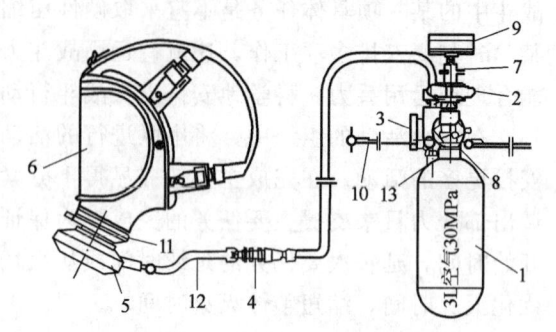

图4-40 AHK103型正压式消防空气呼吸器着装

1—气瓶；2—气瓶开关；3—减压器；4—快速插头；
5—正压型空气供给阀；6—正压型全面罩；
7—压力表导管；8—气瓶余压警报器；
9—气源压力表；10—挎带；11—正压型呼气阀；
12—中压软导管；13—中压安全阀

2) 技术性能

高压空气瓶的工作压力为30MPa，用于储存佩戴者呼吸的新鲜压缩空气；正压型空气供给阀是向面罩供气和使面罩内始终保持正压的关键部件，其供气量不小于200L/min；减压装置、安全阀、报警装置是保证系统安全运行的关键部件。

空气呼吸器的技术参数见表4-39、表4-40。

表4-39 AHK系列正压式呼吸器的主要技术参数

型号 项目	AHK103 (AHK103A)	AHK104 (AHK104A)	AHK105 (AHK105A)	AHK106 (AHK106A)
最大使用时间，min	30	40	50	60
整机重量，kg	≤6.5（≤9.6）	≤8.5（≤11.6）	≤9.5（≤12.6）	≤11.6（≤14.6）
气瓶容积，L	3	4	5	6
气瓶最高压力，MPa	30			
供气流量，L/min	>300			
呼气阻力，Pa	≤588			
报警压力，MPa	4～6			
气瓶材质	超高强钢/高强钢			

表 4-40 E.RPP 系列正压式呼吸器的主要技术参数

产品型号 性能指标	E.RPP-20B/12	E.RPP-20B/13	E.RPP-20B/24	E.RPP-40
气瓶工作压力，MPa	\multicolumn{4}{c}{30}			
供气流量，L/min	\multicolumn{4}{c}{>300}			
呼气阻力，Pa	\multicolumn{4}{c}{<870}			
报警压力，MPa	\multicolumn{4}{c}{5+0.5}			
气瓶容积，L	6.8	6	9	6.8×2
使用时间，min	68	60	90	136
整机重量，kg	8.7	13.7	9.3	14.3
背带、头罩	阻燃/非阻燃	阻燃/非阻燃	阻燃	阻燃
气瓶材质	碳纤维	高强度钢	碳纤维	碳纤维

3. 空气呼吸器的新技术

1）碳纤维复合材料气瓶

碳纤维复合材料气瓶是近几年发展起来的一种新材料气瓶。与碳钢气瓶相比，特点在于其重量轻、安全性高、耐腐蚀和使用寿命长，将它用于正压式空气呼吸器，可大大减轻装具的自重。因此，在实际使用过程中可直接降低佩戴者的体力消耗。

碳纤维复合材料气瓶是由铝合金内胆外用碳纤维和玻璃纤维等高强度纤维绕制而成。铝合金内胆按照美国交通部的 CFR178.46.3AL 制造标准制造，100%检查，检查项目：壁厚、直线度、同轴度、光洁度和硬度。主要缠绕层为细丝碳纤维，外层采用代号为 S2 的玻璃纤维数层，以增加抗冲击及耐磨性。

2）防泄漏面罩

面罩材料是由天然橡胶和硅橡胶混合材料制成，台柱状的面窗，由聚碳酸酯材料注塑而成，表面涂 PVC 材料，耐刻划、耐冲击、透光性好。结构采用美国技术，头罩呈网状形，以四点支撑方式与面窗连接，宽紧带可调节面罩佩戴松紧度，密封性能提高，使用方便。

3）应急冲泄阀

应急冲泄阀位于供气阀入口处，可以调节，并提供不小于 225L/min 的恒定的空气供给流量。一旦供气阀发生故障，打开冲泄阀，直接向面罩供气，增加了安全性。

4. 空气呼吸器的使用与管理

1）佩戴使用

（1）使用前准备。

首先打开气瓶开关，随着管路、减压系统中的压力上升，会听到警报器发出的短暂声响。气瓶开足后，检查空气储存压力，一般应在 28～30MPa 之间。关闭气瓶开关，观察压力表读数，在 5min 内，压力降不大于 4MPa 为合格，否则表明供气管高压气密性不好。当压力降至 4～6MPa 时，警报器应发出报警声响。

(2) 佩戴使用要求。

呼吸器背在人体背后，根据身材调节肩带、腰带，以合身、牢靠、舒适为宜。打开气瓶开关，再次检查气瓶内空气压力。戴上面罩，做 2～3 次深呼吸，感觉应舒畅，屏气时，供给阀应停止供气。关闭气瓶阀，做深呼吸数次，随着管路中余气被吸尽，面罩应向人体面部移动，并感到呼吸困难，证明面罩和呼气阀气密性良好。完成上述检查后，即可打开气瓶开关，投入使用。使用过程中随时观察压力表，留出撤退时间，报警声响，立即撤出火场。

(3) 使用后处理。

呼吸器使用后应及时清洗，先卸下气瓶，擦净器具上的油污，用中性消毒液洗涤面罩、口鼻罩，擦洗呼气阀片，最好用清水擦洗，洗净的部位应自然晾干。最后按要求组装好，并检查呼气阀气密性。

使用后的气瓶必须重新充气，充气压力为 28～30MPa。

2) 维护保养

(1) 气瓶。

气瓶应严格按《气瓶安全技术监察规程》的规定进行管理和使用，并应定期进行检验。使用时，气瓶内气体不能全部用尽，应保留不小于 0.05MPa 的余压。满瓶不允许暴晒。

(2) 集成组合式减压器。

① 减压部分。应定期用高压空气吹洗或用乙醚擦洗一下减压器外壳和 O 形密封圈，如密封圈磨损老化应更换。

② 中压安全阀。应按规定压力定期校验。

③ 气源余气警报器。出厂时已按规定压力调试好，一般不进行调试，如需调试，必须按规定的压力重新调试。

(3) 全面罩。

空气呼吸器不使用时，全面罩应放置在保管箱内，全面罩存放时不能处于受压迫状态，收储在清洁、干燥的仓库内，不能受到阳光暴晒和有毒有害气体及灰尘的侵蚀。呼气阀应保持清洁，呼气阀膜片每年需要换一次，更换后应检查呼气阀气密性。

(4) 正压型空气供给阀。

一般情况下严禁拆卸，如需对其维修时，可从全面罩上卸下，放松压环，打开壳体，小心地拆下膜片组等零件进行检查和清洗。

在没有校验设备的条件下，要按原来位置装复它，接上中压导管后，接通 0.5～0.8MPa 压力的气流，撤压 2～3 次转换开关，检查空气流量是否合适。

3) 常规检查

呼吸器不使用时，每周要进行一次常规检查。主要检查警报器、气瓶储气压力及供气管路气密性。检查方法如前述。

4) 定期检查

油库每月必须对空气呼吸器进行一次定期检查，定期检查的主要项目是：

(1) 全面罩、目镜、系带、环状密封、呼气阀、吸气阀、空气供给器等部件应完整好用，连接正确可靠，清洁无污垢。

(2) 气瓶压力表工作正常，连接牢固。

(3) 背带、腰带完好、无断裂现象。

(4) 气瓶与支架及各机件连接牢固，管路密封良好。

(5) 气瓶压力一般为 28～30MPa，压力低于 24MPa 时必须充气。

(6) 整机气密检查：打开气瓶开关，观察压力表变化，5 分钟内压力表数值下降不应超过 4MPa，超过 4MPa 的为不合格。

(7) 余气报警器检查：打开气瓶开关，待高压空气充满管路后关闭气瓶开关，观察压力变化，当压力表数值下降至 4～6MPa 时，应发出报警音响，并连续报警至压力表数值为"0"为止。超过此标准为不合格。

(8) 空气供给阀和全面罩的匹配检查：正确佩戴消防空气呼吸器后，打开气瓶开关，在呼气和屏气时，空气供给阀应停止供气，没有"咝咝"响声。在吸气时，空气供给阀应供气，并有"咝咝"响声。反之应更换全面罩或空气供给阀。

三、油库几种典型火灾的扑救

1. 油罐火灾的扑救

扑救各种不同形式的油罐火灾，要根据油品燃烧时，其盛装容器的破坏状况、油品种类，以及油罐上的灭火设备是否完整可靠等情况采取相应的灭火措施。

1) 稳定燃烧的油罐火灾

(1) 火炬型燃烧。油罐火灾，可能发生在油罐的孔洞处。如在破裂的缝隙处、呼吸阀、量油孔、采光孔等处形成稳定的火炬型燃烧。稳定火炬型燃烧可采用水流封闭法和覆盖法灭火。水流封闭法是根据火炬直径大小和高度，组织数个射击小组，用水流将火焰和还未燃烧的油蒸气分隔开，造成瞬时可燃气体的供应中断，使火焰熄灭；或数支水枪同时由下向上移动，将火焰"抬走"，使火焰熄灭。覆盖灭火就是使用覆盖物盖住火焰，造成瞬时油气与空气的隔绝层，致使火焰熄灭，这是扑救火炬型燃烧的有效方法。在覆盖之前，需用水流对覆盖物及燃烧部位进行冷却，并掩护扑救人员自上风方向靠近火焰。若油罐上洞孔较多，同时形成几个火炬燃烧时，应用水流冷却油罐整个表面，使油品气体压力降低，然后从上风方向逐个将火焰覆盖扑灭。扑救火炬型燃烧的覆盖物可用浸湿的棉被、麻袋、石棉被和海草席等。

(2) 无顶盖油罐稳定性燃烧。如果油罐发生爆炸，罐盖被掀开，液面上形成稳定性燃烧。此时必须准备充足的灭火剂、水源和移动式泡沫灭火设备，一方面组织力量对油罐进行可靠的冷却，先集中冷却燃烧罐，不使罐壁变形、破裂，同时冷却危险范围内的邻近罐，特别是下风方向的油罐。另一方面用石棉被、湿棉被等把附近罐上的呼吸阀、量油孔覆盖起来，防止相邻油罐的油蒸气被引燃或爆炸，并启动未损坏的固定灭火设备。如果固定式灭火设备已损坏，可采用移动式泡沫灭火设备，但应设在油罐的上风方，尽可能保持一定的安全距离，不间断地向油罐喷射泡沫，直至将火焰扑灭，并在油品表面上保持 20cm 以上厚度的泡沫为止。当燃烧油罐液面很低时，由于罐壁的温度高和气流的作用，使从罐顶打入的泡沫受到较大的破坏，降低了灭火效果。为了提高灭火效果，可以往轻质油品储罐内注水，提高液面。若受条件限制，则可在高液面上部 50～80cm 处的罐壁上，开挖泡沫喷射孔，利用喷射孔向罐内液面喷射泡沫。开挖孔洞是很难完成的工作，开挖孔洞后增加罐内空气对流，燃烧的火焰增大，不在万不得已的情况下一般不建议采用。

(3) 油罐罐盖塌陷燃烧。油品发生爆炸燃烧，多数情况下是一部分罐盖掉进油罐内，另一部分在液面上。储罐凹凸不平，火焰能将液面上的罐盖烧得很热，对泡沫有破坏作用。此外罐顶凸凹不平，泡沫不易覆盖住被罐盖遮挡的那一部分火焰，影响灭火速度。此时，如果条件允许，可以提高油面液位，使罐盖高出液面部分被液体淹没，形成水平的液面，然后用泡沫扑灭火焰。提高油液面需很短时间内完成，否则，不宜采用这种方法。

如果一切方法都不能将油罐内火灾扑灭，就要设法将罐内油品通过密封管输出。同时继续冷却油罐，让少量剩余油品烧尽，以保全金属油罐和防止火灾蔓延。

(4) 数个油罐同时燃烧的火灾。若一组油罐同时燃烧，具有很大危险性，对此应沉着认真对待，采用全面控制、逐个消灭的方法进行扑救。要在火场指挥部的统一布置下，尽最大力量冷却所有燃烧罐和邻近罐，控制火势不再蔓延。如果灭火力量充足，可集中足够的灭火器材，对所有燃烧罐有计划地分组同时扑救，如果力量不足或灭火器材不足时，可先扑救上风方向的邻近罐或其中最大的油罐，逐个进行扑救。扑救多个油罐火灾应考虑到全部灭火药剂都用完还有油罐没有扑灭的后果，因此应组织人员有效地疏散和撤离，避免油罐发生爆炸波及原来的安全区域。对多数油罐的火灾，争取外援消防力量是很重要的，也只有在外援消防力量足够强时才能控制火势。

2) 油罐油品外溢火灾

油罐爆炸，油品流散，在防火堤内形成大面积的火灾，给扑救工作带来很大的困难。应根据具体情况，采取相应的措施。

当油罐周围都是燃烧的油品时，灭火人员不能接近油罐灭火。这时，即使固定泡沫灭火设备没有破坏，也不能用油罐上的泡沫灭火设备灭火，也不能用其他灭火设备扑救油罐火灾。因为燃烧油罐被流散的液体火焰包围，如果将罐内火焰扑灭，但由于罐外的火焰存在，仍会使罐内油品燃烧起来。若油罐上设有固定冷却水灭火设备，而油罐的破坏不很严重时，可使用固定冷却水灭火设备冷却油罐，避免油罐在燃烧中进一步破裂和损坏。若油罐破坏较严重，可不再对油罐进行冷却工作。

根据火灾的特点和灭火力量的情况，首先应组织扑救堤内的流散液体火焰，然后再扑救油罐内的火灾。在有较强大的灭火力量时，也可同时部署扑救油罐内外的火灾。将一部分力量用于扑救罐内油品的火灾，将另一部分力量用于扑救罐外流散的液体火焰。防火堤内有较大的燃烧面积时，应采用堵截包围的灭火战术，集中足够的泡沫管枪或泡沫炮，布置在防火堤外面，对燃烧区实行全面包围。先用干粉、1211等灭火剂控制火焰，再用氟蛋白泡沫从防火堤边沿开始喷射泡沫，逐渐向防火堤中心移动，覆盖燃烧液面。扑灭罐外的火灾后迅速扑救罐内火灾。

如果防火堤内油品温度较高，灭火人员很难接近油罐时，可采用云梯、曲臂梯等登高设备，使泡沫管枪手接近油罐，居高临下向罐内喷射泡沫，或采用泡沫炮扑灭罐内火灾。

在扑救火灾的同时，应注意油品流散状况，防止油品流出防火堤，使火灾扩大。在必要时，应及时加高、加固防火堤，提高防火堤的阻油效能。同时应该指出，防火堤内的油品和冷却水积存较多时，应通过堤外水封井、隔油池导走油品，把火焰堵截在水封井和隔油池外口，必要时也可采用下水道或临时铺设管道（图4-41），将

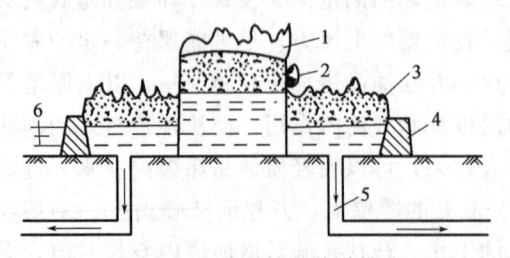

图4-41 临时铺设管道排油
1—火焰；2—泡沫产生器；3—油蒸气；4—防火堤；5—设有水封的下水道；6—临时铺设的排油管道

油品排到安全的地方。此类火灾关键是油罐阀门处难以扑救，可以用不燃烧物质覆盖，然后用泡沫扑救。

3）沸溢油品储罐火灾

重油和原油一般都含有水分，燃烧过程中会发生沸溢火灾。沸溢性油罐火灾的火焰温度很高，可达1700℃，火焰高度可达70～80m，火焰起伏，辐射热很大，热波传播速度快，一旦发生沸溢，可能会连续数次，油品向油罐四周溢流，在油罐四周造成大面积火焰，对油罐周围建筑物和灭火人员产生极大威胁，扑救工作十分困难，火灾危险性很大。

扑救工作要先做必要的准备，查明着火油罐的类型、直径、高度、油品种类、储油时间、油罐间距、着火部位、燃烧形式、火焰颜色和高度，油品有无沸溢的动向，对周围的威胁程度，预测油品可能沸溢的时间，制订正确的灭火计划。

正确的灭火方法是首先控制火势。沸溢性油品储罐发生火灾后，在未发生沸溢之前，应集中力量对燃烧油罐进行冷却，或排出罐底积水，防止发生沸溢。对于已发生油品沸溢的火灾，应采用建筑堤方法，阻止油品向四周无限制的流散，将燃烧控制在一定范围内。对于包围圈内的燃烧油品，应采取堵截包围，从不同方向分进合击，缩小包围圈，为扑救罐外火灾创造条件。然后凭借有利的地形和地物，使用水枪、泡沫管枪等灭火器材，按轻重缓急把若干较小的各片逐步扑灭。其次，在扑灭油罐四周流散的沸溢油品火焰之后，应乘机向油罐内火灾发起急攻，使用泡沫管枪、泡沫钩枪、泡沫炮等一切设备，扑灭油罐火灾。扑灭油罐火灾后，还要对罐壁进行冷却，防止油品蒸气过多挥发，引起复燃。扑救油罐沸溢性火灾，宜采用液上喷射灭火方法。常规扑救时，要防止冷却水进入油罐内，或争取在沸溢前往罐内打入泡沫，以免导致油品提前沸溢，最好在沸溢前，一般在起火后30min内扑灭火灾。在泡沫进攻之前，可向罐内打入少量冷油，降低油品温度，然后打入泡沫，防止沸溢。总之沸溢油品火灾是油罐火灾中最危险的，要十分重视，认真对待。

4）油品洞库火灾

油品洞库将油罐等主要设备设置在人工开挖的山洞或自然洞内，洞库油罐的平面布置形式主要有葡萄式、穿廊房间式、走廊房间式、单枝葡萄式等。洞库各种储输油设备与外部相对封闭，进出洞库内的洞口数量有限（一般为2个左右）。因此，洞库火灾的发生、发展及其扑救方法有特殊规律性。

一般来说，油品洞库火灾主要有这样几种情况：一是洞库油罐稳定燃烧；二是油罐在燃烧中爆炸，但未造成罐壁破裂；三是油罐燃烧并爆炸，且罐壁破裂，造成油品漫流，火灾在洞内蔓延；四是弥漫在洞库巷道内的油蒸气遇着火源引起爆炸，造成巷道塌落，罐壁变形等，但并未引起燃烧；五是油罐爆炸着火并引爆巷道内油蒸气，造成巷道塌落破坏，油罐变形，甚至破裂，油品漫流，火灾扩大；六是洞库内其他物资如油布自燃等燃烧引起的火灾，范围小，可及时用灭火器等扑灭。

（1）油品洞库火灾的主要特点。

① 烟雾积聚。

由于洞库内储存易燃易爆物资多，发生火灾时，油品燃烧需要的氧气供应不足，洞内处于严重缺氧状态，可燃物往往处于不完全燃烧状态，烟雾浓，发烟量大。洞内气体空间积聚大量的一氧化碳、二氧化碳等有害物质。同时，由于洞库出入口较少（少者只有一个，多则三四个出入口），烟雾与地面空气对流速度缓慢，尤其是在洞内火势不甚猛烈时，由于洞口的"吸风"效应，向外扩散的烟雾，可能部分又会从洞口被卷吸进去，所以烟雾积聚洞内，难以排出。

洞内烟雾积聚对灭火战斗产生了较大的影响：一是影响能见度，因烟雾扩散和积聚，使洞内能见度降低，影响了消防人员进入洞内侦察火情和掌握火灾的情况，也对组织实施灭火行动带来不便；二是严重缺氧，正常情况下，空气中含氧量为21%，而洞内可燃物的燃烧消耗大量的氧气，造成洞内烟气充斥，严重缺氧，容易使进入洞内的消防人员缺氧窒息；三是产生有毒有害气体，在洞内可燃物（主要是油品）燃烧产生大量的一氧化碳、二氧化碳等有害气体，对消防人员的生命安全造成威胁。

② 火势蔓延快。

由于洞库内部空间相对较小，内部通道狭窄，可燃物多，当洞库发生火灾时，在封闭空间内散热困难，温度上升快且高，火灾蔓延迅速。同时由于空气膨胀，导致洞内压力增大，加剧火灾蔓延，灭火人员无法接近，延长了灭火时间，影响火灾扑救。

③ 烟筒效应。

油品洞库发生火灾时，如果只有一个坑道口通向外部空间，该坑道口上部排烟，下部进空气，如果有两个以上坑道口通向外部空间时，一般是位置较高的坑道口排烟，位置较低的坑道口进空气，如果是上下坑道的洞库，一般是从上坑道排烟，从下坑道进空气，这种有规律的排烟和进气就是洞库火灾的烟筒效应，掌握了这种排烟进气规律，有利于采取更有效的灭火措施。

④ 扑救困难。

油品洞库发生火灾后，扑救人员难以直接观察火灾位置和燃烧情况，给组织指挥造成困难；洞内浓烟翻滚，毒气弥漫，进攻人员的视线、体力、呼吸受到限制，灭火人员难以接近着火点直接灭火；洞库出入口少，灭火进攻路线有限，而且洞内坑道曲折狭窄，限制了灭火力量的使用和灭火作战行动的实施，对灭火器材的展开和使用有一定的限制；由于受地下建筑物屏障影响，火场通信联络困难，照明条件差，指挥人员不能及时掌握洞内情况。所有这些不利因素，都增大了洞内灭火的难度。

(2) 窒息灭火法的应用。

目前，油品洞库火灾扑救的研究较少，没有详细的可供借鉴的试验资料，下面结合几起铁路油罐车的隧道火灾讨论油品洞库火灾的窒息灭火法以供参考。

① 封堵隔离。

a. 应用场合及基本条件。

坑道内着火区难以接近，不能直接用水、高倍数泡沫或其他灭火器灭火的场合；火场条件艰险，到场的灭火力量不足，难以控制火势发展的场合。

封堵隔离的基本条件：预封堵隔离区无被困人员，无含氧物质或氧化剂；坑道内部空间、走向、各出入口及其通风排烟口设置情况明了，现场有一定的灭火力量保障进入坑道内实施封堵分隔作业人员的安全，能够就近取得或调集必需的封堵材料，配有一定的可监测预隔离区燃烧情况的器材或手段。

b. 封堵材料。

选择封堵材料可分为堵隔用材料与密封用材料。堵隔墙常用沙袋、装土草袋、黏土、砖石或混凝土砌成。简便的隔墙可用帆布与木板构架、其上涂覆厚层湿黏土，甚至可用湿棉被堵隔。

例如，襄渝线犁子园隧道火灾（1990年7月3日，长1776m）是用沙袋堵隔；宝成线白水江隧道火灾（1976年10月18日，长325.5m）用13800个装土草袋隔阻；宝兰线兰州十里二号隧道火灾（1987年8月23日，长179.4m）采取实施定向爆破土方的方法将洞口封堵；南昌市福山地下贸易中心火灾（1988年9月15日）堵隔用材料是15辆卡车草袋和几百条棉被等。

密封材料主要用于封实小截面孔洞或孔隙，应具有良好灌注性与凝结性，或者遇热烟气作用有良好的热胀性，且还有一定的耐火性，例如水泥、掺有石棉或硅酸铝纤维的稀黏土、专用的防火有机封堵料或耐火枕（枕内膨胀物受热作用能迅速膨胀封闭孔隙）等。

c. 封堵实施方法。

为了使封堵便于实施和达到良好的封堵窒息效果，应考虑封堵顺序、堵隔墙设置位置和掩护措施。

封堵顺序是先堵后封。首先将火势蔓延通道堵断，把有限的灭火力量集中起来，并充分利用坑道内部可能的灭火设备，在火势蔓延的方向，迎头布置强大攻击水枪射流拦截火势，或向阻隔处喷水或高倍数泡沫，截断烟火外窜，燃烧范围控制在预堵隔区内，为封堵创造条件。

一般情况下，为迅速地隔绝火灾，各选定的封堵部位应同时实施堵隔，当坑道内存在明显的风向或烟气流向则应先封堵上风向，以减弱空气对燃烧区的供给，然后封堵下风方向，或利用排烟装置改变烟气流向，再按上述原则实施封堵。

堵隔墙设置位置与着火区域大小、堵隔墙的构筑难易、坑道内部通道布置、封堵能达到的效果等因素有关，若以封堵作为灭火的主要手段，则应在可能的条件下，尽量选定接近着火区域的部位作为堵隔位置，缩小分隔的范围，提高封闭窒息灭火的效果。

实施封堵时必须采取掩护措施，实施人员应配备防毒、耐高温和强光照明装备。深入内部堵隔时，要利用安全绳和导向绳作为内外联系的工具。掩护时应综合运用各种水枪射流，既要用喷雾、开花水枪进行冷却阻烟掩护，又要用直流水枪阻止迎面的火势。

d. 封堵隔离区燃烧变化规律。

封堵后隔离区内燃烧所需氧气主要来自内部空间有限的空气，部分是从未封闭的孔隙或预留的泄压孔和观察孔透入的外部空气，其量与这些孔洞大小、多少有关，随着燃烧进行，氧气不断被消耗，又不断地补充。当补充量小于消耗量时，隔离区内氧气浓度不断降低，达到抑燃浓度时，燃烧被窒息。当补充量大于或等于消耗量时，隔离区的氧气浓度不可能降到抑燃浓度，仅靠这种封堵无法达到灭火目的。此时，可从两方面考虑加强封堵窒息效果，一是寻找除特别预留的孔洞以外的泄漏孔隙，并加以封闭；二是向隔离区灌注惰性气体，进一步加速着火区氧气浓度的下降。

燃烧熄灭后，隔离区氧气浓度开始缓慢回升，是由于存在泄漏孔洞和内部出现负压的缘故。若此回升的氧气浓度高于一定值，有导致复燃的可能性。

隔离区内温度因坑道内散热条件差，一般只在燃烧熄灭后才缓慢下降，且在较长时间内仍保持300℃以上。故此温度也是引起复燃的重要因素。

封堵后，内部气压迅速上升，形成一个较大的内外正压差，其值与燃烧产生的气体量及其速率、隔离区温度、空间体积及密闭性有关。因此，开始实施封堵时，不宜完全封死，应留有一定泄压量的孔洞。当此正压差达到最大值后，便开始下降，这是窒息作用的结果，燃烧气体产物量及产生速率已经开始下降。在燃烧熄灭前，隔离区内外气压差达到零，并且内气压继续下降，出现负压差，在燃烧熄灭时，内外达到最大负压差。此后由于隔离区密封程度不可能完全，在负压差作用下，内气压又逐渐回升至压差为零。由上述气压变化规律可知，在隔离区处于正压时，应对发现的泄漏孔隙、预留的泄压孔或观察孔进行封闭，减少甚至隔断空气的吸入。

② 充惰性气体和冷却。

为了增强封堵窒息灭火的效果,对于密封难以达到窒息程度的坑道火灾,应采用充惰性气体与进行冷却的灭火手段,充惰性气体与冷却是坑道窒息灭火法的重要辅助方式。

a. 灌注惰性气体。

向隔离区内灌注惰性气体,必将加速惰化或稀释着火区的空气,使其氧浓度迅速降至可燃物的抑燃值以下。实验研究结果表明,当空气中氧浓度低于3%时,非含氧物质的燃烧均会熄灭,充惰性气体也稀释可燃气体或蒸气的浓度,起到抑爆作用。适时地灌注惰性气体可使隔离区内形成正压差,从而阻止外部新鲜空气的吸入,有利于排除有毒的燃烧气体产物。

在一定的压差下,惰性气体在隔离区内能够长距离流动,达到各个燃烧部位,实施窒息作用,操作便利。根据隔离区气压变化规律,应注意把握惰性气体灌注的时机,灌注时应避开其内部气压上升且处于正压差的阶段,而选择在气压下降或处于负压差的阶段实施,这将会起到事半功倍的效果。燃烧熄灭后,仍应充注惰性气体一段时间,以减少外部空气的渗入,防止可燃物复燃。

为了配合封堵窒息,灌注的惰性气体量应根据隔离区空间体积、惰性气体的种类、可燃物的氧气抑燃浓度值、温度与压力进行估算。

b. 实施冷却。

充惰性气体的同时,应该开始辅助实施冷却,燃烧熄灭后,冷却应加强,以防高温的燃烧区再次得到新鲜空气而复燃。除用水以外,部分液态或固态的惰性物质如液氮、干冰等,可被利用其释放时汽化吸收大量相变热来实施冷却。液氮在20℃常压下汽化热约为199.2kJ/t;干冰则为628kJ/kg,使用此类物质,既可达到惰化目的,又可实施冷却。

③ 燃烧窒息的判断与启封的条件。

a. 窒息的判断依据。

根据坑道火灾模拟试验测定的结果,封堵隔离区内燃烧熄灭时有如下几个特征:隔离区内出现最大负压,内外压差变化迅速,甚至产生回风声音。氧浓度降至可燃物的抑燃值以下;一氧化碳或其他可燃气体浓度降至爆炸浓度下限以下;隔离区温度上升缓慢,甚至不再上升。

在此特别应值得注意的是,燃烧熄灭并不意味着即可启封隔离区,因为还存在复燃的可能性。

b. 启封的条件。

启封应满足如下条件:氧浓度趋于稳定且在2%以下;一氧化碳浓度下降到0.001%以下并趋于稳定;燃烧区温度长时间稳定在30℃以下或与坑道外气温相同,或从隔离区流淌出来的水温在25℃以下或与环境水温相同;隔离区内外压差稳定或趋于零。

c. 启封实施方法。

先部分启封堵隔墙,派专门人员佩戴空气呼吸器、配备照明工具、防护装备与必要的通信联络绳,进入火场实施侦察,确信火灾熄灭后无复燃可能性时,可实施全面启封。

坑道全部打开后,首先用大功率风机排除洞内有毒气体,为清理坑道做准备。清理时,可充分利用高压水冲刷淤泥或油泥。

2. 油泵房火灾的扑救

引起油泵房火灾的原因较多,常见原因有:填料安装过紧,致使填料过热冒烟,引燃泵房中积聚的油蒸气；油泵空转，造成泵壳高温，引燃油蒸气；使用非防爆式电动机及电气设备；铁器碰击产生火花或外来火源等引燃油蒸气；静电接地不符合要求引起放电等。根据这些原因，应特别注意的是泵房内泵和管线不得出现渗漏油现象，地上的洒油或因滴漏而放置的集油盒（盆）等应及时处理，防止泵房内油气过浓。

一般泵房内设蒸汽灭火设备或卤代烷灭火设备，并放置简易的泡沫灭火器、干粉灭火器、二氧化碳灭火器等设备。发现火情后，首先应停止油泵运转，切断泵房电源，关闭闸阀，断绝来油；然后把泵房周围的下水道覆盖密封好，防止油品流淌而扩大燃烧；同时用水枪冷却周围的设施和建筑物。对于泵房大面积火灾，较好的办法是用水蒸气灭火。泵房内设有固定或半固定式的蒸汽设备时，着火后可供给蒸汽，降低燃烧区中氧的含量，使火焰熄灭。一般蒸汽浓度达到35%时，火焰即可熄灭。

没有蒸汽灭火设备时，可根据燃烧油品、燃烧面积、着火部位等，采用灭火器或石棉被等扑救。一般泵房内除油蒸气爆炸导致管线破裂而造成油品流淌较大火灾外，主要是油泵、油管漏油处及接油盘最易失火，这些部位火灾只要使用轻便灭火器具，就能达到灭火目的，若泵房内油品流散引起较大面积火灾时，可采用泡沫扑救，向泵房内输送空气泡沫或高倍数泡沫等。

3. 桶装库房火灾的扑救

油桶火灾，无论漏洒在地面上的油品燃烧，或是桶内、桶外油品燃烧，如果扑救不及时，必将引起油桶爆炸甚至连续爆炸，使桶内油品四处飞溅，火灾迅速蔓延扩大，在短时间内即可造成一片火海的严重局面。

油桶爆炸的情况不尽相同，随油桶质量好坏、桶内油品多少、油品种类不同，受热温度高低而各异。一般情况下，在受热温度上升到700℃以上，桶内油品迅速汽化，油桶不能承受桶内压力时（超过0.2MPa），桶内汽化的液体炸开油桶，呈火球状冲入天空，火球升起可达到20～30m，然后呈焰火状四散落下。轻质油品大多不等落地已燃尽，润滑油则仍能继续燃烧。若油桶质量低劣，在刚被加热后，桶内压力不到0.2MPa就从质量薄弱处炸开。由于压力不太大，有时尚不足0.1MPa，所以油品不会飞起，仅从裂口处不断往外喷油燃烧。油桶在火焰的直接烧烤下，一般在3～5min即发生爆炸。油桶爆炸之前，大部分将桶底、桶顶鼓起，随后发生爆炸。油桶爆炸仅裂3～30cm的裂口，绝不是将油桶炸得四分五裂。

对于油桶火灾，由于极易爆炸，火灾扩大蔓延的可能性极大，且桶垛有较大空隙，泡沫不易全部覆盖，为扑救带来很大困难。造成油桶火灾的原因是比较多的。油桶渗漏遇明火，倒装时铁器磕碰出火，堆场日晒使温度升高而发生爆炸燃烧，盛装过满油品膨胀使桶爆炸后遇火燃烧等，都是油桶火灾的常见原因。

1）油桶火灾的扑救

对于油桶外部漏油燃烧，应迅速用覆盖物覆盖、用沙土掩埋或用灭火器扑救，切勿惊慌，以防止火灾扩大，酿成大灾。对于敞开桶盖或掀去全部顶盖的油桶内油品着火，可利用覆盖法扑救，也可利用灭火器扑救。这种燃烧不会使油桶爆炸，可以在着火油桶的上风方向接近灭火。一切敞口容器都可用同样方法扑救。

对于桶垛或盛装油桶的车船着火，应注意不要急于去灭火，应首先疏散周围的可燃物，或将车、船拉到安全地点，然后用水充分冷却燃烧区内的油桶和附近油桶。在冷却时，冷却水可能使桶内喷燃的油品漫流，应筑简易土堤围住油火。经一段时间的冷却后，应使用各种灭火器材积极灭火。对于泡沫能够覆盖的火场，可用移动式泡沫灭火设备或泡沫消防车灭火；有较大空隙的桶垛则不宜用泡沫灭火，可用多支水枪，以强大水流打熄燃烧的火焰。无论桶垛还是车船油桶火灾，均要组织人力用沙土掩埋，这样可有效地灭火。对于润滑油桶火灾，要防止爆炸后的燃烧油火引起附近建（构）筑物着火。

2) 桶装库房火灾的扑救

桶装库房的建筑物发生火灾，会引起库房内油桶火灾。油桶火灾能引起可燃建筑物火灾，其结果造成建筑物和油桶同时燃烧，油桶爆炸，油品流散，火势扩大，导致整个库房大面积火灾。燃烧时间越长，爆炸的油桶越多，流散油品也越多。情况比较严重时，油品可能漫过库房门槛至库房外燃烧。若火灾持续时间太长（达 40～50min），钢筋混凝土的一级、二级耐火建筑物在高温作用下也将遭到严重破坏。

扑救桶装库房火灾，同扑救其他油品一样。关键是抓紧时间扑救，积极采用防卫措施，尽快控制火势。对于桶装库房着火而油桶尚未燃烧的火灾，应迅速组织力量扑灭燃烧部位的火焰，同时用水枪保护受到威胁的油桶，防止火灾蔓延。如果是部分油桶起火，但未爆炸，而建筑物尚未起火时，应用泡沫枪向燃烧的油桶喷射泡沫，及时地扑救油桶火灾；同时应组织力量对未燃烧的邻近油桶和建筑物进行冷却，防止火势扩大。若个别独立的油桶发生燃烧火灾事故，也可采用覆盖物进行覆盖灭火，或采用简易的泡沫灭火器以及沙土等进行扑救。

对于油桶和库房均在燃烧，且油桶不断发生爆炸的火灾，应根据火场特点，集中一定力量首先冷却油桶，防止油桶继续爆炸，同时组织一部分力量扑救建筑物的火灾（扑救建筑物火灾的水流落到油桶上也有一定的冷却作用）。然后集中优势，采用泡沫灭火设备（泡沫枪、泡沫炮等），向燃烧着的油桶和地面流散的液体火焰发起猛攻，迅速扑灭火灾（在泡沫进攻时，可停止水枪对油桶的冷却，以免水流对泡沫造成不必要的破坏作用）。应该指出的是，这种火场用水量大，流散液体火焰可能随着积水扩大而扩大，应组织必要的力量，排除或堵截地面火焰（挖沟或筑堤等），防止火势扩大和火灾蔓延。

扑救桶装库房火灾时，要注意扑救人员的安全。在油桶连续爆炸的情况下进攻，应防止油桶爆炸伤人。火场上需疏散油桶时，应派专人负责，采取必要的措施（如用水流保护疏散人员），确保人员安全。排除库内流散的积水时，应采取可靠的措施（如通过室外水封井、或在门槛下设临时排油管），将流散油品和积水排到安全的地方。

4. 铁路油罐车火灾的扑救

铁路油罐车在装卸过程中，往往由于铁器碰击、静电、雷击或杂散电流等造成罐口燃烧的火灾。在铁路运行中，还会出现撞车、翻车等现象而导致的大面积火灾。

1) 油罐车罐口火灾

铁路油罐车罐口火灾，一般形成稳定性燃烧，火焰呈火炬状，火焰温度较高，对装卸油栈桥、鹤管及油罐车本身有很大的威胁。通常可采用下列方法扑灭油罐车罐口火炬火焰。

（1）火焰仅在罐口部位，可采用窒息法扑灭。一般可采用石棉被等覆盖物盖住罐口，使油蒸气与空气隔绝，燃烧停止。也可利用油罐车罐盖，使其关闭严密，熄灭火焰。

（2）采用干粉灭火器，直接向罐口喷射，扑灭火焰。

（3）如果火焰较大，可采用直流水枪，组成水幕，隔绝空气，扑灭火灾。一般情况下，采用数支直流水枪（水枪压力不小于 0.3MPa，喷嘴不宜小于 19mm），从不同方向交叉射水,开始都对准火焰下部,然后同时上移水枪,将油气和空气隔开,扑灭火灾。

(4) 可采用泡沫钩管,挂在油罐车罐口上,或用泡沫炮(枪),喷射泡沫扑灭油罐车火灾。

应特别注意,油罐车发生火灾后,尽可能将已燃油罐车与未燃油罐车隔离,并对着火油罐车尽早采取冷却措施,对油罐口附近及其邻近建(构)筑物进行保护,防止火灾扩大。

2) 油罐车油品溢流火灾

油罐车脱轨倾倒,油罐破裂,随着油品流散,形成较大面积的较复杂的火灾现场。油罐车火灾,火焰辐射热大,很难接近火源。油品不断流散,对灭火人员也有一定的威胁。应根据具体情况,采取相应的灭火方法。

(1) 冷却油罐防止变形破坏。

消防队伍达到火场后,灭火指挥人员应迅速查明火灾情况,首先应冷却燃烧油罐和邻近油罐,防止油罐进一步破坏。

(2) 扑灭流散的液体火焰。

根据地形和地势,修筑阻火设施(筑堤、挖沟等),防止油品进一步流散,控制火势扩大。然后组织泡沫(或喷雾水流),对流散液体火灾发起进攻,将其扑灭。

(3) 扑灭油罐车的火灾。

在扑灭油罐车周围液体火灾之后,应采用泡沫钩管、泡沫炮或喷雾水枪,及时扑灭油罐车火灾。

3) 大面积油品流散的油罐车火灾

油罐车倾覆造成数个或数十个油罐车起火,火灾现场极为复杂,它不仅严重阻碍其他列车通行,同时还可能由于流料流散,影响附近工农业设施、建筑物的安全。扑救这种火灾,应根据地形、地势和灭火力量,选择突击方向和突击点。

(1) 控制火势。

为防止火势扩大,应将未燃烧的机车、油罐车与着火的油罐车摘钩,开到安全地点。

(2) 筑堤拦油,缩小燃烧范围。

用沙土筑堤,将流散液体火焰控制在一定的范围内。

(3) 扑灭火灾。

在堵截包围、控制火势的条件下,应集中兵力,将燃烧区实行穿插分割,然后逐片消灭。

一般采用泡沫扑灭流散液体火灾后,然后采用泡沫射流(或直流水枪)扑灭油罐车火灾。也可采用喷雾水流、沙土等扑救地面火灾,但应采取防止复燃的措施。

4) 扑救铁路油罐车火灾应注意的问题

(1) 扑救初起火灾时,铺设的水带线路,不应妨碍其他列车通行。

(2) 在有条件时,宜利用火车的机车运水,以保证火场用水。

(3) 疏散油罐时,摘挂车辆应注意人员的安全。必要时应组织水流,对疏散人员进行保护。

5. 汽车油罐车火灾的扑救

汽车油罐车火灾的扑救方法类同于铁路油罐车。应注意的是尽量将汽车罐车开到安全地带扑救。

（1）汽车油罐车在加油站、油库着火时，应迅速驶离油品作业现场，再进行扑救。

（2）如果收发油品时，罐口着火可首先用石棉被或随车携带的灭火器对准罐口将火灾扑灭，也可使用其他覆盖物（如棉衣、麻袋等）堵严罐口将油火扑灭。

（3）汽车油罐车在行驶途中着火，驾驶员无法将火扑灭时，应尽力将车辆靠右停下，立即向消防机关报警。

（4）若汽车油罐车油罐溢油或因高温变形而出现裂缝，使罐内油品外流时，应利用附近的排水沟或挖沟，让油品流入沟内燃烧，控制火势，防止蔓延。

（5）汽车油罐车不管在什么地方发生火灾，驾驶员都要认真处理善后工作，把残留在地面上、排水沟内的油品收集起来，或用土掩埋等，不能草率处理，避免油火复燃。

6. 油船火灾的扑救

油船在运输、停靠或装卸过程中，由于种种原因，可能发生燃烧、爆炸和油品沸溢喷溅等不同程度的火灾。由于油船自身消防设备不是很强，会给火灾的扑救带来一定困难。

1）初期火灾

油船的初期火灾，往往是指舱口处燃烧，可利用舱口盖、石棉被和其他覆盖物，将舱口盖严，隔绝空气，窒息灭火。若覆盖物在舱口有空隙时，可用泡沫往空隙处射击，加强其封闭效果。舱口或甲板裂口燃烧，也可用直流水枪交叉射水冲击火焰，水枪先对准火焰根部，使火焰瞬间与油品蒸气分离而熄灭。

2）油船上大面积火灾

船体爆裂油品外流，或重质油品喷溅造成的大面积火灾，可以先用船上的自保灭火设备扑救火灾。若固定灭火设备损坏，可采用移动或泡沫灭火设备进行扑救。同时对甲板进行不间断的冷却，对邻近不能驶离的船舶和建（构）筑物也应进行可靠的防卫，防止火灾蔓延。

一般情况下，甲板上的火灾，可采用覆盖物、泡沫、沙土等扑救。漂浮在水面上的油火，应采用漂浮物堵截或采用水枪拦截，将油品火焰圈围在一处。然后用泡沫、喷雾水枪等扑救。重质油品燃烧发生沸溢时，应先冷却船体，当温度下降或喷溢停止后，用干粉或泡沫扑灭火灾。

3）水面上大面积火灾

油比水密度小，油品在水面上扩散燃烧，危害性很大。流散油品随着水流向下游移动，严重威胁下游船只、建筑物和水上构筑物。

对水面上的油品火灾，应先采取措施，阻止油品四处漂流，把油围截到安全的水面处，阻止火势扩大，或使用水枪将燃烧油品拦截到靠近岸边的安全地点，然后用干粉或泡沫扑灭油品火焰。

无论是扑救哪种油船火灾，都应特别注意以下几点：一是由于油船的载油量较大，扑救过程中，应特别注意船的整体安全，对装卸作业时发生的火灾，应先切断电源和输油管线，保护好船上的重要设备；二是重质油品火灾，应注意防止水流进入油舱内，造成沸溢；三是灭火中应注意防止人员摔倒或落水。

7. 油品管道火灾的扑救

输油管道因爆裂、管垫损坏而漏油、跑油，被火种引燃着火时，应该首先关闭输油泵、阀门，停止向着火油管输油。然后采用挖坑筑堤的方法，限制着火油品流窜，防止蔓延。在用水冷却着火油管和邻近油管的同时，用移动式泡沫灭火设备、泡沫消防车、灭火器等灭火，地面管线也可以用沙土掩埋。

在同一地方敷设有很多管线时，如其中之一破裂漏出油品形成火灾时，会加热其他管线，使管线失去机械强度，油管内部液体或气体膨胀发生破裂，漏出油品，扩大火灾范围。另外，这些管线在输油中都有一定压力，破裂后会把油品喷射出很远，在这种情况下，应加强对其他油管的冷却，同时要停止其他管线液体或气体的输送。如果油品呈火炬形在油管裂口处稳定地燃烧，可用交叉水流，先在火焰下方喷射，然后逐渐上移，将火焰割断。

油管裂口火炬形火灾最好不用覆盖法灭火，因为油品喷射时有一定的压力，用覆盖物去遮盖裂口时，势必使油四处迸溅。这样，一方面可能扩大火灾范围，另一方面有伤及扑救人员的危险。

8. 加油站火灾的扑救

加油站来往车辆频繁，发生火灾的概率较大，故必须因地制宜，把火灾消灭在初起阶段。如果是车辆的油箱口着火，可脱下衣服或用其他适当物品将油箱口堵严，使火窒息。如果是摩托车发动机着火，应立即停止加油，先设法将油箱盖盖上，然后再用水浇灭或用灭火器扑灭。如果是加油机操作室内着火，应停止加油，切断电源，关闭油罐阀门，迅速用灭火器扑救，同时指挥加油车辆立即驶离加油站。如果加油站周围油蒸气燃烧或爆炸，威胁整个加油站安全时，应立即停止加油，关闭阀门，切断电源，清理疏通站内或站外消防道路，并报告消防机关。指挥排队加油车辆迅速驶离加油站，组织在场人员利用现有器材扑灭油火和转移地面上的油桶等小型储油容器，最大限度地减少火灾损失。

9. 电气设备火灾的扑救

电气设备由于过热、漏电、短路、过负荷运行、绝缘破坏或产生的火花、电弧等原因可能引起火灾或爆炸。电气火灾在油库中比例约占10%，所造成的损失不单是设备直接损失，还迫使设备停工或引起更大火灾爆炸，间接损失也很大。

一般来说，凡有电气设备的场所都应配备有干粉、1211或二氧化碳等小型灭火器。因这些灭火剂电阻率很大，击穿电压很高，使用这些灭火剂带电灭火也不会发生触电。但最安全的方法是采取断电灭火，有时因生产需要，断电会产生次生灾害，或无法断电，灭火需要动力等情况下，就必须进行带电灭火。带电灭火是很困难的，根据目前的消防装备，泡沫灭火剂不能用于带电灭火，但在特殊情况下，勉强可代用。

10. 人身上的油品火灾的扑救

当人身上沾上油火时，如衣服能撕脱下来，就尽可能迅速地脱下，浸入水中，或用脚踩灭，或用灭火器、水扑灭。如果衣服来不及脱，可就地打滚，把火窒息。倘若附近有河渠、水池时，可迅速跳入浅水中。烧伤过重，则不能跳水，防止细菌感染。如果有两个以上的人在场，未着火的人要镇定沉着，立即用随手可以拿到的麻袋、衣服、扫帚等朝着火人身上的火点覆盖、扑打或浇水，或帮他脱下衣服。但要注意，不应用灭火器直接向人身体上喷射，以免扩大伤势。

当人身上沾上油火时，往往由于惊慌失措或急于找人解救，拔脚就跑，如果人一跑，着火的衣服得到充足的新鲜空气，火就会更猛烈地燃烧起来。另外，着火的人一跑，势必将火种带到经过的地方，有可能扩大火灾。因此当人身上沾上油火时，一定要镇静，切忌快速跑动。

油库火灾各有特点,灭火方法也各不相同,应根据火灾的特点,在常规灭火方法的基础上,灵活地采取相应方法,才能有效地扑灭火灾。

第八节 油库消防管理及训练

油库消防管理是遵循油库火灾的发生、发展及油品收发作业的特点和规律,依照消防法规和消防工作的方针、原则,运用管理科学的理论和方法,通过一系列的手段和措施,合理而有效地使用人力、物力、财力、时间和信息等资源,达到预定消防安全目标而进行的各种活动。

油库消防管理是一种有意识有目的的行为,涉及油库工作的方方面面,贯穿于油库设计、建造以及使用管理、维修保养和供应保障等环节。

一、油库消防管理的作用

1. 保证"预防为主,防消结合"的贯彻落实

在油库作业和日常管理过程中,落实好防火安全技术措施,预防火灾事故的发生,并做好处置初期火灾的准备,立足于不发生火灾或发生火灾可控制在一定范围。所有这些工作,都有赖于良好的消防管理工作。

2. 预防油库火灾爆炸事故的发生

由于油品具有易燃、易爆的特点,如果管理不善就可能引起燃烧或爆炸事故,其直接原因是人的不安全行为和物的不安全状态。大量的火灾案例证明,油库火灾事故发生的本质原因是管理上的漏洞。因此应通过强化油库消防安全管理,防止火灾爆炸事故的发生。

3. 完善消防管理机制

由于油库所处的特殊环境以及油库本身技术、经济力量的限制,油库不可能投入很多的人力、物力和财力用于消防设施的建设,因而油库火灾的危险性大于消防设施建设滞后性的矛盾相对突出。解决这一矛盾的最好方法就是抓好油库消防安全管理,重点是落实国家颁布的消防法规,建立健全规章制度。

4. 推进油库消防安全工作

为了防止油库火灾事故的发生,油库必须从人员、设备设施、作业环境、法规等方面采取对策,包括提高油库人员的消防业务素质,环境的整治及改善,设备设施的检查、维修、改造和更新,作业方法的改进,灭火技能的掌握等。对作业管理、技术管理、设备设施管理以及人员管理进行合理优化,从而推进油库消防安全管理工作的改善。

二、油库消防管理的任务

油库消防管理主要有以下任务:

(1)认真贯彻有关消防法律、法规和上级机关有关消防安全工作的指示,部署本单位的消防工作,监督落实执行情况。

(2)制定本单位的消防安全管理制度和办法。

(3) 进行消防安全教育。
(4) 组织消防安全检查，研究整改火灾隐患，改善消防安全条件。
(5) 把消防安全工作纳入行政管理之中。
(6) 组织和领导消防分队和义务消防组织的工作，不断提高队员的防火和灭火能力。
(7) 组织调查火灾原因，提出对火灾责任者的处理意见。
(8) 接受上级机关的消防安全检查和指导。

三、油库消防管理的原则与组织形式

1. 油库消防管理原则

消防管理原则是从事消防管理活动必须遵循的共同准则和基本要求，为了有效地进行油库消防管理，必须遵循以下几项原则：

1)"谁主管、谁负责"的原则

"谁主管、谁负责"原则的基本要求是谁主管哪项工作，就应该对该项工作中的消防安全负责。油库主管应对油库的消防安全工作全面负责，是第一防火负责人；油库分管其他工作的领导和各业务部门，要对分管业务范围内的消防安全工作负责；油库各分队领导，要对本分队的消防安全工作负责；油库各岗位人员，应对本岗位的消防安全工作负责。

实行这一原则，可使油库消防管理工作，纵向上层层负责，横向上分口把关，形成纵横交错的消防管理网络。

2)依靠群众的原则

油库消防安全工作是一项具有广泛群众性的工作，油库所有人员既是消防管理工作的参与者，又是油库安全工作的受益者，他们与油库消防管理具有密不可分的联系，因此油库消防管理必须建立在广泛的群众基础之上，坚持群众性原则，采取各种方式方法，动员所有人员积极参与消防管理，向群众普及消防知识，提高群众的消防意识和处置初期火灾的能力。

3)依法管理的原则

油库消防管理必须依据国家立法机关和有关行政机关颁布的法律、法令、条例、规则、规程来进行，实行依法管理。各种消防安全管理法律法规体系是油库建立消防安全秩序的重要依据。它不但具有引导、教育、评价、调整人们行为的规范作用，而且同时具有制裁、惩罚违法犯罪的强制作用。因此，应组织油库各类人员学习消防法规，从油库实际出发，依照消防法规的基本要求，制定相应的消防管理规章制度或操作规程，并严格执行，做到有法可依、执法必严、违法必究，使油库消防管理走上法治化轨道。

4)科学管理的原则

油库消防管理有其自身的规律性，实行科学管理，首先要按客观规律办事，如油库火灾发生发展的规律，火灾的发生与油库作业环境、作业场所的关系，火灾成因与人们心理和行为相关的规律等；其次要学习和运用管理科学的理论和方法，提高工作效率和管理水平，并与实践经验有机结合起来；最后要逐步采用现代化的技术手段和管理手段，取得最佳的管理效果。

5)综合治理的原则

油库消防管理是一项系统工程，涉及油库人员、设备设施、储存物资以及各个作业环节

和作业场所。因此油库消防管理在管理方式、管理手段以及管理内容上表现出较强的综合性，需要进行综合治理：一是应动员油库每个人员、每个部门参加消防工作治理过程，形成齐抓共管的局面；二是油库消防管理应与油库的整体管理统一起来，不搞单打独斗；三是要有法律的、经济的、技术的和思想教育的手段进行治理；四是油库消防工作涉及的所有人、物、事、时间、信息等都要进行综合治理，不留死角。

2. 油库消防管理组织形式

油库的消防安全管理机构是油库消防安全的组织保证。油库通常设防火安全领导小组（或安全领导小组）。油库消防管理的组织形式大体上是以油库安全领导小组作为领导机构，以业务处为办事机构，由各部门领导负责，各基层分队参加，形成自上而下的消防安全管理网络。

油库管理者应对本油库的消防安全工作负总责，并要自上而下实行逐级防火责任制和岗位防火责任制。以行政管理为主，将消防安全工作纳入业务活动范围，达到消防安全工作纵向到底、横向到边的要求。

在油库消防安全管理组织中，应特别注意专职和兼职消防队伍建设。

1）油库消防分队

油库消防分队由业务处负责管理，负责本油库的消防工作。消防分队应按编制配备消防人员和必要的消防器材装备。

2）油库义务消防组织

油库义务消防组织是热心消防工作的人员在不脱离工作岗位的基础上志愿组织起来的同火灾作斗争的消防组织。由于义务消防组织的成员由在岗的人员组成，距离可能起火的部位最近，对本岗位的情况最了解，发现火警最早，其自身能够及时地运用就近备用的灭火器材扑救火灾，有较强的机动性。

义务消防组织的人员不宜过多，力求精干，宜挑选政治觉悟高、工作好、热心消防工作、身体健康的人员来担任。一般原则是人员多的部位（或场所），义务消防人员所占的比例应相应少些，人员较少的部位（场所）义务消防人员所占的比例可适当增大，以保证灭火所需要的基本灭火力量。

义务消防人员应能开展消防宣传教育，检查发现问题，消除一般火灾隐患，扑救初起火灾。熟悉本岗位设备性能，熟悉本岗位的消防器材、设施和灭火方法。

义务消防组织由油库安全领导小组负责领导，由油库业务部门进行具体业务领导，上级业务部门给予消防安全业务指导和检查。义务消防人员可根据行政组织或岗位的分布情况设若干分队（班），应保证各业务场所都有义务消防分队力量，并指定专人负责。

油库领导每月应保证义务消防组织活动一次，学习业务和实际训练；每季度组织一次全库义务消防活动；每半年对义务消防组织进行调整和考核，保证组织健全，随时能发挥作用。义务消防组织人员的教育训练活动应列入队员的评奖条件。

油库安全领导小组通过业务部门、专（兼）职防火安全干部、消防分队以及岗位、班组的安全员进行消防专业管理，形成一个有领导、有指导、有服务、有反馈控制的消防安全工作专业控制系统。

四、油库消防值班

按照《石油库设计规范》（GB 50074—2014）规定，油库应当设立消防值班室，建立消防值班制度。油库消防值班是以油库消防为目的而派出人员执行戒备或巡查任务的制度,有分队值班、消防值班室值班、作业现场值班和定期巡回检查四种形式。油库专职消防人员一定要严格执行消防值班制度,保持高度戒备和警惕性,一旦有火灾发生,做到反应迅速,及时赶赴现场,果断处置情况。

1. 分队值班

油库消防分队要执行"全天候"战备值班制度,落实战备力量(由战备人员和装备器材组成),保持人员在位率,明确任务职责,保证灭火出动迅速,为及早赶到火灾现场做好准备。

2. 值班室值班

油库消防值班室内应设专用报警录音电话,与油库值班室、区消防中心(或消防协作单位)应设直通电话;容量 $50000m^3$ 的油库报警信号应在消防值班室内显示;油库的油罐区、装卸区、辅助生产区值班室内应设火灾报警电话,油罐区、装卸区户外应设手动或电话报警设施。单罐容量 $5000m^3$ 以上的浮顶油罐,应采用火灾自动报警系统,泡沫灭火系统可采用手动或遥控方式;单罐容量 $10000m^3$ 以上的浮顶油罐,泡沫灭火系统应采用自动控制方式。

3. 现场值班

收发散装轻质油品时,消防车及消防员必须现场值班,油库大型检修必须有消防员现场值班。

4. 定期巡回检查

消防人员应定期对消防器材进行检查,发现问题及时维护修理,保证消防器材经常处于完好状态。

五、油库消防训练

油库消防训练是提高油库消防员业务素质,消防技能和灭火战斗能力的有效手段。通过训练可使消防员掌握过硬的基本功,增强其身体素质,培养良好战斗作风和火场心理适应能力。因此消防分队(班)要从实战出发,从难从严组织训练,提高消防员的基本技能,适应油库灭火战斗需要。

1. 油库消防训练的组织管理

油库消防训练的组织管理是顺利进行消防训练的根本保证,若组织管理好可以提高训练效果,保证训练质量。因此消防分队要周密计划,精心组织,科学管理,把消防训练作为油库消防工作的重要内容来抓。

1) 周密计划

消防分队要根据上级训练计划的任务与要求,结合自身专业特点,周密计划消防训练,制订出消防分队年度训练目标和每周训练计划,明确训练科目、训练内容、训练方法、训练步骤及训练要求,规定训练时间、训练标准,指定责任人。以便消防训练的开展和上级检查、指导与考核监督。

2) 精心组织

油库要建立消防训练领导小组,负责组织领导消防训练工作,并按训练计划要求,以灵活的教学方法、科学的组训模式、兴趣的达标活动等形式，精心组织好消防训练。首先要组织好消防基础理论的学习。组织者要充分了解计划要求，认真研究教材内容，写好教案，准备好教具，精心备好课，认真讲解教学内容。训练者要认真听讲，做好笔记，及时消化吸收；其次要组织好消防员基本功训练。教学者要做好示范，讲清动作要领，组织好集中练习和分散练习，做好分解和连贯动作，循序渐进，互教互学，搞好综合演练；此外还要组织好极点训练和间歇训练，使受训人员在进行高难度、超负荷的高强度训练的同时适时调整训练的强度，变换训练的运动量，及时消除肌体的疲劳。

3) 科学管理

科学管理目的在于有计划、按步骤地开展消防训练，保证训练人员、时间、内容、效果四落实，从而提高训练整体效益。油库消防训练管理的内容主要包括下达训练计划、试验、摸索、定编新的教学方法，检查指导消防训练，考查审核训练效果，及时反馈训练情况等。油库消防分队要组织管理好消防训练，制定出消防训练管理规定和奖惩办法。

2. 油库消防演练

演练是一种综合性的训练过程。按预案进行演练是在模拟实际情况下进行的，具有一定的真实性，是检验、评价和提高消防实战能力的重要途径。油库根据实际条件可采取沙盘推演与实地演练相结合、单项演练与综合演练相结合的方式进行。通过演练不仅能够提高人员的消防技能及指挥员的组织指挥能力，更重要的是可以在油库事故发生前检验预案的完善性，暴露预案的缺陷，及时调整、修改、优化预案，确保预案的科学性。

目前部分油库在消防演练中存在重理论、轻操作，重知识、轻技能，重表演、轻实战等观念，随意减少油库泡沫灭火系统训练，形成轻综合、重单兵的训练方式，忽视了油库工作人员学习消防知识的培训工作，加之专职消防员流动性大，造成专业消防员队伍整体素质偏低，存在操作技能低、实战经验少、消防意识淡薄等弊病。

油库消防预案为油库战备保障预案的重要组成部分，油库战备保障预案每年修订不少于1次，遇有较大任务变化或人员变动时及时修订，并报上一级油料业务部门备案。

油库消防预案演练每年不少于两次，根据油库业务性质，通常安排在冬、夏季进行。消防演练形式通常有模拟操场演练和模拟实战演练两种形式。消防预案演练通常是在专业消防班、全库和联合消防三个范围内进行。

油库消防预案的编制、消防演练的具体实施还应符合军地相关规定，充分结合本单位的具体情况，贴合实战需求，达到既定效果。

思 考 题

1. 灭火的原理是什么？灭火的基本方法包括哪些？
2. 常用的灭火剂包括哪些？其灭火原理是什么？适用于扑灭哪些火灾？
3. 灭火器的类型是如何划分的？
4. 如何正确使用二氧化碳灭火器？
5. 如何正确使用干粉灭火器？
6. 选择灭火器时应考虑哪些问题？
7. 灭火器的具体检查内容是什么？检查周期是如何规定的？
8. 油库各作业场所是如何配置灭火器材的？

9. 泡沫灭火系统有哪几种布置方式？它们各自有何特点？
10. 泡沫比例混合器的作用是什么？它有哪几种类型？
11. 泡沫产生器的作用是什么？它有哪几种形式？
12. 当油罐发生喷射火炬形燃烧时应该如何扑救？
13. 对于无顶盖油罐的火灾应该如何扑救？
14. 当油罐破裂、油品外溢而引发火灾时应该如何扑救？
15. 电气设备发生火灾时应该如何扑救？
16. 某场站油料股储罐区有 2 个罐组，8 个油罐，油罐容量分别为 2 个 $2000m^3$ 和 6 个 $500m^3$，平面俯视图如图 4-42 所示，试为该油料股储罐区设计泡沫灭火系统、消防给水系统和火灾报警系统，简要进行设备选型并绘制布局示意图。

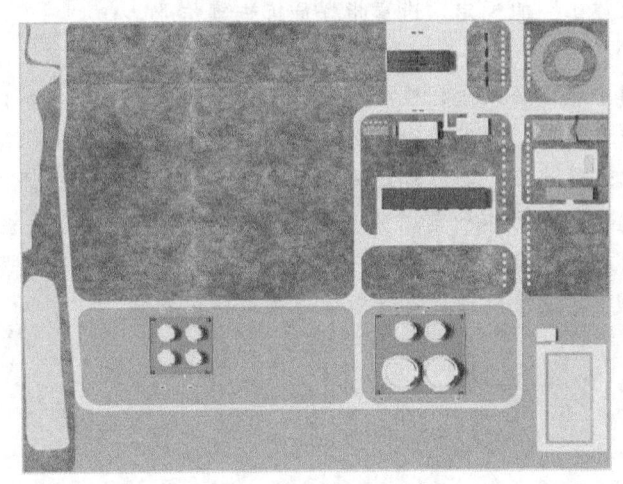

图 4-42 平面俯视图

做好自我防护，养成良好操作习惯

【思政知识点】 密闭或半密闭空间作业要求

【思政教学目标】 通过讲述密闭空间施工防护相关案例，使学生深刻认识到油田生产中进入密闭空间施工做好检测和防护工作的重要性，便于学生养成良好的操作习惯。

一、问题引入

作业过程中，有时会进入较为封闭的空间进行作业，作业前必须做好防护，按照相关规程操作，尤其是注意有毒有害气体，以及易燃易爆气体的浓度，否则极易造成中毒、爆炸等事故。

二、案例介绍

2005 年 3 月 29 日，某公司下属的试油队在油田对某油井进行射孔、高能气体压裂施工过程中，因循环出口水龙头带与储罐连接由壬丢失，操作工王某入罐进行捆绑作业，由于循环压力高，捆绑不牢，再次入罐捆绑时昏倒。两名同班作业人员发现后，佩戴过滤式防硫化氢面具，先后进入罐救人，并相继昏倒。经现场其他人员的全力抢救，将三人从罐内全部救出，送往医院，经抢救无效死亡。

　　该事故发生的原因如下：计量罐内因射孔、高能气体压裂产生的高浓度一氧化碳气体，造成违章进入计量罐内的三人中毒死亡；作业人员进入有限空间作业前未经许可，在没有对罐内的气体进行检测的情况下，擅自进入罐内进行作业；现场没有配备气体检测仪和正压呼吸器等设施；错误佩戴过滤式防硫化氢面具进行救人，造成事故扩大。

　　有毒区域的氧气占体积的18%以下、有毒气体占总体积2%以上的地方，各型过滤式防毒面具都不能起到防护作用。该公司风险识别评估不全面，对长期使用的高能气体压裂可能存在的一氧化碳中毒风险没有进行全面的HSE风险评估，导致地质、工程设计无相关防护设计内容，更没有编制高能气体压裂安全操作规程；安全培训不到位，员工对应急知识掌握不扎实，关键时刻错误选用防毒面具入罐；基层干部违章指挥，副队长违反"大罐未经检查、允许，不准进入施工"的规定，违章指挥员工进罐作业。

三、思政点睛

　　在进入密闭空间中施工必须做好检测和防护工作，穿戴好防护用具，保障好生命财产安全的前提下再进行施工作业。施工操作前必须了解施工作业会产生的风险，做好检测，做好防护，按照操作规章进行施工，养成良好的操作习惯，而不是为了方便，后悔一生。

　　增强防范措施，有限空间作业前必须要对罐内气体含量进行全面检测，合格后方可进入。在进入有限空间或有毒有害场所进行应急抢救时，必须戴正压呼吸器。必须深入了解和掌握工艺、技术有关化学反应机理，有针对性地采取防范措施。

第五章　油库非燃烧爆炸事故的预防与控制

【学习提示】 油品、油气、涂料、施工废料等具有一定的污染性，会对人和环境构成危害；石油工业的快速发展使得油库位置的选择更趋向于以需求为中心，再加上全球气候的变迁，洪水、地震、滑坡、泥石流等自然灾害对油库安全的威胁也越来越大。通过本章学习，应掌握油库人员健康防护和环境保护方法，提高对于油库预防自然灾害的重大意义的认识，掌握减轻自然灾害产生的损失的方法。

第一节　油库人员健康防护与环境保护

一、油品的毒性及健康防护

油品及其蒸气有一定的毒性，对人体健康有一定的影响，但只要防护得当，就可以防止或减轻这种影响。了解油品及其蒸气的毒性、掌握防护方法，对提高油库工作人员的身体健康状况，提高工作效率，减少间接事故发生是很有必要的。

油品及其蒸气的毒性在本书第一章的油品危险特性中已有所介绍，这里主要探讨防护措施。

1. **严格控制油气排放，减少环境污染**

控制油气排放，是减少人员与油蒸气的接触机会，减少环境中的油气浓度的根本途径。

2. **加强通风**

通风是降低作业场所的油气浓度，防止中毒和窒息事故的有效措施。通风方式有自然通风和机械通风两种，采取哪一种因场所而异，但无论采取哪一种，都必须达到单位时间换气次数要求。对于任何作业场所，如泵房、山洞油库及地下、半地下油库的坑道和罐室，桶装库房、阀门操作间，进行清洗、抢修及涂装作业的油罐，在没有采取防毒保护措施的情况下，在作业前都应保证足够的通风时间，并确保油气低于允许浓度；在作业过程中应保证足够的换气量；在作业后也应保证足够的通风时间。应强调的是，对于地下阀井、地下管道检查井、管沟等不经常进入且通风不良的场所，在进入之前应特别注意通风，切不可麻痹大意，必须在确认油气浓度及含氧量都符合要求的情况下，方可进入，以防中毒窒息事故的发生。

3. **采用隔离式作业方式**

为避免油气同人体直接接触或过多同人体接触，可采用隔离式作业。隔离式作业可从两方面考虑：一是人员经常出现的场所，同油气易出现场所隔离或保持足够距离，应把一些油气释放场所设置在离人员较远的地方，中间设置隔离带，或采用隔墙形式隔离，人员在另一房间控制操作，如泵房和发油台应设置专门的隔离操作室，减少油气对人体伤害；二是在人体不可避免同油气接触的场所，佩戴防毒器具进行隔离，可以减少或避免人体同油品及油气接触，如清罐作业、发油作业，可佩戴防毒手套、口罩及面具，在一些特殊作业场所，甚至需要佩戴全套防护装具进行防护。

4. 加强环境卫生检测

进行环境检测，根据检测结果和有关规定，采取相应措施，确定相应的作业方式，是防止中毒事故的保证。油库中的环境卫生检测主要是对作业场所的油气浓度、氧气浓度、硫化氢浓度及含铅浓度的检测，如发油台、泵房、灌桶间、机修车间及油罐清洗场所等比较容易形成油气积聚的部位。检测可采用有害气体检测仪和油气浓度测定仪，在场所进行机动检测或设置固定的检测装置。

在作业人员没有采取有效防毒措施的情况下，油库作业的油气浓度应不大于表 5-1 所规定的油蒸气最大允许浓度。

表 5-1　工作区内油蒸气最大允许浓度

油　品	最大允许浓度，mg/L	油品	最大允许浓度，mg/L
航空汽油及车用汽油	0.3（以碳计算）	润滑油	0.3（以碳计算）
溶剂油	0.3（以碳计算）	苯	0.05
煤油（1、2号）	0.3（以碳计算）	四乙基铅	0.0000005

5. 严格遵守操作规程

在油库作业中应严格遵守操作规程，以防中毒窒息事故的发生，对此，各部门有各自的规定，如严禁用嘴从胶管里吸取油品，禁止用含铅汽油洗手、洗机器零件、洗衣服等。对易发生中毒事故的油罐清洗、涂装作业，有关规程对防中毒窒息的要求如下：

进入含铅汽油罐进行检测、清洗作业的人员应内着长衣裤，外着整体防护服，对全身（如头、颈、臂、手、腿、脚）进行保护，避免油泥等与皮肤接触。整体防护服（含供气软管）应采用对有机铅无吸附性的材料（如聚氯乙烯、尼龙或类似的不渗透材料），不宜使用橡胶制品。

当可燃性气体（含涂料中挥发性溶剂的可燃性气体）浓度在爆炸下限的 4%～40% 范围内时，进罐检测的作业人员，必须佩戴隔离式呼吸面具；浓度在爆炸下限的 1%～4% 范围内时，允许佩戴防毒口罩进罐作业，但每次进罐作业时间不得超过 30min，间隔时间不少于 1h；浓度在爆炸下限的 1% 以下时，允许无防护条件下 8h 工作制进罐作业。

隔离式呼吸面具可采用下述方法供气：

（1）自吸新鲜空气，即使用长管面具。空气管路内径不小于 20mm，长度不大于 10m，进气口必须保证有干净的新鲜空气。

（2）手动风机供气。由人工驱动专用风机，通过软管供气，但手动风机操作者不得少于两人。

（3）电动风机供气。由防爆电动风机通过软管供气，但防爆电动风机必须有手动、电动两用装置，否则应有保证不间断供电装置。

（4）压缩空气供气。当距离较远时，可用小型空气压缩机供气，但必须配有停机后仍能维持 5min 供气的储气罐，且有适当的空气过滤装置。

（5）自带压缩空气。进罐人员可佩戴消防呼吸器，但应严格控制罐内作业时间。出罐时，剩余空气使用时间必须大于 5min。

无论采用何种供气方式,每人的供气量不应小于 30L/min。当采用多路供气时,供气流量必须大于 30L/min 乘以路数之积,气压必须大于供气管的阻力损失。

防毒、呼吸用具及防护用品必须严格按产品说明书要求使用。保证性能良好,佩戴合适。每次使用前应认真检查和试验,使用中内外表面不得被油品、有机涂料等污染,使用后必须清洗消毒,妥善保存。

同时进罐人员不得少于 2 人。检测、作业人员穿戴防毒呼吸用具进罐时,必须系安全绳,罐外设专职监护员,而且一人不得同时监护两个作业点。防毒呼吸用具的供气管应完好,不应有硬折、拔脱、阻塞、漏气等现象。

各类作业人员上岗前严禁饮酒;严禁在作业场所饮水或用餐;作业后应在指定地点更衣、洗手洗脸、刷牙漱口;不准穿着工作服进入公共场所或回家就餐。

作业中要密切监测可燃性气体浓度,超过允许值时,作业人员应迅速撤离现场,重新通风,降至允许值以下方可继续作业。

作业场所应备有中毒、过敏、工伤用急救箱,并有合格的医护人员值班。作业现场应准备消防呼吸器,以便进罐抢救使用。

6. 加强个人防护

按防毒的安全技术规定,穿戴防护用具处理含铅汽油的工作人员,最好不吸烟,不喝酒。因为烟、酒能刺激神经系统,增加铅在人体内的溶解,且不易排铅。因有时从表面看不出铅中毒的症状,所以应定期进行身体检查,及时治疗铅中毒。作业中发现头昏、呕吐、不舒服等时,应立即停止工作,休息或治疗,如发现急性中毒应立即抢救。首先将中毒者抬到空气新鲜处,松开衣裤(冬天防冻)。若失去知觉,应使其闻吸氨水,灌喝浓茶(不能喝酒),进行人工呼吸,直至能自由呼吸为止,并迅速送医院治疗。

7. 加强绿化,减缓油气污染

尽管油库中采取了一系列控制油气排放的措施,但是在油库中不可能完全避免油品蒸发,油气或多或少地飘逸在油库中各作业区,影响环境卫生。为缓和油气污染程度,绿化是一个良好措施。在库区适当的位置,合理地种植一些花木,进行绿化是环境保护的重要措施。这不仅美化了环境,而且净化了空气,可降低库区温度,减轻污染,减少了油气对人体的危害,使人们精神爽快。根据实测分析,油气基本上笼罩在库区不到 10m 高的空间中,且以收发油区和储油区的浓度最高,油气在整个油库弥漫。栽上树木后,其茂密的树叶就可以吸滞飘浮在空气中的油气,并可吸收其中有害物质,如加拿大杨树、栓槭、桂香柳等植物可吸收油气中一定量的醛、酮、醇、醚和一些致癌物质。柑橘的叶片可吸附大量油气,并且有明显的吸铅作用。

二、防腐涂料的毒性及健康防护

1. 防腐涂料的毒性

涂料产品由基料、颜料、溶剂、助剂组成,溶剂中绝大多数为易燃易爆的具有挥发性的有机介质,具有很大的燃爆危险性。涂料中的各种溶剂大部分有毒,如苯、甲苯、二甲苯、硝基涂料稀释剂、乙醇、丁醇等。涂料中还存在不少挥发性有机化合物(VOC)会对人的呼吸系统、神经中枢系统有严重的刺激作用和破坏作用。长期接触还会导致人的食欲减退、造血功能降低和造血机能损害。几乎所有的有机溶剂都是原发性皮肤刺激物,对皮肤、呼吸道黏膜和眼结膜具有不同程度的刺激作用,能引起中枢神经系统的非特异性抑制,对肺脏、心脏、肝脏、肾脏、血液系统和生殖系统造成特殊的损害,有的甚至具有致癌或潜在的致癌作用。

统计表明,因涂装所排放的VOC占大气中的VOC总量的10%,也就是说涂装造成大气的污染是非常严重的。尤其是某些排放到空气中的有机溶剂还会与紫外光产生光化学反应而释放出有毒物质,造成对人的伤害,引发慢性中毒。溶液剂和其他有机挥发物还会促使NO_2和O_2在地表产生臭氧,危害人类的呼吸道。

表5-2列出常见涂料用有机溶剂在空气中的最高允许浓度。

表5-2 一些有机溶剂在空气中最高允许浓度

有 机 溶 剂	最高允许浓度,mg/m³	有 机 溶 剂	最高允许浓度,mg/m³
苯	50	甲醇	50
甲苯	100	乙醇	1500
二甲苯	100	丙醇	200
丙酮	400	丁醇	200
松香水	300	戊醇	100
松节油	300	醋酸甲酯	100
二氯乙烷	50	醋酸乙酯	200
三氯乙烷	50	醋酸丙酯	200
氯苯	50	醋酸丁酯	200
溶剂石脑油	100	醋酸戊酯	100

部分涂料中含有有毒颜料如红丹、铅铬黄等,这种涂料能引起急性和慢性铅中毒。使用时必须采取防护措施,且以涂刷为宜,不宜用喷涂。

碾磨涂料基料及干颜料时,铅的化合物以尘埃的形式进入呼吸道内,接触时会侵入皮肤内。涂料中的溶剂对人的皮肤有脱脂作用,造成皮肤干燥、开裂、发红,可能引起皮肤病。

施工现场有害气体、粉尘的最高允许浓度见表5-3,毒性分类见表5-4,防腐施工中常用原料的毒性见表5-5。

表5-3 施工现场有害气体、粉尘的最高允许浓度

物质名称	溶剂汽油	硫化氢	二氧化硫	含10%以上游离二氧化硅粉尘(石英、石英岩等)	含有10%以下游离二氧化硅的水泥粉尘
最高允许浓度,mg/m³	350	10	15	2	6

表5-4 毒性分类

毒性分类	极毒性	高毒性	中毒性	轻微毒性	无毒	相对无毒
LD50 mg/kg	≤1	1~50	50~500	500~5000	5000~15000	15000以上

表 5-5　防腐施工中常用原料的毒性

原 料 名 称	毒性 LD50	原 料 名 称	毒性 LD50
三乙醇胺	24	咪唑	1000
三乙胺	460	双酚 A	4200
乙二胺	620	苯乙烯	5000
二乙烯三胺	2330	乙二醇	5500
三乙烯四胺	4340	二缩乙二醇	20700
苯二甲胺	1750	环氧树脂	5000
β-羟基乙二胺	4205	顺丁烯二酸酐	400~800
650# 聚酰胺树脂	1750	邻苯二甲酸酐	800~1600

涂料产品中使用有机溶剂，如苯对人体危害表现为急性中毒、白细胞减少、再生障碍性贫血以及白血病等。为防止中毒事件发生，保证涂装作业工人身体健康，一方面少用苯及其同系物溶剂，另一方面要保证良好的机械通风，减少 VOC 蒸气在空气中浓度。皮肤有伤口，不要直接接触苯类溶剂。涂装作业要在喷涂室内进行，喷涂室要按《工业企业设计卫生标准》（GBZ 1—2010）要求进行设计，尽量隔离操作和实行仪表自动化控制。

2. 健康防护措施

为减少防腐施工中作业人员中毒或过敏，应采取如下措施：

（1）佩戴防护用品，做好个人卫生防护。操作人员在使用溶剂稀释各种涂料以及喷涂时，必须戴好口罩和防护帽，防止溶剂蒸气挥发吸入；并戴好手套，穿好工作服和胶靴，不让溶剂触及皮肤；施工时，工作人员应在手、脸等裸露部位搽涂雪花膏或凡士林；工作后，用肥皂洗手洗脸，要经常洗淋浴。

（2）加强教育培训，提高职业卫生和安全意识。有些人对大漆、酚醛等涂料过敏，重者皮肤红肿。若皮肤已破裂发痒，可用2％稀氨水或10％碳酸钾水溶液擦洗，或用5％硫代硫酸钠水溶液擦拭，并应立即就诊治疗，同时要尽可能调换他们的工作岗位。

（3）设置通风、排风设施，并对施工环境进行监控。降低作业空间有害物质的浓度，防止人员中毒。

（4）在保证施工质量的前提下，选择低毒、无毒的原料代替高毒物。

三、油库环境保护

工业卫生与环境保护，是油库安全管理中的一个重要组成部分。为了人类生存和发展的需要，国家已将环境保护作为一项基本国策，列入 21 世纪可持续发展战略中。由于油库所经营和储存的油品，具有易流动、易蒸发的特性，如果不能采取有效的措施进行处理，将会对人身健康、油库安全和环境保护造成很大的影响。油库环境保护包括区域划分、自然灾害防治、总体防护设施、环境绿化、三废防治等内容。

1. 含油污水处理

1）含油污水的危害

油类物质可在水中形成油膜，阻碍大气中的氧气溶于水中，妨碍鱼类及其他生物的生长、生存。鱼虾等长期生活在受油污染的水体中，使其肉有油腥味，严重时油粘在鱼鳃上，影响鱼类呼吸而导致死亡。在污油污染的水体中孵化出的幼鱼，大多呈畸形，鱼体扭曲，生命力弱；用含油污水灌溉农田，油类物质会黏附于土壤内并黏在植物根部，危害植物生长，严重时导致农作物死亡。

含油污水中其他化学物质，如酸、硫化物、氰化物等不仅有毒而且有腐蚀性，如不作处理让其排入江河湖海，对人、畜、家禽及鱼虾等水生动物都产生危害，严重时引起中毒甚至大量死亡；用化学物质含量高的污水灌溉农田，会使农作物烂根、黑根，枯萎死亡，使土壤封结成板块。有些化学物质，在土壤中会逐渐积累，转入植物的果实中和蔬菜的叶子里而使其不能食用。

2）油库含油污水的形成

(1) 油罐清洗排污。

一是罐底水的排放。洗罐前通常要倒空油罐，排出积水，由于这些积水是从油中分离出来的，所以会含有少量的油。对于立式油罐，按老式的流程，应打开闷盖，用管道放走或抽走含油污水，由于有不少油库未设专门的排污管道系统，因此有相当多的油库直接排入了排水明沟中。对于埋地卧式油罐，特别是放空罐和沉淀罐，大多是用机动泵直接抽出排入排水明沟。

二是油泥、油污的处理。油罐清洗过程中会清扫出一些沉积的油污，其中会有大量的锈渣、胶质等物质，这些含油污物的随意倾倒也在一定程度上对库区环境造成污染。

(2) 油桶、设备的维修清洗。

油桶、机动泵、装备车辆检修、过滤器及阀门管道维修时，腔内液体必须排空，这些油品一部分挥发后排入大气，而相当一部分直接流到地面、排入排水沟，造成污染。此外，油桶的清洗检修和化验室排污等也会有少量含油污水的形成。

(3) 涂装前表面处理的酸洗产生的废水中含有硫酸、硫酸亚铁和其他杂质；磷化、钙化中排放的废水中含有溶剂、树脂、颜料、重金属、填料、乳化剂及其他污染物。

(4) 设备泄漏。

由于施工质量、运行超压、超期服役、腐蚀破坏、地质灾害、人为破坏等种种因素都有可能造成油库设备破坏，特别是油罐和输油管道的渗漏或泄漏，往往这类事故易造成严重的土质和水质污染，目前问题较为严重。

3）含油污水污染排放标准

含油污水中的烃类污染物对水体危害较大，其中的芳香烃污染物还含有一定的毒性。对含油污水进行达标监测的主要指标有 BOD_5、COD、硫化物、氨氮等。目前，石化企业相关的排污标准，按照《石油化学工业污染物排放标准》(GB 31571—2015) 执行。

4）控制与处理措施

(1) 石油库的含油与不含油污水，必须采用分流制排放。含油污水应采用管道排放。未被油品污染的地面雨水和生产废水可采用明渠排放，但在排出石油库围墙之前必须设置水封装置。水封装置与围墙之间的排水通道必须采用暗渠或暗管。

(2) 覆土油罐罐室或人工洞油罐罐室应设排水管，并应在罐室外设置阀门等封闭装置。

(3) 油罐区防火堤内的含油污水管道引出防火堤时，应在堤外采取防止油品流出罐区的切断措施。

(4) 含油污水管道在油罐组防火堤或建（构）筑物的排水管出口处、支管与干管连接处、干管每隔300m处、通过油库围墙处都应设置水封井。水封井的水封高度不应小于0.25m。水封井应设沉泥段，沉泥段自最低的管底算起，其深度不应小于0.25m。

(5) 石油库的含油污水（包括接受油船上的压舱水和洗舱水），必须经过处理，达到现行的国家排放标准后才能排放。含油污水处理，应根据污水的水质和水量，选用相应的过滤、隔油、浮选等各种处理方法。

过滤是使污水通过滤料或多孔介质，以截留水中的悬浮物质，从而使污水净化的处理方法。隔油主要是利用物理方法，将污水中的浮油分离出来。隔离浮油的设备，称为隔油池。隔油池是油库处理含油污水的主要构筑物，是利用油和水的密度差来进行分离的。浮选就是向含油污水中通入空气，使污水中的乳化油黏附在空气泡上，随气泡一起浮升至水面。为了提高浮选效果，可以向污水中加入少量浮选剂，即表面活性剂或起泡剂，以降低污水的表面张力。

油水分离器是一种用来处理含油污水的半自动装置，它能有效地使污水中的油相与水相分离，适宜于以除油为主、污水量较小的污水处理系统。油水分离器的除油原理是利用油和水的密度不同，利用粗粒化装置、多层波纹板隔油装置或WOSEP（维砂板）粗粒化—吸附过滤装置，使微细的油粒聚结成大油粒，大油粒便在水中上浮与水分离，集中后被除去。

处理含油污水的构筑物或设备，宜采用密闭式或加设盖板。当含油污水中含有其他有毒物质时，应采用其他相应的处理措施。在油库污水排放处，应设置取样点或检测水质和测量水量的设施。

(6) 加油站内的各种地面含油污水和冲洗附着于车上的油或蜡等形成的冲洗水不应直接排放到加油站以外，以防止造成事故和污染地下水源，加油站应设置油水分离池（槽），而且必须每天对油水分离池进行检查以保持其去污功能。油水分离池可以是二节式隔油池，有必要时也可采用各种移动式废水处理机。应定期或根据情况将收集的污油、含油泥沙等用小桶运至油库或其他能处理这类污物的单位进行处理，不宜用深埋法处理，以免引起再次土质、水质污染。有洗车业务的加油站，应设有洗车污水沉淀池，用上述类似方法进行处理。

5) 污水处理工艺流程

油库需自建有毒污水处理设施时，应符合现行国家标准《石油化工污水处理设计规范》(GB 50747—2012)。如图5-1所示是某油库典型的污水处理工艺流程。

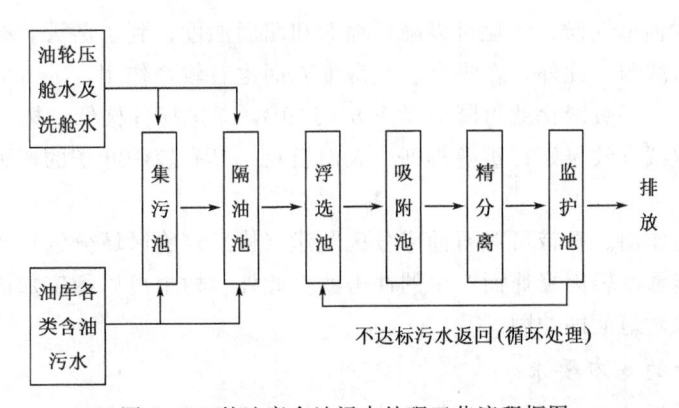

图5-1 某油库含油污水处理工艺流程框图

对于储存同一种油品的罐区，可将油罐排水管网系统密闭联网直接排入隔油池，含油污水经隔油池、浮选池、吸附塔及油水分离器，回收的油品进污油罐，经沉降脱水、破乳脱水等处理，回收的污油进入污油罐再予以处理，既减少了油品损耗，又增加了油库经济效益。

隔油池采用不饱和聚氨酯玻璃波纹板，倾斜放置，可去除75％～94％粒径大于$50\mu m$浮油，除油效率高，操作简单安全。隔油池的容量一般根据到库最大油轮的压舱水及洗舱水的容量情况确定。

浮选池采用循环射流溶气浮选，对粒径小于$50\mu m$的乳化油滴去除率为55％～88％，浮选时如添加混凝剂则效果更好，除油率可达97％。浮选池容量一般为10～20m^3，必要时可采用两级浮选。

吸附采用无烟煤、卵石、活性炭、石英砂等滤料进行四级吸附，精分离应选性能较好的油水分离器。经吸附塔和精分离二级处理，出水含油量可达到5mg/L以下。根据实际情况，吸附塔和精分离可二者取一。

监护池通常可隔为两格，其容量应保证能储存2h的处理水量，以便监测分析。

2. 油库绿化

1) 绿化的环保作用

绿化的环保作用逐渐为人们所认识，它的作用是相当广泛的，主要有以下几个方面：

(1) 吸收CO_2，放出O_2。绿色植物是CO_2的消耗者，也是O_2的天然加工厂。如果每人有10m^2的森林，空气就非常新鲜，有25m^2生长茂盛的草坪，就可吸收全部释放的CO_2。这为油库的作业人员或顾客，提供了一个清新、优雅的环境。

(2) 吸收有害气体。由于油品的蒸发，造成空气污染，而植物对各种有害气体有吸收作用，某些植物对某有害气体吸收作用更大。

(3) 吸附烟尘和粉尘。树木根深叶茂，有很强的降低风速作用，使空气中的尘埃下降，地面上的尘埃减少吹起；叶子表面多茸毛，有些还分泌油脂或汁浆，会吸附空气中的尘埃，绿化后的飘尘浓度一般可减少10％～15％，甚至达到50％。草地的茎叶也有吸尘作用，草地可以固沙、固土，减少风的吹起。一般种草坪地区比地面裸露地区上空的含尘量可减少2/3～5/6。

(4) 有较好的杀菌作用。如1m^3空气中的含菌量，市区街道中有30000～40000个，而在绿化处只有300～500个。

(5) 调节和改善小气候。绿化可以降低地面和墙面温度，到了冬天，树叶自然枯落，并不会造成阳光照射减弱。此外，在提高空气湿度方面也有较好作用。

(6) 减弱噪声。一般绿化就可降低噪声8～10dB，而选择分枝低、树冠低的乔木比分枝高、树冠高的乔木减噪效果好；重叠排列、大而粗壮、具有较硬叶子的树种，在盛叶季节对减噪效果非常好。

(7) 隔离固地作用。林带可对石油库分区及建（构）筑物区域分别隔离，有更明显的区分和遮盖作用，能够减轻因爆炸而产生的冲击波。此外，树根可以稳定加固坡地和土壤，草坪可以减少因雨水对地面的冲刷。

2) 绿化设计的基本要求

从以上绿化作用可知，良好的绿化是油库与加油站环境不可缺少的，应予以足够重视。

在油库与加油站绿化方面，应有以下要求：

（1）满足生产和环境保护对绿化的要求。油库绿化应结合工艺及地形、总平面布置的特点进行。不能因绿化而影响生产和安全。除行政管理区外，不应种植油性大的植物，防火堤内严禁植树，消防道路与防火堤之间不应植树。油库内绿化不应妨碍消防操作。绿化应注意与管道、道路、线路等的相互关系，不能相互干扰。在易燃易爆区附近以草坪为主，较远处以含水较多植物为主。

（2）重视绿化植物的选用和种植要求。选择时应按绿化功能、栽植目的、树种的生态习性和栽植地等条件综合考虑。

（3）充分利用空地和不可建筑地进行绿化。一般库区因防火间距要求，空旷地带较多，适宜种植树木和草坪，特别是在山地，更可利用陡坡、冲沟、地质不良等不可建地带充分绿化。

（4）注意绿化与建（构）筑物间的相互配合。库（站）区内绿化应总体布置，注意绿化对建（构）筑物间的美化作用。尤其在大量人流汇集处或视线集中处，或主体建筑周围，对绿化做重点处理，并恰当配置建筑小品，创造优美环境。

3）绿化植物的选择

绿化植物品种的选择与设计质量、植物成活率及绿化效果有密切关系。在品种选择时，首先要考虑对绿化的功能要求（如抗污染、净化空气、隔声、遮阴等），同时要考虑具有一定的观赏效果，还应注意与当地气候、土壤条件的适应性。

油库与加油站的绿化植物的选择须从以下几方面考虑：

（1）要有抗污染、净化空气的能力。

（2）要适于当地土壤和气候。

（3）区别植物种属。

（4）快长树与慢长树有合适的比例。

（5）不能妨碍环境卫生。

（6）适于北方地区的草皮种类主要有：野中草、结缕草、平胡子草；适于南方地区的草皮种类主要有狗牙根、假位草、细叶线缕草、粗叶结缕草。

3. 油气回收

油蒸气是油库发生着火爆炸事故的主要燃烧物，也是危害人体健康的有害物。因此油库应将减少油蒸气逸散提高到预防火灾、减少油库环境污染的高度认识，用好现有减少油蒸气逸散的设备，研究及应用油蒸气回收的新工艺、新装置，具体内容详见第二章第五节中的有关内容。

4. 废渣废物处理

油库的废渣、废物主要是油罐、油桶清洗产生的锈渣，废油再生中沉淀、过滤物，废酸、碱液，油污泥，以及油污布、棉纱等。这些废渣、废物绝不应随处丢弃，应采用物理、化学方法处理，如暴晒、焙烧、深埋、洗涤、再生等方法进行处理。

第二节　自然灾害对油库的危害及防范

一、洪涝灾害对油库的危害及防范

在洪涝灾害中对油库危害最大的是洪水，洪水一般由暴雨、急骤冰雪融化和水库垮坝等引起。暴雨在山区溪沟中发生暴涨暴落的洪水称为山洪；山地溪沟包含大量泥沙、石块的突发性洪水称为泥石流；大坝或其他挡水物瞬时溃决，发生水体突泄的洪水称为溃坝洪水；高纬度地区或高山积雪受气象影响急速融化形成的洪水称为融雪洪水；由于气温变化江河（如黄河和松花江）封冻和解冻初期，冰凌活动形成冰坝或冰塞时而造成的洪水称为冰凌洪水。这些不同形式的洪水都对油库有极大的威胁。

1. 洪水对油库主要危害

一是威胁油库工作者的人身安全，破坏油库办公、生活设施及和谐的工作和生活秩序；二是毁坏储油设备、设施，一旦大量跑油可能引起无法估量的次生灾害（如火灾等）；三是冲毁铁路、公路、桥梁、供电系统、通信系统、给水系统等，使油库无法正常运行和生活；四是破坏附属工程，如围墙、道路、挡墙、护坡及排洪系统；五是经济损失巨大，重建恢复工作繁重而艰巨，困难而危险；六是给油库工作者造成恐惧心理，影响安心建设油库。1981年8月秦岭山区某油库遭受暴雨洪水的袭击，近4km输油管线毁坏，中继泵和放空罐被淹，首泵房、放空罐、附油罐遭受滑坡的威胁；铁路塌方、公路和桥梁冲毁，供电和通信系统遭受严重破坏；附属工程全部被冲毁；办公和生活设施大部分被滑坡掩埋；断绝了与外界的联系，影响人员生活；直接经济损失近1000万元，重建恢复工作用了四年多的时间。

2. 对洪水危害的防范

油库减少或避免洪水危害应从油库选址、设计、施工就予以重视，并贯穿于油库投入运行后的工作之中，其主要防范措施有工程措施、非工程措施、抢险避难措施等。

1) 工程措施

一是油库库址选择、设计应按《石油库设计规范》（GB 50074—2014）要求进行；二是重视排洪系统配套设计和施工质量，应特别注意设施强度和过水断面的核算；三是修筑防洪堤坝，整治河道，增建排洪沟渠、桥涵、挡墙、护坡等；四是经常维修清障、清淤，保证排洪系统的畅通完好和泄洪能力；五是积极种草植树，增强土壤的蓄水能力，防止水土流失。

2) 非工程措施

一是洪水发生之前，通过技术、法律、政策等手段，尽量防止可能发生灾害的措施，如洪水预报、洪水报警、洪水保险、洪水救济等；二是建设、管理、运用好库内小气象站，建立与气象部门和防汛部门的定期联系，及时掌握情况，预定防范措施；三是周密细致，做好符合实际的防汛方案和物资器材准备；四是搞好宣传教育，了解和掌握有关知识，增强油库工作者防洪减灾意识。

3) 抢险避灾措施

一是贯彻"以防为主，防重于抢"的方针，要求发现险情及时，判断险情准确，处理险情果断，抢险措施正确；二是抗洪抢险要掌握"守岸护滩，固基防冲，控制河势，稳定全局"的原则；三是当出现堤防工程漫溢、散浸、漏洞、脱坡、坍塌、裂缝等险情时，应掌握"迎水坡阻水入堤，背水坡导水出堤，降低浸润线，稳定堤身"，切忌在堤背后采用阻水压渗、堵漏等导致险情恶化的方法；四是采用抢筑子堤防漫溢、临河截流、背河导渗、抢护散浸，临河堵进水口抢护漏洞，开口导渗滤水，迎坡抢护脱坡，回填抢护裂缝，以及挂柳防风浪等抢险措施；五是根据"人往高处走，水往低处流"的俗语实施避难，如预选高地和撤离道路，预筑房台、防水台、围村堰等，采用木家具做救生排，临时上大树等避灾方法。

二、地震灾害对油库的危害及防范

地震灾害包括直接灾害、次生灾害和衍生灾害。地震会造成建筑工程、设备设施等的破坏，江河水库决口、山体滑坡崩塌等灾害，称为直接灾害；由于建筑工程倒塌而引起的水灾、火灾、煤气和有毒气体泄漏等对生命财产的威胁称为次生灾害；由于地震和次生灾害发生，以及抗震防灾体制、人们防灾意识、指挥系统等问题引发社会恐慌动乱称为衍生灾害。次生灾害的危害尤为突出，国内外历次大地震都有不同程度的表现，如1975年2月5日海城大地震，鞍钢因停电铁水冻结，营口因停水、停电城市瘫痪；以及1923年9月日本关东和1964年6月16日新泻大地震引起的火灾等。

1. 地震破坏的特点

1) 建筑工程

地震对建筑工程有较大的破坏作用。未设防的建筑工程遭受破坏较大，设防建筑工程遭受破坏较小，破坏主要表现是：建筑工程出现倒塌、沉降、裂缝、倾斜、折断等。

2) 地裂

地裂是地震区主要的现象，一般在极震区地面出现构造地裂、沉降地裂较多。如1976年6月28日唐山大地震，处于断层带的路段，地面开裂、位移、错落，裂缝长达9km，最大裂缝宽1100mm，路面侧移1.1~1.8m，路面高低差达35~40cm。

3) 滑坡

滑坡是地震引发较多的次生灾害，尤其是黄土地区更为严重。在我国历史上由于地震引起的最大滑坡是1920年12月16日，发生在宁夏海原的8.5级地震所造成的滑坡。极震区的海原、固原、西吉县的灾害影响因数量大无法统计。仅西吉县夏家大路至兴平间65km^{2}范围内，滑坡面积达31km^2；在会宁、静宁、隆德、靖远四县发生滑坡503处；原州区的石碑塬一带发生长达5.5km的滑坡体；会宁县清江驿响河上游滑坡体使得2.5km的响河堵塞。

4) 地面下沉

地面下沉是地震常见的现象。仍以唐山地震丰南区一带地面下沉为例，公路旁土地下降了0.5m，宜庄乡武装部门前地面下沉1m；宜庄食品商店地面下沉1m，附近20m处的水塔下沉0.6m。

5) 喷沙冒水

喷沙冒水使地下砂层中的孔隙水和砂粒移到地面而使地面沉陷，地基失效。从而使地面建筑、道路、河岸、桥梁等遭受破坏，农田、农作物毁坏。唐山地震仅天津毛条厂喷沙口就有2000多处，天津工程机械厂有喷沙口250多个，地面堆积的最大沙堆直径8m，高出地面

0.3m；唐山某人防地道震后水量达 0.51m³/s。

6）管路断裂、脱口

由于各管路安装工艺不同，破坏情况也不同。刚性承插接口比柔性承插接口破坏较重；小口径比大口径破坏较重；离建筑物近的比离建筑物远的破坏较重；室内管路大多因建筑物倒塌而砸坏。破坏形式多表现为脱口、错位、断裂。

7）烟囱、水塔类构筑物

强地震中由于砖烟囱长径比大，多数断裂，且多在高度的 1/3 至 1/2 处断裂，也有顶部裂断散落的；钢筋混凝土裂缝的多，断裂倒塌的少。水塔由于塔架不同而不同，钢筋混凝土塔架倒塌少；砖筒壁水塔裂缝严重，有的筒壁倒塌，塔体落地；电杆类倾斜者甚多。

8）铁路公路

铁路公路破坏多为填方部位路基下沉；有的铁路钢轨弯曲，有的公路路面开裂、错落；路面开裂多纵向裂缝，路身向侧边倾倒，原因是遇断裂带，或靠近河岸、水库、水池。路面破坏还因滑坡、地沉等因素而加重。

9）桥梁涵洞

涵洞凡不在地面下沉、地裂处的皆破坏不大；桥梁的破坏多由于地基下沉、地裂、滑坡等引起。其表现为桥墩倾斜、卧倒，桥面断裂、下坠，也有桥梁位移的情况。

10）设备及设备基础

设备的破坏大多由于建筑设施倒塌所致，还有因地面下沉、地裂、喷砂冒水，以及在地震力作用下，使设备螺栓松动、拔脱、断裂、错扣等情况发生。设备损坏本身较少，特别是露天设备遭受破坏少。

11）地下设施

地下设施除因地质条件影响遭受破坏外，一般受破坏较轻。

上述地震破坏特点都会对油库建（构）筑物和设备和设施产生不同程度的破坏或危害。

2. 地震对油库设备的危害

地震对油库设备的破坏或危害，从唐山地震来看，油泵房、配电室（间）、发油亭等建（构）筑物破坏严重，设备相对较轻；建（构）筑物内的设备较露天设备破坏严重；地面设备较地下设备破坏严重；立式钢油罐损坏较少。

1）设备移位

油库设备移位是由于地震横、纵向力的综合作用，或者地面出现地裂、沉降、错位、倒塌的建筑物冲击和气浪作用引发的。设备移位多发生于体积小，重量轻的设备。设备移位还会使其薄弱部位破坏，引发次生灾害。

2）设备倾倒

油库设备倾倒主要发生于重心较高的设备，如高架罐、水塔等，多由于支承构件失效所致。

3）地脚螺栓失效

设备地脚螺栓失效主要是由于地基遭受破坏而松动、拔脱，在地震力及其引发的其他力的作用下被折断。

4）油罐损坏变形

油罐的损坏变形是由于地裂、基础下沉，地震纵、横向两种力的冲击，以及与油罐相连的管线等的作用，使油罐倾倒，油罐附件弯曲、折断，罐板褶皱、凹瘪、裂缝、起鼓等损坏现象。

5）油泵损坏

油泵损坏除因被倒塌建筑物砸毁外，主要是相连管路振动、挠曲所致。

6）输油管道损坏

输油管道的损坏表现为折断、弯曲、移位、阀门砸坏，进而引起与其相连设备的损坏。

7）次生灾害

对于油库来说，最主要、最严重的次生灾害是地震引发的油品失控造成的火灾危害。

3. 油库预防地震危害的防范

地震危害包括地震造成的直接破坏及其对人类和社会造成影响两大方面。对地震危害的防范也应从此着手。

1）地震的监测和预报

地震监测和预报是地震部门和政府机关承担的任务，油库有责任、有义务开展自然现象反常观察和地震信息的收集，如发现动物异常、地下水异常，及时向有关部门反映，为减震作出应有的贡献。

2）工程抗震

对建（构）筑物及设备抗震能力，应以"小震不坏，中震可修，大震不倒"原则设计、施工、加固，其核心是合理解决抗震安全与经济间的矛盾。油库对新建工程按抗震设防标准建设，建筑密度适当放宽，已建设工程低于抗震设防标准的要进行加固。对于油库设备来说，根据地震破坏特点及对油库设备的危害采取相应措施：设备基础和地脚螺栓增加其强度；尽量避免建设高架设备，建设时应按基本烈度验算抗剪强度，并采取结构措施；油泵和工艺配管应考虑足够的挠曲度和可靠的支承结构，切忌在设备、工艺管路连接口设置支承点；油罐与其相连的工艺配管应采取柔性连接，设置内部关闭装置；较大容量（1000m^3以上）的油罐宜考虑抗震圈梁，必要时按基本烈度验算满罐时动水压力的作用；油罐区应设置抗震性能良好的防火堤，洞室油罐应设置密闭装置，无法设置防火堤的应有事故排油设施。储罐抗震加固措施如下：

（1）已经建成尚未投产或检修的储罐。

储罐经抗震验算核实罐壁厚度不满足抗震要求时，应采取加补强板、加强环、支撑等加固措施。

① 补强板在最下层圈板人孔以下罐内（外）增设宽度不小于300mm，厚度不小于4mm的钢板补强，补强板要与圈板和底板焊牢，并保证焊接质量。

② 加强环可在罐内或罐外设置，距离罐的水平焊缝不得小于150mm，加强环与罐壁连接成型，其截面尺寸按储罐的直径决定。

③ 对浮顶罐为避免地震时液面晃动溢出，可加高浮顶罐壁或增设防波板。为避免浮顶晃动与罐壁撞击而引起火花，可采用软密封装置。

④ 在储罐内部设置挡板或隔板。

⑤ 储罐底板若腐蚀严重，应对底板进行更换。

⑥ 对无力矩储罐或锥顶罐，如果其罐顶支柱抗震能力不足，支柱若采用管子，则可往管内灌入水泥砂浆（一般浇灌高度为 2/3 柱高），这样便可增大支柱的强度和刚度，因而达到加固的目的。

⑦ 当储罐的基础为软弱淤泥、软填土、饱和沙质土或土质不均匀时，要采取增强储罐的整体性措施。

(2) 正在运行的储罐。

① 根据有关抗震标准的验算方法，反过来计算，储罐壁厚究竟能储存多高的液面，并按这个极限高度来控制液面高度。因为地震弯矩与液面高度的平方成比例，稍降低一点液面，便能起很大的抗震作用。

② 在储罐最下层圈板外面离罐底适当距离，现场浇注一个具有足够强度的钢筋混凝土箍，这种方法也能起一定的加固作用。

③ 为了防止次生灾害的扩大，必须有完整可靠的防液堤并具有足够的抗震强度。在防液堤外应设排液沟。

3）普及地震知识

人们只有了解了地震知识，才会认识到地震监测、预报的艰巨性和复杂性，也才会清楚震前、震中自己的责任及应做的工作。由于掌握了地震知识，人们就会及时认识宏观异常而报告，增强地震监测能力和抗御地震的自觉性；增强对地震谣言、误传的识别能力，减少无震损失。同时还可以在震前做好思想、组织、物资等方面的准备，可实施迅速救灾及避灾措施，减少地震损失。

4）救灾、重建和平息恐慌

制订油品储罐区在地震时的灭火作战计划，包括消防道路的畅通和合理行驶；消防车辆的配备应能满足灭火作战的需要，并确定其所行驶路线和停靠位置；地下消火栓的合理利用，并保证完好；针对可能发生火灾的着火点制订扑救方法和需要采取的措施；合理起用相邻油罐的冷却水装置；起用储罐本身的冷却喷淋装置；做好消防力量的合理安排；制作油品储罐区灭火作战图等。

上述这些方面的措施及实施方案，也都是属于减少地震危害的防范措施，它包括了各种减少次生、衍生灾害发生的组织和应对技术的紧急措施，确定重建的方针，恢复生命线工程，对地震谣传、误传引起恐慌的紧急平息及平时预防的方针、措施等，都可以起到减灾的作用。

由于自然变异和人为的作用导致地质环境或地质体发生变化，当变化达到一定程度，其产生的后果给人类社会造成地质灾害，如崩塌、滑坡、泥石流、地裂缝、地面沉降、地面塌陷、岩爆、坑道突水、突泥、突瓦斯、煤层自然、黄土湿陷、岩土膨胀、砂土液化、土地融冻、水土流失、土地沙漠化、沼泽化、盐碱化，以及火山喷发、地热害和地震等都属于地质灾害。各种地质灾害都可对油库造成威胁或危害。这里仅对滑坡和泥石流等油库常见的地质灾害概述其危害及防范。

三、滑坡对油库的危害及防范

1. 滑坡的形成条件及其诱因

所谓滑坡是斜坡上的岩土体由于种种原因在重力的作用下，沿一定的软弱面（带）整体向下滑动的现象。滑坡形成的条件：一是地质和地貌条件，二是内外力作用的影响，三是人为作用的影响。

1) 地质和地貌条件

（1）岩土类型。凡结构松软、抗剪强度和抗风化能力低，在水的作用下其性质易发生变化的岩、土易发生滑坡。如松散覆盖层、黄土、红黏土、页岩、泥岩、煤系地层、凝灰层、片岩、板岩、千枚岩等。

（2）地质构造。凡是斜坡岩、土被各种节理、裂隙、层理面、岩性界面、断层发育等切割成不连续状态，且构造面又为降雨等进入斜坡提供了通道时，易发生滑坡。特别是当平行和垂直斜面的陡倾构造面及顺坡缓倾的构造面发育时，最易发生滑坡。

（3）地形地貌。一般江、河、湖（水库）、海、沟的岸坡，前缘开阔的山坡、铁路、公路和建筑工程边坡等，都是易发生滑坡的地貌。坡度大于10°，小于45°，下陡中缓上陡，上部呈环状的坡形是易产生滑坡的地形。

（4）水文地质。地下水活动在滑坡形成中起着重要的作用。其主要作用是：软化岩土，降低强度；产生动水压力和孔隙水压力；潜蚀岩、土，增加容重；对透水岩产生浮托力；对滑面（带）起软化、降强、润滑作用。

2) 内外力作用的影响

（1）地壳自身的运动，如地震使岩、土体产生裂缝等。

（2）降雨和融雪，增强了水对岩、土体的作用。

（3）江、河、湖、海等地表水体对坡脚的不断冲刷。

（4）海啸、风暴潮、融冻等对岩、土体的作用。地震、特大暴雨所诱发的滑坡多为规模较大的高速滑坡。

3) 人为作用的影响

人类违背自然规律的建筑工程活动是破坏斜坡稳定条件诱发滑坡的重要因素。

（1）开挖坡脚。这是人类建筑工程活动中经常发生的事。开挖坡脚会使坡体下部失去支撑而发生下滑。特别是在工程建设时，大力爆破，强行开挖，其边坡多发生滑坡危害。

（2）蓄水、排水。水渠和水池的漫溢和漏水，工业用水和废水的排放，农业灌溉等，均可使水流渗入坡体，加大了水体对坡体的作用，从而促进或诱发滑坡。水库水位的上下急剧变动，加大了动水压力，也可诱发滑坡。

（3）填方加载。在斜坡上大量兴建楼房、工厂等工程设施；在斜坡上大量填土、石、矿渣等，都会使斜坡支撑不了过大的重量，失去平衡而沿软弱面下滑。尤其是矿厂废渣不合理堆放，常触发滑坡。

（4）劈山放炮。大力爆破可使斜坡岩体受震动而破碎，产生滑坡。

（5）开荒滥伐。在山坡上开荒种地，滥伐森林，使坡体失去保护，有利于雨水等水体的渗入而诱发滑坡。

2. 滑坡的活动规律和空间分布

滑坡的活动主要与诱因相关，滑坡的空间分布主要与地质和气候因素相关。

1）滑坡活动规律

（1）同时性。有些滑坡在诱发因素的作用下，立即活动。如强烈地震、大暴雨、海啸、风暴潮，以及人类活动的开挖、爆破等为诱因的滑坡，大都立即发生。

（2）滞后性。有些滑坡的发生晚于诱因的作用时间。如降雨、融雪、海啸及人类活动等为诱因的滑坡。滞后性的规律，降雨诱发的滑坡最为明显。该类滑坡发生多与暴雨、大雨和长时间的连续降雨有关。滞后时间长短与滑体的岩性、结构，以及降雨大小有关。滑体松散、裂隙发育、降雨量大，滞后时间短，否则滞后时间长。人类活动为诱因的滑坡滞后时间与人类活动强度的大小、滑体的稳定程度有关。人类活动强度大、滑体稳定程度低，滞后时间短，反之则滞后时间长。

2）滑坡空间分布

（1）江、河、湖（水库）、海、沟的岸坡地带；地形高差大的山谷地区；山区铁路、公路、建筑工程的边坡地段等。

（2）地质构造带中的断裂、地震带等。在地震烈度大于Ⅶ度地区中，坡度大于25°的坡体地震中易发生滑坡；在断裂带中，岩体破碎、裂隙发育有利于形成滑坡。

（3）易滑岩、土是形成滑坡的物质基础。如松散覆盖层、黄土、泥岩、页岩、煤系地层、凝灰岩、片岩、板岩、千枚岩、红黏土等地区（带）。

（4）暴雨多发或异常强降雨，是滑坡的主要诱因。

3. 滑坡前兆及滑坡稳定与否的识别

不同类型、不同性质、不同特点的滑坡，在滑动前均会表现出不同的异常现象，显示出滑动的预兆。从宏观角度观察滑坡的外表迹象和特征，可粗略地判断其是否稳定。

1）滑坡的前兆

（1）滑坡前缘坡脚处，堵塞多年的泉水复活，或出现泉水（含水井）突然干枯、水位突变等异常现象。

（2）滑坡体中、前部出现纵横向放射状裂缝，说明滑体向前推挤受阻，已进入临滑状态。

（3）滑坡体前缘脚处出现上隆（凸）现象，这是滑体向前推挤的明显迹象。

（4）临滑前，滑体四周岩体、土体会出现坍塌和松动现象。

（5）大滑前，有的岩体会发生开裂或剪切挤压的声响，这种迹象系深部变形与破裂。动物对此十分敏感，有异常反应。

（6）如在滑体上有长期位移观察设施，大滑前水平与垂直位移量，均会出现加速变化的趋势，这是明显的临滑现象。

（7）滑坡体后缘的裂缝急剧扩张，并从裂缝中冒出热气或冷风。

（8）动物异常、植物变态，如猪、狗、牛等惊恐不宁，老鼠乱窜，树木枯萎或歪斜等。

2）滑坡稳定与否的识别

滑坡稳定与否的识别可从表5-6所列各条进行大致判断，较为准确的判断尚需作进一步的观察和研究。

表 5-6　滑坡稳定与否的宏观识别

稳定堆积层老滑体特征	不稳定滑体的迹象
后壁较高，长满树木，找不到擦痕，且十分稳定	滑体表面总体坡度较陡，且延伸较长，坡面高低不一
滑坡平台宽大，且已夷平，土体密实无沉陷现象	有滑坡平台，面积不大，且有向下缓倾和未夷平现象
滑体前缘的斜坡较缓、土体密实，长满树木，无松散坍塌现象；前缘迎河部分有被冲刷迹象	滑体前缘土石松散，小型坍塌时有发生，临河面冲刷严重
河水已远离滑体的舌部，甚至在舌部外已有漫滩、阶地分布	滑体表面有泉水，且有新的冲沟
滑体两侧的自然冲沟切割很深，甚至已达基岩	滑体表面有不均匀沉陷的局部平台，且参差不齐
滑体舌部的坡脚有清晰的泉水流出等	滑体上无巨大直立树

4. 防治滑坡的主要工程措施

防治滑坡的工程措施很多，归纳起来分三类，即消除或减轻水害；改变滑体外形，设置抗滑构筑物；改善滑动带土石性质。

1) 消除或减轻水害

（1）排除地表水。其目的在于拦截、旁引滑体外的地表水，避免地表水流入滑坡区；将滑坡区内的雨水、泉水引出，防止渗入滑体内。主要工程措施是在滑体外设截水沟；滑体上设排水沟；引泉工程；做好滑坡区绿化工作等。

（2）排除地下水。对于地下水只可疏而不可堵。主要工程措施是修建截水盲沟，用于拦截和旁引滑体外围地下水；构筑支撑盲沟，兼有排水和支撑作用；钻设仰斜孔群，近于水平钻孔，把地下水引出。另外，还有盲洞、渗管、渗井、垂直钻孔等排除滑体内地下水的工程措施。

（3）防止河水、水库水对滑体坡脚的冲刷。主要工程措施是在严重冲刷段上游修筑 J 形坝，以改变主流方向，在滑体前缘抛石、铺设石笼、筑钢筋混凝土块，以使坡脚土体受冲刷。

2) 改变滑体外形，设置抗滑构筑物

（1）削坡减重。常用于治理"头重脚轻"，而无可靠抗滑地段的滑体。通过改善滑体外形，降低其重心，提高滑体稳定性。

（2）修筑支挡工程。多用于失去支撑而引起滑动的滑坡，或者滑床较陡、滑动速度较快的滑坡。其目的在于增加滑体重力平衡条件，使滑体迅速稳定。支挡工程主要有抗滑片石垛、抗滑桩、抗滑挡墙等。

3) 改善滑动带土石性质

一般采用焙烧、钻孔和爆破灌浆法等物理化学方法对滑体进行整治。

由于滑坡成因复杂，影响因素多，因此常需同时使用上述方法，进行综合治理，才能达到目的。

四、泥石流对油库的危害及防范

1. 泥石流形成的条件及诱因

所谓泥石流是山区沟谷中，由于暴雨、冲雪融水等水源的激发，形成含有大量泥沙的特殊洪流。其特征是突然暴发，浊流前推后拥，奔腾咆哮，地面为之震动，山谷犹如雷鸣，在很短时间内浑流将大量泥沙冲出沟外，横冲直撞，漫流堆积，造成生命财产的极大损失。泥石流形成的条件是陡峻的，便于集水、集物的地形地貌；丰富的松散物质；短时间内有大量水源。

1) 地形地貌条件

(1) 在地形上具备山高沟深、地势陡峻、沟床纵坡降大、流域形状便于水流汇集。

(2) 在地貌土泥石流一般可分为形成区、流通区、堆积区三部分。

(3) 形成区的上游多为三面环山，瓢状或漏斗形的出口；地形较为开阔，周围山高坡陡，山体破碎，植被生长不良，有利于碎屑物质和水的集中。

(4) 流通区的中游多为狭窄陡深的狭谷，谷床纵坡降大，使泥石流能够迅速直泻。

(5) 堆积区的下游地形为开阔平坦的山前平原或河谷阶地，成为碎屑物堆积场所。

2) 松散物质来源

(1) 泥石流常发生于地质构造复杂，断裂褶皱发育，新构造活动强烈，地震烈度较高的地区。

(2) 地表岩层破碎，滑坡、崩塌、错落等不良地质现象发育。

(3) 岩石结构疏松软弱，易于风化，节理发育，或软硬相间成层的地区。

(4) 滥伐森林造成水土流失；开山采矿，采石弃渣等。

(5) 人类工程经济活动中，不合理的开挖、弃废、滥伐乱垦，以及地震、水文气象都是泥石流的诱发因素。

以上所述都可为泥石流提供大量物质来源。

3) 水源条件

水既是泥石流的组成部分，又是泥石流激发的重要条件和搬运介质。泥石流的水源主要有暴雨、冰雪融水和水库（池）溃决水体等。在我国泥石流的水源主要是暴雨、长时间的连续降雨等。

2. 泥石流发生规律及分布特点

泥石流发生规律主要由降雨决定，其分布特点明显受地形、地质和降水条件的控制。

1) 泥石流发生规律

(1) 季节性。泥石流暴发主要受连续降雨、暴雨，尤其是特大暴雨的激发。因此，泥石流发生时间规律与集中降雨时间规律相一致，具有明显的季节性。

(2) 周期性。泥石流的发生受雨洪、地震的影响，而雨洪、地震总是周期性出现。因此，泥石流的发生和发展具有与雨洪、地震活动周期大体相一致的周期性。当雨洪、地震两者活动周期相叠加时，常常形成一个泥石流活动的高潮。

(3) 泥石流通常发生于一次降雨高峰期，或在连续降雨稍后。

2) 泥石流分布特点

(1) 泥石流集中分布于两带。即青藏高原与次一级高原和盆地之间的接触带；上述高原、盆地与东部的低山、丘陵或平原过渡带。

(2) 在上述两带中，又集中分布于一些沿大断裂、深大断裂发育的河流沟谷两侧。这是我国泥石流密度最大，活动最频繁，危害最严重的地带。

(3) 在各构造带中，往往集中于板岩、片岩、片麻岩、混合花岗岩、千枚岩等变质岩系，以及泥岩、页岩、泥灰岩、煤系等软弱岩系和第四系堆积物分布区。

(4) 泥石流的分布还与大气降水、冰雪融化的特征密切相关。高频泥石流主要分布在气候干湿季较明显、较温湿、局部暴雨强大、冰雪融化快的地区。

3. 减轻和避免泥石流的工程措施

防治泥石流的工程措施主要有跨越、穿过、排导、防护、拦挡等。采用多种措施相结合比单一措施更有效。

(1) 跨越工程。从泥石流上方修建桥梁、涵洞，泥石流从其下方排泄，用以避防泥石流。这是铁路、公路常用措施。

(2) 穿过工程。从泥石流下方修建隧、明洞和渡槽，泥石流从其上方排泄。这是铁路、公路通过泥石流地区又一工程措施，灌溉水渠也有用此法的。

(3) 排导工程。排导工程是利用导流堤、急流槽、束流堤等工程来改善泥石流流势，增大桥梁等工程的泄洪能力，使泥石流按设计意图顺利排泄。

(4) 防护工程。采用修建护坡、挡墙、顺坝、丁坝等工程设施，抵御或消除泥石流对建筑工程的冲刷、冲击、侧蚀、淤埋等危害的工程措施。

(5) 拦挡工程。采用拦渣坝、储淤场、支挡工程、截洪工程等，控制泥石流的固体物质和雨洪径流，削弱泥石流的流量、下泄总量和能量，以减少泥石流对下游建筑的冲刷、撞击、淤埋等危害的工程措施。

第三节　不良地质对油库设施的危害及防范

由于油库所在地区土壤具有不同的地理环境、气候条件、地质成因，使一些土壤具有特殊的成分、结构和工程性质。它们大部分具有地区性特点，又可称为区域性特殊土。油库内建（构）筑物的建设、改造要考虑到不良的地质条件对油库安全运行的影响。

一、湿陷性黄土

凡天然黄土在一定压力作用下，受水浸湿后，土的结构迅速破坏，发生显著的湿陷变形，强度也随之降低的，称为湿陷性黄土。湿陷性黄土分为自重湿陷性和非自重湿陷性两种。黄土受水浸湿后，在上覆土层自重应力作用下发生湿陷的称为自重湿陷性黄土；若在自重应力作用下不发生湿陷，而需在自重和外载荷共同作用下才发生湿陷的称为非自重湿陷性黄土。在我国，黄土占黄土地区总面积的60%以上，约为40万平方千米，而且又多出现在地表浅层。湿陷性黄土主要分布在黄河中游、山西、陕西、甘肃大部分地区以及河南西部，其次是宁夏、青海、河北的一部分地区，新疆、山东、辽宁等地局部也有发现。

黄土的化学成分以SiO_2为主，其次是Al_2O_3、CaO和Fe_2O_3等。黄土的物理性质表现为疏松、多孔隙，垂直节理发育，极易渗水，且有许多可溶性物质，很容易被流水侵蚀形成沟谷，也易造成沉陷和崩塌。黄土颗粒之间结合不紧实，孔隙度一般为40%～50%。

黄土湿陷及冲沟的发生，主要是由于在水力作用下黄土失去自承力，并在重力作用下形成陷落洞，在水力冲刷作用下形成冲沟。

1. 测定分析

室内利用浸水测陷压缩试验来测定黄土的湿陷能力和湿陷等级，并通过物理化学试验，建立黄土化学组成、粒度组成、力学性质等参数与水饱和度之间的关系，定量分析黄土湿陷等级。

2. 对管道的危害性

黄土湿陷容易造成管道悬空，当悬空长度超过允许量后可造成管道断裂破坏；黄土冲沟可造成管道暴露、悬空和外力损伤。

3. 治理黄土湿陷及冲沟

对黄土湿陷的治理主要采用土质改良方式和采取防（排）水措施。加灰土垫层，这一简单易行的古老地基改良方法，我国已有成熟的经验和良好的工程效果。一般可采用黄土掺和一定量的石灰（采用三七灰土或二八灰土）夯实固化，用以消除黄土的湿陷性、加固管道管底黄土地基。土质改良的实质是增加黄土的密实程度，降低其渗透性，提高黄土的湿化性、力学强度和抗冲蚀能力。黄土冲沟可采取导流排水、工程加固和水工保护等综合治理方法。对冲沟不同部位，采取不同治理措施。

4. 湿陷性黄土地基的处理

1）灰土或素土垫层

将基底以下湿陷性土层全部挖除或挖到预计深度，然后用灰土（三分石灰七分土）或素土（就地挖出的黏性土）分层夯实回填。垫层厚度一般为1.0~3.0m。此法施工简易，效果显著，是一种常用的地基浅层湿陷性处理或部分处理的方法。

2）重锤夯实及强夯法

重锤夯实法能消除浅层的湿陷性，如用15~40kN的重锤，落高2.5~4.5m，在最佳含水量情况下，可消除在1.0~1.5m深度内土层的湿陷性。根据国内使用记录，锤重100~200kN，自由落下高度10~20m锤击两遍，可消除4~6m范围内土层的湿陷性。

以上两种方法均应事先在现场进行夯击试验，以确定为达到预期处理效果（一定深度内湿陷性的消除情况）所必需的夯点、锤击数、夯沉量等，以指导施工，保证质量。

3）石灰土或二灰（石灰与粉煤灰）挤密桩

用打入桩、冲钻或爆扩等方法在土中成孔，然后用石灰土或将石灰与粉煤灰混合分层夯填桩孔而成（少数用素土），用挤密的方法破坏黄土地基的松散、大孔结构，达到消除或减轻地基的湿陷性的目的。此法适用于消除5~10m深度内地基土的湿陷性。

4）预浸水处理

利用自重湿陷性黄土地基自重湿陷的特性，可在建筑物修筑前，先将地基充分浸水，使其在自重作用下发生湿陷，然后再修筑。

二、膨胀土

膨胀土中黏粒成分主要为亲水性矿物，具有显著的吸水膨胀和失水收缩特性，其自由膨胀率大于或等于40%的黏性土。根据现有资料，广西、云南、湖北、安徽、四川、河南、山东等20多个省、市、自治区均分布有膨胀土。由于膨胀土成分、结构和性质的不稳定性和其广泛分布而成为各国工程建设，特别是线路工程建设中地质灾害的常见病、多发病，不仅造成巨大经济损失，而且常常造成工程的严重破坏而中断运营。就总体而言，包括石油、天然气管道工程在内的线路工程地质灾害可划分为两大类型，即膨胀土地区建筑物地基地质灾害和膨胀土边坡、斜坡地质灾害。

膨胀土地基地质灾害指工业、民用建筑物地基由于膨胀土的胀缩变形而引起建筑物变形开裂的一种地质灾害作用，它是膨胀土地质灾害及其工程问题分布最广、危害最严重的一类地质灾害问题。美国由于膨胀土工程问题所造成的直接经济损失每年近23亿美元，其中大部分是由于膨胀土地基胀缩变形所引起的。据初步估计，我国大约有$10^7 m^2$的工业、民用建筑物遭受不同程度的变形破坏，许多房屋要拆除重建，我国因膨胀土地基问题造成的直接经济损失约在每年数亿元以上。

1. 膨胀土地基上建筑物变形破坏

1）墙体变形开裂

由于膨胀土地基不均匀，胀缩变形造成的墙体开裂，从方向上有垂直裂隙、水平裂隙、倾斜裂隙和X形交叉裂隙。从裂隙形态上大多为张开裂隙，在端墙和纵墙上普遍都分布有上窄下宽的裂隙，常呈倒八字的形态，裂隙宽窄不一，一般为数毫米至数厘米，除墙体开裂外常伴生纵墙外倾和墙角开裂现象。

2）混凝土地坪变形开裂

房屋内混凝土地坪对膨胀土地基不均匀膨胀变形适应性差，会发生不均匀隆起现象，即近墙处隆起较小中间较大，隆起带与墙体平行，隆起高度可高达10～15cm，在隆起带的轴部常有隆起引起的纵张开裂，也有些地坪裂呈不规则状。房内地坪变形开裂通常是地坪下膨胀土因封闭而发生水分聚集，土体含水量增高体积膨胀在膨胀压力作用下而发生的。

在室外混凝土场地、房屋周边混凝土散水，由于膨胀土地基的干燥收缩和吸水膨胀作用，会发生不均匀隆起和不规则开裂破坏的现象，裂隙宽度可达5～8cm，隆起高差也可达10～15cm，这种破坏现象在干旱半干旱亚热带玄武岩、泥灰岩残积型膨胀土的道路上表现十分严重。

2. 膨胀土地基上变形破坏的生态环境效应

由于膨胀土的含水量、密度和体积变化对环境变化具有敏感性，因此工业、民用建筑物的建设及其相应的生态环境建设（如植树和排水设施的建立）导致了土体所处环境变化，引起表层土体水分运移规律的变化，即土体差异性胀缩变形作用的发生。

1）朝阳侧与背阴处地基的差异性收缩变形

朝阳一侧墙体地基因强烈的干燥收缩作用引起地基强烈收缩变形，因此朝阳面墙体开裂破坏程度比背阴侧严重得多；在纵墙和端墙联结处的墙角通常有强烈的拉裂破坏。

2）斜坡带膨胀土上建筑物强烈破坏现象

在斜坡带膨胀土地基上工业、民用建筑物的破坏程度往往比平坦地基严重得多，往往有成片破坏现象，例如，陕南汉中盆地、广东茂名盆地等，发生这种情况的原因除了整平后地基土不均匀性外,与斜坡带膨胀土地基周边吸水膨胀失水收缩环境不同有关,也与斜坡滑动有关。

3) 树木生长与建筑物变形破坏

英国研究者早在20世纪50年代便发现了树木生长引起建筑物变形开裂的生物地质作用。澳大利亚的阿德雷德地区由于桉树根系的吸水作用,造成道面变形幅度达260mm;在墨尔本东南的膨胀土基础破坏事故中有75%是由树木吸水收缩引起的。在我国也有不少膨胀土上建筑物变形开裂事故与桉树吸水作用密切相关。最典型的实例是云南蒙自机场普营区建筑物破坏现象,房屋一侧有桉树的墙体和墙体裂隙明显倾向树木一侧,靠近成排桉树的房屋其破坏程度比远离桉树的要严重得多。

桉树是亚热带地区生长迅速、适应性强、植系发达（根系长度等于大于树方）、向湿性强、吸水量和蒸腾量极大的树种,仅一棵16m高的桉树日蒸腾量达432mm,日耗水量达457kg。经蒙自现场勘察发现,远离桉树15m的房屋地坪下聚集了密集的桉树根系。根系强烈的吸水蒸腾作用,使得膨胀土地基含水量强烈降低,引起了土体收缩。

4) 局部水源与局部膨胀变形

局部水源指道路两侧、建筑物周边排水沟中积水或长流水、蓄水池水、室内管道漏水等。由于这些局部水源的渗漏补给,周边土体吸水膨胀变形导致排水沟衬砌破坏,道面和散水的变形破坏等。

3. 膨胀土地基灾害防治措施

1) 建筑物选址

为了从根本上消除膨胀土地基对油库内建（构）筑物变形破坏的影响,最彻底的办法是使油库内的建（构）筑物避开膨胀土的影响,这就要通过对膨胀土分布规律研究、现场调查和判别试验来解决。特别注意在膨胀土地区选择非膨胀土地段。如果场地无法避开膨胀土则应选择地形坡度比较小、膨胀性比较弱的地段。

2) 基础开挖深度的确定

膨胀土变形机理研究表明,随着基础埋置深度增加,土的含水量和体积变形幅度减小,大气强烈影响带的深度一般为1.3~1.5m,因此基础砌置深度应当达到和超过1.5m,对于重要建筑物和强膨胀土地基特别是斜坡带建筑物采用深3~4m的墩基础更好。

3) 地坪地基的换土或改性处理

由于地坪下的膨胀土上覆荷载极小（接近无荷）且处于地表,受大气的干湿交替影响强烈极易发生体积的胀缩变化,为此必须加以处理,除了将膨胀土挖除回填并夯实非膨胀土之外,最有效的处理方法是通过掺加生石灰（CaO）回填土夯实处理。根据国内外研究结果,当生石灰掺入量为8%时,膨胀土的各项指标明显改善,如同时掺入5%的煤粉灰效果更佳。

4) 设置轻型建筑物结构形式

为了防止因地基不均匀收缩变形而产生墙体变形开裂,除了增加基础深埋、加高建筑物层数（超过4层）外,还应从结构上采取措施,如设置钢筋混凝土底圈梁,在房屋周边设置坡度较大、宽度较大（>2.0m）的混凝土散水。散水之外不要设置混凝土排水明沟是防止建筑物地基胀缩的重要措施。

5) 建筑物周边合理绿化

出于对建筑物周边生态环境美化的需要，建筑物周边植树种草是必然的，但为了防止周边树木生长对建筑物变形破坏的影响，种植的树木不宜离建筑物太近，其距离要大于树长成后的高度，建筑物周边只宜种植根浅、树干较矮、树叶稠密的树种，不应种植生长快、高大、强烈吸水蒸腾的桉树、木麻黄等，后者只适宜种在建筑物区外。对已对建筑物构成影响的树种要移植换种。

6) 合理选择施工方式和施工季节

防止基坑全面开挖，防止基坑长时间暴露即防止地基长时间干燥失水和雨水浸湿而产生胀缩变形，连阴雨季施工危害严重，一般应旱季施工，基坑分段开挖且随挖随砌基础。

4. 膨胀土斜坡与边坡地质灾害

所谓"斜坡"特指油库建设及改造工程所通过的丘陵、岗地、水库、沟谷、河岸的自然坡，所谓"边坡"特指由人工开挖的工程边坡，如输油管道在丘陵山区敷设时由于工程填挖形成的边坡。

1) 自然斜坡地质灾害

自然斜坡地质灾害作用表现为旱季因膨胀岩土的干燥收缩作用卸荷风化，雨季经地表水洪水作用下崩解冲刷破坏，并导致大体积塌岸作用的发生，这种恶性循环作用其破坏速度十分惊人，为此必须配合河道流势流态的整治采取严格的防冲措施加以防治，否则沿河岸分布的道路工程、通信光缆将被严重破坏。

2) 膨胀土边坡地质灾害

出于工程建设的实际设计要求，沿着山前带和沿河谷盆地周边垅岗状残丘、岗地分布区穿行的线路工程，通常都要有工程开挖和填筑处理，其开挖深度可达数米至数十米不等，从而形成高达数米、数十米的人工边坡（深切岭工程）或高达20~30m的膨胀土路堑，这种人类工程活动所引起的膨胀土体赋存环境的巨大变化以及工程与土体的相互作用是导致膨胀土人工边坡地质灾害频繁发生的基本原因。

膨胀土边坡地质灾害包括滑坡、滑塌、溜坍、风化剥落、流泥、冲刷等多种类型，其中规模大、危害严重的主要是膨胀土滑坡，因此它是膨胀土边坡灾害研究的重点。

3) 膨胀土边坡地质灾害防治措施

膨胀土边坡地质灾害的防治是保证输油管道安全运营的关键。防治措施的选择不仅要经济而且要有效和易行。这里可借鉴我国的铁道和公路部门积累的宝贵经验，其要点一是应根据边坡的高度和膨胀土的工程特性进行坡形坡比设计，二是坡面防护加固要与综合排水措施相互结合，三是对于有明显滑动迹象的膨胀土边坡可采用钢筋混凝土抗滑桩或抗滑挡墙进行抢险加固。

三、冻土

温度为0℃或负温，含有冰与土颗粒，并呈胶结状态的土称为冻土。根据冻土冻结延续时间，可分为季节性冻土和多年冻土两大类。土层冬季冻结，夏季全部融化，冻结延续时间一般不超过一个季节，称为季节性冻土层，其下边界线称为冻深线或冻结线；土层冻结延续时间在三年或三年以上称为多年冻土。

季节性冻土在我国分布很广,东北、华北、西北是季节性冻结层厚0.5m以上的主要分布地区;多年冻土区主要分布在黑龙江的大小兴安岭一带、内蒙古纬度较大地区、青藏高原部分地区与甘肃、新疆的高山区,其厚度从不足一米到几十米都有。

1. 季节性冻土分类

土的冻胀由于受到侧向和下面土体的约束,它主要反映在体积向上的增量上(隆胀)。油库建在季节性冻土地区时,油库内的建(构)筑物的破坏很多是地基土冻胀造成的。

季节性冻土按冻胀变形量大小以及对建筑物的危害程度分为五类,以野外冻胀观测得出的冻胀系数 K_d 为分类标准。

(1) Ⅰ类不冻胀土:$K_d \leqslant 1\%$,冻结时基本无水分迁移,冻胀变形很小,对各种浅埋基础无任何危害。

(2) Ⅱ类弱冻胀土:$1\% < K_d \leqslant 3.5\%$,冻结时水分迁移很少,地表无明显冻胀隆起,对一般浅埋基础也无危害。

(3) Ⅲ类冻胀土:$3.5\% < K_d \leqslant 6\%$,冻结时水分有较多迁移,形成冰夹层,如建(构)筑物自重轻、基础埋置过浅,会产生较大的冻胀变形,冻深大时会由于切向冻胀力而使基础上拔。

(4) Ⅳ类强冻胀土:$6\% < K_d \leqslant 12\%$,冻结时水分大量迁移,形成较厚冰夹层,冻胀严重,即使基础埋深超过冻结线,也可能由于切向冻胀力而上拔。

(5) Ⅴ类特强冻胀土:$K_d > 12\%$,冻胀量很大,是使桥梁基础冻胀上拔破坏的主要原因。

(6) 当 $K_d > 18\%$ 时,为极强冻胀土。

2. 季节性冻土区防冻胀措施

目前,多以减少冻胀力和改善周围冻土的冻胀性等措施来防治冻胀。

(1) 基础四侧换土,采用较纯净的砂、砂砾石等粗颗粒土换填基础四周冻土,填土夯实。

(2) 基础必须浇筑密实,具有平滑表面,以改善基础侧表面平滑度。基础侧面在冻土范围内还可用工业凡士林、渣油等涂刷,以减少切向冻胀力。对桩基础,也可用混凝土套管来减除切向冻胀力。

(3) 选用抗冻胀性基础改变基础断面形状,利用冻胀反力的自锚作用增加基础抗冻拔的能力。

3. 多年冻土等级划分

多年冻土的融沉性是评价其工程性质的重要指标,可用融化下沉系数 A 作为分级的直接控制指标:

$$A = \frac{h_m - h_T}{h_m} \times 100\% \tag{5-1}$$

式中 h_m——季节融化层冻土试样冻结时的高度(季冻层土质与其下多年冻土相同),m;

h_T——季节融化层冻土试样融化后(侧限条件下)的高度,m。

(1) Ⅰ级(不融沉):$A < 1\%$,是仅次于岩石的地基土,在其上修筑建筑物时可不考虑冻融问题。

(2) Ⅱ级（弱融沉）：$1\% \leqslant A < 5\%$，是多年冻土中较好的地基土，可直接作为建筑物的地基，当控制基底最大融化深度在3m以内时，建筑物不会遭受明显融沉破坏。

(3) Ⅲ级（融沉）：$5\% \leqslant A < 10\%$，具有较大的融化下沉量而且冬季回冻时有较大冻胀量。作为地基的一般基底融深不得大于1m，并采取专门措施，如深基、保温防止基底融化等。

(4) Ⅳ级（强融沉）：$10\% \leqslant A < 25\%$，融化下沉量很大，因此施工、运营时内不允许地基发生融化，设计时应保持冻土不融或采用桩基础。

(5) Ⅴ级（融陷）：$A \geqslant 25\%$，为含土冰层，融化后呈流动、饱和状态，不能直接作为地基，应进行专门处理。

4. 防融沉措施

(1) 换填基底土对采用融化原则的基底土可换填碎、卵、砾石或粗砂等，换填深度可到季节融化深度或到受压层深度。

(2) 选择好施工季节采用保持冻结原则时，基础宜在冬季施工，采用融化原则时，最好在夏季施工。

(3) 选择好基础形式对融沉、强融沉土宜用轻型墩台，适当增大基底面积，减少压应力，或结合具体情况，加深基础埋置深度。

(4) 注意隔热措施采取保持冻结原则时，施工中注意保护地表上覆盖植被，或以保温性能较好的材料铺盖地表，减少热渗入量。施工和养护过程中，应保证建筑物周围排水通畅，防止地表水灌入基坑内。如抗冻胀稳定性不够，可在季节融化层范围内，按上述（1）、（2）条处理。

思 考 题

1. 油品有何些毒性？油库作业人员发生中毒的途径有哪些？
2. 油罐清洗作业过程中如何预防人员发生中毒事故？
3. 油罐和管道在涂装过程中可能存在哪些安全隐患？
4. 如何防止油品污水污染？
5. 油库含油污水来源有哪些？
6. 油库作业人员如何加强劳动保护措施？
7. 油气回收方法及措施有哪些？
8. 油库面临的自然灾害包括哪几类？
9. 油库防止地震灾害措施有哪些？
10. 如何处理管道建设、安装过程中遇到的不良地质条件？
11. 什么是膨胀土地基？
12. 膨胀土地基有何危害性？
13. 什么是湿陷性黄土？
14. 湿陷性黄土对管道的危害性表现在哪些方面？
15. 什么是冻土？它是如何分类的？

提高风险识别能力，培养安全意识

【思政知识点】风险识别

【思政教学目标】通过介绍青岛"11·22"输油管道爆炸事故的原因及带来的危害，提高学生风险识别和风险预判意识和能力，强化学生安全意识。

一、问题引入

风险识别是在风险事故发生之前，运用科学的技术手段和方法，系统地找出尚未发生的、潜在的及存在的健康、安全与环境危害因素，对其可能产生的风险进行分析。识别风险的目的在于有针对性地制定防范风险的对策措施，从而控制、削减风险，防患于未然。风险识别是风险管理的基础和前提，若不能准确识别所面临的风险，就失去了处理这些风险的最佳时机，被动地使风险自留，导致人员伤亡、财产损失、环境污染。只有充分识别风险，才能有效地控制风险。

二、案例介绍

东黄输油管道设计输油能力 2000×10^4 t/a，设计压力 6.27MPa。管道全长 248.5km，管径 711mm，材料为 API5LX-60 直缝焊接钢管。管道外壁采用石油沥青布防腐，外加电流阴极保护。事故发生时，东黄输油管道输送原油密度 $0.86t/m^3$，饱和蒸气压 13.1kPa，蒸气爆炸极限 1.76%~8.55%，闭杯闪点 −16℃。油品属轻质原油。原油出站温度 27.8℃，满负荷运行出站压力 4.67MPa。

2013年11月22日2时12分，输油处调度中心通过数据采集与监视控制系统发现东黄输油管道黄岛油库出站压力从 4.56MPa 降至 4.52MPa，两次电话确认黄岛油库无操作因素后，判断管道泄漏；2时25分，东黄输油管道紧急停泵停输。3时40分左右，青岛站人员到达泄漏事故现场，确认管道泄漏位置。7时左右，输油处组织泄漏现场抢修，为处理泄漏的管道，现场决定打开暗渠盖板，使用挖掘机，采用液压破碎锤进行打孔破碎作业。10点30分，正在抢修的输油管线和相距约 700m 的雨水涵道相继发生爆燃，管线爆裂长度达 3.5km，同时在入海口被油污染海面上发生爆燃。

1. 事故原因

1) 直接原因

输油管道与排水暗渠交汇处管道腐蚀减薄、管道破裂、原油泄漏，流入排水暗渠，反冲到路面。原油泄漏后，现场处置人员采用液压破碎锤在暗渠盖板上打孔破碎，产生撞击火花，引发暗渠内油气爆炸。

2) 间接原因

该企业及所属集团公司安全生产主体责任不落实，隐患排查治理不彻底，现场应急处置措施不当。

3) 管理原因

(1) 青岛市人民政府及开发区管委会贯彻落实国家安全生产法律法规不力；

(2) 管道保护工作主管部门履行职责不力，安全隐患排查治理不深入；

（3）开发区规划、市政部门履行职责不到位，事故发生地段规划建设混乱；

（4）青岛市及开发区管委会相关部门对事故风险研判失误，导致应急响应不力。

2. 溢油事故性质

经调查认定，山东省青岛市"11·22"输油管道泄漏爆炸特别重大事故是一起生产安全责任事故。对48名责任人分别给予纪律处分，对涉嫌犯罪的15名责任人移送司法机关依法追究法律责任。

三、思政点睛

青岛"11·22"输油管道爆炸事故造成多人伤亡，财产损失惨重。究其原因是：风险识别不足、对风险的估计不足、风险控制过程中贸然施工作业，抢修作业现场不规范、盲目指挥、严重的违规作业、缺乏处理事故的准备，造成泄漏后的应急处置不当，未按规定采取设置警戒区、封闭道路、通知疏散人员等预防性措施，同时事故发生后手足无措、处置不当等。

为保证安全生产应坚持科学发展、安全发展，牢固树立安全第一的责任意识，牢牢坚守安全生产红线；建立健全安全生产责任体系；完善风险控制应急管理，全面提高应急处置水平；制订各类安全事故应急预案，开展应急预案演练，提高应急响应能力；应急处置过程中要根据事故现场情况及救援需要及时划定警戒区域，疏散周边人员，维持现场秩序，确保救援工作安全有序进行。

第六章 油库常用安全检测仪表

【学习提示】 安全检测仪表是获取危险信息，及时做出预警，防范油库事故，减少损失的重要工具。安全检测仪表的使用对于科学管库、提高油库安全管理水平具有重要意义。本章对油库常用的油气浓度检测仪、防爆静电电压检测仪、金属测厚仪、涂层测厚仪、接地电阻测试仪、智能呼吸阀检测仪等油库常用安全检测仪表进行简要介绍。通过学习，要了解油库常用安全检测仪表种类和用途；学会油气浓度检测仪和接地电阻测试仪的使用方法。

第一节 可燃气体油气浓度检测仪

储油洞库、罐间、罐区适当位置应随时监测油蒸气浓度，并自动报警。在清洗油罐、油罐车作业前，或进入操作阀井、管沟等油蒸气容易积聚、通风不畅的场所前，在爆炸危险场所内进行明火或其他危险作业前，都应进行严格的油蒸气浓度检测，确认油蒸气浓度在安全范围内，方可进入或进行作业。

目前，油蒸气浓度检测装置主要有携带式可燃气体检测仪表、固定式可燃气体监测报警器和固定式可燃气体监测报警系统等。可燃气体浓度检测仪是这些监测装置的关键部件，也是比较精密的部件，其测定结果的准确性非常重要。如仪表发生故障，指示错误，或因使用不当，得出错误结论，其后果十分严重，甚至会发生重大火灾或伤亡事故。因此，了解仪表的工作原理，掌握其操作方法，正确选择、使用和维护仪表，具有十分重要意义。

根据气样的收集方式，可燃气体检测仪可分为气泵导入式、扩散式和手动式三种：

气泵导入式，即用气泵采集气样。可以用于便携式或固定式仪表，特点是响应速度快，一般为1~5s，不足之处是气泵要长期高速运转，密封易磨损，较易出现故障。我国从日本引进的XP-311型、XP-311A型、XP-3110型便携式可燃气体检测仪就属于此类。

扩散式，即靠自然扩散采集气样。特点是对浓度变化的响应速度较慢，一般为10~30s，但结构简单、寿命长、重量轻。

手动式，即用手捏动橡皮球，在现场收集待测气体。它一般制成便携式，由巡测人员在现场对可疑处进行检测，性能介于上述两者之间。

根据检测原理，可燃气体检测仪可分为催化燃烧型、热导型和气敏型三种。

一、催化燃烧型

催化燃烧型的工作原理是利用难熔的金属铂丝加热后的电阻变化来测定可燃气体浓度。如图6-1所示，R_1通常为涂有催化剂的铂丝，可燃气体进入后，在其表面发生氧化反应（无焰燃烧），其产生的热量与可燃气体的浓度成正比，同时使电阻也按一定规律变化，从而在灵敏电流计M上反映出气样的相对浓度。

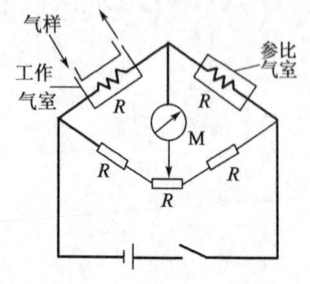

图6-1 催化燃烧型和热导型检测原理图

这种类型的仪表满刻度通常等于可燃气体的爆炸下限，主要用于测量0—LEL（爆炸下限）浓度范围的可燃性气体，其指示值与可燃气体的浓度具有线性关系，不受检测环境背景气（如二氧化碳和水蒸气）的干扰，能自动补偿环境温度变化的影响，测量精度较高；其缺点是催化检测元件会因催化毒害物质（如硫化氢、硅、铅、砷等）而发生中毒现象，失去检测性能，使用时应注意环境中的催化毒害物质情况。

图6-2所示为一种典型的便携式可燃油气浓度检测仪，其为本质安全型防爆结构，适用于检测液化石油气等可燃性气体及可燃性溶剂的蒸发气体浓度，属于自动吸入式催化燃烧型（视频6-1）。

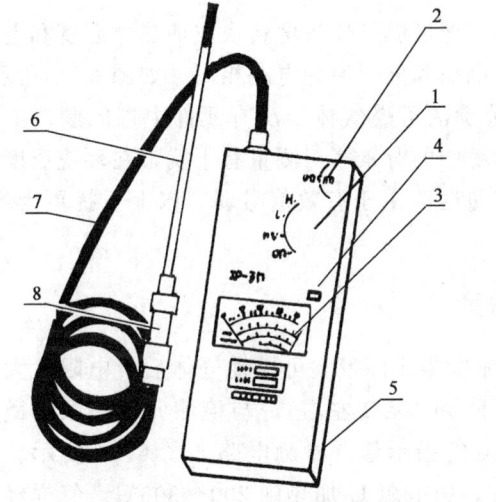

图6-2　XP-311A型便携式可燃油气浓度检测仪
1—电源/测定转换开关；2—调零旋钮；3—表盘；4—照明按钮；
5—电池腔；6—吸引管；7—气体导入胶管；8—过滤/除潮器

视频6-1　XP-311A手持可燃气体探测仪的使用

这种仪表使用时，应特别注意如下几点：

（1）仪表测定范围分两个量程，分别是0～10％LEL，0～100％LEL，警报浓度为20％LEL，指示精度为满量程的±5％，采用指针刻度读数显示方式，响应时间3s以内，使用温度范围为-20～50℃。其刻度有的为爆炸下限的百分数（％LEL），有的为某种特定气体的体积浓度（体积分数，％），应特别注意，如图6-3所示。

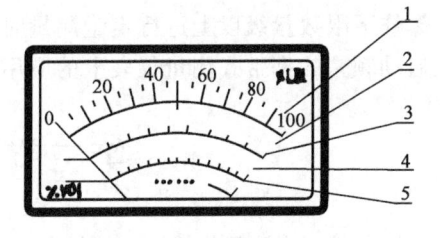

图6-3　XP-311A型便携式可燃油气浓度
检测仪表盘
1—H挡（0～100％）；2—L挡（0～10％）；
3—体积分数,％（H挡）；4—体积分数,％（L挡）；
5—汽油体积分数,％

（2）零调节必须在L挡进行，必须在干净的空气中进行。

（3）在检测气体时，先应将转换开关转至H挡，若指针指在10％LEL以下时，即转换到L挡，以便读到更精确的数值。

（4）测量时，对测量对象而言，应从高到低，从外到里，并相隔20s左右，以减少前次测量对后次测量的影响。

（5）严禁在危险区域更换电池。

(6) 不得随便拆卸机器。检知器气体传感器部分采用了耐压防爆结构，其他部分是本质防爆结构，拆卸或改变结构都可能影响防爆性能。

(7) 长久使用，过滤/除潮器的过滤纸会变脏，对水的遮断能力下降，应注意使用情况，必要时更换新过滤纸。

(8) 此种仪表的误差较大（5%），且长时间可能会出现偏差。通常同一地点宜用两块仪表测量确认。仪表应每年检测标定一次。

二、热导型

利用被测气体与纯净空气的导热性的差异，把可燃气体浓度转换成加热丝温度和电阻的变化，并在电流计上反映出来。其检测原理的电路和催化原理电路相同，如图 6-1 所示。

热导型仪器主要用于测量 0～100% 浓度范围的可燃气体，没有元件中毒问题，工作温度低，仪表寿命长，防爆安全性好；缺点是环境中的背景气对测量有干扰，在环境温度急变时指示会受影响，在低于爆炸下限浓度范围测量时，由于有效信号弱，以上干扰更为严重，所以主要用于 LEL 以上浓度的测量。

三、气敏型

气敏半导体检测元件吸收可燃性气体后，电阻大大降低（可由 50kΩ 下降到 10kΩ 左右），与检测元件串联的微安表可给出气样浓度的指示值。检测电路如图 6-4 所示。图中 GS 为气敏元件，由电源 U 加热到 200～300℃。气样经扩散到达检测元件，引起检测元件电阻下降，与气样浓度对应的信号电流在微安表 M 上指示出来。

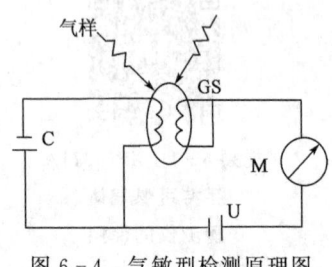

图 6-4 气敏型检测原理图

气敏型仪器的优点是测量灵敏度高，适用于微量（100mg/L 级）检测，没有元件中毒问题，使用寿命长；缺点是检测输出与气样浓度的关系因吸附饱和效应而呈现非线性，因此用在爆炸下限数量级以上进行定量测量时误差较大。此外，因元件工作时需要预热，限制了它在启动频繁的携带式测量仪表上的应用。

第二节 测 厚 仪

测厚仪是用来测量物体厚度的仪表，在油库中常用来测量钢板和金属表面涂层的厚度。测厚仪根据测量原理可分为超声波测厚仪、磁感应测厚仪、放射性测厚仪、电涡流测厚仪和电容测厚仪等，这里主要介绍油库中常用于钢板和涂层测量的超声波测厚仪和磁感应测厚仪。

一、超声波测厚仪

超声波测厚仪根据超声波脉冲反射原理进行厚度测量，当探头发射超声波脉冲通过被测物体到达材料分界面时，脉冲被反射回探头，通过精确测量超声波在材料中的传播时间确定被测材料的厚度。该原理测厚仪适用于超声波能以一恒定速度在其内部传播的各种材料，如金属类、塑料类、陶瓷类等。

超声波测厚仪的使用方法很简单，将沾有耦合剂的探头在被测物体上直接测量即可（或直接在被测物体表面涂耦合剂），但若被测物体发射声速未知，则必须进行声速校准。通常声速校准的方法是：

(1) 准备与被测物体成分相同的测试块，其表面必须适宜测量；
(2) 用游标卡尺测量测试块厚度；
(3) 滴耦合剂于测试块表面；
(4) 探头测试；
(5) 与已知数值比较。

电脑超声波测厚仪是20世纪90年代的产品，可替代进口仪器而研制的新型智能化测厚仪。它吸收了德国和日本同类仪器的先进技术，采用了单片微处理器等技术，外形如图6-5所示。

该类仪器通常具有独特的非线性校准功能和自动零位校准功能，使操作者无须对仪器进行调整即可得到精确的测定结果。对于能传播超声波的材料均可以用它测厚，适用于石油化工中的压力容器，如锅炉、储油罐、管道等厚度测量和腐蚀测量。对于表面腐蚀粗糙的被测件，也具有较强的探测能力。在厚度检验方面，仪器还具有上、下限报警功能和数据存储、统计（即显示系列测试的平均值、最大值、最小值、标准偏差和测试次数）等功能，使用方便。

仪表使用时应注意以下事项：

(1) 当显示器上出现"LOBAT"信号，显示电池电压较低时，虽仍可使用数小时，但应及时更换电池，以免电池漏液等原因损坏仪器。

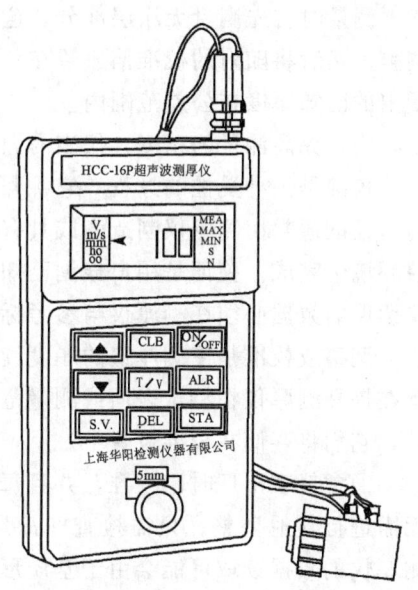

图6-5 HCC-16P型电脑超声波测厚仪

(2) 当测量值有较大误差时，应首先检查声速设置是否正确；被测材料内部可能有砂眼、气孔等缺陷。

(3) 不要擅自拆卸仪器，错误的修理方法会造成人为的损坏。

二、磁感应测厚仪

磁感应测厚仪一般用来测量各种磁性金属机体上非磁性覆盖层的厚度，例如：铁和钢上的铜镀层、锌层、镉层硬铬层、磷酸盐层和油漆层等。该类测厚仪采用电磁感应原理，当探头与覆盖层接触时，探头和磁性基体构成一闭合磁回路，由于非磁性覆盖层存在，使磁路磁阻增加，磁阻的大小正比于覆盖层的厚度。通过对磁阻的测量，经电脑进行分析处理，直接显示出测量值。

如图6-6所示为一种常用电脑涂层测厚仪。该类仪表使用方便，通常只要将测量头平稳地放在测量物上（测量位置上的被测物必须清洁、干燥并且防止接触脏物或油脂），涂层厚度值则在显示器上显示出来，将测量头从测量物上提高（至少离被测面5mm）仪器。该类仪表对温度敏感，对温度明显高于或低于周围温度的表面进行测量时，在相邻测量之间，使探头离开被测表面至少15cm并确保探头与表面分离2s。具体使用方法是：

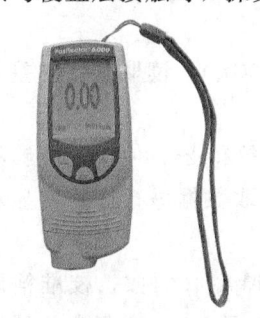

图6-6 PosiTector 6000 电脑涂层测厚仪

(1) 如果是分体式探头，从探头上卸下黑色保护橡胶套。如果是内置式探头，从橡胶保护套中取出测厚仪。

(2) 开机，将探头紧贴被测表面。保持此姿势，完成有效测量时，测厚仪会发出两下蜂鸣声，双色指示灯会闪烁绿色。

(3) 在相邻测量之间，使探头离开被测表面至少 15cm，或每隔 2s 在被测表面的同一位置进行连续测量。切勿沿被测表面向一侧拖动探头。

测量时首先测量无涂层部分。这种快速零检查操作可以确定是否需要为该基质进行校准调整。然后将随附的校准箔放置在一个无涂层基体上并对它们分别进行测量，确保测厚仪测量出的已知厚度在公差范围内。

为了提高测量的精度，仪表需做好校准、验证和调整工作。

校准是一种受控的过程，它测量可追踪校准标准并验证结果是否在测厚仪的标称精度内。校准通常由测厚仪制造商或具有相应资格的校准实验室根据备有证明的流程，在一个受控环境中完成。验证是用户根据已知参考标准执行的一种精度检查。要成功完成验证，测厚仪读取的数据必须在测厚仪与参考标准的组合精度范围内。

调整或校准是使测厚仪的厚度读取数据与已知厚度样品的数据保持一致的操作，该操作旨在提高测厚仪在特定表面或测量范围的某个区域中的有效性。可以采用单点或 2 点校准调整，它们将存储在校准设置中。

通常仪表出厂时已校准，并且每次进行测量时会执行自动自检。在多数情况下，重置后无需进行其他调整。只需检查非涂层基质是否为零（ZERO），然后即可进行测量。但是，测厚仪的数据读取可能会由于基质形状、成分、表面粗糙程度或测量部分的不同区域而受到影响，因此提供了校准调整功能。如果读取数据超出被测物厚度的期望范围，则可以进行一点或两点校准调整。如果未指定校准调整方法，请首先使用一点方法。

1. 一点校准

一点校准又称为偏移或校正值，可以使用 4 种方法进行该调整：

(1) 简单零校准调整。

测量无涂层部分。如果测厚仪未在所用探头的公差范围内显示"0"，将探头从表面移开用"＋／－"键调整显示，直至屏幕显示"0"。测量并调整，直至多次读取非涂层表面厚度的平均值为"0"。

(2) 平均零校准调整要在粗糙表面或曲面上读取到"0"，首选方法是多次读取无涂层部分的厚度并计算结果的平均值。零点调整方法如下：

① 选择零点调整（ZERO）菜单选项。

② 按"＋"键选择用于计算平均值的读取次数（通常读取 3~10 次）。读取数据的差异越大，越应增加读取次数以计算出平均值。

③ 重复测量无涂层部分的厚度。测厚仪会在相邻读取操作之间等待 2s，使用户能够将探头正确放置在被测表面上。完成最后一次测量后，测厚仪会对读取数据进行计算并显示"0"。它表示所有零点调整（ZERO）读取操作的平均值。

(3) 简单调整至已知厚度有时需要将测厚仪调整至某个已知厚度（例如，校准箔厚度）而不是 0，测量被测物体。如未获得期望读取数据（在公差范围内），将探头从被测表面移开，然后按"＋／－"键将显示的读取数据调整为期望厚度。按住按钮可增加调整速度。

（4）平均调整至已知厚度，对于粗糙表面或曲面，首选方法是多次读取已知厚度并计算结果的平均值。调整第一点方法如下：

① 从校准设置菜单中选择调整第一点。

② 按"+"键选择用于计算平均值的读取次数（通常读取 3~10 次）。读取数据的差异越大，越应增加读取次数以计算出平均值。

③ 重复测量已知厚度参考。测厚仪会在相邻读取操作之间等待 2s，使用户能够将探头正确放置在被测表面上。完成最后一次测量后，测厚仪会计算并显示读取数据，它表示所有测量操作的平均值。如果未获得期望读取数据（在公差范围内），将探头从被测表面移开，然后按"+/-"键将显示的读取数据调整为期望厚度。

2. 两点校准调整

两点校准调整适用于非常规基质材料、形状或情况，在有限、确定范围内提供更高的精度。此方法需要对已知厚度值执行两次读取操作：一个薄值（通常为零）和一个厚值。这两个值应该在待测厚度范围的两端。两点调整的方法如下：

（1）从校准设置菜单中选择两点调整。

（2）按"+"键选择用于计算薄项平均值的读取次数（通常读取 3~10 次）。读取数据的差异越大，越应增加读取次数以计算出平均值。

（3）重复测量薄项。测厚仪会在相邻读取操作之间等待 2s，使用户能够将探头正确放置在被测表面上。完成最后一次测量后，测厚仪会对读取数据进行计算并显示一个厚度值，它表示使用出厂校准设置执行的所有读取操作的平均值。

（4）将探头从被测表面移开，然后按"+/-"键将显示的读取数据调整为薄项的已知厚度值。按确认键接受该值。

（5）对厚项重复第（2）~（4）步。

如果无法精确测量随附的校准箔，则可以通过重置随时恢复出厂校准设置，在重置（RESET）过程中，应确保测厚仪远离金属。

第三节　静电电压表及接地电阻检测仪

一、静电电压表

静电电位测量对预防易燃易爆场所静电放电起火和分析静电火灾原因具有重要的意义，其测量方法有接触式和非接触式两大类，常用静电电压表多采用非接触式测量，如 TFY-VR-2 型静电测试仪、EST101 型防爆静电电压表等，本节重点介绍油库配发的 EST101 型防爆静电电压表。

EST101 型防爆静电电压表是一种经过多次改进的新型高性能的静电电压表（静电电位计）。该防爆标志为 EXiaIICT6，能在各种防爆性气体中使用。适用于测量带电物体的静电电压（电位），如导体、绝缘体及人体等的静电电位，还可测量液面电位及检测防静电产品性能等，外观如图 6-7 所示。

图 6-7　EST101 型防爆静电电压表

1. 工作原理

仪表传感器采用电容感应探头，利用电容分压原理，经过高输入阻抗放大器和 A/D 转换器等，由液晶显示出被测物体的静电电压，如图 6-8 所示。为保证读数的准确，本仪表设有电池欠压显示电路及读数保持等电路。

```
传感器 → 高输入阻抗放大器 → A/D 转换器 → 液晶显示 LOKAT 1888
```

图 6-8　EST101 型防爆静电电压表原理示意图

2. 性能参数

仪表测量范围为 ±0.1~±50kV，测量误差小于 ±10%，使用环境温度范围 0~40℃，相对湿度小于 80%，电源采用 6F22 型 9V 叠层电池。

3. 使用方法

1) 测试前的准备工作

操作人员穿防静电工作服和防静电鞋可以避免人体静电对测量的影响。不穿防静电服和防静电鞋也可测量，但有可能因操作人员本身的静电而产生一定的测量误差。在安全场所打开仪器后盖，装入 6F22 型 9V 叠层电池一节，再将后盖装好。

2) 测量操作

（1）开机与清零。

在远离被测物体或电位为零处（如接地金属体或地面附近）将电源开关拨到"ON"的位置，此时显示值应为零或接近零（"00"，末尾数字最好不超过 5）。若不为零，可将开关拨回 OFF 位置（清零与关机是在同一位置，往前拨时稍用力推）后再拨回 ON 位置。

（2）测量与读数。

将仪器由远至近移到离被测物体的距离为 100mm 处读取仪表的读数，单位为千伏（kV）。当被测物体的电位变化时，读数也变，为了读数方便，将"读数保持"开关按下，即可保持读数不变。松手后仪表将自动恢复显示。

（3）扩大量程范围。

当被测物体的电位高于 40kV 时，应把测量距离扩展为 200mm，而测量结果应将读数乘以 2，读数单位为千伏（kV），此时测量范围为 ±0.2~±100kV，测量误差小于 ±20%；当被测量物体的电位较低时，可把测量距离定为 10mm，测量结果应将读数乘以 0.2，读数单位为千伏（kV）。此时测量范围为 ±0.02~±5kV。测量误差小于 20%。

3) 注意事项

（1）当显示"LOBAT"符号时，应换电池。本仪表耗电省，间断使用时一般一年更换一次电池即可。更换电池应在安全场合进行。长期不使用仪表时应将电池取出。

（2）发现故障时，应与有关修理部门联系，勿自行拆卸，以免影响仪表的防爆性能。

（3）应按要求及时对仪表进行校对。

二、接地电阻测试仪

预防静电、雷电和杂散电流危害最有效的措施就是跨接和接地，因此，定期测量接地电阻尤为重要。测量接地电阻的方法主要有接地电阻测量仪测量法、电流表—电压表法、电流表—电力表法、电桥法、三点法等。目前油库常用的接地电阻测量仪有手摇式接地电阻测试仪、钳形接地电阻测试仪和数字式接地电阻测试仪。

1. 手摇式接地电阻测试仪

手摇式接地电阻测试仪可以直接测量各种接地装置的接地电阻值，是一种传统的接地电阻测量仪，应用很广泛。手摇式接地电阻测试仪由手摇交流发电机、相敏整流放大器、电位器、电流互感器及检流计构成，其测量原理是：通过手摇交流发电机产生感应电流，根据测量被测电极和辅助电极之间形成的电位差和感应电流，计算出被测电阻。仪表全部密封于携带式外壳内，附件有接地探测针及连接导线等，全部机件体积小巧、重量轻、携带方便，但由于是手摇，且为表盘式，因此操作较复杂，读数不够直观。

2. 钳形接地电阻测试仪

钳形接地电阻测试仪近年来广泛应用于电力、电信、气象、油田、建筑及工业电气设备的接地电阻测量。其测量基本原理是测量回路电流，钳表的钳口部分由电压线圈及电流线圈组成，电压线圈提供激励信号，根据测量在回路上产生的感应电势和电流，即可得到被测电阻 R。该仪表主要测量有回路的接地系统（如输电系统杆塔接地、通信电缆接地系统等）的接地电阻，测量时不需断开接地引下线，不需辅助电极，直接测量。但如测单点接地（如油罐防雷接地）时，需人为地制造一个回路进行测试，常用的方法有两点法和三点法。

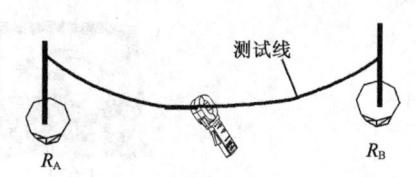

图 6-9 两点法测量接地体电阻示意图
R_A—被测接地体阻值；
R_B—独立的接地较好的接地体阻值

"两点法"如图 6-9 所示。在被测接地体 R_A 附近找一个独立的接地较好的接地体 R_B。将 R_A 和 R_B 用一根测试线连接起来。

由于钳表所测的阻值是两个接地电阻和测试线阻值的串联值，所以：

$$R_A = R_T - R_B - R_L$$

式中　R_T——钳表所测的阻值；
　　　R_L——测试线的阻值；
　　　R_A——被测接地体阻值；
　　　R_B——独立的接地较好的接地体阻值。

"三点法"如图 6-10 所示。在被测接地体 R_A 附近找两个独立的接地体 R_B 和 R_C。

将 R_A 和 R_B 用一根测试线连接起来，读得第一个数据 R_1，将 R_B 和 R_C 连接起来，读得第二个读数 R_2，将 R_C 和 R_A 连接起来，读得第三个数据 R_3。

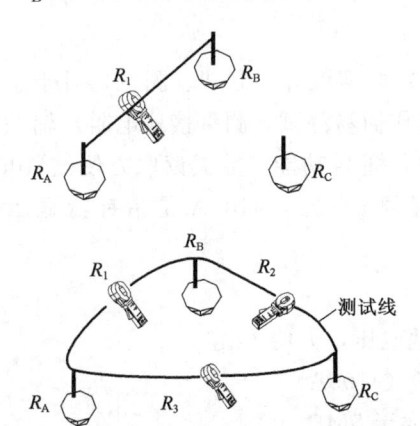

图 6-10 三点法测量接地体电阻示意图
R_A—被测接地体阻值；R_B、R_C—独立的接地较好的接地体阻值

由于每一步所测得的读数都是两个接地电阻的串联值：
$$R_1 = R_A + R_B$$
$$R_2 = R_B + R_C$$
$$R_3 = R_C + R_A$$

所以：
$$R_A = \frac{R_1 + R_3 - R_2}{2}$$

3. 数字式接地电阻测试仪

数字式接地电阻测试仪目前应用较广，以下重点介绍。数字式接地电阻测试仪的测量原理与手摇式类似，不同的是由电池驱动，读数经过处理后以数字式呈现，仪表使用更方便、读数更直观。该仪表可以用于电气保护、防静电、防雷接地的接地电阻测量。图 6-11 所示为 4102A/4105A 数字式接地电阻测试仪。

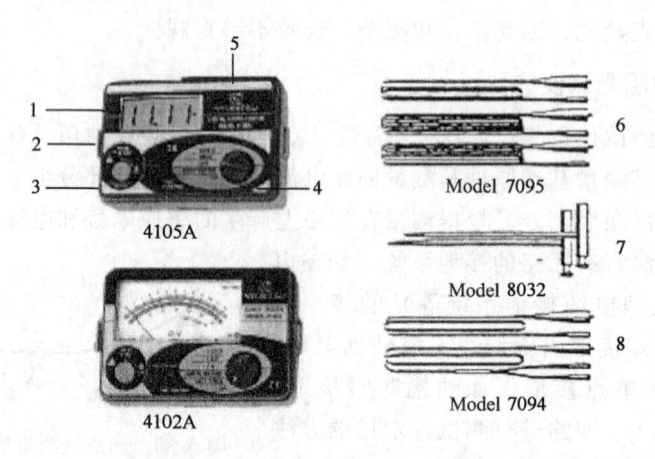

图 6-11 4102A/4105A 接地电阻测试仪
1—LCD 显示屏幕；2—测试 LED 指示灯（绿色）；3—测试按键；4—测试量程选择钮；5—测试端子；
6—测试导线（Model 7095）；7—辅助接地棒（Model 8032）；8—简易测试导线（Model 7094）

视频 6-2 4105A 型接地电阻测试仪

1）性能特点

该仪表根据 IEC 60529（IP54）标准设计、制造、测试，可于恶劣气候下工作，可使用简易测试导线作简易测试，测量接地电阻，辅助接地电阻不宜过大，有自动检查和显示警告功能，数据读取方便，4105A 使用大型数字式 LCD 显示屏（视频 6-2），4102A 是指针盘显示测量值。

2）技术参数

(1) 响应时间：测量接地电阻，大约 4s；测量接地电压，大约 1s。

(2) 显示：3.5 位大屏幕液晶显示，最大读数 1999（4105A）。

(3) 绝缘电阻：用 500V DC 测量电路，外壳绝缘大于 5MΩ。

(4) 耐压：外壳与电路间可承受 3700V AC（1min）。

(5) 尺寸：105（L）mm×158（W）mm×70（D）mm。

(6) 重量：约 600g（含电池）。

(7) 工作温度：0~40℃，最大相对湿度 85%。

(8) 储存温度：-20~60℃，最大相对湿度 85%。

(9) 过载保护：在接地电压挡，可承受 300V AC（1min）；在接地电阻挡，可承受 200V AC（10s）。

规格测量范围和精确度（23℃±5℃和75%RH）如表 6-1 所示。

表 6-1 测量范围及精确度

型号	测量项目	测量范围	精确度
4105A	接地电压	0~199.9V（50Hz、60Hz）	±1%rdg±4dgt
	接地电阻	0~19.99Ω/0~199.9Ω/0~1999Ω	±2%rdg±0.1Ω（0~19.99Ω） ±2%rdg±3dgt（above20Ω）
4102A	接地电压	30V AC	最大刻度值的±3%
	接地电阻	0~12Ω/0~120Ω/0~1200Ω	最大刻度值的±3%

注：rdg 表示读取的数值，dgt 表示数字表最小跳动值，即最小显示分辨率，如测量范围为 0~199.9V，则 dgt 为 0.1V。

3) 准备测试

(1) 电池电压检查开机后，若显示屏没显示电池符号，则表示目前电力充足，若显示屏闪烁更换电池。

(2) 测试线连接测量前请确保测试导线插头已完全插入测试端。若连接不紧密将导致测量结果出现误差。

4) 测试方法

(1) 常规接地电阻测量法。

① 测试导线连接。

如图 6-12 所示，将辅助接地棒 P 及 C 相距被测接地物间隔 5~10m 处以直线打入地下，将绿色线连接至仪器端子 E，黄色导线连接至端子 P 及红色导线连接至端子 C。

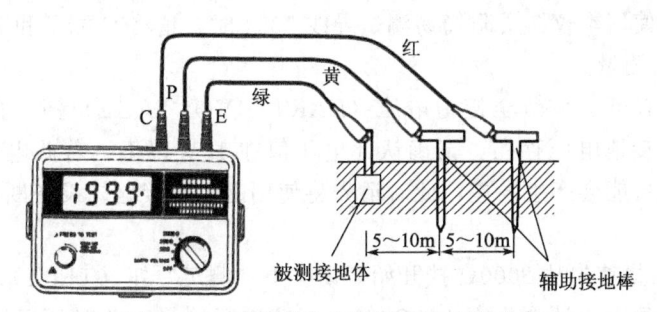

图 6-12 常规接地电阻测量法导线连接

注意：请将辅助接地棒插在含水量较高的土地上。如遇干地、矽地或含碎石地时，须加水以保持接地棒打入处潮湿。遇水泥地时请将接地棒平放加水，并将湿毛巾等覆于接地棒上再测量。

② 接地电压测量。

先将量程选择开关调节至接地电压（EARTH VOLTAGE）挡。若显示屏显示电压值则表示系统中有接地电压存在，请确认此电压值在 10V 以下，若此电压值在 10V 以上，则接地电阻测量值可能会产生误差，此时请先将使用的被测接地体设备断电，使接地电压下降后再进行测量。

③ 接地电阻测量。

首先从2000Ω挡开始,按下"测定"(TEST)键,LED将会被点亮表示在测试中。若显示值过小,再依200Ω、20Ω挡的顺序切换。此时的显示值即为被测接地电阻值。

若显示"…"则表示辅助接地棒C的辅助接地阻抗太大。此时请检查各接线是否松开,或在辅助接地棒周围增加土地湿度来减小接地阻抗。

注意:接线时确保连线各自分开,若在测试导线互相缠绕,接虚状态下测试,将会产生相互感应影响读数,辅助接地阻抗太大,显示值将产生误差,确保辅动接地棒P、C打入潮湿的土地中,各连接部分完全接触。

(2) 简易接地电阻测量法。

此测量方法是为无法打辅助接地棒的场合所设定的便利测试法。在此测量法中,用一个现有接地阻抗很小的接地电极,如金属水管、商用电力系统共同接地或建筑物的接地端点等来替代辅助接地棒C及P,请使用简易测试导线7094取代测试导线7095。

① 测试导线的连接。

请照图6-13方式接线。

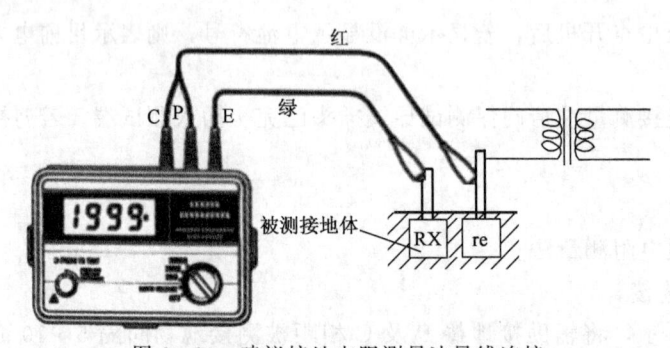

图6-13 建议接地电阻测量法导线连接

注意:若不是使用本仪器所附简易测试导线7094时,请将C端子和P端子短路。

② 接地电压的测量。

请先将量程选择开关调节至接地电压(EARTH VOLTAGE)挡。若显示屏显示电压值则表示系统中有接地电压存在,请确认此电压值在10V以下,若此电压值在10V以上,则接地电阻测量值可能会产生误差,此时请先将使用的被测接地体设备断电,使接地电压下降后再进行测量。

③ 接地电阻测量首先从2000Ω挡开始,请按下"测定"钮(TEST)。LED亮起表示正在测量中。若显示值太小请调换至200Ω/20Ω挡在进行测量。此时所显示的值即是接地电阻值。

注意:测量电流约2mA。即使连接有漏电断路器,也不会使断路器动作。真正的接地电阻值RX须经以下公式计算:

$$RX = RE - re$$

式中 re——商用电力系统等共同接地端的接地电阻;

RE——仪器接地电阻读值。

5) 注意事项

为确保安全，以下的注意事项请务必遵守：
(1) 测试前请先确认量程选择开关已设定在适当挡位。
(2) 测试导线的连接插头已紧密插入端子内。
(3) 主机潮湿状态下，请勿接线。
(4) 各挡位中，请勿加载超于该量程额定值的电量。
(5) 当与被测物在线连接时，请勿切换量程选择开关。
(6) 测试端子间请勿加载超过 200A 的交流或直流电。
(7) 请勿在易燃性场所测试，火花可能会引起爆炸。
(8) 若仪器出现破损或测试导线发生龟裂而造成金属外露等异常情况时，请停止使用。
(9) 更换电池，请务必确定测试导线已从测试端子拆除。
(10) 主机潮湿状态下请勿更换电池。
(11) 使用后请务必将量程选择开关切于"OFF"位置。
(12) 请勿于高温潮湿、有结露的场所及同光直射下长时间放置。
(13) 本测试器请勿存放于超过 60℃ 的场所。
(14) 长时间不使用，请取出电池后保存。
(15) 主机潮湿时，干燥后保存。

第四节　腐蚀及泄漏检测仪表

地下输油管线容易受电化学腐蚀、微生物作用等因素引起腐蚀穿孔，或者由于机械应力、焊接砂眼、土壤膨胀和温度变化等原因，导致漏油。过去地下输油管道的检漏，通常是漏油后挖开管道找漏孔，费时费力，而且会造成环境污染，甚至导致火灾。因此，输油管道应适时检漏，及时采取有效措施，防止发生漏油事故，延长使用寿命。

一、常用的检测方法

目前国内外地下管线的检漏方法大致可分为管外和管内检测两种，管外检测法主要有流量差探测法、全线压力分布法、渗漏噪声管外探测法、电磁波检测法、探地雷达和导波检测。管内检测法主要有管内磁力探伤法、管内渗漏噪声法、管内放射性示踪法和管内机器人法等。现简要介绍几种常用检测方法的原理：

1. 流量差探测法

这种方法是计量管线液体的进口量和出口量，用其差判明是否有渗漏，当流量差超过一定数值时，警报系统便发出报警信号。

2. 全线压力分布法

这种方法是利用测定压力分布的变化来检测是否有渗漏的。当泵出口压力和输油管线流量均处于正常状态时，那么全线的压力坡降可用一定压力分布的图像来表示。

3. 渗漏噪声管外探测法

此方法原理与管内探测法相同，只是在管外探测输油时油品泄漏噪声，它需要在管线上以一定间隔（300m左右），把压电转换传感器紧贴管线表面并通过电缆将信号集中到监测站，应用计算机分析噪声信号确定渗漏点。应用这种方法检测输油管线，灵敏度为27L/h。由于这种方法只能新建管线时，在管线上安装传感器，因此不适用检测目前在用管线。

4. 电磁波检测法

这是一种用于检测输油管线防腐涂层破坏情况的设备。检测方法是在管线和地面之间加上一个交流信号，信号沿输油管线传输，如果管线防腐涂层已破坏，就会产生很大的信号损失。在地面沿管线应用信号扫描测量仪器测量并处理扫描信号，发现防腐涂层的破坏情况（灵敏度为大于$1mm^2$），也可间接地检测到输油管线泄漏位置。由英国DYNALOG电子有限公司生产的这种设备，对于防腐涂层较好的管线，检测仪可在16km之间检测到扫描信号。在加拿大，应用该仪器在一天内完成了19km的天然气管线防腐涂层的检查工作；检测埋地深度为6m的地下管线防腐涂层情况，一天检测管线6.5km。在20世纪80年代中期英国开始应用该仪器检测地下管线防腐涂层，在澳大利亚、沙特阿拉伯、荷兰、印度等国家也得到了应用。

5. 探地雷达

探地雷达是利用电磁波对地下目标进行定位和探测的装置。在20世纪70年代末出现早期正式产品。探地雷达主要有两类，一类是冲击雷达，另一类是FMCW调频连续波雷达。冲击雷达发射极窄（毫微秒量级的脉冲宽度）的脉冲，天线紧贴地面，利用电磁波对地层的穿透，以及不同介质及目标的反射回波不同，提取回波中的各种信息，用来探测及识别地下地质结构与人造目标。美国GSSI公司生产的SIR雷达系列，已向全世界销售，日本的OYO公司也有类似产品。FMCW调频连续波雷达适用于浅层地下探测（2m左右），它用线性调频的方法产生很宽的频带。如美国已研制出1~4GHz的FMCW雷达，输出功率40mW，用于探测煤层厚度；我国某研究所已设计出这种雷达用于探雷。目前，虽然尚无应用深地雷达进行探测地下输油管线泄漏情况的报道，但它已广泛地应用于地下矿藏探测、石油及天然气探测、地下空洞探测、管道探测及土壤地层结构探测等方面。因此，探地雷达用于探测输油管线走向的技术是成熟的，同时探索应用探地雷达探测输油管线渗漏问题也是一项很有意义的工作。

6. 导波检测

长距离超声波用于检测管道的金属损失是一种无损检测技术（NDT）。Teletest是一个发射脉冲回波系统，可在一个测试点对于一个大的长距离的管道的材料进行100%的检测。其工作原理是采用低频导波技术，操作频率刚好在可听频率以上，声波从固定在管道周围的探头环发射。这些低频（属超声波范畴）必须以适当的声波模式产生。该频率范围不需要液体进行耦合，采用机械或气体施加到探头的背面以保证探头与管道表面接触，从而达到超声波良好的耦合。管道环向的超声波探头均匀的间隔排列，使得声波以管道轴芯为对称传播。这些声波可能是可视的，因为环向声波沿着管道传播，整个管道壁被声波的运动激励，管道作为波导媒体而"工作"，即导波名词来源。导波的传播主要被声波的频率和材料的厚度控制，在遇到管道壁厚发生变化的位置，无论增加或减少，一定比例能量被反射回到探头，因此为检测不连续性提供了机理。

7. 管内磁力探伤法

这种方法是利用测量漏磁的原理对管壁表面的腐蚀、机械损伤和横向裂纹进行检测并记录。这类装置由三部分组成：引导部分、检测部分、记录仪器部分。装置利用引导部分的皮碗向前推进。电磁感应线圈由蓄电池供电后，产生磁场，磁场经过钢丝刷与管壁形成回路；探头检测漏磁信号，这种信号传到记录仪器部分记录。计算机根据记录的信号进行分析处理，从而确定管壁的腐蚀情况。这类装置一般一次可检测80～120km管线，定位误差为9～12m。

8. 管内渗漏噪声法

这种方法是从管内检测压力液体漏出时发出的噪声，从而判断是否有管线穿孔。第一节检测部分：包括噪声探头、测距、记录三部分；第二节发讯部分：包括电池组、超低频发射机，一旦装置堵塞在管内可以通过管外便携式接收机寻找装置所在位置。压力液体通过渗漏孔时发出的噪声被探头接受，经过前置放大和滤波以后记录在磁带上。

9. 管内放射性示踪法

这种方法是通过测定预先进入管内的随流体漏出并扩散到土壤中的示踪剂的放射性强度来确定管线是否穿孔。首先在管道里放入含有放射性示踪剂的液体，放射性同位素半衰期至少等于液体通过管道的时间。在含示踪剂液体后有一个带刷子的刮油活塞，其后输送的是不带放射性的冲洗液体。探测活塞通过冲洗过的管道时，记录了管道内微弱的放射性强度，当探测活塞通过漏孔时，记录了漏在管外的较大放射性强度，根据探测放射性强度的差异计算和判断漏孔位置。探测体除了活塞形状外，还有密度与输送液体相同的球状探测器。据国外资料记载，对于流量为1000m^3/h的输油管线系统，能够发现泄漏量大于3L/h的泄漏点。

10. 管内机器人法

这是一种自带驱动装置的管内检测设备，是一种蛇形机器人。它自带微型摄像机，能够实时监视管线内部情况，了解管线腐蚀状况。这是当代管线检测的一种新方法。但是就目前此类技术发展水平，管内机器人仍需要拖有视频信号电缆，而且检测管线长度仅为300～600m。例如：日本JGC公司生产的管内检测仪可检测内径为185～250mm的管线，自行速度5m/min，检测管线长度为100m。

以下介绍两种油库常用的管道腐蚀检测仪。

二、HB652—FJ—1B 地下金属管道防腐层检漏仪

HB652-FJ-1B地下金属管道防腐层检漏仪应用人体阻容法检测漏铁信号，可在地面上检测出地下埋覆金属管道防腐层破损情况。适用于石油工业或其他工业的地下金属管道防腐层质量检查。并可用于探测地下金属管线的走向及埋深。探测距离因防腐层质量而异，一般可达一千米以上。仪器由发射机向地下管线发送音频电磁波信号、接收机（接收漏铁信号确定漏铁位置）、探管机（探测地下管线走向和埋深）、电子计步器（记录距离、漏点定位用）等几部分组成。

1. 性能特点

HB652-FJ-1B与国内同类仪器相比较，具有以下特点：
(1) 发射机采用石英晶体振荡器，频率稳定度高，工作可靠性强。

(2) 接收机用 LED 显示，有漏点声光报警，晚间也可进行检测。

(3) 探管机有管线位置左以偏移指示，显示直观，可保证检漏工作准确无偏离。探头可扳角度，以适应多种方法探管和测试管道埋地深度。

(4) 配有电子计步器，可指示漏点距离，特别适用野外无明显参照物的漏点位置记录。

2. 技术指标

仪表技术指标参数如表 6-2 所示。

表 6-2　HB652—FJ—1B 地下金属管道防腐层检漏仪技术指标

部件名称	参数名称	技术指标	部件名称	参数名称	参数指标
发射机	工作频率	(862±1)Hz	接收机	接收频率	862Hz
	输出电压	5～150V，共 7 挡		带宽	±5Hz（-3dB）
	脉冲功率	20W		灵敏度	优于 50μV
	体积	145mm×170mm×80mm		50Hz 干扰抑制比	≥60dB
	重量	1.1kg		电源	内装 6V 密封镍镉电池，可工作 8～24h
	电源	外接 12V 免维护密封式铅蓄电池，可连续工作 8h		体积	145mm×170mm×80mm
	电源体积	90mm×70mm×105mm		重量	0.8kg
	电源数	2 只	探管机	接收频率	862Hz
	电源重量	15kg×2		声音回路带宽	±10Hz（-3dB）
充电机	专用，快速充电	可在 3～5h 充满		灵敏度	优于 20μV
	体积	160mm×170mm×80mm		电源	内装 6V 密封镍镉电池、可工作 32h
	重量	1.3kg		体积	145mm×170mm×80mm
				重量	0.8kg

3. 工作原理

仪表检漏原理如图 6-14 所示。完整的防腐层其绝缘性能良好，发射机输出主要靠分布电容及绝缘电阻构成回路，信号电流很小。当防腐层破损，漏铁处与大地有较好的电接触，则有较大信号电流由漏铁点流出，经大地返回发射机。在漏铁处信号最强，离漏铁点越远信号越弱。也就是说在地面上形成以漏铁点为中心的分布电场，中心处向外形成电位梯度。如设土壤的导电率是均匀的，则等电位线是许多同心圆，如图 6-15 所示。

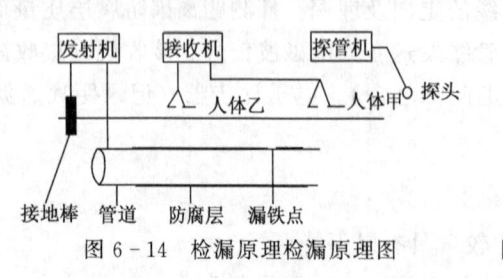

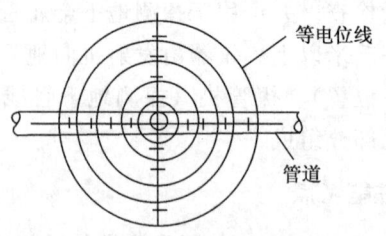

图 6-14　检漏原理检漏原理图

图 6-15　漏铁点地面电场分布示意图

检漏时，两位检漏员之间的距离是由一定根电缆长度决定的，但所处电位梯度不同，则感应的信号大小不一样。根据这一原理则可找出漏点。检漏时，将发射机输出的一端接地，另一端接管道。检漏工作一般由二人背向发射机沿管线进行。前者背探管机，后者背接收机，二人均佩戴腕电极，人体构成两个输入电极，通过电缆输给接收机。接收机将地面电场信号进行处理显示，根据信号的强弱变化即可确定漏铁位置。

探管原理：管道通过发射机输出的信号电流，则一定在其周围产生862Hz的环形交变场。其磁力线分布是中间密、远处疏。用线圈接收，根据其信号强弱及分布情况即可进行探管工作。

（1）双线圈（表头指示）为本仪器特有方式。探头内相隔一定距离对称安装两只线圈，见图6-16，当探头与地面平行在管道正上方A时，通过两个线圈的磁力线大小相等、方向对称、角度相同，故感应的信号相等，表头指示为0。如探头偏左或偏右，则两只线圈感应的信号不再相等，表头指"负"或"正"，指示偏离方向。

（2）峰音法（耳机讯响）原理同上，见图6-16，只用单线圈接收，耳机声响最大处为管道的正上方。

（3）哑点法（耳机讯响）单线圈接收，原理见图6-17，探头与地面垂直，只有探头在管道正上方时线圈绕线方向与磁力线方向平行，感应信号最小，耳机中听不到声音，以此"哑点"来判定管道位置。

（4）测深原理如图6-18所示，首先用前述方法找出管道正上方位置A，单线圈接收，扳动探头使线圈与地面成45°角，左右平移找出"哑点"B（同理可找出"哑点"B'，二点等同），与管道中心O构成$\triangle AOB$，$\angle ABO=45°$，则$AO=AB$，在地面上测出AB线段长度即可知管道的埋深AO。

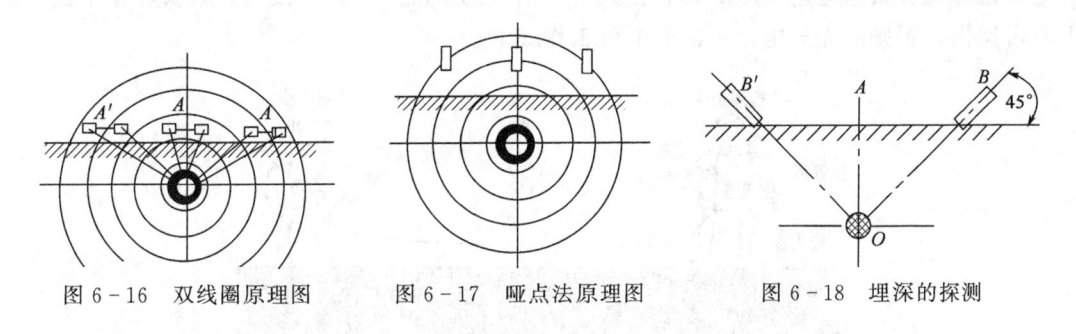

图6-16 双线圈原理图　　图6-17 哑点法原理图　　图6-18 埋深的探测

4. 仪器使用方法

1）测量准备

发射机工作时，将发射机输出端的一端用短输出线通过阴极保护测试极（或其他）接到管线上，如图6-19所示，如果裸管直径较大，鳄鱼夹夹好时可用钕铁硼磁石吸在金属管道上。另一端用接地线（长输出线）接接地棒，接地线应与管线走向相垂直，接地棒应插入潮湿土壤中，用电源线（与充电线合用）连好外附蓄电池。

"输出选择"旋钮置"1"（对应电压为5V，其余类推，"7"为150V）。

"节拍""连续"开关置"连续"。打开电源开关电流表即有指示，依次旋动"输出选择"开关至2、3电流表指示加大，一般选择电流稍小于2A即可。如管道与环境较好，在检漏范围内灵敏度较高，可适当降低电流值以降低电源消耗，且可防止探管机输入饱和。"节拍"

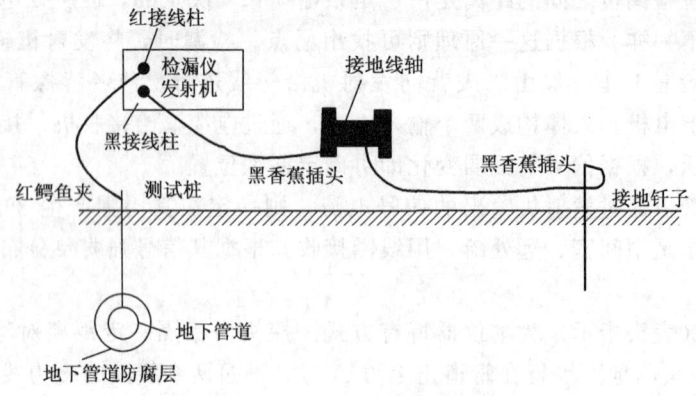

图 6-19 发射机工作连接图

"连续"开关置"节拍"即可开始检漏工作了。发射机是本仪器消耗电流最大的，蓄电池容量按 8h 设计，使用时应注意监测其电压。负载电压 10.2V 为终止电压，使用后要及时补充充电。

2）探管机

如图 6-20 所示，检漏员甲身背探管机，手戴长电缆的导电腕带，手持探头。插好有关插头，打开电源开关，将"增益""音量"（在耳机上）旋钮旋至适当位置，即可见表针摆动、听到信号声音。摆动探头，观察表头指示或听声音大小以确定管道位置，确保检漏员行进在管道上方。"增益"旋钮只控制表头指示，"音量"旋钮只控制耳机声音的大小。若耳机中声音很大，但表头偏移指示不灵敏，多是信号太强所致，可适当降低发射机输出改善之。检电按钮为检查机内电池电压所设，在无信号输入的情况下，按下按钮，表头应指示红区以上方可操作，否则应先充电，一次充电可工作 32h。

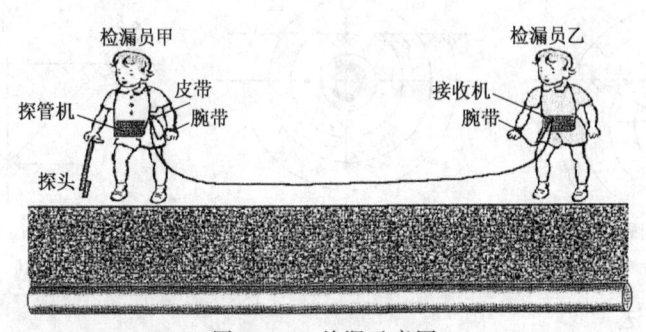

图 6-20 检漏示意图

注意：用双线圈法探管时应把探头白色的一端置左边。单线圈法的"峰音""哑点""测深"也以白色一端的线圈为准。

3）接收机

检漏员乙手戴短电缆的导电腕带，插好有关插头，打开电源即可开始检漏工作。调"增益"旋钮使第二级发光管 LED 点亮，此时，如果在监听位置，耳机中可听到信号声。两人一前一后行进在管道上方，当防腐层正常时发光管的级数跳动不大。当检漏员甲逐渐接近漏点时，LED 逐渐升级（如果用耳机监听的话，声音也逐渐加大，但人耳的灵敏度为对数型，差别不大）至第八级 LED 点亮后，显示由原来的点显示变为线显示，一至八级同时点亮报警。

如开关在报警挡,七级以前耳机中无声,第八级开始发出信号声。继续前进,LED升级,如第十级点亮后仍不降低,可降低增益找出峰值点。此时甲所在位置为可疑点。二人继续前进,当甲乙二人距可疑点等距离时信号最弱,再前进,当乙在可疑点上方时,再次出现峰值。此后,信号渐弱,此时可认为可疑点即为漏铁点。以上可以看出二次峰值为同一点,就是第一次峰值"甲"所在位置为同一点,且也就是最弱点时甲乙距离的中点,该点即为漏点。

有时两个漏点离得较近(与腕带输入电缆相比),可将输入电缆挽起,缩短甲乙二人的距离进行监测,也可以采取甲乙二人并行前进法加以校核,即甲沿管线上方行走,乙离开管线,使输入电缆与管线方向保持垂直,这样信号最强点甲所处的位置即是漏铁点。将漏铁点标出,以便挖开补漏。挖开的管线,可用肉眼或火花机找出漏铁处,有些漏铁,特别是管线接头处,由于现场防腐作业不完善,沥青浸涂不良,往往肉眼分辨不出,表面完好无损但管线已与大地接通造成腐蚀,这种漏点必须用高压火花机检测(火花机另外订货)。报警/监听开关置报警挡时,一级至七级显示时耳机无声音,信号达报警,当(八级)时耳机突然发声。当开关置于监听挡时,耳机中始终有信号声,其大小与显示级数相对应。检漏员如感觉声音大小不合适,调整立体声耳机上的音量旋钮。检电按钮为检测机内电池电压而用,按下时应与报警状态相同,即前八级LED都亮才表明电池容量充足。本机线显示时功耗较大,机内电池只能连续工作6h,而点显示时可连续工作24h。

4) 充电机

所配套充电机为本仪器专用,由两个独立单元组成,互不影响,可单独使用一个单元,但不用的单元应置"电源关"。

铅电池单元:发射机外附蓄电池专用,采用定压限流充电方式。充电导线与工作时的电源线合用(插头座相同)。

镍镉电池单元:供接收机、探管机内电池充电用。采用定压限流充电方式,定压、定时自动切换涓流。充电器的使用方法很简单,接好被充电(红夹为正级、黑夹为负极)、输出插头插入仪器,接好220V电,打开电源开关,指示灯亮,开始充电。

铅电池:随充电时间增长,电压增高,电流渐小,直到0.15A时电压近15V时充电结束。

镍镉电池:随充电时间的增长,电压增高,由恒流转为涓流时,基本充满,再充数小时更好。

在使用过程中:

(1) 铅电池:一充即满:电流降至0.15A,一用即欠电压10.2V以下,为铅电池内阻加大断格,可反复充放几次,如无改进,应更换新电池。

(2) 镍镉电池:恒流与涓流状态反复切换,为电阻内阻加大。可让其反复切换几小时,如无改善,可人工充放电2~3个循环,仍无效,电池废。

5. 注意事项

(1) 本仪器的检漏原理是防腐层破损处漏铁与大地接触构成信号通路。因此,被测管线上覆土应该与管线有较好的接触。新敷管线回填后应经过一段时间,等土质沉降压实才能检漏。

(2) 发射机接地棒不要插在松土或异常干硬的地点:最好插在较潮湿的地方,以保证与大地有良好的接触。输出线与测试棒(或管线)应保证良好接触,接线前要除锈。个别情况因土地雨后太湿或是附近有特大漏点，当发射机在最低输出挡表头电流超过 2A 时，可将接地棒拔出一些或改从另一点接地。

（3）腕电极应与人体有良好接触，电极应戴在手腕上或拿在手中。不要戴手套去拿电极，也不要把腕电极戴在衣袖外面。

（4）在高压铁塔下或工厂附近，地面杂散电流很大，探管机指示可能发生偏差，可将探头抬高或举过头顶，以减小地表电场的干扰。

（5）在有恒电位仪保护的区域，应注意恒电位仪一般都采用可控硅控制，其高次谐波很丰富，有可能进入仪器影响检漏，最好关掉恒电位仪。但有时也可利用其高次谐波作信号源，不用本仪器的发射机来进行检漏。

（6）牺牲阴极保护的区域使用，原则上应断开阳极。但在发射机功率允许，接收机和探管机灵敏度够用的情况下，也可不断开阳极堆。

（7）接收机探管机充电插孔直接接机内电池。充电时不用开接收机探管机的电源开关。

（8）发射机输出端不能短路，否则将烧坏大功率管和表头。在夏日使用时应避免烈日直晒和淋雨受潮。长期不用时，至少三个月充足电一次，进行维护。

三、C-SCAN 管道腐蚀检测仪

C-SCAN 管道腐蚀检测仪因其施工便捷、界面人性化和数据处理快速自动化等优点，广泛应用于管道的腐蚀检测。系统由信号发生器、探测仪、铜质接地针、电缆和 DCAPP 软件组成，外形结构如图 6-21、图 6-22 所示。

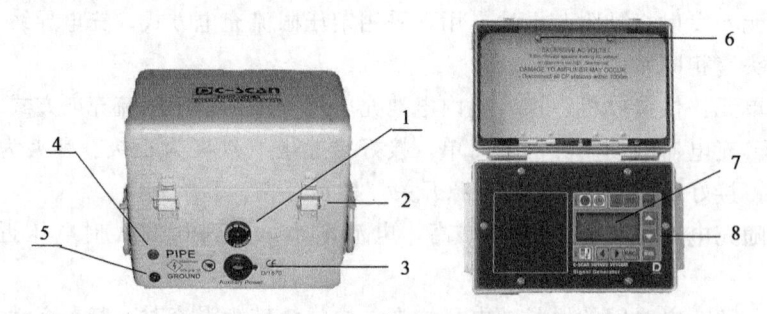

图 6-21 信号发生器

1—泄压阀；2—锁扣；3—充电数据端；4—管道接线端；5—信号接地端；
6—电缆附件释放按钮；7—显示屏；8—键盘

1. 工作原理

C-SCAN 管道腐蚀检测仪工作原理如图 6-23 所示。

当在金属管道上强加一个有固定频率（如 C-SCAN 2010 的发射频率为 937Hz）的电流信号时，随着与发射点距离的增加，电流逐渐衰减，如果管道防腐层具有足够的厚度，将管道与周围土壤完全分开，则管道上的电流信号强度将随着距离的增加成对数衰减。如果存在一个低电阻点（皮损点或防腐层出现老化段），则在此点（段）上会有电流逸出，那么电流衰减的比率会明显增加。通过接收机对电流的探测，就可以发现在某段管道中间是否存在低电阻点（段），从而达到评价管段或者寻找破损点的目的。

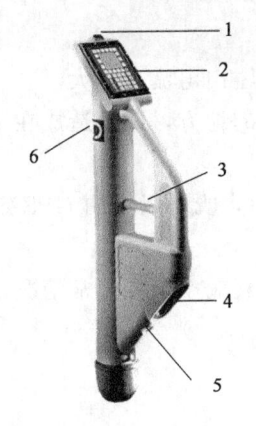

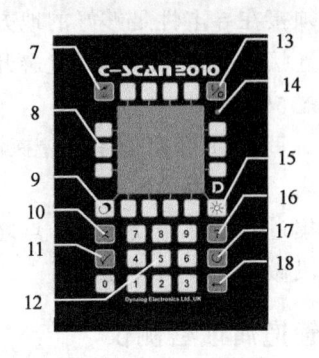

图 6-22 探测器

1—GPS天线；2—操作键盘；3—手柄；4—电源盒、电源开关；5—充电/数据接口；6—探测线圈；7—下载；
8—功能键；9—对比度；10—取消；11—确认；12—数字键；13—开关；14—GPS指示灯；
15—亮度；16—帮助；17—返回；18—确认

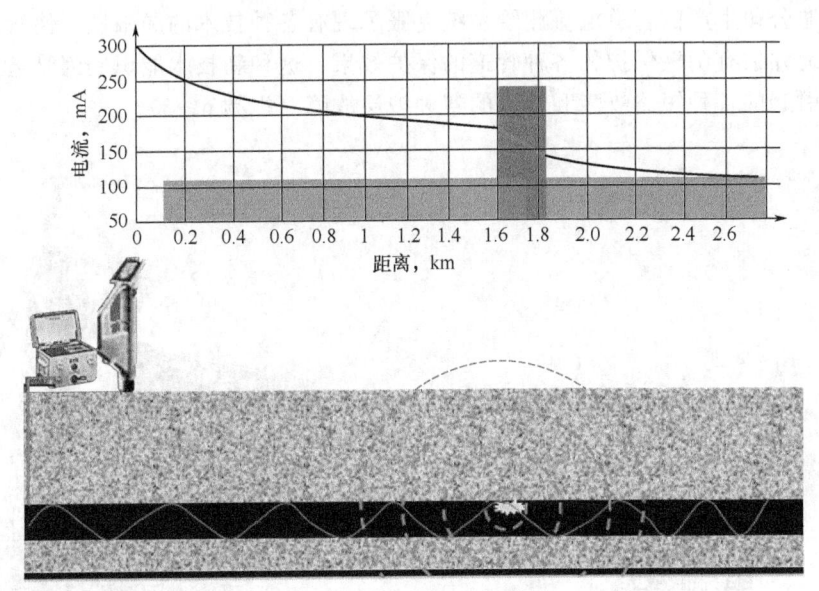

图 6-23 工作原理示意图

2. 检测程序

（1）信号发生器管道连接端与被测管道连接，连接点可选管道阀门、检查井、法兰或防腐破损口等。

（2）信号发生器信号接地端与接地极连接，接地极可选铜质接地针、阴极保护装置、测试桩或管道周边的专用接地点等。

（3）设定信号电流、时间、日期，清除原有数据信息、输入管道规格。

（4）每隔一段距离采集一个数据，采集数据可自动存储，若误差较大，可重新测量。

（5）测量数据传输至计算机，生成检测报告。

（6）通过距离变化与电流大小和电流衰减率关系，分析管道腐蚀情况。

3. 注意事项

（1）接地点必须接在导电性足够好的地方以保证输出电流足够大。

（2）在与管道连接的部位一般要尽量避开有分支的地方，以免造成在不同管道上分流部分电流，电流衰减过快。

（3）该仪表有自带的 GPS 定位系统，探测过程中，既可以利用 GPS 定位，也可以人工测量各点之间的距离，进行手动输入。

（4）在数据采集过程中，如发现两个点之间电流衰减率出现异常情况，可以启动密间隔测量模式，在异常段做进一步的详细测量。

四、PCM＋管道腐蚀检测仪

PCM＋管道腐蚀检测仪是目前油库常用的一种埋地管道腐蚀检测仪表，由英国雷迪公司生产，由便携式发射机和手提式接收机组成，如图 6-24 所示。

该设备可直接用于测量管线的位置和埋深、检测防腐层破损点，也可用于评价防腐层的电气性能、查找牺牲阳极埋设位置和阴极保护系统故障检测。

英国雷迪公司生产的管道电流测绘系统克服了现有各种技术的局限性，使管道工业更有效、更准确地评估有阴极保护的各种管道的保护效果。这种新技术能识别因管道与其他金属结构接触而引起的各种短路故障和管道的各种护层故障（视频 6-3）。

视频 6-3　PCM 检测

图 6-24　PCM＋管道腐蚀检测仪

第五节　GLH 智能呼吸阀检测仪

油罐呼吸阀是控制罐内空间气体压力、抑制蒸发损耗、保护油罐免遭损坏的一种油罐专用阀，是油罐重要的安全附件。定期检查和维护油罐呼吸阀是油库的一项日常工作。因此，油罐呼吸阀智能检测仪在油库安全保障工作中具有很强的实用性，以下重点介绍油库常用的 GLH 智能呼吸阀检测仪的外形结构和使用方法。

一、外形结构

GLH智能呼吸阀检测仪采用16位微机控制进行程序处理，配合微型打印机，检测油罐呼吸阀。其外形结构如图6-25、图6-26所示。

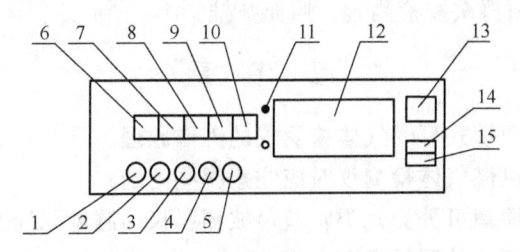

图6-25 GLH智能呼吸阀检测仪正面

1—功能键；2—高位数字设定键；3—低位数字设定键；4—检测键；5—打印键；
6—功能显示数码管；7、8—高位设定数码管；9、10—低位数码管；11—上限指示；
12—打印机；13—电源开关；14—正压键；15—负压键；16—下限指示

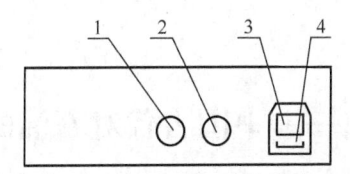

图6-26 GLH智能呼吸阀检测仪反面

1—压力传感器接口；2—正负压泵电源；3—220V±20%交流电压输入插座；4—1A保险插座

二、使用方法

（1）功能键使用一览表：

按功能键分别会出现1～7的不同操作数字，其代表的含义见表6-3：

表6-3 功能键含义表

数码	含义	操作	举例
1	设定阀门编号	高低位设定键	高位设定 低位设定
2	设定年份	低位设定键	高位设定 低位设定
3	设定月日	高低位设定键	高位设定 低位设定
4	设定正压上限	高低位设定键	高位设定 低位设定
5	设定正压下限	高低位设定键	高位设定 低位设定
6	设定负压上限	高低位设定键	高位设定 低位设定
7	设定负压下限	高低位设定键	高位设定 低位设定

（2）接通220V电源，开启电源，数码管发亮。

（3）分别设定：阀门编号、日期、正压上限、正压下限、负压上限和负压下限。

（4）检测：按一下检测键，数码管会显示"0000"或"0005"。

（5）按动正压键：此时供压电动机会转动，数码管显示正压一系列变化的数字，计算机会记录一系列数据中的最大值。

(6) 关掉正压键，启动负压键，数码管显示同上步，计算机自动记录结果。

(7) 关掉正压键，等数据复零后，即可开启打印按键。

(8) 按打印键，输出检测结果。

(9) 检测第二台必须再次按检测键，照此类推。

思 考 题

1. 简述催化燃烧型便携式可燃气体检测仪的工作原理。
2. 使用催化燃烧型可燃气体检测仪时应注意哪些问题？
3. 测厚仪根据测量原理可分为几类？超声波测厚仪的测量原理？
4. 简述防爆静电电压表的测量原理。
5. 接地电阻测量仪有哪几种？各有何特点？
6. 试列举管道腐蚀及泄漏检测的方法。

课程思政

坚定文化自信——中国古代对石油的开发与利用

【思政知识点】 对石油的最初认识

【思政教学目标】 通过介绍中国古代对石油的开发与利用，让学生了解到我国是世界上发现、开发和利用石油最早的国家之一，树立文化自信，弘扬爱国主义精神，让学生发愤图强，立志报国。

一、问题引入

我国已有2000多年利用石油的历史，在古代石油主要用于照明、医药、军事、制墨等，通过介绍我国早期对石油的应用，引导学生树立文化自信，使其对我国石油工业发展坚定信心。

二、具体介绍

1. 石油在照明上的运用

照明是石油最初的也是运用较广的应用。几乎所有有关石油的史料记载中都有提到这一点。实际上自汉朝以来一直到清朝，在最初发现石油的产地之一的甘肃酒泉，当地人民就一直用石油点灯照明。唐朝（618—907年）段成武所著的《酉阳杂俎·物异》中提到："石漆，高奴县石脂水，水腻，浮水上如漆，采以膏车及燃灯，极明。"关于石油"燃之极明"可见于多方记载：如《明一统志》记载："南山出石油，燃之极明"；范晔《后汉书·郡国志》所记载："县南有山，石出泉水……燃之极明"。

在宋代，石油甚至可被加工成固态物质，名为石烛，其点燃时间较长，一支石烛可顶蜡烛三支。这应是石油在照明方面运用的一大进步。宋朝陆游在其《老学庵笔记》中，就有用"石烛"照明的记叙。由此可见用石油照明在古代是比较广泛的。但可能因其"燃之如麻，但烟甚浓，所沾幄幕皆黑"（见《梦溪笔谈》），故其照明的对象大概只能限于士人了。从古代制造烛火的主要材料上看，似乎也可证明这一点。

2. 石油在军事上的运用

早在 1400 年以前，中国古代人民就已看到石油在军事方面的重要性，并开始把石油用于战争。有记载的石油在军事上最成功的一次运用为唐朝李吉甫所著《元和郡县志》中所载的一段史实："周武帝宣政中（578 年），突厥围酒泉。取此脂（石脂，即石油）燃火，焚其攻具；得水愈明，酒泉赖以获济"。《吴越备史》中记载五代后梁贞明五年（919 年），在后梁与后唐作战中出现了以铁筒喷发火油的喷火器，用以烧毁敌船。因此，北宋曾公亮在庆历四年写《武经总要》时已把它列为不可或缺的军用物资。宋朝康与之在《昨蒙录》云："为日烘石热所出之液，西北边防城库皆掘地做大池，纵横丈余，以蓄猛火油，用以御敌"（"猛火油"即石油）。石油在军事上的运用可见一斑。

石油在军事上另一项重要运用是作为轮轴的润滑剂，前文提到"采以膏车"中的"膏车"即把石油涂于车轮轴上作润滑用。又据《资治通鉴》"春，吴人将伐魏。零陵太守殷札言于吴主曰：'便当秣马脂车，陵蹈城邑，乘胜逐北，以定华夏'"。"脂车"即用石油润滑车轮。石油作为润滑剂倒也并非都用于军事，也有用于民间生产中的。西晋张华所著《博物志》中提到："（石油）与膏无异，膏车及水碓缸甚佳"。可见石油用于"膏水碓缸"效果特别好，已经民用了。

3. 石油在医药上的运用

石油在传统中医药上的运用最迟可追溯至元代。元《一统志·卷四·陕西》有记："在延长县南迎河有凿开石油一井，其油可燃，兼治大畜疥癣"。可见石油已用于治疗牲畜皮肤病了。对石油在传统中医药上的运用有比较系统的总结的古籍是明朝李时珍所著的《本草纲目》："石油气味与雄硫同，故杀虫治疮，其性走窜，诸器皆渗。惟瓷器、玻璃不漏，故钱乙治小儿惊热、膈实、呕吐、痰涎，银液丸中用，和水银、轻粉、龙脑、蝎尾、白附于诸药为丸。不但取其化痰亦取其能通透经络，走关窍也"。尚且不论原油是否真能化痰透经络而治病，至少可以说明中国古代人民已经开始对石油更深一层的性能展开研究了，而不再局限于原来只对一些诸如色、味、形态等物理性质的描述。

此外石油在古代也用于防腐防渗，但似乎效果并不好，一是可能因为石油易燃，其次是其"色异气臭"（清赵学敏《本草纲目补遗》），所以此后关于石油此功用的记载便极少见了。

三、思政点睛

石油在我国古代的运用已长达 2000 多年，从最初用于照明，然后扩展到"膏车及膏水碓缸"及军事上的运用，再到医药上的运用，也从了解石油的简单性质开始，层层进化到更深层次性质的开发与利用，这其中包含了我国劳动人民智慧的结晶。我们要坚持文化自信，弘扬爱国主义精神，发愤图强，壮我民族之魂！

第七章 油库安全评价

【学习提示】 油库安全评价是油库安全工作的一项重要内容,是实现油库管理科学化和现代化的重要手段。安全评价的主要目的是通过对固有危险和潜在危险的预测、诊断、分析和研究,找出事故发生的原因、规律和预防措施,从而减少和避免事故的发生。本章重点对系统安全分析和系统安全评价的基础知识进行介绍,并结合当前机场油库安全评估方法实际举例。通过本章的学习,要了解安全评价方法和机场油库安全评估的发展历程,培养安全管库意识,提高科学管库能力。

第一节 油库燃烧及爆炸事故严重度评估

一、油库燃烧事故

易燃、易爆的气体、液体泄漏后遇到引火源就会被点燃而着火燃烧。燃烧事故除损害自身内部介质外,还以热辐射的形式危害周围物体,当火灾产生的热辐射强度足够大时,可使周围的物体燃烧或变形,强烈的热辐射可能烧毁设备甚至造成人员伤亡等。

火灾损失估算建立在辐射通量与损失等级的相应关系的基础上,表 7-1 为不同热辐射入射通量造成伤害或损失的情况。

表 7-1 热辐射的不同入射通量所造成的损失

入射通量,kW/m^2	对设备的损坏	对人的伤害
37.5	操作设备全部损坏	10%死亡/10s 100%死亡/1min
25	在无火焰、长时间辐射下,木材燃烧的最小能量	重大烧伤/10s 100%死亡/1min
12.5	有火焰时,木材燃烧,塑料熔化的最低能量	1%烧伤/10s 1%死亡/1min
4		20s 以上感觉疼痛,未必起泡
1.6		长期辐射无不舒服感

为便于热辐射能量计算,将油库内油品燃烧分为池火、喷射火、火球和突发火 4 种方式。

1. 池火

可燃液体(如汽油、柴油等)泄漏后流到地面形成液池,或流到水面并覆盖水面,遇到火源燃烧而成池火。

1)燃烧速度

当液池中的可燃液体的沸点高于周围环境温度时,液体表面上单位面积的燃烧速度 dm/dt 可用式(7-1)计算:

$$\frac{\mathrm{d}m}{\mathrm{d}t} = \frac{0.001 H_c}{c_p(T_b - T_0) + H} \tag{7-1}$$

式中 $\mathrm{d}m/\mathrm{d}t$——单位表面积燃烧速度，$\mathrm{kg/(m^2 \cdot s)}$；

H_c——液体燃烧热，$\mathrm{J/kg}$；

c_p——液体的比定压热容，$\mathrm{J/(kg \cdot K)}$；

T_b——液体的沸点，K；

T_0——环境温度，K；

H——液体的汽化热，$\mathrm{J/kg}$。

表 7-2 为一些可燃液体的燃烧速度。

表 7-2　一些可燃液体的燃烧速度

物　质　名　称	汽油	煤油	柴油	重油	苯	甲苯	乙醚	丙酮	甲醇
燃烧速度，$\mathrm{kg/(m^2 \cdot s)}$	92~81	55.11	49.33	78.1	165.37	138.29	125.84	66.36	57.6

2）火焰高度

设液池为一半径为 r 的圆池子，其火焰高度可按式（7-2）计算：

$$h = 84r \frac{\mathrm{d}m/\mathrm{d}t}{\rho_0(2gr)^{\frac{1}{2}}} \tag{7-2}$$

式中 h——火焰高度，m；

r——液池半径，m；

ρ_0——周围空气密度，$\mathrm{kg/m^3}$；

g——重力加速度，$9.8\mathrm{m/s^2}$；

$\mathrm{d}m/\mathrm{d}t$——燃烧速度，$\mathrm{kg/(m^2 \cdot s)}$。

3）热辐射通量

当液池燃烧时放出的总热辐射通量见式（7-3）：

$$Q = (\pi r^2 + 2\pi rh) \frac{\mathrm{d}m}{\mathrm{d}t} \cdot \eta \cdot H_c \Big/ \left[72\left(\frac{\mathrm{d}m}{\mathrm{d}t}\right)^{0.60} + 1\right] \tag{7-3}$$

式中 Q——总热辐射通量，W；

η——效率因子，可取 0.13~0.35。

4）目标入射热辐射强度

假设全部辐射热且由液池中心点的小球面辐射出来，则在距离池中心某一距离（X）处的入射热辐射强度为式（7-4）：

$$I = \frac{Qt_c}{4\pi X^2} \tag{7-4}$$

式中 I——热辐射强度，$\mathrm{W/m^2}$；

t_c——热传导系数，在无相对理想的数据时，可取值为 1；

X——目标点到液池中心距离，m。

2. 喷射火

加压的可燃物质泄漏时形成射流，如果在泄漏裂口处被点燃，则形成喷射火。这里所用的喷射火辐射热计算方法是一种包括气流效应在内的喷射扩散模式的扩展。把整个喷射火看成是由沿喷射中心线上的全部点热源组成，每个点热源的热辐射通量相等。点热源的热辐射通量按式(7-5)计算：

$$q = \eta Q_0 H_c \quad (7-5)$$

式中　q——点热源热辐射通量，W；
　　　η——效率因子，可取 0.35；
　　　Q_0——泄漏速度，kg/s；
　　　H_c——燃烧热，J/kg。

从理论上讲，喷射火的火焰长度等于从泄漏口到可燃混合气燃烧下限（LFL）的射流轴线长度。对表面火焰热通量，则集中在 LFL/1.5 处。对危险评价分析而言，点热源数 n 一般取 5 就可以了。射流轴线上某点热源 i 到距离该点 x 处一点的热辐射强度可表示为式(7-6)：

$$I_i = \frac{q \cdot R}{4\pi x^2} \quad (7-6)$$

式中　I_i——点热源 i 至目标点 x 处的热辐射强度，W/m²；
　　　q——点热源的辐射通量，W；
　　　R——辐射系数，可取 0.2；
　　　x——点热源到目标点的距离，m。

某一目标点处的入射热辐射强度等于喷射火的全部点热源对目标的热辐射强度的总和，表示为式(7-7)：

$$I = \sum_{i=1}^{n} I_i \quad (7-7)$$

式中　n——计算时选取的点热源数，一般取 $n=5$。

3. 火球

低温可燃液化气由于过热，容器内压增大，使容器爆炸，内容物释放并被点燃，发生剧烈的燃烧，产生强大的火球，形成强烈的热辐射。

(1) 火球半径：

$$R = 2.665 M^{0.327} \quad (7-8)$$

式中　R——火球半径，m；
　　　M——急剧蒸发的可燃物质的质量，kg。

(2) 火球持续时间：

$$t = 1.089 M^{0.327} \quad (7-9)$$

式中　t——火球持续时间，s。

(3) 火球燃烧时释放出的辐射热通量：

$$Q = \frac{\eta H_c M}{t} \quad (7-10)$$

其中
$$\eta = 0.27 p^{0.32}$$

式中　Q——火球燃烧时辐射热通量，W；
　　　H_c——燃烧热，J/kg；
　　　η——效率因子，取决于容器内可燃物质的饱和蒸气压 p。

(4) 目标接受到的入射热辐射强度：

$$I = \frac{QT_0}{4\pi x^2} \tag{7-11}$$

式中 T_0——传导系数，保守取值为1；

x——目标距火球中心的水平距离，m。

4. 突发火

泄漏的可燃气体、液体蒸发的蒸气在空中扩散，遇到火源发生突然燃烧而没有爆炸。此种情况下，处于气体燃烧范围内的室外人员将会全部被烧死，建筑物内将有部分人被烧死。

突发火后果分析，主要是确定可燃混合气体的燃烧上、下极限的边界线及其下限随气团扩散到达的范围。为此，可按气团扩散模型计算气团大小和可燃混合气体的浓度。

二、油库爆炸事故

如本书第一章所述，油库燃烧爆炸的形式主要有两种，一种是容器超压爆炸，如油罐、油桶等在受热或冲击的情况下因超压发生爆炸，属于物理爆炸；另一种是气体爆炸，如罐内气体或泄漏到某个空间的油蒸气与空气混合达到爆炸极限后，被引燃爆炸，属于化学爆炸。

爆炸的危害主要有热辐射和冲击波。

1. 容器超压爆炸

1) 爆破能量

压力容器破裂时，气体膨胀所释放的能量（即爆破能量）不仅与气体压力和容器的容积有关，而且与介质在容器内的物性相态相关。因为有的介质以气态存在，如空气、氧气、氢气等；有的以液态存在，如液氨、液氯等液化气体、高温饱和水等。容积与压力相同而相态不同的介质，在容器破裂时产生的爆破能量也不同，而且爆炸过程也不完全相同，其能量计算公式也不同。

（1）压缩气体容器爆破能量。

当压力容器中介质为压缩气体，即以气态形式存在而发生物理爆炸时，其释放的爆破能量为：

$$E_g = \frac{pV}{K-1}\left[1 - \left(\frac{0.1013}{p}\right)^{\frac{K-1}{K}}\right] \times 10^3 \tag{7-12}$$

式中 E_g——气体的爆破能量，kJ；

p——容器内气体的绝对压力，MPa；

V——容器的容积，m³；

K——气体的绝热指数，即气体的比定压热容与比定容热容之比。

常用气体的绝热指数值见表7-3。

表7-3 常用气体的绝热指数

气体名称	空气	氮	氧	氢	甲烷	乙烷	乙烯	丙烷	一氧化碳
K 值	1.4	1.4	1.397	1.412	1.316	1.18	1.22	1.33	1.395
气体名称	二氧化碳	一氧化氮	二氧化氮	氨气	氯气	过热蒸气	干饱和蒸气		氢氰酸
K 值	1.295	1.4	1.31	1.32	1.35	1.3	1.135		1.31

(2) 液体容器爆破能量。

通常将液体加压时所做的功作为常温液体压力容器爆炸时释放的能量，计算公式如下：

$$E = \frac{(p-1)^2 V \beta_t}{2} \tag{7-13}$$

式中 E——常温液体压力容器爆炸时释放的能量，kJ；

p——液体的绝对压力，Pa；

V——容器的体积，m³；

β_t——液体在压力 p 和温度 t 下的压缩系数。

2) 爆炸冲击波及其伤害、破坏作用

压力容器爆炸时，爆破能量在向外释放时以冲击波能量、碎片能量和容器残余变形能量三种形式表现出来。后二者所消耗的能量只占总爆破能量的3%～15%，也就是说大部分能量是产生空气冲击波。

冲击波是由压缩波叠加形成的，是波阵面以突进形式在介质中传播的压缩波。容器破裂时，容器内的高压气体大量冲出，使它周围的空气受到冲击波的冲击而发生扰动，使其状态（压力、密度、温度等）发生突跃变化，其传播速度大于扰动介质的声速，这种扰动在空气中的传播就称为冲击波。在离爆破中心一定距离的地方，空气压力会随时间发生迅速而悬殊的变化。开始时，压力突然升高，产生一个很大的正压力，接着又迅速衰减，在很短时间内正压降至负压。如此反复循环数次，压力渐次衰减下去。开始时产生的最大正压力即冲击波波阵面上的超压 Δp。多数情况下，冲击波的伤害、破坏作用是由超压引起的。超压 Δp 可以达到数个甚至数十个大气压。

冲击波伤害、破坏作用准则有：超压准则、冲量准则、超压—冲量准则等。为了便于操作，下面仅介绍超压准则。超压准则认为，只要冲击波超压达到一定值，便会对目标造成一定的伤害或破坏。超压波对人体的伤害和对建筑物的破坏作用见表7-4和表7-5。

表7-4 冲击波超压对人体的伤害作用

Δp，MPa	0.02～0.03	0.03～0.05	0.05～0.10	>0.10
伤害作用	轻微损伤	听觉器官损伤或骨折	内脏严重损伤或死亡	大部分人员死亡

表7-5 冲击波超压对建筑物的破坏作用

Δp，MPa	伤害作用	Δp，MPa	伤害作用
0.005～0.006	门、窗玻璃部分破碎	0.06～0.07	木建筑厂房房柱折断，房架松动
0.006～0.015	受压面的门窗玻璃大部分破碎		
0.015～0.02	窗框损坏	0.07～0.10	砖墙倒塌
0.02～0.03	墙裂缝	0.105～0.20	防震钢筋混凝土破坏，小房屋倒
0.04～0.05	墙大裂缝，屋瓦掉下	0.20～0.30	大型钢架结构破坏

冲击波波阵面上的超压与产生冲击波的能量有关，同时也与距离爆炸中心的远近有关。冲击波的超压与爆炸中心距离的关系为：

$$\Delta p = R^{-n} \tag{7-14}$$

式中 Δp——冲击波波阵面上的超压，MPa；

R——距爆炸中心的距离，m；

n——衰减系数。

衰减系数在空气中随着超压的大小而变化,在爆炸中心附近为 2.5~3;当超压在数个大气压以内时,$n=2$;小于 1 个大气压 $n=1.5$。

实验数据表明,不同数量的同类炸药发生爆炸时,如果 R 与 R_0 之比与 q 与 q_0 之比的三次方根相等,则所产生的冲击波超压相同,即如果:

$$\frac{R}{R_0}=\sqrt[3]{\frac{q}{q_0}}=\alpha \qquad (7-15)$$

则
$$\Delta p=\Delta p_0 \qquad (7-16)$$

式中　R——目标与爆炸中心距离,m;
　　　R_0——目标与基准爆炸中心的相当距离,m;
　　　q_0——基准炸药量,TNT,kg;
　　　Δp——目标处的超压,MPa;
　　　Δp_0——基准目标处的超压,MPa;
　　　α——炸药爆炸试验的模拟比。

上式也可写成式(7-17):

$$\Delta p(R)=\Delta p_0(R/\alpha) \qquad (7-17)$$

利用式(7-17)就可以根据某些已知药量的试验所测得的超压来确定任意药量爆炸时在各种相应距离下的超压。

表 7-6 是 1000kgTNT 炸药在空气中爆炸时所产生的冲击波超压。

表 7-6　1000kgTNT 炸药爆炸时的冲击波超压

距离 R_0,m	5	6	7	8	9	10	12	14
Δp_0,MPa	2.94	2.06	1.67	1.27	0.95	0.76	0.5	0.33
距离 ΔR_0,m	16	18	20	25	30	35	40	45
Δp_0,MPa	0.235	0.17	0.126	0.079	0.057	0.043	0.033	0.027
距离 ΔR_0,m	50	55	60	65	70		75	
Δp_0,MPa	0.0235	0.0205	0.018	0.016	0.0143		0.013	

综上所述,计算压力容器爆破时对目标的伤害、破坏作用,可按下列程序进行:

(1) 首先根据容器内所装介质的特性,分别选用式(7-13)计算出其爆破能量 E。

(2) 将爆破能量 q 换算成 TNT 当量 q_{TNT}。因为 1kgTNT 爆炸所放出的爆破能量为 4230~4836kJ/kg,一般取平均爆破能量为 4500kJ/kg,故其关系为:

$$q=E/q_{TNT}=E/4500$$

(3) 求出爆炸的模拟比 α:

$$\alpha=(q/q_0)^{1/3}=(1/1000)^{1/3}=0.1q^{1/3}$$

(4) 求出在 1000kgTNT 爆炸试验中的相当距离 R_0,即 $R_0=R/\alpha$。

(5) 根据 R_0 值在表 7-6 中找出距离为 R_0 处的超压 Δp_0(中间值用插入法),此即所求距离为 R 处的超压。

(6) 根据超压 Δp 值,从表 7-4、表 7-5 中找出对人员和建筑物的伤害、破坏作用。

2. 蒸气云爆炸的冲击波伤害、破坏半径

爆炸性气体以液态储存,如果瞬间泄漏后遇到延迟点火或气态储存时泄漏到空气中,遇到火源,则可能发生蒸气云爆炸。导致蒸气云形成的力来自容器内含有的能量或可燃物含有的内能,或两者兼而有之。"能"的主要形式是压缩能、化学能或热能。一般说来,只有压缩能和热量才能单独导致形成蒸气云。

根据荷兰应用科研院 TNO(1979)建议,可按式(7-18)预测蒸气云爆炸的冲击波的损害半径:

$$R = C_S (N \cdot E)^{1/3} \tag{7-18}$$

其中
$$E = V H_c$$

式中　R——损害半径,m;

E——爆炸能量,kJ;

V——参与反应的可燃气体的体积,m^3;

H_c——可燃气体的高燃烧热值,kJ/m^3,取值情况见表7-7;

N——效率因子,其值与燃烧浓度持续展开所造成损耗的比例和燃料燃烧所得机械能的数量有关,一般取 $N=10\%$;

C_S——经验常数,取决于损害等级,其取值情况见表7-8。

表7-7　某些气体的高燃烧热值

气体名称	高热值,kJ/m^3	气体名称	高热值,kJ/m^3
氢气	12770	乙烯	64019
氨气	17250	乙炔	58985
苯	47843	丙烷	101828
一氧化碳	17250	丙烯	94375
硫化氢 生成 SO_2	25708	正丁烷	134026
硫化氢 生成 SO_3	30146	异丁烷	132016
甲烷	39860	丁烯	121883
乙烷	70425		

表7-8　损害等级表

损坏等级	C_S	设备损坏	人员伤害
1	0.03	重创建筑物的加工设备	1%死亡于肺部伤害;>50%耳膜破裂;>50%被碎片击伤
2	0.06	损坏建筑物外表可修复性破坏	1%耳膜破裂;1%被碎片击伤
3	0.15	玻璃破碎	被碎玻璃击伤
4	0.4	10%玻璃破碎	

第二节　油库安全分析方法

一、系统安全分析的内容和方法

系统安全分析是从安全角度对系统中的危险因素进行分析,主要分析导致系统故障或事故的各种因素及其相关关系,通常包括如下内容:

（1）对可能出现的初始的、诱发的及直接引起事故的各种危险因素及其相互关系进行调查和分析。

（2）对与系统有关的环境条件、设备、人员及其他有关因素进行调查和分析。

（3）对能够利用适当的设备、规程、工艺或材料控制或根除某种特殊危险因素的措施进行分析。

（4）对可能出现的危险因素的控制措施及实施这些措施的最好方法进行调查和分析。

（5）对不能根除的危险因素失去或减少控制可能出现的后果进行调查和分析。

（6）对危险因素一旦失去控制，为防止伤害和损害的安全防护措施进行调查和分析。

目前，系统安全分析方法有很多，可适用于不同的系统安全分析过程。这些方法可以按实行分析过程的相对时间进行分类，也可按分析的对象、内容进行分类。按数理方法，可分为定性分析和定量分析；按逻辑方法，可分为归纳分析和演绎分析。

简单地讲，归纳分析是从原因推论结果的方法，演绎分析是从结果推论原因的方法，这两种方法在系统安全分析中都要应用。从危险源辨识的角度，演绎分析是从事故或系统故障出发查找与该事故或系统故障有关的危险因素，与归纳分析相比较，可以把注意力集中在有限的范围内，提高工作效率；归纳分析是从故障或失误出发探讨可能导致的事故或系统故障，再来确定危险源，与演绎方法相比较，可以无遗漏地考查、辨识系统中的所有危险源。实际工作中可以把两类方法结合起来，以充分发挥各类方法的优点。

在危险因素辨识中得到广泛应用的系统安全分析方法主要有以下几种：

(1) 安全检查表法（safety check list，SCL）；

(2) 预先危险性分析（preliminary hazard analysis，PHA）；

(3) 故障类型和影响分析（failure model and effects analysis，FMEA）；

(4) 危险性和可操作性研究（hazard and operability analysis，HAZOP）；

(5) 事件树分析（event tree analysis，ETA）；

(6) 事故树分析（fault tree analysis，FTA）；

(7) 因果分析（cause-consequence analysis，CCA）。

目前，油库安全分析常用的方法主要是安全检查表法和事故树分析法，本章作重点介绍。

二、安全检查表法

1. 定义

安全检查表实际上就是一份实施安全检查和诊断的项目明细表，是安全检查结果的备忘录。通常是将系统分成若干分系统，对各个分系统中需查明的问题，根据理论、经验、规范、标准及事故信息等进行全面考查，把需查明的项目和要点列在表上，在设计或检查时对照检查。所谓安全检查表法就是制订安全检查表，并依据此表实施安全检查和诊断的系统安全分析方法。

2. 编制依据

1）有关安全规范、标准、规程和规定

国家、行业及部门的规范、标准、规程和规定是主要编制依据。例如，在编写油库电气系统安全检查表中，应以《石油库设计规范》《后方油料仓库设计规范》《爆炸危险环境电力装置设计规范》《建筑物防雷设计规范》《军用油库爆炸危险场所电气安全规程》《军用油库防止静电危害安全规程》等标准规范为主要编写依据，检查表在内容和实施上应科学合理，并符合法规要求。在编制过程中如果遇到标准不统一的情况，应当根据本行业中国家最新标准优先的原则，综合具体场所、设备的实际情况进行归纳编制。

2) 管理经验、事故案例及理论成果

总结国内外同行业在安全管理方面的经验和事故案例，特别是本单位安全工作实际情况，把所有可能导致事故的不安全状态——列举，尽可能把各种潜在危险因素和外界环境条件作为检查项目列入表内。了解与检查内容有关的新知识、新成果、新方法、新技术、新法规和新标准，收集相关专利和科研成果等相关信息，及时更新完善安全检查表检查要点。

3) 系统安全分析的结果

采用事故树分析法对系统进行分析，得出能引发事故的各种不安全因素的基本事件，各基本事件即为安全评价表中检查项目的要点。同时，事故树定量分析的结果还可作为安全评价表判分等级与判分标准确定的主要依据。

3. 编制方法

编制人员组成：专家、管理人员、有经验的操作者。

编制步骤：

(1) 确定检查对象和目的。

(2) 剖切系统。根据检查对象与目的，把系统分成若干子系统，可按场所类别分类（如油库安全度评估标准中的储油系统分为洞库、地面罐组等），也可按设备分类（如消防检查表：手提灭火器、消防砂、消防水系统、泡沫灭火系统等）。

(3) 分析可能的危险性。逐一审查每一系统或单元，找出存在的危险因素，列出清单（评定各因素的危险程度及重要度）。

(4) 确定安全要求，列检查清单。针对危险因素清单，逐个找出对应的安全要求及避免或防止危险因素发展为事故的安全措施，形成对应危险因素的安全要求和安全措施清单；最后转换为提问或陈述形式并列出清单。

(5) 多次实践检验，不断修改完善。

4. 编制格式

安全检查表必须包括各子系统的全部主要检查点，不能忽略那些主要的、潜在的危险因素，而且还应从检查点中发现与之有关的其他因素。总之，安全检查表应列明所有可能导致事故发生的不安全因素和岗位的全部职责，其内容主要包括：(1) 序号；(2) 安全检查项目；(3) 回答"是"与"否"；(4) 改进意见；(5) 检查人和检查时间；(6) 整改负责人和整改期限等。

通常检查结果用"是（√）"（表示符合要求）或"否（×）"（表示还存在问题，有待进一步改进）来回答检查要点的提问，另外，也可用其他简单的参数来进行回答。有改进措施栏的应填上整改措施意见，举例如表 7-9 所示。

表 7-9 手持灭火器安全检查项目表

序号	安全检查项目	"是""否"	改进意见
1	有足够数量的手提灭火器吗		
2	灭火器的放置地点能使任何人都能马上看到吗（易看到，加标记且不宜放置太高）		
3	通向灭火器的通道畅通无阻吗（任何时候通道上不应有障碍物）		
4	每个灭火器上都有有效的检验标志吗（按规定至少每两年要由专业人员检验一次）		
5	每个灭火器对所要扑灭的火灾适用吗（湿式和泡沫灭火器对电气火灾不适用）		
6	操作人员都熟悉灭火器的操作吗		
7	四氯化碳灭火器是否已被其他灭火器所取代		
8	在规定的所有地点都配备了灭火器吗		
9	灭火剂易冻的灭火器（如湿式灭火器）采取了防冻措施吗		
10	用过的或损坏的灭火器是否马上更新了		
11	每个人都知道自己工作区域内的灭火器所在位置吗		
12	汽车库内有必备的灭火器吗（汽车在10辆以内者备一个A、B、C、D、E火灾级别的灭火器）		

检查对象	检查时间	检查人	被检查单位负责人	整改负责人	整改期限

备 注	

三、事故树分析法

事故树分析（fault tree analysis，FTA）是安全系统工程中最重要的分析方法之一。该方法是由美国贝尔电话实验室的维森（H.A. Watson）提出的，最先用于民兵式导弹发射控制系统的可靠性分析，故称为故障树分析或失效树分析。在安全管理方面即安全性分析与评价方面，主要分析事故的原因和评价事故风险，故称为事故树分析。

事故树分析是一种表示导致灾害事故的各种因素之间的因果及逻辑关系图。也就是在设计过程中或现有生产系统和作业中，通过对可能造成系统事故或导致灾害后果的各种因素（包括硬件、软件、人、环境等）进行分析，根据工艺流程、先后次序和因果关系绘出逻辑图（即事故树），从而确定系统故障原因的各种可能组合方式（即判明灾害或功能故障的发生途径及导致灾害、功能故障的各因素之间的关系）及其发生概率，进而计算系统故障概率，并据此采取相应的措施，以提高系统的安全性和可靠性。

1. 事故树分析方法的特点

（1）事故树分析是一种图形演绎方法，是故障事件在一定条件下的逻辑推理方法。它可以就某些特定的故障状态作逐层深入的分析，分析各层次之间各因素的相互联系与制约关系，即输入（原因）与输出（结果）的逻辑关系，并且用专门符号标示出来。

（2）事故树分析能对导致灾害或功能事故的各种因素及其逻辑关系作出全面、简洁和形象的描述，为改进设计、制定安全技术措施提供依据。

（3）事故树分析不仅可以分析某些元、部件故障对系统的影响，而且可对导致这些元、部件故障的特殊原因（人的因素、环境等）进行分析。

（4）事故树分析可作为定性评价，也可定量计算系统的故障概率及其可靠性参数，为改善和评价系统的安全性和可靠性提供定量分析的数据。

（5）事故树是图形化的技术资料，具有直观性，即使不曾参与系统设计的管理、操作和维修人员通过阅读也能了解和掌握各项防灾控制要点。

进行事故树分析的过程，也是对系统深入认识的过程，可以加深对系统的理解和熟悉，找出薄弱环节，并加以解决，避免事故发生。事故树分析除可作为安全性和可靠性分析外，还可用于设备故障诊断与检修表的制订。

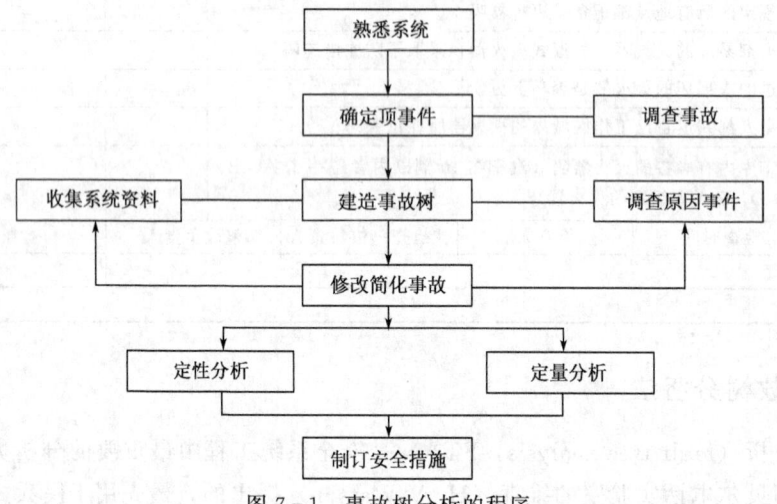

2. 事故树分析的程序

事故树分析的程序，常因评价对象、分析目的、粗细程度的不同而不同，但一般可按如下程序进行，见图7-1。

图7-1 事故树分析的程序

1）熟悉系统

全面了解系统的整个情况，包括系统性能、工作程序、各种重要的参数、作业情况及环境状况等，必要时绘出工艺流程图及其布置图。

2）调查事故

尽量广泛地了解系统的事故，既包括分析系统已发生的事故，也包括未来可能发生的事故，同时也要调查外单位和同类系统发生的事故。

3）确定顶事件

所谓顶事件就是我们要分析的对象事件——系统失效事件。对调查的事故，要分析其严重程度和发生的频率，从中找出后果严重且发生概率大的事件作为顶事件。也可事先进行危险预先分析（PHA）、故障模式及影响分析（FMEA）、事件树分析（ETA），从中确定顶事件。

4）调查原因事件

调查与事故有关的所有原因事件和各种因素，包括机械设备故障；原材料、能源供应不正常（缺陷）；生产管理、指挥和操作上失误与差错；环境不良等。

5）建造事故树

这是事故树分析的核心部分之一。根据上述资料，从顶事件开始，按照演绎法，运用逻辑推理，一级一级找出所有直接原因件，直到找出最基本的原因事件为止。按照逻辑关系，用逻辑门连接输入输出关系（即上下层事件），画出事故树。

6）修改、简化事故树

在事故树建造完成后，应进行修改和简化，特别是在事故树的不同位置存在相同基本事件时，必须用布尔代数进行整理化简。

7）定性分析

求出事故树的最小割集或最小路集，确定各基本事件结构重要度大小。根据定性分析的结论，按轻重缓急分别采取相应对策。

8）定量分析

定量分析应根据需要和条件来确定。包括确定各基本事件的故障率或失误率，并计算其发生概率，求出顶事件发生的概率，同时对各基本事件进行概率重要度分析和临界度分析。

9）制订安全对策

建造事故树的目的是查找隐患，找出薄弱环节，查出系统的缺陷，然后加以改进。在对事故树全面分析之后，必须制订安全措施，防止灾害发生。安全措施应在充分考虑资金、技术、可靠性等条件之后，选择最经济、最合理、最切合实际的对策。

3. 事故树的符号及其意义

事故树中使用的符号通常分为事件符号和逻辑门符号两大类，目前有关资料中符号尚不统一，但差别不大，为了便于使用，下面介绍图7-2中的几种常用的符号。

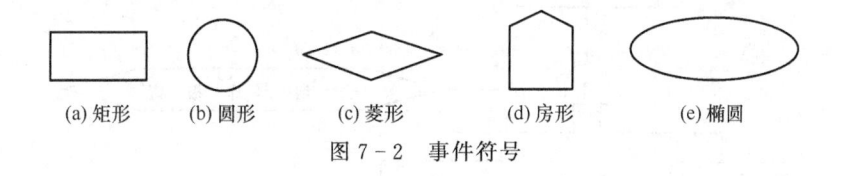

(a) 矩形　　(b) 圆形　　(c) 菱形　　(d) 房形　　(e) 椭圆

图7-2　事件符号

1）事件符号

（1）矩形符号。矩形符号表示顶事件或中间事件。顶事件是所分析系统不希望发生的事件，它位于事故树的顶端。中间事件是位于顶事件和基本事件之间的事件。二者都是需要往下分析的事件。

（2）圆形符号。圆形符号表示基本原因事件，即基本事件，是不能再往下分析的事件，故位于事故树的底部。

（3）菱形符号。菱形符号表示准底事件或称非基本事件，一般表示那些可能发生，但概率较小或不需要再进一步分析或探明的故障事件，即没有必要详细分析或原因不明确的事件。

（4）房形符号。房形符号表示底事件。它有两个作用：一个是触发作用，房形标明的事件是一种正常事件，但它能触发系统故障；另一个是开关作用，当房形中标明的事件发生时，房形所在的其他输入保留，否则去除。作为开关作用的房形事件可以是正常事件也可以是一种故障事件。

(5) 椭圆符号。条件事件与逻辑门连用，用椭圆形符号表示，当椭圆形中注明的条件事件发生时，逻辑门的输入才有作用，输出才有结果，否则反之。

在事件符号内必须填写事件。从分析事故的目的出发，"事件"就是构成事故的因素。所填入的事件必须是具体事件，不得笼统、含糊不清。例如不能用"违章操作"代替"未戴防毒用具，或未穿好工作服操作"，也不能用"人的不安全行为"代替"手伸进冲模内操作"等。

2) 逻辑门符号

逻辑门符号是表示相应事件的连接特性符号，用它可以明确表示该事件与其直接原因事件的逻辑连接关系。

(1) 或门。或门表示输入事件中任一事件发生时，输出事件 A 发生。换句话说，只有全部输入事件都不发生，输出事件才不发生，如图 7-3(a) 所示。

(2) 与门。与门表示所有输入事件都发生时，输出事件 A 才发生。换句话说，只要有一个输入事件不发生，则输出事件就不发生。有若干个输入事件不发生，则输出事件更不发生，如图 7-3(b) 所示。

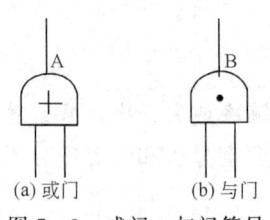

图 7-3 或门、与门符号

(3) 条件门。条件门分条件与门和条件或门两种，表示满足条件时，输出事件才发生。例如油库火灾爆炸的直接原因是："火源"和"油气聚集"。但这些直接原因事件同时发生也不一定发生火灾爆炸，而火灾爆炸还必须取决于油气达到爆炸极限，这一条件必须在椭圆符号内注明，其连接关系如图 7-4 所示。

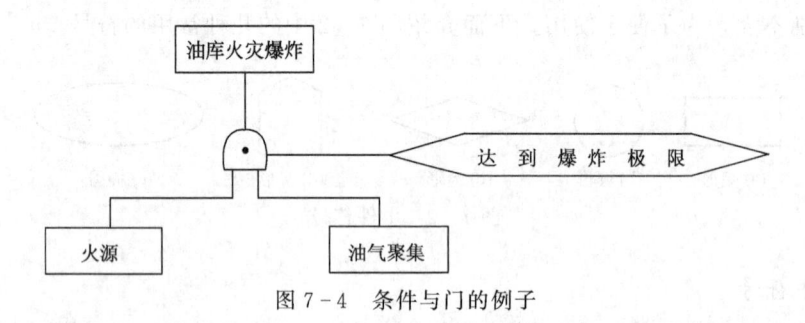

图 7-4 条件与门的例子

4. 事故树具体事例

对油库静电爆炸进行事故分析。由于石油产品的闪点低，爆炸极限又处于低值范围，所以油品一旦泄漏碰到火源，或挥发后与空气混合到一定比例遇到火源，就会发生燃烧爆炸事故。火源种类较多，有明火、撞击火花、雷击火花和静电火花等。本例仅就静电火花造成油库爆炸的事故树建造过程作介绍，如图 7-5 所示。

(1) 确定顶事件——"油库静电爆炸"（一层）。

(2) 调查爆炸的直接原因事件、事件的性质和逻辑关系。直接原因事件："静电火花"和"油气达到可燃浓度"。两事件都发生时，爆炸事件才会发生，因此，用"条件与"门连接（二层）。

(3) 调查"静电火花"的直接原因事件、事件的性质和逻辑关系。直接原因事件："油库静电放电"和"人体静电放电"。这两个事件只要其中有一个发生，则"静电火花"事件

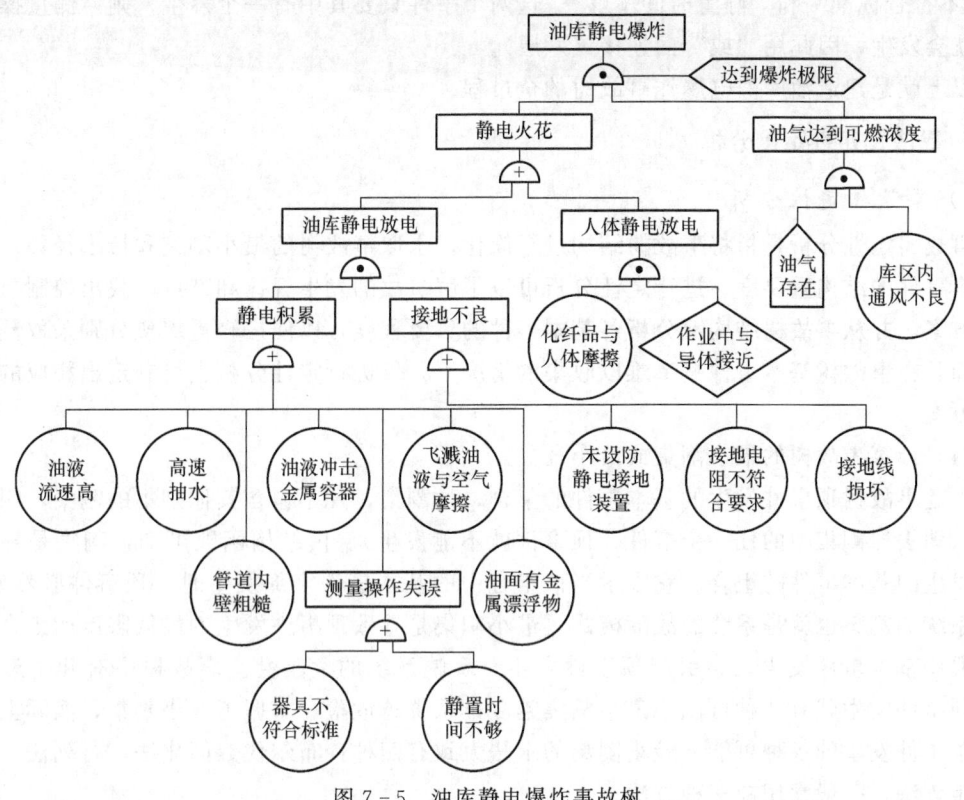

图 7-5　油库静电爆炸事故树

就会发生，因此，用"或"门连接（三层）。

（4）调查"油气达到可燃浓度"的直接原因事件、事件的性质和逻辑关系。直接原因事件："油气存在"和"库区内通风不良"。"油气存在"这是一个正常状态下的正常功能事件，因此，该事件用房形符号。"库区内通风不良"为基本事件。这两个事件只有同时发生，"油气达到可燃浓度"事件才发生，故用"与"门连接（三层）。

（5）调查"油库静电放电"的直接原因事件、事件的性质和逻辑关系。直接原因事件："静电积累"和"接地不良"。这两个事件必须同时发生，才会发生静电放电，故用"与"门连接（四层）。

（6）调查"人体静电放电"的直接原因事件、事件的性质和逻辑关系。直接原因事件："化纤品与人体摩擦"和"作业中与导体接近"。同样，这两个事件必须同时发生，才会发生静电放电，故用"与"门连接（四层）。

（7）调查"静电积累"的直接原因事件、事件的性质和逻辑关系。直接原因事件："油液流速高""管道内壁粗糙""高速抽水""油液冲击金属容器""飞溅油液与空气摩擦""油面有金属漂浮物"和"测量操作失误"。这些事件只要其中有一个发生，就会发生"静电积累"，因此，用"或"门连接（五层）。

（8）调查"接地不良"的直接原因事件、事件的性质和逻辑关系。直接原因事件："未设防静电接地装置""接地电阻不符合要求"和"接地线损坏"。这三个事件只要其中有一个发生，就会发生"接地不良"，因此，用"或"门连接（五层）。

（9）调查"测量操作失误"的直接原因事件、事件的性质和逻辑关系。直接原因事件：

"器具不符合标准"和"静置时间不够"。这两个事件只要其中有一个发生，则"测量操作失误"就会发生，因此用"或"门连接（六层）。

以上就是建造油库静电爆炸事故树的全过程。

5. 事故树定性定量分析

1) 事故树定性分析

事故树定性分析是指将事故树结构进行简化，求取事故树的最小割集和最小径集，确定各基本事件的结构重要度。进行定性分析可以了解事故的发生规律和特点，找出控制事故的可行方案，并从事故树结构上分析各基本事件的重要程度，以便按轻重缓急分别采取预防对策。而且在事故树基本事件概率难以收集的情况下，仅进行定性分析也可制定出相应的事故预防方案。

（1）计算事故树的最小割集或最小径集。

引起事故树顶事件发生的基本事件的集合，称割集，凡不包含其他割集的割集，叫最小割集（即去掉割集中的任一个事件，顶事件就不能发生）。由结构函数可知，割集是导致顶事件发生的基本事件的组合。它表示当该组合中的基本事件全部发生时，顶事件必然发生，所以系统的割集也就是系统的故障模式。最小割集是导致顶事件发生的最低限度的组合，它表明哪些基本事件发生，会引起顶事件发生，反映系统的危险性。事故树中有几个最小割集，顶事件发生就有几种可能，最小割集越多，系统越危险。掌握了最小割集，实际上就掌握了顶事件发生的各种可能。最小割集的求法大致有四种：布尔代数简化法，行列法，结构法，矩阵法，一般常用前三种方法。

布尔代数简化法：事故树的结构函数经过化简，可得到若干交集（事件逻辑积）的并集，每一个交集实际就是一个最小割集，通过对结构函数的化简，将其写成一个个交集的逻辑和的形式（即布尔函数析取标准式），就可获得最小割集。

行列法，又称福塞尔法，于1972年由福塞尔（Fussell）提出，其理论依据是：与门使割集容量（即割集内包含的基本事件的数量）增加，而不增加割集的数量；或门使割集数量增加，而不增加割集容量。求取最小割集首先从顶事件开始，用下一层事件代替上一层事件，把与门连接的事件横向写在一行内，把或门连接的事件纵向排开，这样，逐层向下直至各基本事件，列出若干行，再用布尔代数化简，结果就得到最小割集。

结构法的理论依据是：事故树依据其结构由"Y""I"关系可推导出由最小割集逻辑和的表达式。事实上结构法与布尔代数简化相似，所不同的只是符号相异，布尔代数简化法中的"+""·"相当于结构法中的"Y""I"。

径集是割集的对偶，当事故树中某组基本事件不发生，顶事件就不发生，这组基本事件的集合就称为径集，所谓最小径集，就是指使顶事件不发生所必须的最低限度的事件的集合。

最小径集的求解利用它与最小割集的对偶性。首先作出与事故树对偶的成功树，也就是，把原来事故树的与门换成或门，或门换成与门，各类事件由发生换成不发生，使之变成原事件补的形式，然后，利用求最小割集的方法求出成功树的最小割集，再根据对偶性，将成功树的最小割集转换成事故树的最小径集。转换依据是：与门连接时，只要有一个事件不发生，输出事件就不发生，在成功树中就换用或门连接；对于或门，则必须所有输入事件均不发生，输出事件才不发生，所以，在成功树中换用与门连接，布尔代数中的德·摩根定律就是该转换的理论根据，即：
$$(A \cdot B)' = A' + B'$$
$$(A + B)' = A' \cdot B'$$

最小径集表示系统的安全性，求出最小径集可以了解要使事故不发生有几种可能的方案，并掌握系统的安全性如何，为控制系统提供依据。一个径集中的基本事件都不发生就可使顶事件不发生。事故的最小径集越多，系统越安全；有几个最小径集就有几种消除事故的方案。

(2) 计算各基本事件的结构重要度。

结构重要度分析是从事故树的结构角度分析基本事件的重要度，即在不考虑各基本事件的发生概率，或者说假定各基本事件发生概率都相同的前提下，分析各基本事件对顶事件发生所产生的影响程度。

方法一：利用最小割集或最小径集定性排列重要顺序。

① 当最小割集中基本事件的个数相等时，在最小割集中重复出现次数越多的基本事件，其结构重要度越大；

② 当最小割集中基本事件的个数不等时，基本事件少的割集中的事件比基本事件多的割集中的事件，其结构重要度大；

③ 在基本事件少的最小割集中出现次数少的事件比在基本事件多的最小割集中出现次数多的事件的重要度一般要大。

方法二：求结构重要系数，以系数大小排列重要顺序。

在事故树的结构函数中，在其他基本事件状态都不变的情况下，基本事件 x_i 的状态从 0 变为 1，顶事件的状态变化有以下三种情况：

① $\Phi(0_i, X) = 0 \to \Phi(1_i, X) = 0$
$\Phi(1_i, X) - \Phi(0_i, X) = 0$

不管基本事件是否发生，顶事件都不发生。

② $\Phi(0_i, X) = 0 \to \Phi(1_i, X) = 1$
$\Phi(1_i, X) - \Phi(0_i, X) = 1$

顶事件状态随基本事件状态的变化而变化。

③ $\Phi(0_i, X) = 0 \to \Phi(1_i, X) = 1$
$\Phi(1_i, X) - \Phi(0_i, X) = 0$

不论基本事件是否发生，顶事件都发生。

对由 n 个基本事件构成的事故树，n 个基本事件两种状态的组合数为 2^n 个。把其中一个事件 x_i 作为变化对象（从 0 变为 1），其他基本事件状态保持不变的对照组共有 2^{n-1} 个，在这些对照组中属于 $\Phi(1_i, X) - \Phi(0_i, X) = 1$ 所占比例即是 x_i 基本事件的结构重要系数，用 $I_{\Phi(i)}$ 表示：

$$I_{\Phi(i)} = \frac{1}{2^{n-1}} \sum [\Phi(1_i, X) - \Phi(0_i, X)] \tag{7-19}$$

2) 事故树定量分析

定量分析是事故树分析的最终目的，其内容包括：

根据定量分析的结果以及事故发生以后可能造成的危害，对系统进行风险分析，以确定安全投资方向。

(1) 顶事件发生的概率。

如果故障树中的基本事件为无重复的独立事件，发生概率可根据故障树中的结构，用一般概率公式求得，对于用与门连接的顶事件的发生概率可用式（7-20）表示：

$$Q = \prod_{i=1}^{n} q(x_i) \qquad (7-20)$$

对于用或门连接的顶事件的发生概率为式（7-21）：

$$Q = 1 - \prod_{i=1}^{n} [1 - q(x_i)] \qquad (7-21)$$

当故障树中基本事件数量较多时，可根据故障树的结构函数，最小割径集求解顶事件的发生概率。

① 布尔真值表法：

在各基本事件相互独立的条件下，列出基本事件的状态值表，根据事故树结构把 $\Phi(X)$ 值填入表中，求出 $\Phi(X) = 1$ 的所有状态组合概率之和，即为顶事件的发生概率，表示为式（7-22）：

$$Q = \sum \Phi(X) \prod_{i=1}^{n} q_i^{x_i} (1-q_i)^{1-x_i} \qquad (7-22)$$

式中　Q ——顶事件发生的概率；

　　　q_i ——第 i 个基本事件的发生概率；

　　　x_i ——基本事件状态值。

② 利用最小割集计算。

当所有最小割集中没有重复的基本事件时，有：

$$Q = \prod_{j=1}^{k} \prod_{x_i \in k_j} q_i \qquad (7-23)$$

当所有最小割集中有重复的基本事件时，有：

$$Q = \sum_{j=1}^{k} \prod_{x_i \in k_j} q_i - \sum_{1 \leqslant j < s \leqslant k} \prod_{x_i \in k_j Y k_s} q_i + \Lambda + (-1)^{k-1} \prod_{\substack{j=1 \\ x_i \in k_j}}^{k} q_i \qquad (7-24)$$

式中　i ——基本事件的序号；

　　　$x_i \in k_j$ ——第 i 个基本事件属于第 j 个最小割集；

　　　j, s ——最小割集的序号；

　　　k ——最小割集的个数；

　　　$x_i \in k_j Y k_s$ ——第 i 个基本事件 x_i 或属于第 j 个最小割集，或属于第 s 个最小割集；

　　　$1 \leqslant j < s \leqslant k$ —— j, s 的取值范围。

也就是说顶事件的发生概率等于 k 个最小割集发生概率的代数和，减去 k 个最小割集两两组合概率积的代数和，加上三三组合概率积的代数和，直至加上 $(-1)^{k-1}$ 乘以 k 个最小割集全部组合在一起的概率积。求组合概率积时，必须消去重复的概率因子。

③ 利用最小径集计算。

当事故树中或门较多时，最小径集的数目比较小，用最小径集计算顶事件发生概率的计算量比较小。

当所有最小径集中无重复事件时：

$$Q = \prod_{j=1}^{p} \prod_{x_i \in p_j} q_i = \prod_{j=1}^{p} \left[1 - \prod_{x_i \in p_j} (1-q_i) \right] \qquad (7-25)$$

式中　　p——最小径集的个数；

$x_i \in p_j$——第 i 个基本事件属于第 j 个最小径集。

当所有最小径集中有重复事件时：

$$Q = 1 - \sum_{j=1}^{p} \prod_{x \in p_j} (1-q_i) + \sum_{1 \leqslant j \leqslant s \leqslant p} \prod_{x_i \in p_j \in p_s} (1-q_i) - \Lambda + (-1)^p \prod_{\substack{j=1 \\ x_i \in p_j}}^{p} (1-q_i)$$

$$(7-26)$$

（2）概率重要度。

概率重要度反映了各基本事件发生概率的变化会给顶事件发生概率以多大的影响。基本事件概率重要度是以概率重要系数表示的。顶事件发生概率为一多重线性函数，对其自变量 q_i 求一阶导数即得基本事件 x_i 的概率重要系数 $I_{p(i)}$ 表示为式（7-27）：

$$I_{p(i)} = \frac{\partial Q}{\partial q_i} \qquad (7-27)$$

一个基本事件概率重要系数大小，并不取决于它本身的概率值大小，而取决于它所在最小割集中其他基本事件的概率积的大小。若所有基本事件的发生概率都等于 1/2 时，概率重要系数等于结构重要系数：

$$I_{\Phi(i)} = I_{p(i)} \mid q_i = \frac{1}{2} \quad (i = 1, 2, \cdots, n) \qquad (7-28)$$

（3）临界重要度。

基本事件临界重要度是以临界重要系数来表示的。一般情况下，减少概率大的基本事件的概率比减少概率小的基本事件容易，而概率重要度未能反映这一事实。因此，需要用相对变化率的比值，来衡量各基本事件的重要度，这个比值即为临界重要系数 $I_{c(i)}$，表示为：

$$I_{c(i)} = \frac{\partial Q/Q}{\partial q_i/q_i} = \frac{q_i}{Q} I_{p(i)} \qquad (7-29)$$

第三节　系统安全评价

安全评价是安全系统工程的重要组成部分。安全评价（safety assessment）或称风险评价（risk assessment），这个词来自美国保险业，时间可追溯到 20 世纪 30 年代。保险公司为客户承担各种风险，要收取一定的费用。费用收取多少要由所承担风险大小来决定，因此就产生了如何衡量风险程度的问题。这种衡量风险程度的过程就是当时美国保险协会所从事的风险评价。现在世界各国各行业所从事的评价几乎都沿用风险评价一词，唯中国、日本改用安全评价。

安全系统工程的发展及其在军事工业和尖端技术方面的成功应用推动了民用工业安全评价技术的发展。1964 年，美国道化学公司最早运用系统工程的理论，开发了以火灾爆炸指数为依据的半定量系统安全评价方法，即"火灾爆炸指数危险评价法"，对化工生产装置的安全性进行评价。这种方法在世界范围内影响很大，推动了民用工业安全评价工作的发展。

后来，英国帝国化学公司在此基础上于1976年推出了蒙德法，日本推出了岗山法、匹田法，使道化学公司的评价方法更为科学、合理、切合实际。而道化学公司经过二十多年的实践，先后修订六次，1994年出了第七版和相应的教科书，评价范围也从火灾爆炸扩展到毒性等其他方面。

在国内，20世纪80年代中期，在对安全系统工程的理论研究不断深入，实践探索逐步普及的基础上，一些有识之士意识到：要全面了解和掌握整个系统的安全状况，客观地、科学地衡量企业的事故风险大小，按照轻重缓急、有针对性地采取相应对策，真正落实"安全第一，预防为主"的方针，国家要有效地实行安全监察，工会系统要切实履行劳动保护监督职责，保险部门要合理收取保险费，科学地实行风险管理，就必须采用安全评价的方法。一些院校、科研单位、企业和产业部门先后开展了系统安全评价理论、方法的研究与应用，不同程度地取得了一些成果。

一、安全评价概述

1. 安全评价的定义

一般所说的评价是指"按照明确目标测定对象的属性，并把它变成主观效用的行为，即明确价值的过程"。在对系统进行评价时，要从明确评价目标开始，通过目标来规定评价对象，并对其功能、特性和效果等属性进行科学的测定，最后由测定者根据给定的评价标准和主观判断，把测定结果变成价值，作为决策的参考。

安全评价也称危险度评价或风险评价，它以实际系统安全为目的，应用安全系统工程原理和工程技术方法，对系统中固有或潜在的危险性进行定性和定量分析，掌握系统发生危险的可能性及其危害程度，从而为制定防灾措施和管理决策提供科学依据。

安全评价定义有三层意义。

（1）对系统中固有的或潜在的危险性进行定性和定量分析，这是安全评价的核心。系统分析是以预测和防止事故为前提，全面地对评价对象的功能及潜在危险进行分析、测定，是评价工作必不可少的手段。

（2）掌握单位发生危险的可能性及其危害程度之后，就要用指标来衡量单位安全工作，即从数量上说明分析对象安全性的程度。为了达到准确评价的目的，要有说明情况的可靠数据、资料和评价指标。评价指标可以是指数、概率值或等级。

（3）安全评价的目的是追求单位发生的事故率最低，损失最小，安全投资效益最优。也就是说，安全评价是以提高生产安全管理的效率和经济效益为目的的，即确保安全生产，尽可能少受损失。欲达到此目的，必须采取预防和控制危险的措施，优选措施方案，提高安全水平，确保系统安全。

2. 安全评价的目的

安全评价的目的在于以下几方面。

（1）系统地从计划、设计、制造、运行和维修等全过程中考虑安全技术和安全管理问题，发现生产过程中固有的或潜在的危险因素，搞清引起系统灾害的工程技术现状，论证由设计、工艺、材料和设备更新等方面的技术措施的合理性。具体地说，设计之前进行评价可以避免选用不安全的工艺流程和危险的原材料，当必须采用时，可提出减轻和消除危险的有效方法。设计之后进行评价可以查出设计中的缺陷和不足，及早采取改进和修正措施。

(2) 评价的结果可作为决策者的决策依据。评价资料中有系统危险源、点的部位、数目、事故发生的概率、事故的预测以及对策、措施等。决策者可根据评价结果从中选择最优方案和管理对策。

(3) 评价结果可以帮助制定和完善有关安全操作与维修的规章制度，作为安全教育的教材和进行安全检查的依据，促进安全管理系统化、现代化，形成安全教育、日常检查、操作维修等完整体系。

(4) 实现安全技术与安全管理的标准化和科学化。

(5) 促进实现本质安全化。通过安全评价对事故进行科学分析，针对事故发生的原因和条件，采取相应的措施，因而可从根本上消除事故再发生的主要条件，形成对该条件来说的"本质"安全。

3. **安全评价的分类**

分类方法有多种形式，下面仅就三种常用的方法简介如下。

1) 根据评价对象的不同阶段分类

(1) 预评价。预评价是指建设项目（工程）在规划、设计阶段或施工之前进行的评价，其目的是预测事故的危险性和研究控制或排除事故的可能性，为规划者或设计者提供安全设计的依据和可靠性的资料，使事故的可能性和危险性在规划、设计阶段或施工之前得到解决，起到事半功倍的作用。

(2) 中间评价。中间评价是在建设项目（工程）研制或安装过程中，用来判断是否有必要变更目标和为及时地采取措施而进行管理的有效手段。

(3) 现状评价。对现有的工艺过程、设备、环境、人员素质和管理水平等情况进行系统安全评价，以确定安全措施，做好安全生产。

2) 根据评价方法的特征分类

(1) 定性评价。定性评价时不对危险性进行量化处理，只作定性比较。定性评价使用系统工程方法，将系统进行分解，依靠人的观察分析能力，借助有关法规、标准、规范、经验和判断能力进行评价。

(2) 定量评价。定量评价是在危险性量化基础上进行评价，主要依靠历史统计数据，运用数学方法构造数学模型进行评价。定量评价方法分为概率评价法、数学模型计算评价和相对评价法（指数法）。概率评价法是以某事故发生概率计算的方法。相对评价法也称评分法，是评价者根据经验和个人见解规定一系列评分标准，然后按危险性分数值评价危险性。根据构造的数学模型的不同，又可分为加法评分法、加乘评分法和加权评分法三种。

3) 根据评价内容分类

(1) 工厂设计的安全性评审。工厂设计和应用新技术开发新产品，在进行可行性研究的同时就应进行安全性评审，通过评审将不安全因素消灭在计划设计阶段。一些国家已将它用法律的形式固定下来。

(2) 安全管理的有效性评价。反映单位安全管理结构效能、事故伤亡率、损失率、投资效益等。

(3) 人的行为安全性评价。对人的不安全心理状态和人体操作的可靠度进行行为测定，评定其安全性。

（4）生产设备的安全可靠性评价。对机器设备、装置、部件的故障和人机系统设计，应用安全系统工程分析方法进行安全、可靠性的评价。

（5）作业环境和环境质量评价。是指作业环境对人体健康危害的影响和工厂排放物对环境的影响。

（6）化学物质的物理化学危险性评价。评价化学物质在生产、运输、储存中存在物理化学危险性，或已发生的火灾、爆炸、中毒、腐蚀等安全问题。

4. 安全评价的依据

（1）相关法律、法规、标准、规范、规程和规定。
（2）设计要求、使用要求及现场技术条件。

二、相对评价法

油品安全的主要特征是防止火灾爆炸事故的发生，在我国，目前对火灾爆炸事故的调查、研究、数据积累及人员意识等方面仍有欠缺，因此，概率评价法和数学模型评价法的应用受到一定程度限制，我国通常使用相对评价法进行系统安全评价。

相对评价法以主观打分为前提，管理部门、院校、研究单位及使用单位的有关专家，根据理论和经验，对各种不安全因素的重要程度合理打分，根据打出的分值，采用一定的数学方法进行计算，求得单位安全程度，反映系统的安全现状。

目前，常用的相对评价法分为一般综合评价法和模糊综合评价法。

1. 一般综合评价法

1）累计加分法

累计加分法是一种多项目（因素）评价方法，是将评价各项所得的分值，采用加法累计，然后按其分值大小，决定名次排序。这种评价方法，简单易行，但往往忽视了主要项目的决定作用，其结果不一定能反映客观现实。

2）算术平均法

算术平均法是将各评价项目得的分值，累加并用项目数去除，得平均分数，然后以平均分数的大小，决定名次排序。此方法也比较简单，但也忽视了主要项目的决定作用，评价结果，一般和累计加分法相同。

3）连乘法

连乘法是将评价项目所得分数连乘，并按乘积大小决定名次排序，值最大者为最优。这种评价方法的优点是：

（1）当某评价指标得分为零时，则该评价对象的总分为零，立即被否定；
（2）不同评价指标得分高低的差距大小，在该评价对象的总分中得到明显反映。

因此，这种方法的实质是鼓励每个评价指标得分的差距越小越好，促使被评价单位（对象）全面加强管理抓好工作。但这种评价方法的缺点是仍然不突出主要项目（因素）的决定作用。

4）连乘开方法

连乘开方法有变多因素为单因素法，是将 n 个项目的得分连乘积再开 n 次方，这种评价方法的缺点和连乘法一样，评价结果一般也和连乘法相同。

5）加权和法

加权和法是对各评价项目，按其重要程度分配权数乘各项目得分求和，而后按得分多少，决定名次排序，得分最高者为最优。

2. 模糊综合评价法

模糊综合评价法是应用模糊变换原理和模糊数学的基本理论——隶属度或隶属度函数来描述中介过渡的模糊信息量，考虑与评价事物相关的各个因素，浮动地选择因素阈值，作比较合理的划分，再利用传统的数学方法进行处理，从而科学地得出评价结论。

在安全管理与决策过程中，常常会因某些数据缺乏，一时很难用量比的方法来描述事件，只好用定性的语言叙述。如预测事故发生，常用可能性很大、可能不大或很少可能；预测事故后果时，也常用灾难性的、非常严重的、严重的、一般的等词语来加以表达，只能用定性的概念来评价。确切地说，用"模糊概念"来评价。模糊综合决策就是利用模糊数学将模糊信息定量化，对多因素进行定量评价与决策。

传统的安全原理，基本上是凭经验和感性认识去分析和处理生产中各类安全问题，对安全的评价只有"安全"或"不安全"的定性估计。将事件发生记为"1"，不发生记为"0"，二者必居其一。这样对所分析的生产中安全问题，忽略了问题性质的程度上的差异，而这种差异有时是很重要的。例如在分析某项作业的危险性时，不能简单地划分为"安全"（0）、"不安全"（1），而必须考虑"危险性"这个模糊概念的程度怎样。模糊概念不是只用"1""0"两个数值去度量，而是用0～1之间一个实数去度量，这个数叫"隶属度"，例如某方案对"操作性"的概念有八成符合，即称它对"操作性"的隶属度是0.8。用函数表示不同条件下隶属度的变化规律称为"隶属函数"。隶属度可通过已知的隶属函数或统计法求得。

模糊综合评价主要分为两步进行：首先按每个因素单独评判，然后再按所有的因素综合评判。其方法和评价步骤介绍如下：

1）建立因素集

因素集是指评价系统中影响评判的各种因素为元素所组成的集合，通常用 U 表示，即

$$U = \{u_1, u_2, \cdots, u_m\}$$

各元素 u_i（$i=1,2,\cdots,m$）代表各影响因素，这些因素通常都具有不同程度的模糊性。

2）建立权重集

一般说来，因素集 U 中的各因素对安全系统的影响程度是不一样的，对重要的因素应特别看重；对不太重要的因素，虽然应当考虑，但不必十分看重。为了反映各因素的重要程度，对各个因素应赋予一相应的权数 a_i。由于各权数所组成的集合：

$$\widetilde{A} = \{a_1, a_2, \cdots, a_m\}$$

$\widetilde{A}$ 称为因素权重集，简称权重集。

各权数 a_i（$i=1,2,\cdots,m$）应满足归一性和非负性条件：

$$\sum_{i=1}^{n} a_i = 1 \qquad a_i \geqslant 0$$

它们可视为各因素 u_i 对"重要"的隶属度，因此，权重集是因素集的模糊子集。

3) 建立评判集

评判集是评判者对评判对象可能做出的各种总的评判结果所组成的集合,通常用 V 表示,即:

$$V=\{v_1, v_2, \cdots, v_n\}$$

各元素 v_i($i=1, 2, \cdots, n$)代表各种可能的总评判结果。模糊综合评价的目的,就是在综合考虑所有影响因素基础上,从评判集中得出一最佳的评判结果。

4) 单因素模糊评价

单独从一个因素进行评判,以确定评判对象对评判集元素的隶属度,称为单因素模糊评判。

设对因素集 U 中第 i 个因素 u_i 进行评判,对评判集 V 中第 j 个元素 V_j 的隶属程度为 r_{ij},则按第 i 个因素 u_i 评判的结果,可用模糊集合:

$$\widetilde{R}_i=\{r_{i1}, r_{i2}, \cdots, r_{in}\}$$

同理,可得到相应于每个因素的单因素评判集如下:

$$\widetilde{R}_1=\{r_{11}, r_{12}, \cdots, r_{1n}\}$$

$$\widetilde{R}_2=\{r_{21}, r_{22}, \cdots, r_{2n}\}$$

$$\vdots$$

$$\widetilde{R}_m=\{r_{m1}, r_{m2}, \cdots, r_{mn}\}$$

将各单因素评判集的隶属度行组成矩阵,又称为评判矩阵。

$$\widetilde{R}=\begin{bmatrix} r_{11} & r_{12} & \cdots & r_{1n} \\ r_{21} & r_{22} & \cdots & r_{2n} \\ \vdots & \vdots & r_{ij} & \vdots \\ r_{m1} & r_{m2} & \cdots & r_{mn} \end{bmatrix}$$

5) 模糊综合评价

单因素模糊评价,仅反映了一个因素对评判对象的影响。要综合考虑所有的因素的影响,得出正确的评判结果,这便是模糊综合评价。

如果已给出评判矩阵 R,再考虑各因素的重要程度,即给定隶属函数值或权重集 A,则模糊综合评价模型为:

$$\widetilde{B}=\widetilde{A} \circ \widetilde{R}$$

评判集 V 上的模糊子集,表示系统评判集各因素的相对重要程度。

注意上式是模糊矩阵的合成,其定义是:

$$\widetilde{A} \circ \widetilde{R}=\widetilde{B}=(b_{ij})$$

"∘"是模糊算子,它有多种运算形式,其中有 2 种主要运算形式。其中一种是:

$$b_{ij}=\bigvee_{k=1}^{n}(a_{ik} \wedge r_{kj})$$

式中 $i=1, 2, \cdots, m$;$j=1, 2, \cdots, p$;$k=1, 2, \cdots, n$,而且它表示 A 的列数,也表示 R 的行数。

两个模糊子集的合成与矩阵的乘法类似,但需要把计算式中的普通乘法换为取最小值运算（∧），把普通加法换为取最大值运算（∨）即可。

另一种是：

$$b_{ij} = \sum_{k=1}^{n}(a_{ik}b_{kj})$$

三、机场油库安全评估

机场油库安全评估是指以军地相关规章制度为依据，依托地方具有资质的第三方评估单位，以安全检查表的形式，通过考核油库安全管理状况和油库整体建设水平，发现危险因素和事故隐患，将定性和定量分析相结合，对油库安全状况作出客观、公正的综合评估。

1. 评估内容

评估共分两部分内容，安全管理评估和设施设备建设评估。

安全管理评估通过采取核实各类登记、调取录像、跟班作业和模拟演练等方式，依据机场油库安全评估标准，对涉及油库安全管理制度落实、风险作业、应急处置、安全队伍和设施设备管理5个方面分别进行系统评估。通过逐项检查、判断和打分，得到油库安全管理评估得分，提出整改建议。

设施设备建设评估通过采用定性分析、动态监测与静态核查相结合的办法，对油库总体布局、储输油系统、消防系统和安防系统4部分，分别进行系统评估，通过逐项检查、判断，指出不达标项并提出整改建议。

2. 评估系统划分

油库安全管理评估分为制度落实、风险作业、应急处置、安全队伍和设施设备管理五个子系统。油库设施设备建设分为总体布局、储输油设施、消防系统和安防系统5个评估系统。

3. 评测单元划分

评测单元为基本的评估对象。评测单元的划分以油库作业、油库设备、设施具有相对独立性为原则。如，油库安全管理部分的风险作业分为飞机加注油作业、铁路散装油料装卸作业、铁路整装油料收发作业、水运散装油料接收作业、公路油料接收作业、倒罐作业、零发油作业、加油站加油作业、人工液位测量作业、油罐清洗作业、用火作业11个子系统。

4. 评分标准

安全管理评估项目根据其重要程度，将评分标准分为："关键项""重要项"和"一般项"。"关键项"是指一旦违反，即有可能发生严重事故的评估项目，分值设为8分；"一般项"是指没有直接危险或危害极小，但可能影响油库安全管理效率和水平的评估项目，通常为规范、标准中推荐性条款，分值设为3分；"重要项"是指重要性介于"关键性"与"一般项"之间的评估项目，分值设为5分。

评估项目的最低得分为0分，得分按评分标准确定。表7-10为铁路整装油料收发作业中准备阶段评估单元的评分标准（样表）。

表 7-10　铁路整装油料收发作业评分标准（样表）

评测单元	评估单元	评估项目及内容	评估方法	评分标准	分值	记录	整改意见	得分
铁路整装油料收发作业	准备阶段	必须制订作业方案，采用标准作业法评估方式进行安全风险评估	查阅记录	评估方法错误扣5分；程序不全扣3分；不规范扣2分	5			
		作业预警于作业实施前1h开始；在现场设立黄色预警标识牌	实际或模拟作业跟班考察	未发布5分；发布错误扣3分；发布不及时扣2分	5			
		进入危险区域作业人员穿防静电服	实际或模拟作业跟班考察	一人次违规扣8分	8			
		进入库区不得携带火种、手机等违禁物品	实际或模拟作业跟班考察	一人次违规扣8分	8			
		检查、监督机车入库送车，填写《机车入库登记》	查阅记录	未落实扣3分	3			
		现场指挥员明确安全注意事项，对装卸、搬运机械和工具进行检查	实际或模拟作业跟班考察	未落实扣3分；不正确扣1分	3			

油库设施设备建设部分评分标准也分为"关键项""重要项"和"一般项"，评价标准不设分值，评价结果只是定性分析，不打分量化。表 7-11 为轻油洞库建设方面安全评估标准（样表）。

表 7-11　轻油洞库安全评估标准（样表）

评价子系统	评估单元	评估项目及内容	评估方法	评估结论（符合/不符合）	重要度	评估记录
轻油洞库	油罐罐体	油罐使用超过50年，必须实施大修	查阅资料		重要	
		油罐及附件选型安装正确	现场检查		重要	
		油罐基础无裂缝、沉降不超标	现场检查		重要	
		旋梯、栏杆、平台、防滑踏步等牢固、完好	现场检查		一般	
	油罐量油帽	不放空的地上管道，每种油品至少设1处胀油管	现场检查		重要	
		采用铝合金材质的量油帽	现场检查		重要	
	输油管路	洞内输油管线明设	现场检查		重要	
		地面敷设的输油管道有热应力补偿措施	现场检查		关键	
		进出油管及排污放水管上设两道阀门，在阀门之间的金属软管安装正确，两端管道中心线无偏斜	现场检查		一般	

5. 评估评分方法

油库安全管理部分采用以安全检查表法为主的综合评估方法。评估程序是先采用安全检查表法进行评估,然后对"关键项"单项得分低于一半分且存在争议需要进行深入分析的项目进行专项评估,最后根据专项评估结果对安全检查表的评估意见作出确认或修正。

油库设施设备建设安全评估采用以安全检查表法为主的定性综合评估方法,评估程序是先采用安全检查表进行现场评估,然后根据需要进行进一步的专项评估,最后根据专项评估结果对安全检查表的评估意见作出确认或修正。

"关键项"及"重要项"中被评为不符合的项目,存在下列情况之一的应作专项评价:
(1) 存在争议,需要经过专项评价确认的;
(2) 不符合规范,但由于实际条件限制,难以达到的;
(3) 现行规范没有涵盖或明确的特殊情况;
(4) 有重大风险,但暂时还不能停止运行和改造的。

评估方式采用实地检查、现场操作、专项检测、实际或模拟作业、查阅资料、笔试、谈话、理论分析等方法进行;针对重大事故隐患或特殊问题采取事故树分析、事故后果模拟等方法进行专项评估。

6. 无项及缺项的处理

凡因油库不承担任务而缺少的项目、评测单元或系统,不进行评测,也不列入统计计算;凡是油库应有而没有的项目,评测时判为"不符合要求",并列入统计计算;风险作业按实际抽查数量统计计算。

7. 评估计算方法

油库安全管理部分为定量评估,评估计算由评估子系统、评估系统、油库三个层次构成。

(1) 评估子系统得分:

$$评估子系统得分 = \frac{实有项目得分之和}{评估单元内各项目应得分之和} \times 100$$

(2) 评估系统得分:

$$评估系统得分 = \frac{实有子系统得分之和}{实有子系统应得分之和} \times 100$$

(3) 油库安全评估得分:

$$油库安全评估得分 = 各系统得分加权和$$

8. 系统权重系数

根据事故概率、危险程度等情况,综合确定各评估系统的权重系数值,见表7-12。

表7-12 机场油库安全管理评估系统权重分配表

序号	评价系统	权重	序号	评价系统	权重
1	制度落实	0.15	4	安全队伍	0.10
2	风险作业	0.35	5	设施设备管理	0.30
3	应急处置	0.10			

9. 评估结论

油库安全管理部分根据评估成绩按表7-13对评估对象做出评估结论。设施设备建设部分对评估单位不量化，不分级，评估中不符合项及整改意见应及时整改。

表7-13 机场油库安全管理安全评估结论对照表

评估成绩	评估结论
总分85分以上（含）；同时满足以下条件： (1) 安全管理中"关键项"单项得分不低于4分。 (2) "重要项"单项得分低于等于1分的不超过5项。 (3) 设施设备建设安全评估中"关键项"没有不符合项	安全总体水平良好
总分70分以上（含），85分以下；同时满足以下条件： (1) 安全管理中"关键项"单项得分不低于1分。 (2) "重要项"单项得分低于等于1分的少于等于15项。 (3) 设施设备建设安全评估中"关键项"不符合项少于等于3项	安全总体水平较高，但需改进提高
总分低于70分，或满足以下条件之一： (1) 安全管理中"关键项"单项得分有少于1分的。 (2) "重要项"单项得分低于等于1分的多于15项。 (3) 设施设备建设安全评估中"关键项"不符合项多于3项	安全总体水平较差，有些隐患需限期整改或部分停止运行，完善安全条件后再重新评估

四、油库作业安全风险评估

油库工作包括持续、长期的油库日常管理和短期、阶段性的油库作业。就油库安全而言，控制油库风险作业的安全隐患是保证油库安全的重要环节。

组织重大活动、执行危险性任务时，应当预先进行安全风险评估。活动（任务）实施方案应当包含风险评估结论和应对措施等内容。油库加油站参加重大演训、非战争军事行动等油料保障，以及大宗油料收发、油罐除锈防腐和施工改造用火等高危作业时，应当组织安全风险评估，及时发布预警信息，加强安全管控和事故防范。风险作业审批权限，由战区、军兵种和武警部队军需能源业务部门明确。

油库作业安全风险评估的目的主要是对作业前方案、人员管理和各项准备工作做一个总体评估，检查作业方案的可操作性和可靠性，根据评估方案，认定油库风险作业可否进行，起到前期检查作用。与油库安全评估相比，后者属于静态隐患的分析和评价，前者侧重于作业过程的危险性分析，评价方法同样采用综合评价法。

1. 评估组织实施

油库风险作业安全风险评估，应由场站油料（运）股、场站直属油料转运站和储备库、油料技术保障大队、承担油料保障任务的综合仓库组织实施。

油库作业风险作业评估，应根据安全原理和法规制度，综合运用各种评估方法，对潜在危险因素进行定性定量的分析与评价。一类、二类风险作业应形成评估报告，报批并留存；三类、四类风险作业，如符合作业规程且风险评估等级在轻度及以下的，可不形成纸质报告，在作业记录中说明即可。

2. 风险评估内容

（1）风险预测。重点是结合作业特点、人员素质、设施设备状况、环境条件等因素，推测预判出安全隐患和事故征兆。

（2）作业方案。重点检查作业程序是否科学合理，组织分工是否明确到位，应对风险的安全措施是否可靠管用。

(3) 作业条件。重点检查作业现场可燃气体浓度是否在规定范围内,所用设备和器材是否齐全、性能可靠、满足安全要求,气象、水文、地质、环境等因素是否符合作业要求。

(4) 作业人员。重点检查作业(施工)队伍及关键岗位人员资质是否符合要求,作业前是否经过了安全教育和必要培训。

(5) 监督管理。重点检查施工队伍的安全责任是否明确,监管措施是否有效,机关相关人员、油库领导、现场指挥员以及监护人的监管职责是否清楚。

(6) 应急措施。重点检查对于可能出现的突发情况是否有应急处置预案,应急装备、器材、人员是否落实到位,预警响应是否能够及时启动等。

具体评估内容可由组织单位根据相关规范、制度以及单位实际情况编制,可参照军队内部相关规定。

3. 油库作业安全风险等级

评估结束,应形成《油库作业安全风险评估报告表》,根据评估结果,分为三级:
(1) 轻度风险。具备安全作业条件,可以正常组织作业。
(2) 中度风险。基本具备安全作业条件,但还存在个别安全问题,在整改后可以组织作业。
(3) 高度风险。存在严重隐患和问题,不具备安全作业条件,禁止组织作业,问题整改完后必须重新评估。

思 考 题

1. 油库燃烧事故火灾估算的重要指标是什么?该指标与损失等级的对应关系?
2. 喷射火电源的热辐射通量如何计算?
3. 油库燃烧爆炸的形式有哪些?
4. 蒸气云爆炸的冲击波的损害半径与哪些因素有关?
5. 常用的系统安全分析方法有哪些?
6. 根据安全检查表编制方法,试绘制油库静电安全检查表。
7. 求事故树图 7-6 的最小割集和最小径集。已知 $q_1=0.05$,$q_2=0.04$,$q_3=0.03$,$q_4=0.02$,$q_5=0.01$,试用最小割集法和最小径集法求出事故 T 发生的概率。

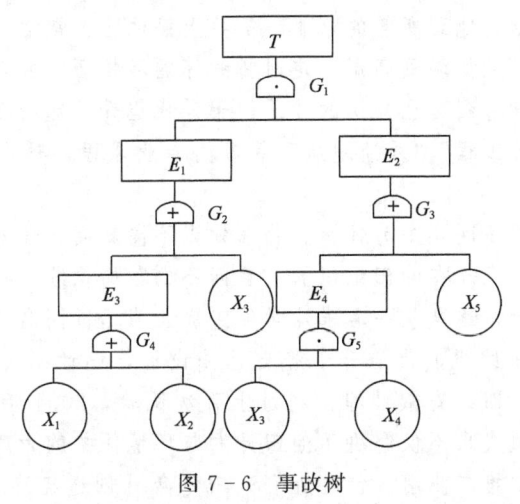

图 7-6 事故树

8. 什么是系统安全评价？它包括哪些内容？
9. 相对评价法的基本程序和步骤有哪些？
10. 结合专业实习，试对自己熟悉的场站油库进行安全度评估，要求写出评估方案，选择评价方法、评估步骤，列举安全隐患并提出改进措施。

课程思政

坚定理想信念，在平凡的岗位上做出不平凡的成绩

【思政知识点】 创新探索精神

【思政教学目标】 通过介绍胜利油田首席技能大师、全国劳动模范代旭升的事迹，培养学生勤学苦练、勇于创新的品质，弘扬科学精神、工匠精神，鼓励学生在平凡的岗位上也要做出不平凡的成绩。

一、问题引入

代旭升立志做中国最好的石油工人，多年来一直致力于技术创新，在平凡的岗位做出了不平凡的成绩，他从只有初中学历的采油工成长为全国劳动模范、中国高技能人才楷模。代旭升的事迹集中体现了执着创新的探索精神、以企为家的奉献精神、勤奋苦学的进取精神。

二、案例介绍

代旭升，1955年生，17岁时初中毕业的代旭升离开家乡青岛来到胜利油田当了一名采油工。他所在的采油16队在偏远的永安油田，队部是破旧的"干打垒"，四周是一人多高的芦苇，没有一棵树，30多口油井分布在方圆十几平方千米的地方。住的"干打垒"阴暗潮湿，喝水靠送，一到下雨天，送水车进不来，就只能喝苦涩的地沟水。面对艰苦的工作环境和条件，他从王进喜先进事迹、大庆石油会战精神和工友们在艰苦的工作生活条件下战天斗地的火热场面中，不断坚定理想信念，决心成长为一名合格的石油工人，为祖国石油工业做贡献。工作实践使他认识到，多学知识才能多采油。他把学知识、练本领、提技能作为工作生活的主题，边学习书本知识边钻研和实践操作技术。当时，他所在的采油16队使用了热油循环清蜡技术，常常因掌握不准每口自喷井的清蜡时机，造成油井循环不起来，让大家十分头疼。为解决这个问题，他到所管的永12-7井上搞试验，常常一站就是五六个小时。

慢慢地，他总结出了从低温到高温、定时排蜡等循环技巧，并在全队推广。只有初中学历的代旭升在工作中逐渐感到自己知识的贫乏，于是代旭升下定决心用三年多的时间，自学了高中课程，以及"采油工程""采油地质"等多门专业课程，熟练掌握了日常工作所需的理论和操作技能。

遇到一件事，他总要多问几个为什么。物理知识不懂就问物理专业的同事，机械原理不明白就请教机械专业的同事。在油田组织的"百问不倒"岗位练兵活动中，代旭升以优异成绩夺得"技术能手"称号，逐渐从一名采油学徒工成长为远近闻名的业务技术骨干。为尽快找到合适的套管气回收压缩机，代旭升干脆自己搞设计，设计完又到处联系加工制作的厂家，先后两下江苏泰州、四到安徽蚌埠，经过上百次试验，2004年"移动式套管气回收装置"终于研制成功。这项成果不仅解决了油田开发与环境保护的矛盾，而且填补了国内技术空白，已在国内部分油田推广使用。仅在胜利油田每年就创造经济效益1000多万元，获国家科技进步二等奖。2006年，代旭升自主创办了胜利油田采油技能大师网，实施网上助学助教活动。网站开办三年多来，点击人次已达19万次，成为青年工人请教疑难问题的"技术家园"。对于网友在网上提出的问题，代旭升总是认真解答。

"我干的是采油，是工人技师，我的岗位在一线，革新的灵感也来自一线，如果离开了朝夕相伴的油井，劲儿就使不出来了。"代旭升是这样说的，也是这样做的，他把采油一线作为毕生干事创业的舞台。代旭升负责东辛采油二矿300口油井、50口水井、30多个计量站的技术保障工作。为了不让一口油井因为技术设备故障而影响生产，他提出了"句号行动"，郑重承诺在他负责的技术服务范围内，遇到的所有技术和设备问题，即使再棘手再麻烦，也要努力解决，不把问题上交。自"句号行动"开展以来，他根据存在的问题，先后革新创造了角式单流阀、计量站污油储存罐等成果，解决技术难题和排除设备故障2000多个。

代旭升在追求技术进步的道路上不断取得新成绩，1989年被采油厂聘为工人技师，1993年被聘为胜利油田采油高级技师，2005年被聘为油田采油技能大师，2008年，他从1.8万名技术工人中脱颖而出，成为胜利油田首席技能大师。他先后自主完成革新成果89项，2项获国家发明专利、18项获国家实用新型专利，累计创效1.4亿元。

2015年退休后，代旭升并没有离开自己奋斗43年的采油创新岗位，继续担任代旭升工作室负责人。2017年，返聘回到东辛采油厂，带领创新团队进行油水井智能化采油系统、抽油机智能检测系统等方面的研究工作。代旭升说："作为一名石油工人，我以能为国家的发展、为大国重器出一份力而自豪。"

三、思政点睛

代旭升在平凡的岗位做出了不平凡的成绩，解决技术和设备问题2000多个，从只有初中学历的采油工成长为全国劳动模范、中国高技能人才楷模。希望同学们能够从代旭升的事迹中体会到只要有恒心、有毅力、有信念，在平凡的岗位上也能做出不平凡的成绩。

参 考 文 献

[1] 石油库设计规范：GB 50074—2014.
[2] 汽车加油加气加氢站技术标准：GB 50156—2021.
[3] 爆炸危险环境电力装置设计规范：GB 50058—2014.
[4] 职业健康安全管理体系 要求及使用指南：GB/T 45001—2020.
[5] 建筑设计防火规范：GB 50016—2014.
[6] 石油化工企业设计防火标准：GB 50160—2008.
[7] 石油化学工业污染物排放标准：GB 31571—2015.
[8] 石油化工污水处理设计规范：GB 50747—2012.
[9] 液体石油产品静电安全规程：GB 13348—2009.
[10] 建筑物防雷设计规范：GB 50057—2010.
[11] 石油与石油设施雷电安全规范：GB 15599—2009.
[12] 建筑灭火器配置设计规范：GB 50140—2005.
[13] 泡沫灭火系统技术标准：GB 50151—2021.
[14] 泡沫灭火剂：GB 15308—2006.
[15] 自动喷水灭火系统设计规范：GB 50084—2017.
[16] 火灾自动报警系统设计规范：GB 50116—2013.
[17] 火灾自动报警系统施工及验收标准：GB 50166—2019.
[18] 后方油料仓库设计规范：GJB 5758A—2020.
[19] 军用永备机场供油工程设计规范：GJB 3500A—2013.
[20] 军队油库油罐清洗、除锈、涂装作业安全规程：YLB 06—2001.
[21] 石永春，张永国. 油库技术管理［M］. 北京：中国石化出版社，2007.
[22] 石永春，王文娟. 油库安全工程［M］. 北京：石油工业出版社，2013.
[23] 陈利琼. 油气储运安全技术与管理［M］. 北京：石油工业出版社，2022.
[24] 梁法春，陈婧等. 油气储运安全技术［M］. 北京：中国石化出版社，2017.
[25] 寇杰. 油气储运安全工程［M］. 北京：中国石化出版社，2021.
[26] 张景林. 安全系统工程［M］. 北京：煤炭工业出版社，2019.
[27] 张斐然，王丰. 油库消防安全管理［M］. 北京：中国石化出版社，2021.
[28] 张继红，成庆林，冯福平. 石油工程专业思政案例（富媒体）［M］. 北京：石油工业出版社，2020.
[29] 陈利琼. 油气储运安全技术与管理（富媒体）［M］.2 版. 北京：石油工业出版社，2022.